AF453859

Arachnides.
Texte. Img.ᵉ Fᵉˡᵉˢ 16-17 (pag. 121 à 136.)
30 (pag. 233 et suiv.)
Planches. Img.ᵉ Pl. 18 à 24, 29, 32, 34, 35, 37 et suiv.

S

1620

L'ORGANISATION

RÈGNE ANIMAL

PAR

ÉMILE BLANCHARD

2ᵉ LIVRAISON

ARACHNIDES.
Livraison 1ᵉⁱˢ.
JANVIER 1852 — 1864.

A PARIS

CHEZ L'AUTEUR, 161, RUE SAINT-JACQUES

CHEZ VICTOR MASSON | CHEZ J.-B. BAILLIÈRE
17, PLACE DE L'ÉCOLE DE MÉDECINE. | 19, RUE HAUTEFEUILLE.

L'ORGANISATION

DU

RÈGNE ANIMAL

PAR

ÉMILE BLANCHARD,

PUBLIÉE PAR LIVRAISONS GRAND IN-4°,

Contenant chacune deux planches magnifiquement gravées
et une feuille et demie de texte.

Prix de la livraison : 6 francs.

PROSPECTUS.

L'Organisation du Règne animal, dont la publication se
poursuit depuis quelques années, est parvenue aujourd'hui à
sa vingt-huitième livraison, et avant peu elle atteindra la
trentième. Les livraisons parues se décomposent ainsi :

4 pour les Oiseaux, renfermant l'ostéologie de l'Aptéryx,
du Perroquet, du Pic, du Martin-Pêcheur, etc.

8 pour les Reptiles, avec l'historique de la science, la
plupart des planches d'ostéologie, l'appareil circulatoire du
Stellion.

13 pour les Arachnides, comprenant les monographies des
Scorpions, des Thélyphones, des Mygales, des Galéodes, etc.

3 pour les Mollusques Acéphales, avec les caractères généraux du type, l'analyse des travaux auxquels ces êtres ont
donné lieu, la monographie des Pholades, le système nerveux
du Solen, du Peigne, etc.

Cet ouvrage est destiné à faire connaître d'une manière approfondie l'organisation entière de tous les types des Familles naturelles du Règne animal, ainsi que les modifications que subissent les organes entre les divers représentants de chacun des groupes admis par les zoologistes.

Après avoir réuni depuis de longues années un nombre considérable de travaux sur l'organisation des animaux et une nombreuse série de dessins, l'auteur a pensé qu'il y aurait un double avantage pour la science dans la publication d'un grand ensemble sur l'Organisation du Règne animal. Il a eu en vue : d'abord de rendre plus complètes nos connaissances sur la structure de chacun des grands types zoologiques, de dérouler dans un vaste tableau toutes les modifications que subissent les organes ou leurs fonctions en passant d'un type à l'autre; et ensuite, tout en montrant une complication plus grande qu'on ne l'a montrée souvent dans l'organisme des Animaux, en rendre l'étude bien plus facile, des figures, exécutées d'après un plan uniforme, devant mettre en évidence chaque détail.

Un tel ouvrage, en effet, ne peut obtenir un grand résultat que si l'on y trouve la représentation parfaitement exacte de chacun des systèmes organiques des types sur lesquels on vient à porter son attention; c'est en réalité le seul moyen d'en connaître promptement la disposition et de saisir les modifications par des comparaisons devenues faciles. Aussi aucun effort ne coûte et ne coûtera à l'auteur pour que ses planches, dessinées par lui-même et ensuite gravées avec le plus grand soin, méritent l'approbation de tous les amis de la science.

Chaque planche porte en regard une explication détaillée.

La plus grande question de la zoologie, celle qui résume toutes les autres, la question des affinités naturelles, se trouvera traitée dans ce travail pour chaque groupe, et l'on verra ainsi profondément modifiées les classifications, qui jusqu'ici étaient fondées purement sur des caractères extérieurs. Comme nous l'avons dit, le plan adopté dans cet ouvrage est de nature à simplifier considérablement l'étude des sciences anatomique et zoologique. Offrant tout d'abord l'ensemble de l'organisation des types principaux du Règne animal, on conçoit bientôt qu'il ne s'agit plus que de saisir des modifications, plus ou moins considérables, pour bien connaître les autres représentants des mêmes classes.

Jusqu'à notre époque, les anatomistes se sont contentés de décrire chaque organe, considéré à la fois dans tous les animaux. Cette marche, bonne autrefois, quand la science était peu riche de faits, a paru à l'auteur devoir être complétement abandonnée. C'est dans l'ordre zoologique que les faits sont présentés dans son ouvrage, de manière qu'aucune lacune ne puisse être masqnée, et surtout pour que chaque modification se montre avec les coïncidences qui se manifestent dans l'organisme ; car il n'est pas suffisant de signaler, par exemple, les différences qui existent dans le cerveau ou le tube alimentaire de deux animaux, il importe de signaler en même temps les autres modifications qni coïncident avec ces premières différences. Or, c'est là ce qui sera constamment exposé dans L'ORGANISATION DU RÈGNE ANIMAL.

En tête des parties relatives aux diverses classes, on a placé sous le titre de *Considérations générales* les caractères les plus essentiels qui conviennent à l'ensemble des représentants du groupe, et un aperçu de l'état actuel de la science, ainsi qu'une rapide analyse des travaux qui l'ont constituée jusqu'au moment où nous écrivons, de façon que cette publication puisse rendre de ce côté encore un service qu'apprécient ordinairement à un haut degré ceux qui se livrent à l'étude des sciences.

Le mode de publication est analogue à celui qui a été employé pour l'édition illustrée du *Règne animal* de Cuvier. On fait paraître concurremment les parties relatives aux différentes classes du Règne animal, de telle sorte qu'après la publication d'un nombre de livraisons encore restreint, on ait déjà l'anatomie complète de plusieurs types.

Sans pouvoir préciser d'une manière absolue le nombre de planches nécessaires, l'auteur pense que les Mammifères en comprendront environ 80, — les Oiseaux 50, — les Reptiles 40, — les Poissons 60, les Articulés 60, — les Annelés 25, — les Mollusques 60, — les Zoophytes 30.

L'auteur compte avoir achevé en 1859 la classe des Arachnides, qui formera un volume de texte et un volume de planches. Ce sera déjà un ouvrage complet. A partir de ce moment, il s'attachera à terminer aussitôt que possible l'une des deux parties relatives aux Animaux vertébrés dès à présent en voie de publication; soit les Reptiles, soit les Oiseaux.

On peut souscrire à l'avance pour plusieurs livraisons, ou retirer chaque livraison au moment de sa publication. Vingt huit sont en vente; les autres suivront à peu près de mois en mois.

A PARIS,

Chez l'Auteur, 161, rue Saint-Jacques;

<table>
<tr><td>Chez J.-B. BAILLIÈRE,
19, rue Hautefeuille.</td><td>Chez Victor MASSON,
17, place de l'École-de-Médecine.</td></tr>
</table>

Paris. — Typographie de Henri Plon, rue Garancière, 8.

CLASSE DES ARACHNIDES.

(*ARACHNIDA.*)

CONSIDÉRATIONS GÉNÉRALES.

*

Les Arachnides dans leur ensemble se distinguent d'une manière assez nette des autres Articulés ; cependant cette classe est loin d'être bien homogène. Il existe des différences profondes dans l'organisation des divers types qui la composent ; de là l'impossibilité de formuler avec précision une série de caractères convenant à la fois à tous les Arachnides, à l'exclusion de tous les Crustacés et de tous les Insectes.

Ces animaux ne présentent jamais d'ailes ; ils ont la tête et le thorax confondus, de manière à former un tronc antérieur, que les entomologistes désignent sous le nom de *cephalothorax*; des pattes ambulatoires, toujours au nombre de quatre paires chez les adultes ; des yeux simples dans tous les cas, mais extrêmement variables sous le rapport de leur nombre et de leur position ; des antennes extrêmement variables aussi sous le rapport de leur forme, et appropriées à différents usages. Les Arachnides sont tous conformés pour une respiration aérienne, s'effectuant soit au moyen d'organes localisés, désignés généralement sous le nom de poumons ou de sacs pulmonaires, soit au moyen d'organes ramifiés dans les différentes parties du corps, c'est-à-dire de trachées plus ou moins semblables à celles des Insectes.

Tels sont les caractères généraux que l'on observe chez les représentants de cette grande division zoologique.

*

Les Arachnides, ainsi que les Crustacés, étaient groupés, par Linné, avec les Insectes privés d'ailes, sous la dénomination générale d'Aptères. C'est cette classification qui fut suivie pendant longtemps par les divers naturalistes qui ont écrit successivement sur ce sujet.

En 1775, Fabricius, publiant son premier Traité d'Entomologie (1), ne séparait pas non plus les Arachnides des Insectes. Dans un ordre auquel il appliquait le nom d'*Agonata*, il réunissait à la fois les Scorpions et la plus grande partie des Crustacés. Dans un autre ordre, désigné sous le nom d'*Ugo-*

(1) *Systema Entomologiæ.*

1

nata, il réunissait à la fois presque tous les Arachnides, les Myriapodes et les Insectes que les naturalistes de notre temps considèrent comme formant le principal type de l'ordre des Névroptères.

Dans son dernier Traité général, publié de 1792 à 1797 (1), l'entomologiste de Kiel modifia son premier arrangement. Là, l'ordre des *Ugonata* comprend seulement les animaux que nous rangeons aujourd'hui dans la classe des Arachnides, à l'exception des *Acarus*, rattachés à l'ordre des *Antliata*, c'est-à-dire à l'ordre des Diptères.

*

Lamarck, le premier, crut voir dans les Arachnides un type zoologique s'éloignant, à beaucoup d'égards, des véritables Insectes. Sous l'impression de cette pensée, il établit pour ces êtres une classe particulière, à laquelle il appliqua la dénomination qui depuis a été à peu près universellement adoptée dans la science (2). Seulement Lamarck comprenait encore dans sa nouvelle classe des types qui avec raison en ont été séparés. La confusion, néanmoins, n'existe pas dans sa méthode. Pour lui, en effet, les Arachnides se divisent en deux ordres : le premier est celui des *Arachnides palpistes;* le second, celui des *Arachnides antennistes*. Ce sont ces derniers qu'on a dû reporter dans d'autres divisions.

Peu d'années après, le savant auquel nous sommes redevables du plus grand nombre de connaissances zoologiques acquises sur les Arachnides, M. Walckenaer, formait dans cette classe un groupe particulier pour les représentants du type principal, c'est-à-dire pour tous les animaux connus sous le nom vulgaire d'*Araignées* (3). Il donnait à ce groupe le nom d'Aranéides, qui a été adopté à peu près par tous les naturalistes. Pour la première fois, il en répartissait les espèces dans une série de genres et de divisions, et il en donnait aussi les caractères qui depuis près d'un demi-siècle sont reproduits presque invariablement dans tous les ouvrages qui traitent de ce sujet.

Vers le même temps, Latreille adopte la classe établie par Lamarck, mais seulement pour son premier ordre. Néanmoins il en rejette le nom et prend celui d'*Acères* (4); mais dans les ouvrages qu'il publie ensuite il abandonne la dénomination qu'il avait proposée et revient à celle de Lamarck.

Les limites assignées par Latreille, dès l'année 1806, à la grande division zoologique qui nous occupe ici, n'ont pas paru de nature à être modifiées depuis cette époque. Un seul petit groupe (les Pycnogonides), dont les affinités naturelles n'ont pas encore été suffisamment démontrées, en a été retranché pour être placé par M. Milne Edwards au nombre des Crustacés. Un autre petit groupe (les Tardigrades), rangé autrefois avec les Systolides ou Rotifères, y a été rattaché par la plupart des naturalistes. C'est aussi dans ces limites que nous présentons ici la classe des Arachnides.

*

Les Arachnides, comme il a été dit précédemment, sont loin de former un ensemble homogène. Les classifications ont dû, par conséquent, exprimer autant que possible ces grandes différences d'organisation. Latreille, se fondant uniquement sur le caractère fourni par les organes de la respiration, partageait cette classe en deux ordres, les Arachnides pulmonaires et les Arachnides trachéens.

Ce caractère n'ayant pas en réalité l'importance que le célèbre entomologiste lui avait accordée, comme l'ont démontré de plus en plus les recherches ultérieures, Dugès proposa de nouvelles divisions, appuyées principalement sur les caractères extérieurs. Il sépara la classe des Arachnides, à

---

(1) *Entomologia systematica.*
(2) *Système des animaux sans vertèbres*, p. 171 (1801).
(3) *Tableau des Aranéides* (1805). Voir aussi son dernier ouvrage : *Histoire des Insectes aptères*. — Suites à Buffon.
(4) *Genera Crustaceorum et Insectorum*, t. I, p. 80 (1806).

laquelle il voulait substituer le nom d'*Aranistes*, en deux sous-classes : la première, les Hologastres, comprenant seulement l'ordre des Acariens; la seconde, les Tomogastres ou Aranulistes, comprenant trois ordres : les Chélignathes ou Phalangiens, les Dactylognathes ou Aranéens, et les Chélipalpes ou Scorpioniens (1).

Une autre classification des Arachnides, certainement beaucoup moins naturelle que celle-ci, a été donnée récemment par M. Siebold. Ce savant partage la classe en quatre ordres : le premier comprend les Tardigrades et en outre les Pycnogonides, que l'on a, sans doute avec raison, rattachés aux Crustacés; le second correspond exactement à l'ordre des Trachéennes de Latreille; le troisième, au groupe des Aranéides de M. Walckenaer; et le quatrième, à la famille des Pédipalpes de Latreille (2).

Comme on le verra bientôt, l'étude de l'ensemble de l'organisation de ces animaux conduit à modifier sensiblement ces diverses classifications et à augmenter un peu le nombre des divisions primaires.

*

L'organisation des Arachnides demeura à peu près complétement inconnue jusqu'au commencement de notre siècle.

Dans les *Leçons d'Anatomie comparée* de Cuvier, ces animaux sont à peine mentionnés. Il y est question des pièces de leur bouche; mais ce sont des détails qui sont loin d'être d'une exactitude parfaite (3). Ailleurs, la position et la forme générale du cœur, ainsi que l'existence de deux ou trois paires de vaisseaux, y sont indiquées simplement par une description des plus succinctes (4).

C'était bien peu, comme on le voit; mais, à quelques années de là, le grand naturaliste introduit dans la science de nouveaux faits (5). Il annonce avoir vu chez le Scorpion « le cœur consistant en un vaisseau musculeux, qui règne le long de son dos et qui éprouve des mouvements de systole et de diastole; sous le ventre, huit ouvertures ou stigmates qui donnent dans autant de bourses placées à l'intérieur et que l'on doit considérer comme autant de poumons; » il ajoute que « chacune de ces bourses renferme un organe composé d'un grand nombre de feuillets; » il donne quelques détails relatifs au canal intestinal, au foie et aux organes de la génération; il dit encore avoir trouvé « chez les Araignées des organes de circulation et de respiration semblables, seulement qu'on n'y compte que deux paires de bourses pulmonaires, mais que dans les Phalangiums ou Faucheurs il y a de véritables trachées, comme M. Latreille l'a déjà fait connaître. »

Ainsi date de cette époque la connaissance de plusieurs faits essentiels touchant l'organisation des Arachnides, notamment leurs organes respiratoires.

De son côté, Meckel venait de publier aussi quelques observations sur la conformation générale des principaux organes chez les Scorpions (6); observations, du reste, où l'erreur avait sa part, puisque, entre autres choses, ces Arachnides étaient considérés comme hermaphrodites.

Peu de temps après, les glandes salivaires et le canal intestinal d'une espèce d'Araignée furent représentés par Ramdohr (7), ainsi que l'appareil alimentaire des Phalangiens, qui affecte une disposition toute spéciale.

(1) *Recherches sur l'ordre des Acariens.* — *Ann. des scienc. nat.*, 2ᵉ série, t. 1, p. 5 (1834).

(2) *Lehrbuch der vergleichenden Anatomie*, erster Theil, S. 506 (1848).

(3) *Leçons d'anatomie comparée*, t. III, p. 311 (1805).

(4) *Leçons d'anatomie comparée*, t. IV, p. 419 (1805).

(5) *Analyse des travaux de classe des sciences de l'Institut pendant l'année* 1810, p. 44 et 45; et *Histoire des progrès des sciences naturelles*, t. III, p. 271.

(6) *Beiträge zur vergleichenden Anatomie*, Bd. 1, Heft 2, S. 405 (1809).

(7) *Abbildungen zur Anatomie der Insekten*, tab. xxx, fig. 1, 2, 3 (1811).

Mais c'est Treviranus qu'il faut citer comme ayant donné le premier une connaissance déjà assez étendue de l'organisation de quelques Arachnides. Dans deux mémoires publiés en 1812 (1), il décrit et il représente, généralement avec exactitude, les parties externes, le système nerveux, l'appareil alimentaire, les organes de la génération du Scorpion et de quelques Araignées. En faisant connaître la structure des palpes chez les mâles des espèces qui appartiennent à l'ordre des Aranéides, il montre, contrairement à l'opinion admise, que ces organes ne sont pas les producteurs de la liqueur séminale, que ceux-ci se trouvent dans la cavité abdominale, sans offrir aucune communication directe avec les palpes. Il décrit encore avec soin la structure des poumons, la forme générale du cœur, quelques-uns des vaisseaux latéraux, ainsi que les organes destinés à la sécrétion de la soie. Aussi est-ce de cette époque que les traits généraux de l'organisation des Arachnides sont véritablement connus, et qu'il devient possible, à beaucoup d'égards, de comparer cette organisation à celle des autres animaux articulés.

En 1816, le même naturaliste, dans un nouveau travail (2), ajoute encore quelques observations à celles déjà publiées, et il fait connaître en grande partie l'organisation d'un autre type, le plus singulier que l'on puisse citer parmi les Arachnides, celui des Phalangiens. Il montre chez ces animaux l'existence d'un système nerveux dont la disposition s'éloigne considérablement de tout ce que l'on connaît d'ailleurs.

Il est une œuvre qui ne traite pas de l'organisation interne des Arachnides, mais où les caractères extérieurs, où les détails relatifs au système appendiculaire d'un assez grand nombre d'espèces sont représentés d'une manière si parfaite, qu'elle doit être mentionnée ici : c'est la série des planches du grand ouvrage sur l'Égypte, qui est due au naturaliste qui a fait faire le plus de progrès à nos connaissances sur les appendices des Articulés, c'est-à-dire à Savigny.

En 1818, Sœmmering donna les premières notions sur la structure des yeux des Araignées (3), et quelques années plus tard, ce sujet fut l'objet de nouvelles recherches de la part de Gaede, qui a fait connaître aussi, beaucoup mieux qu'on ne l'avait fait jusque-là, le cœur des Aranéides, dont il sut parfaitement constater les orifices auriculo-ventriculaires (4).

Mais c'est surtout M. J. Müller qui a donné les détails les plus étendus sur les organes de la vision dans cette classe d'Articulés (5), et c'est le même naturaliste qui le premier a reconnu, par des observations sur les Scorpions, les passages que suit l'air en pénétrant dans les poumons (6).

Pendant la même période, plusieurs observations sur la bouche, sur le canal intestinal et sur les appendices des Arachnides, dues à Lyonnet, ont été publiées dans les mémoires posthumes de ce célèbre anatomiste (7).

En 1833, M. Brandt, s'attachant à l'étude de l'une de nos Araignées les plus communes, donna sur

(1) *Ueber den innern Bau der Arachniden*, von G. R. Treviranus (1812).

(2) *Abhandlungen über den innern Bau der ungeflügelten Insekten. — Vermischte Schriften*, Bd. I, S. 1 (1816).

(3) *De Oculorum hominis animaliumque sectione horizontali*, p. 74, pl. 3 (1818).

(4) *Beiträge zur Anatomie der Insekten. — Nova acta nat. curiosorum*, t. XI, part. 2, p. 323 (1823). (Voy. p. 335, pl. 44, fig. 3, et p. 338.)

(5) *Zur vergleichenden Physiologie des Gesichtsinnes*, p. 346, pl. 47, fig. 8-11 (1826); et *Sur les yeux des Insectes, des Arachnides et des Crustacés. — Ann. des scienc. nat.*, t. XVII, p. 225 (1829). (Voy. p. 232, pl. 42, fig. 1-4.)

(6) *Beiträge zur Anatomie des Scorpions. — Meckel's Archiv*, p. 29 (1828); et *Ueber die Athemorgane der Spinnen. — Isis von Oken*, p. 707, pl. 10, fig. 6 (1828).

(7) *Anatomie de différentes espèces d'Insectes. — Mémoires du Museum d'histoire naturelle*, t. XVIII, p. 282.

cet Articulé un ensemble de détails anatomiques plus considérable que ce que l'on possédait déjà sur une même espèce de ce groupe (1) ; détails qu'il étendit encore plus tard dans un mémoire spécial (2).

*

Après Treviranus, c'est Antoine Dugès qu'il faut citer comme ayant enrichi la science des observations les plus importantes touchant l'organisation des Arachnides. Dans un premier travail, il s'est appliqué à faire connaître la structure de la bouche chez les Arachnides inférieurs (3); et, dans un second mémoire, il a donné les meilleures descriptions et les meilleures figures du système nerveux, du cœur, des vaisseaux pneumo-cardiaques, des glandes vénénifiques et des organes de la génération des Aranéides. C'est aussi à cet habile observateur que l'on doit la première découverte de l'existence simultanée, chez certaines espèces, de poches pulmonaires et de trachées extrêmement ramifiées dans toutes les parties du corps; fait complétement en opposition avec les idées admises jusqu'à cette époque (4).

Depuis, de nouvelles recherches sur les yeux des Arachnides, dont les résultats ne s'accordent pas parfaitement avec ceux obtenus par les observations antérieures, ont été publiées par M. Brants (5).

En 1840, un type déjà cité (les Tardigrades), que divers naturalistes ont considéré comme appartenant au groupe des Rotateurs ou Systolides, mais que tous aujourd'hui rattachent avec raison à la classe des Arachnides, a fourni à M. Doyère le sujet d'un travail considérable (6). Contrairement à l'opinion accréditée par quelques auteurs, ce zoologiste a constaté chez ces êtres, toujours d'une taille fort exiguë, une organisation très-complexe. Il a décrit et représenté avec beaucoup de détails l'enveloppe extérieure et l'appareil musculaire de ces animaux. Il a fait connaître leur système nerveux, non pas sans qu'aucune erreur soit à reprocher, mais de manière à donner une idée de sa disposition générale. Il a étudié également l'appareil alimentaire et les organes de la génération. Enfin, il a cru pouvoir admettre l'absence totale d'un appareil circulatoire chez les Tardigrades, et a été conduit à penser que le sang, répandu dans toutes les parties du corps, n'était pas même sous l'influence d'un organe d'impulsion spécial.

Malgré la nécessité de nouvelles recherches sur ces animaux, le mémoire de M. Doyère doit être cité comme le seul travail considérable parmi ceux que la science possède jusqu'à présent sur les types inférieurs de la classe des Arachnides.

En 1842, M. Grube a introduit dans la science plusieurs faits intéressants relatifs à l'organisation des Arachnides les plus parfaits (7). On lui doit d'avoir constaté chez un type d'Araignée souvent mentionné dans les livres d'histoire naturelle, à raison de la singularité de ses habitudes (*Argyroneta aquatica*), ce que Dugès avait découvert chez d'autres espèces, c'est-à-dire l'existence simultanée de poumons et de trachées; d'avoir insisté particulièrement sur l'origine des nerfs dévolus aux antennes-pinces, comme propre à faire déterminer l'analogie de ces appendices avec ceux des autres Articulés; origine, du reste, déjà parfaitement vue et bien exactement représentée par Dugès, mais sans que ce

(1) *Medizinische Zoologie*, Bd. II, p. 87 (1833).

(2) *Recherches sur l'anatomie des Araignées.* — *Ann. des sciences nat.*, 2ᵉ série, t. XIII, p. 180 (1840).

(3) *Recherches sur l'ordre des Acariens.* — *Ann. des sciences nat.*, 2ᵉ série, t. I, p. 5 et 144, et t. II, p. 18 (1834).

(4) *Observations sur les Aranéides.* — *Ann. des sciences nat.*, 2ᵉ série, t. VI, p. 159 et p. 358 (1836); et les planches accompagnant la nouvelle édition du *Règne animal* de Cuvier; *Arachnides*, pl. 1-14 (1836).

(5) *Tijdschrift voor natuurlijke Geschiedenis en physiologie*, t. V (1837); et *Observations sur les yeux des animaux articulés.* — *Ann. des scienc. nat.*, 2ᵉ série, t. IX, p. 308 (1838).

(6) *Mémoire sur les Tardigrades.* — *Ann. des scienc. nat.*, 2ᵉ série, t. XIV, p. 269 (1840).

(7) *Einige Resultate aus Untersuchungen über die Anatomie der Araneiden.* — *Müller's Archiv*, p. 296 (1842).

savant y ait attaché la moindre importance. On doit encore à M. Grube quelques détails sur l'organe hépatique, qu'il montre avec raison comme n'ayant aucun rapport avec le corps adipeux des Insectes auquel l'avaient comparé la plupart de ses devanciers en Allemagne, et d'avoir signalé la communication des orifices auriculo-ventriculaires du cœur avec le péricarde.

*

Malgré ces publications importantes, le Scorpion, depuis le travail de Treviranus, pouvait peut-être compter encore comme le type de la classe des Arachnides le mieux connu dans toutes ses parties. Néanmoins ce type si remarquable appelait encore des observations minutieuses. En 1843, M. Newport se livre à l'étude de l'appareil alimentaire, du système nerveux et du système circulatoire des Scorpions, et produit un des plus beaux travaux que l'on possède encore sur les animaux articulés (1). Au moyen de descriptions extrêmement détaillées et de figures très-bien exécutées, il fait connaître le système nerveux de la vie animale d'une manière beaucoup plus complète et plus exacte que ne l'avaient fait Treviranus et ses successeurs. Il montre les divisions que présente le cœur, les orifices qui existent dans chacune de ses divisions, le chemin que suit le liquide nourricier pour revenir des organes de la respiration au centre circulatoire, le trajet de presque toutes les artères; seulement M. Newport crut à l'existence d'un système veineux tout autrement constitué qu'il n'est en effet, comme on le verra bientôt; mais si l'on songe que cet anatomiste n'a pu faire ses observations, si exactes sous tous les autres rapports, que sur des animaux conservés dans l'esprit-de-vin, on ne peut voir dans son travail autre chose qu'un chef-d'œuvre de patience et surtout d'habileté.

Pendant le cours de la même année, un autre naturaliste anglais porte son attention sur un type tout différent de la classe des Arachnides, déjà étudié par Treviranus. M. Tulk ajoute sur l'ensemble de l'organisation de la classe des Phalangiens de nombreux détails à ceux que l'on possédait déjà (2). Le travail de ce savant n'est pas exécuté sans doute avec toute la précision qu'on aime à rencontrer dans les descriptions et dans les figures anatomiques; mais il a contribué néanmoins d'une manière sensible à agrandir le cercle des connaissances touchant l'organisation des Arachnides.

A la même époque, un zoologiste allemand, M. Menge, dans un mémoire sur les habitudes des Arachnides (3), montre que l'existence simultanée de poumons et de trachées se rencontre chez un plus grand nombre d'espèces qu'on ne l'avait supposé, et le premier il signale un fait qui vient jeter un jour tout nouveau sur le mode de copulation des Aranéides. Tous les observateurs avaient vu que pendant l'accouplement les mâles introduisaient dans la vulve des femelles seulement les extrémités de leurs organes palpiformes. Tous les anatomistes avaient constaté que les organes génitaux de ces mâles sont, comme à l'ordinaire, logés dans l'abdomen, et avaient conclu de cette disposition anatomique que les palpes, d'une structure si compliquée chez ces animaux, jouaient simplement le rôle d'organes excitateurs. M. Menge ayant remarqué que ces Arachnides laissaient échapper de leur orifice génital une gouttelette de liquide séminal, qu'ils recueillaient aussitôt avec leurs palpes, on a pu comprendre alors comment s'effectuait la fécondation avec le mode d'accouplement observé par un grand nombre de naturalistes.

<hr>

(1) *On the structure, relations and developpement of the nervous and circulatory systems, and on the existence of a complete circulation of the blood in vessels in Myriapoda and Macrourous Arachnida.* — *Philosophical Transactions of the royal Society of London*, part. 2, p. 213-246 (1843).

(2) *On the anatomy of Phalangium opilo.* — *Annals and Magazin of natural history*, t. XII, p. 153, 213 et 318, pl. 3, 4, 5 (1843).

(3) *Ueber die Lebensweise der Arachniden.* — *Neueste Schriften der naturforschenden Gesellschaft in Dantzig*, Bd. IV, S. 1 (1843).

Les pièces de la bouche des Arachnides étant tout à fait rudimentaires dans la plupart des cas, les crochets puissants que portent ces animaux sur leur région frontale ayant une apparence et souvent une fonction toute spéciale, la détermination de ces appendices était restée un problème pour les naturalistes. Savigny, le zoologiste qui a su si bien montrer l'identité fondamentale qui existe entre les pièces du système appendiculaire des Articulés, renonce à voir dans les crochets antérieurs des Arachnides les analogues d'appendices existant, soit chez les Insectes, soit chez les Crustacés. Il en vient ainsi à les considérer comme des organes tout à fait propres aux Arachnides, et il les désigne sous un nom particulier, celui de *forcipules* (1). De son côté, Latreille, se fondant sur la direction de leurs mouvements et plus encore sur leur position, croit y reconnaître les analogues des antennes des Insectes, et, pour exprimer nettement cette analogie, il leur applique le nom d'*antennes-pinces* (2). Mais cette détermination est repoussée par presque tous les naturalistes; presque tous veulent y voir les analogues des mandibules des Insectes, et la plupart emploient cette dénomination pour les désigner. Cette dernière opinion est appuyée par l'une des plus grandes autorités que l'on puisse citer quand il s'agit de l'organisation des Arachnides. Dugès, en effet, déclare « qu'il y a parité entre les » mandibules des Insectes et des Crustacés, et les antennes-pinces, forcipules ou mandibules des » Arachnides (3); » ajoutant que presque personne n'a adopté l'opinion de Latreille. Par suite de ces divergences d'opinion, qui n'étaient jamais appuyées sur de nouveaux faits, la question était demeurée irrésolue, comme l'exposait en dernier lieu, M. Brullé, dans un mémoire spécial sur les appendices des Animaux articulés (4).

Une considération importante venait d'être produite depuis peu par M. Grube; mais elle était loin d'être soutenue encore par tous les éléments nécessaires, et d'ailleurs les appendices buccaux proprement dits étaient toujours passés sous silence.

En 1845, l'auteur de cet ouvrage (5) s'applique à l'examen sérieux du type peut-être le plus favorable (les Galéodes) pour la détermination des appendices des Arachnides, principalement en constatant l'origine des nerfs qui se distribuent à chaque partie. Préparé par des études antérieures sur l'organisation des Insectes, il montre que les nerfs qui viennent donner la sensibilité et le mouvement à ces différentes pièces ont absolument la même origine que chez les autres Articulés. Il reconnaît ainsi toute la justesse de l'opinion émise par Latreille à l'égard des antennes-pinces, et il peut se convaincre que la lèvre supérieure, les mandibules, les mâchoires et la lèvre inférieure, devenues tout à fait rudimentaires chez ces Arachnides, se retrouvent à l'entour de l'orifice buccal sous la forme de très-petites pièces, demeurées jusque-là sans détermination dans les ouvrages, mais déjà fort bien représentées par Savigny (6), et mieux encore par M. Milne Edwards (7), pièces à peu près complétement atrophiées chez d'autres types de la même classe. Enfin cette étude conduit encore à ce résultat, que les appendices palpiformes, généralement considérés par les zoologistes comme des palpes maxillaires, ne peuvent être comparés qu'aux pattes-mâchoires des Crustacés.

(1) *Mémoire sur les animaux sans vertèbres*, 2ᵉ partie (1818).

(2) *Règne animal*, t. IV, p. 207 (2ᵉ édition, 1829).

(3) *Recherches sur les Acariens.* — *Ann. des scienc. nat.*, 2ᵉ série, t. I, p. 7.

(4) *Recherches sur les transformations des appendices dans les Articulés.* — *Ann. des scienc. nat.*, 3ᵉ série, t. II, p. 271 (1844). (V. p. 314.)

(5) *Comptes rendus de l'Académie des sciences*, t. XXI, p. 1383, et *Annales des sciences nat.*, 3ᵉ série, t. VIII, p. 227.

(6) *Atlas zoologique de la description de l'Egypte.* — *Arachnides*, pl. 8, fig. 7, 8, 9.

(7) *Atlas de la nouvelle édition du Règne animal de Cuvier.* — *Arachnides*, pl. 20 *bis*.

Dans un travail plus récent, le même naturaliste porte ses investigations sur l'appareil vasculaire des Arachnides, resté encore si peu connu jusque-là, si l'on excepte celui du Scorpion, malgré les belles recherches de Treviranus et de Dugès. On avait bien supposé qu'il existait un système artériel analogue à celui des Crustacés chez les espèces pourvues de sacs pulmonaires, et que le système artériel disparaissait, exactement comme chez les Insectes, dans les espèces respirant au moyen de trachées. Cette opinion, qui ne s'appuyait pas sur l'observation, mais simplement sur certaines analogies, fut développée surtout par Audouin (1). Quelques années plus tard, Dugès cependant dit avoir vu, seulement pour toute la région antérieure du corps, « une grosse artère qui traverse le pédicule et entre dans le » thorax, *sans doute* pour se diviser (2). »

L'auteur du mémoire sur les Galéodes, pratiquant des injections sur les araignées communes de notre pays, parvient à mettre en évidence les artères de chacun des organes et à préciser ainsi le trajet de chacune d'elles. Il comble par là une assez grande lacune de la science, mais toutefois d'une manière moins complète qu'il ne l'avait cru alors. En même temps, il s'assure que le système artériel, très-dégradé chez certains Arachnides trachéens, comme on l'avait supposé, est loin néanmoins de l'être au même degré que chez les Insectes, bien que les tubes respiratoires, recevant le sang dans l'épaisseur de leurs parois, suppléent, comme chez ces derniers, à l'absence d'artères (3).

Presque au moment où s'impriment ces lignes, le même zoologiste vient de montrer que les Aranéides sont pourvues en réalité d'un appareil circulatoire des plus complexes (4).

*

En 1846, M. Wasmann a donné la description la plus étendue que l'on possède jusqu'à présent sur le système musculaire d'une Aranéide (*Mygale avicularia*), et de nouveaux détails sur l'appareil alimentaire et sur les glandes affectées à la secrétion de la soie (5).

Plus récemment, un fait intéressant a été signalé par M. Siebold. Ce naturaliste a découvert chez divers Aranéides considérés jusque-là comme exclusivement pulmonaires des trachées rudimentaires existant à la partie postérieure de l'abdomen, et communiquant avec l'extérieur au moyen d'une fente transversale située en avant des filières (6).

A la même époque, un mémoire sur un type spécial de la classe des Arachnides (les Galéodes) a été publié par un naturaliste russe, M. Kittary. Ce savant a décrit et représenté avec beaucoup de soin tout l'appareil musculaire, la disposition entière du système trachéen, ainsi que l'appareil alimentaire (7); de sorte que l'organisation de ce type se trouve aujourd'hui bien connue, si l'on en excepte l'appareil circulatoire et les organes de la génération.

*

Telle est la série des travaux qui ont porté graduellement la connaissance de l'organisation des

(1) Article *Arachnida. Cyclopædia of anatomy and physiology by Todd*, t. I, p. 205.

(2) *Traité de physiologie comparée*, t. II, p. 446 (1838).

(3) Journal *l'Institut*, t. XVI, p. 259. — *Bulletin de la Société philomathique*, p. 56 (1848), et *Ann. des scienc. nat.*, 3ᵉ série, t. XII, p. 317 (1849).

(4) *Comptes rendus de l'Acad. des sciences*, t. XXXVI, p. 402 (1852).

(5) *Beiträge zur Anatomie der Spinnen.* — *Abhandlungen aus dem Gebiete des Naturwissenschaften-Vereins zu Hamburg*, Bd. I. S. 131, Taf. xiii und xiv (1846).

(6) *Lehrbuch der vergleichenden Anatomie*, Erster Theil, S. 535 (1848).

(7) *Anatomische Untersuchung der gemeinen* (Galeodes Arancoides) *und der furchtlosen* (Galeodes intrepida) *Solpuga.* — *Bulletin de l'Académie impériale des naturalistes de Moscou*, t. XXI, p. 307 (1848).

Arachnides au point où elle est parvenue à l'époque actuelle. Sans doute on trouve encore çà et là quelques autres publications ayant rapport au même sujet; mais ici nous devons mentionner seulement celles qui ont apporté des faits nouveaux, qui ont donné une connaissance plus exacte ou plus complète de parties déjà signalées d'ailleurs. Il convient de passer sous silence celles qui ne se distinguent guère que par les erreurs qui y sont accumulées. Cependant, à cause du nom de l'auteur, souvent cité à juste titre quand il s'agit des animaux articulés, il est bien difficile de ne pas indiquer un mémoire sur l'anatomie des scorpions dû à M. Léon Dufour (1). Ce savant, qui depuis vingt-cinq ans ne cesse de verser les critiques les plus ardentes sur les plus belles observations anatomiques, comme sur les plus brillantes découvertes physiologiques concernant les animaux articulés, vient nier aujourd'hui les faits les mieux constatés touchant l'organisation des scorpions. Pour n'en citer qu'un exemple, il suffira de dire que les divisions du cœur et ses orifices latéraux, si faciles à observer et si bien décrits par Gœde, par Grube, par Newport, par Wasmann, par tant d'autres, sont considérés par M. Léon Dufour comme étant de pure invention.

*

Le développement des Arachnides a été l'objet des études de plusieurs observateurs; et néanmoins les connaissances acquises sur ce point sont jusqu'à présent demeurées extrêmement imparfaites. C'est à Hérold qu'on doit le travail le plus important sur l'embryogénie des Araignées (2). Swammerdam avait observé les larves de l'un des types inférieurs de la classe des Arachnides (3); mais c'est à Dugès (4) et à M. Burmeister (5) que l'on doit surtout d'avoir reconnu que des Arachnides inférieurs subissent, après leur sortie de l'œuf, des changements considérables, de véritables métamorphoses.

D'autre part, des faits déjà très-détaillés et bien observés à l'égard du développement des Scorpions ont été produits dans la science par M. H. Rathke (6). Cet habile naturaliste n'a pas suivi seulement les changements de formes que subissent les embryons; il a constaté encore plusieurs points très-essentiels relativement à la constitution des organes intérieurs. De plus, il a fait suivre l'énoncé de ses propres recherches de réflexions sur le développement des Araignées, qui font disparaître des erreurs d'interprétation des plus nombreuses dans le travail de Hérold.

Cette courte énumération des études embryogéniques concernant les Arachnides doit se terminer ici par la mention d'un mémoire récent de M. Van Bénéden, l'auteur de tant de beaux travaux sur l'organisation et le développement des animaux inférieurs. Ce zoologiste vient d'enrichir la science des premières études sérieuses sur les diverses phases de la vie embryonnaire de l'un de ces Arachnides que les naturalistes placent au rang des moins parfaits; ceux de l'ordre des Acariens (7).

*

De toutes les recherches, de toutes les observations, de tous les travaux jetés dans la science depuis

(1) *Observations sur l'anatomie des Scorpions.* — *Ann. des scienc. nat.*, 3ᵉ série, t. XV, p. 249 (1851).

(2) *De generatione Araneorum in ovo* (1824).

(3) *Biblia naturæ*, tab. III (Nèpe).

(4) *Recherches sur les Acariens.* — *Ann. des scienc. nat.*, 2ᵉ série, t. I, p. 166, pl. 11, fig. 49-55 (1834).

(5) *Isis von Oken*, p. 138, pl. 4, fig. 4-6 (1834).

(6) Burdach's *Physiologie.* 2ᵉ édit., t. II, p. 242 (1837), et Traduct. française, t. III, p. 97 (1838).

(7) *Recherches sur l'histoire naturelle et le développement de l'Atax ypsilophora.* — *Mém. de l'Académie royale de Bruxelles*, t. XXIV (1850).

plus d'un demi-siècle, il est résulté déjà une connaissance passablement étendue de l'organisation des Arachnides.

Il est établi aujourd'hui que ces Animaux ont une enveloppe externe, molle ou simplement coriace, plus ou moins extensible, et composée essentiellement de chitine, comme chez les Insectes; que cette enveloppe ou ce tégument est composé de deux couches : l'une externe ou l'épiderme plus ou moins solide et souvent garni de papilles, de soies ou de poils de formes diverses, et l'autre ou l'interne, consistant en une membrane mince, soit fibreuse, soit granuleuse.

Il est acquis à la science que tous les Arachnides possèdent un appareil musculaire extrêmement développé; qu'il existe des faisceaux de muscles cutanés principalement à la face dorsale, et plus encore à la face ventrale de l'abdomen, et que tous les appendices sont mis en mouvement au moyen de muscles d'une puissance extrême, mais sans que les différences qui se rencontrent, sous ce rapport, entre les types de la classe des Arachnides soient précisées nulle part.

Il est bien constaté que ces Articulés possèdent un système nerveux variable dans son développement suivant les types, mais qui atteint cependant un haut degré de centralisation dans le plus grand nombre des cas. L'origine de tous les nerfs se distribuant aux différents appendices est à peu près complétement précisée à l'égard des représentants d'un certain nombre de groupes. La brièveté des connectifs unissant les ganglions cérébroïdes ou le cerveau avec les centres médullaires sous-intestinaux est constatée chez la plupart des Arachnides; l'existence d'un système viscéral est indiquée dans plusieurs cas, mais à la vérité sans que la disposition entière de ce système soit décrite en aucun endroit.

Il est démontré que certains Arachnides sont dépourvus du sens de la vue, mais que la plupart, au contraire, possèdent des yeux et que ces yeux sont toujours simples. Ces organes sont décrits, chez les espèces les plus élevées en organisation, comme étant composés d'une cornée, d'un cristallin sphérique et d'un corps vitré entouré par la rétine, et en outre comme enveloppés d'une couche de pigment, considéré comme l'analogue de la choroïde. Il est admis que les Arachnides ont les extrémités des pattes parfaitement conformées pour l'exercice du sens du toucher; mais rien n'est reconnu à l'égard des autres sens.

Il est acquis que chez les Arachnides les pièces buccales, du reste très-variables, sont souvent atrophiées; que la bouche est protégée en dessous par des appendices analogues aux pattes-mâchoires des Crustacés et désignés sous le nom de palpes dans la plupart des ouvrages; que le canal intestinal, en général presque droit, présente ordinairement des *cœcum;* que chez les Arachnides supérieurs l'estomac, logé dans la cavité céphalothoracique et divisé dans sa portion moyenne de manière à affecter une forme annulaire, envoie des deux côtés des prolongements ou *cœcum* dirigés vers les pattes et pénétrant quelquefois même dans ces appendices; que l'intestin traverse l'abdomen en s'élargissant à l'extrémité pour former le rectum ou une sorte de cloaque; et qu'enfin il y a presque toujours des glandes salivaires, en général un foie extrêmement volumineux et des organes urinaires débouchant dans le cloaque intestinal.

Une série d'observations a appris qu'il existe chez la plupart des types de la classe des Arachnides un cœur plus ou moins allongé, enveloppé d'un péricarde et pourvu, sur les côtés, d'orifices auriculo-ventriculaires, et, chez les Arachnides les plus parfaits, un système d'artères des plus complets, un système de canaux veineux plus ou moins bien délimités et des vaisseaux pneumo-cardiaques en communication intime avec le péricarde et ramenant ainsi le sang des organes respiratoires au cœur; que chez les Arachnides trachéens le système artériel se dégrade et que les tubes respiratoires, recevant le fluide nourricier dans l'épaisseur de leurs parois, suppléent à l'imperfection du système arté-

riel. Il est reconnu aussi que le sang, chez ces animaux, est à peu près incolore et contient des globules d'une forme déterminée.

Il est admis que certains Arachnides inférieurs sont dépourvus d'organes spécialement affectés à la
respiration et que cette fonction ne s'exerce chez eux qu'au moyen de la peau; que chez tous les
autres cette fonction s'effectue tantôt exclusivement au moyen de trachées ou tubes ramifiés dans
toutes les parties du corps, tantôt au moyen de poumons localisés dans l'abdomen, constitués par des
lamelles appliquées les unes contre les autres et recevant l'air dans leur intérieur, et tantôt enfin, au
moyen tout à la fois et de poumons et de trachées.

Par suite d'observations nombreuses, parmi lesquelles plusieurs sont les plus anciennes qui aient
été faites touchant l'organisation et les propriétés des Arachnides, on sait qu'il existe souvent chez ces
animaux des organes affectés à des sécrétions particulières : ce sont, dans les types principaux de la
classe, des glandes à venin, dont le conduit s'ouvre par l'extrémité des antennes-pinces ou chélicères,
et, chez un seul type, un appareil analogue situé à l'extrémité abdominale et aboutissant à un aiguillon qui termine la portion caudale; et c'est encore chez beaucoup d'Arachnides un appareil glandulaire logé dans l'abdomen, dont le produit est la soie, appareil s'ouvrant en général à l'extrémité
postérieure du corps, par trois paires de filières, qui consistent en tubes hérissés, au bout, d'une multitude de petits tuyaux.

Les Arachnides sont considérés tous comme ayant les sexes séparés, à l'exception des représentants
d'un seul groupe (les Tardigrades). Il est reconnu que chez ces Articulés les organes mâles et les
organes femelles présentent de grandes variations, au moins suivant les ordres; que les testicules et les
ovaires sont toujours doubles et, dans un petit nombre de cas, plus ou moins confondus sur la ligne
médiane; qu'ils sont logés dans l'abdomen et terminés par deux conduits débouchant dans un orifice
commun, situé soit à la base de l'abdomen, soit sous le thorax; qu'il existe souvent des glandes
accessoires, et qu'enfin, dans le groupe le plus important de cette grande division zoologique, les
pattes-mâchoires des mâles se modifient de manière à jouer un rôle considérable dans l'acte de la
copulation.

En dernière analyse, les œufs des Arachnides, presque toujours d'une forme bien arrondie, sont
décrits comme composés d'une enveloppe lisse et d'un vitellus formé par une multitude de petites
vésicules, au milieu desquelles se trouve la vésicule germinative, et de plus, au moins chez certaines
espèces, un noyau particulier de consistance solide. Il a été observé aussi que les spermatozoïdes
affectent des formes très-diverses suivant les groupes. Et depuis combien de temps n'a-t-on pas
reconnu que tout le développement embryonnaire chez la plupart des Arachnides s'effectue dans l'œuf?
que ces animaux naissent ainsi avec toutes les formes de l'adulte? Mais, d'un autre côté, aussi,
il a été constaté qu'il en est autrement dans certains groupes fort limités : là l'animal naît à l'état de
larve, et subit ensuite des métamorphoses pour devenir adulte.

*

Ainsi, au moment où nous prenons la science, l'organisation des Arachnides a été l'objet de recherches fort étendues, d'observations bien nombreuses. De cette multiplicité de travaux on a obtenu
la connaissance d'une série de faits qui déjà peuvent être groupés et offrir un certain ensemble. Néanmoins, comme on le voit jusqu'ici plus ou moins pour chacune des grandes divisions du règne animal,
une lacune immense apparaît au premier abord. Tous les faits acquis à la science étant réunis, il
est encore absolument impossible de concevoir une idée nette de la totalité des ressemblances et des

différences que présentent entre eux deux types d'ordres ou de familles; bien moins encore s'il s'agit d'un plus grand nombre. A ce point de vue seul, reste donc un champ de recherches bien vaste à parcourir pour porter nos connaissances assez loin pour rendre ces comparaisons faciles.

A côté de cela, examine-t-on si un seul des systèmes organiques est réellement bien connu dans cette classe des Arachnides, aussitôt l'on s'aperçoit que souvent les faits sont demeurés très-imparfaitement étudiés. Nous ne possédons pas une étude vraiment approfondie du système tégumentaire ni de l'appareil musculaire d'un Arachnide. S'il s'agit du système nerveux, on reconnaît aussi que le trajet des nerfs est loin d'avoir été exactement déterminé dans un grand nombre de cas; et quant à la portion de ce système dévolue aux viscères, on voit que rien de sérieux n'est encore entré dans la science.

S'il s'agit de l'appareil circulatoire, malgré les découvertes récentes bien des détails importants restent à préciser; s'il s'agit des organes de la génération, il en est encore de même.

D'après cela, le but multiple auquel doivent tendre nos efforts est clairement indiqué.

Ordre des PÉDIPALPES (*PEDIPALPI*) [1].

Ce sont les Arachnides qui ont tout le corps revêtu d'un tégument de consistance coriace, le céphalothorax d'une seule pièce et l'abdomen toujours formé d'anneaux très-distincts les uns des autres et réunis au moyen d'une portion membraneuse; qui ont deux yeux sur la ligne médiane du céphalothorax, et sur les côtés des organes semblables, mais de plus petite dimension et en nombre variable; des antennes-pinces pourvues d'un doigt mobile, et des pattes-mâchoires extrêmement développées, terminées soit en pince, soit en griffe.

A ces caractères extérieurs on ajoute d'ordinaire que ce sont des Arachnides dépourvus d'organes affectés à la sécrétion de la soie; que leurs chélicères ou antennes-pinces ne servent jamais de passage pour aucune sécrétion; que leur respiration s'effectue au moyen de sacs pulmonaires en nombre variable, avec des orifices situés à la base et à la face inférieure de l'abdomen.

Famille des SCORPIONIDES (*SCORPIONIDÆ*).

Les caractères zoologiques des Scorpionides sont si prononcés que c'est depuis bien longtemps qu'ils sont invariablement formulés dans la science. Ces caractères sont même jusqu'à présent demeurés si absolus, qu'ils séparent de la manière la plus nette ces Arachnides des autres familles appartenant au même ordre.

Les Scorpionides ont toujours un corps allongé, des yeux au nombre de six, de huit, de dix ou de douze, dont deux plus grands que les autres et rapprochés sur la ligne moyenne du céphalothorax, et les plus petits rejetés sur les bords, presque contigus et formant ainsi une petite rangée de deux, de trois, de quatre ou de cinq; des antennes constituant des pinces préhensiles; des pattes-mâchoires extrêmement développées et terminées en forme de main; deux lamelles pectinées, situées à la base de la région ventrale; un abdomen rétréci postérieurement et figurant une sorte de queue composée de six zoonites, dont le dernier terminé par un crochet destiné à servir de passage à un liquide venimeux.

*

La famille des Scorpionides est représentée aujourd'hui dans les collections par un grand nombre d'espèces, parmi lesquelles il y en a déjà beaucoup de décrites, notamment dans les ouvrages de MM. Koch (2) et Gervais (3).

Ces Arachnides, disséminés dans toutes les régions chaudes des deux hémisphères, se ressemblent au plus haut degré par l'ensemble de leurs caractères. Pour les anciens naturalistes, cette famille actuelle n'était autre que le genre Scorpion. Les différences déjà observées dans le nombre des yeux

---

(1) Latreille, *Genera Crustaceorum et Insectorum*, t. I, p. 128 (*familia secunda*) (1806).
(2) Koch, *Die Arachniden System* (1837).
(3) Gervais, *Hist. des Insectes aptères*, par Walckenaer (suites à Buffon), t. III (1844).

suivant les espèces furent regardées avec assez de raison par Latreille comme des caractères d'une très-faible valeur.

Cependant en 1817 un naturaliste anglais, Leach (1), avait distingué sous le nom de *Buthus* les Scorpions pourvus de huit yeux, réservant celui de *Scorpio* pour ceux qui n'en présentent que six.

Plus tard, le genre *Androctonus* fut établi par MM. Hemprich et Ehrenberg pour les espèces pourvues de douze yeux, et celui de *Centrurus* pour ceux qui en présentent dix (2).

Mais l'on ne devait pas encore s'en tenir à ces divisions. En 1837, un entomologiste allemand, M. Koch, dans un ouvrage descriptif sur les Arachnides (3), crut pouvoir élever au rang de familles ces genres fondés essentiellement sur le nombre des yeux, et alors, presque uniquement d'après la considération de la grosseur de ces organes et des plus légères différences dans leur position, il indiqua toute une série de nouveaux genres.

Plus récemment, M. P. Gervais pensa, au contraire, devoir en revenir à l'ancien genre *Scorpio*, n'admettant ceux établis à ses dépens que comme de simples divisions ou des sous-genres, faisant remarquer que la plus grande ressemblance existe souvent entre les Scorpions à dix yeux latéraux et d'autres qui n'en ont que huit ou même six; et enfin, tenant compte, dans la caractéristique des divisions, de la forme du céphalothorax, de la portion caudiforme de l'abdomen et des organes pectiniformes.

C'est là, en effet, l'expression zoologique la plus exacte que l'on puisse donner de la famille des Scorpionides. L'étude la plus sérieuse des caractères extérieurs conduit à n'y reconnaître qu'un seul type, très-faiblement modifié suivant les espèces; l'étude de l'organisation interne, comme nous le montrerons plus loin, place ce résultat hors de toute incertitude.

L'espèce qui doit ici nous servir de type principal est naturellement celle de notre pays.

LE SCORPION ROUSSATRE (*SCORPIO OCCITANUS*).

Scorpio occitanus. Amoreux, *Journal de Physique*, t. XXXV, p. 9 (1789).
Latreille, *Genera Crustaceorum et Insectorum*, t. I, p. 132.
Gervais, *Hist. des Insectes aptères* (suites à Buffon), t. III, p. 42, pl. 23, fig. 4.
Scorpio tunetanus. Herbst, *Scorpion*, p. 68, pl. 2, fig. 2.

Cet Arachnide est long de 80 à 85 centimètres; entièrement d'une couleur jaunâtre, assez pâle, surtout pendant la vie, avec l'aiguillon noirâtre, un céphalothorax garni de granulations formant des lignes ondulées, dont l'une figurant un sourcil granulifère; l'extrémité des pattes-mâchoires médiocrement renflée; des peignes présentant environ une trentaine de dents, et un abdomen finement granuleux, avec des carènes très-crénelées sur les zoonites de la portion caudiforme.

Ce Scorpion est répandu dans une grande partie de l'Europe méridionale et du nord de l'Afrique. On le trouve dans le midi de la France, principalement dans le Languedoc; de là le nom qui lui a été appliqué. Il est commun aux environs de Cette, de Port-Vendre, etc.

C'est cette espèce qui a servi particulièrement aux observations anatomiques de Cuvier, de Meckel, de MM. Marcel de Serres et Léon Dufour. C'est, au contraire, le *Scorpio europœus* qui a été étudié par Treviranus, et le *Scorpio afer* de l'Inde par M. Newport.

(1) *Transactions of the Linnean Society*, t. XI, p. 391 (1812), et *Zoological Miscellany*, t. III, p. 53, pl. 143 (1815).
(2) *Vorläufige Uebersicht der in Nord-Africa und West-Asien einheimischen Scorpione*.
(3) *Die Arachniden System*.

SYSTÈME TÉGUMENTAIRE.

Le système tégumentaire de notre Scorpion est d'une consistance assez solide. Il est coriace et d'une épaisseur, lorsque l'animal est adulte, qui n'est pas moindre d'un vingtième à un dixième de millimètre, suivant les différentes parties du corps.

En coupant une tranche du tégument aussi mince que possible, et en plaçant cette pièce sous le microscope de manière à l'observer dans le sens de son épaisseur, on distingue nettement deux couches principales (1), l'une superficielle, l'épiderme, l'autre profonde, le derme ou chorion. L'épiderme (2) se montre strié longitudinalement; ce sont des stries qui ne se suivent pas dans toute la longueur, qui se présentent, au contraire, comme fréquemment interrompues; en général, elles ont une extrême finesse, mais quelques-unes sont plus prononcées que les autres.

La couche profonde (3) est séparée de la première par une ligne extrêmement étroite: c'est une faible quantité de matière colorante interposée, toujours assez peu considérable chez le Scorpion de notre pays pour laisser au tégument une certaine transparence. Le derme offre une épaisseur plus considérable que l'épiderme, et il est lui-même formé de deux portions plus ou moins distinctes suivant les parties que l'on vient à observer. La partie située exactement sous l'épiderme est la plus dense; outre le tissu fibreux que présente dans sa totalité cette couche de la peau, on y aperçoit un assez grand nombre de granules plus solides et des canalicules transverses. Dans la portion tout à fait profonde, qui est la plus molle, on ne distingue, au contraire, que des fibres extrêmement serrées.

Pour mieux reconnaître la structure du tégument, il devient nécessaire de séparer l'épiderme du chorion; mais cette opération présente toujours quelque difficulté. Si l'on agit sur l'animal vivant ou sur l'animal qui vient de mourir, on parvient, à l'aide d'une aiguille ou mieux d'une lame extrêmement fine, à séparer les deux couches tégumentaires sur quelques points, mais toujours, du reste, dans une bien petite étendue. Si l'animal a été desséché ou conservé dans l'esprit-de-vin, cette opération devient à peu près impossible. Au contraire, en plaçant soit l'animal entier, soit simplement une portion du tégument, dans une dissolution de potasse caustique légèrement chauffée, la matière colorante se détruit et la séparation des deux couches s'effectue alors avec une grande facilité, sans que leur substance, composée essentiellement de chitine, paraisse en rien altérée.

L'épiderme ainsi isolé de l'autre couche cutanée se présente sous l'apparence d'une lame mince et coriace. En le soumettant au microscope de façon à examiner sa surface par transparence, sous des grossissements de 150 à 300 diamètres (4), on voit de la manière la plus nette une multitude de petites aréoles disposées les unes contre les autres, comme les cellules des gâteaux d'abeilles, en affectant toutefois une forme beaucoup moins régulière. Ce sont ces aréoles qui, vues de côté dans l'épaisseur du tégument, forment des stries interrompues. Cette structure cependant paraît quelquefois s'effacer plus ou moins dans certaines portions d'épiderme, particulièrement sur les pattes (5); alors on distingue des granules en assez grande abondance et des espaces arrondis d'une densité plus grande que le reste du tissu, ce qui les fait paraître plus opaques sous le microscope. D'espace en espace on remarque des poils; là il existe de petites cavités ayant un rebord saillant; les poils, toujours assez courts, sont aussi très-coniques, et ils offrent des stries longitudinales bien apparentes, particulièrement sur les plus gros.

(1) Pl. I, fig. 3.
(2) Fig. 3-a.
(3) Fig. 3-b.
(4) Pl. I, fig. 4 et 5.
(5) Fig. 5.

Le derme, séparé de l'épiderme et considéré également du côté de sa surface (1), ne montre qu'un tissu fibreux dans lequel on voit des granules épars et les canalicules que nous avons déjà indiqués; ces petits canaux, s'anastomosant sur un grand nombre de points, forment une sorte de réseau dans quelques parties du derme.

Le squelette tégumentaire des Scorpions, de même que celui de tous les Arachnides, est infiniment plus simple que chez les Insectes et les Crustacés. Dans ce type entomologique, les pièces qui constituent l'enveloppe extérieure forment deux séries bien distinctes; les unes sont dorsales, les autres ventrales, et elles sont unies sur les côtés, dans une grande partie de la longueur du corps, par une simple membrane (2).

Céphalothorax.

Région supérieure. — En considérant l'animal en dessus, la première pièce qui se présente à l'observateur est le bouclier céphalothoracique (3). Cette partie s'étend de l'extrémité antérieure du corps à l'extrémité postérieure de la portion thoracique. Chez notre Scorpion, ce sclérodermite (4) est un peu plus large que long, plus étroit en avant qu'en arrière, et légèrement rabattu sur les côtés. Sa surface présente des inégalités, des bosselures, des sillons; ce sont là des détails au premier abord de peu d'importance et qui cependant appellent une attention toute spéciale. En avant, ce bouclier dorsal supporte les yeux, dont les cornéules sont enchâssées dans son épaisseur; deux de ces organes sont situés vers le milieu et peu écartés l'un de l'autre; les autres sont rangés de chaque côté, au bord latéral et antérieur du céphalothorax. Celui-ci est garni de tubercules, les uns épars, les autres formant des rangées; il existe deux de ces lignes tuberculigères entre les yeux médians, qui divergent sensiblement vers le bord antérieur; en arrière, on en remarque une autre de chaque côté, qui est droite d'abord, se courbe ensuite intérieurement et s'étend enfin jusqu'au bord postérieur. En outre, on distingue entre les deux lignes qui viennent d'être décrites une courte rangée de tubercules plus petits que les autres, dirigée obliquement et interrompue à la hauteur des yeux médians. Ces crêtes ne paraissent pas, du reste, devoir mériter ici une attention particulière. Jusqu'ici, c'est seulement au point de vue de la distinction des espèces qu'elles nous semblent devoir être considérées minutieusement. Il n'en est pas de même pour les sillons; ceux-ci sont peu prononcés chez le Scorpion, comparativement à ceux que l'on observe sur le céphalothorax d'autres Arachnides; ils sont en rapport avec les attaches musculaires. Un de ces sillons se montre en arrière des yeux médians et remonte de chaque côté pour se terminer en arrière des yeux latéraux. En partant de ce point et en suivant jusqu'à l'angle postérieur du céphalothorax, on reconnaît distinctement quatre autres sillons assez profonds, qui circonscrivent nettement cinq espaces plus ou moins renflés, qui correspondent aux cinq paires d'appendices locomoteurs. Le premier de ces sillons se réunit à celui qui limite la portion oculigère du céphalothorax; les autres, interrompus par la ligne tuberculigère latérale, s'étendent

(1) Pl. I, fig. 6.

(2) Pl. I, fig. 1 et 2.

(3) Pl. I, fig. 1 et fig. 7-a.

(4) Nous employons cette dénomination, qui a été proposée tout récemment par M. Milne Edwards (*Observations sur le squelette tégumentaire des Crustacés décapodes et sur la morphologie de ces animaux. — Annales des sciences naturelles*, t. XVI, p. 222 (1851), pour désigner une pièce quelconque du squelette tégumentaire d'un animal articulé.

néanmoins jusqu'au milieu du bouclier dorsal, où ils rejoignent ceux du côté opposé en décrivant une petite courbe dirigée en arrière.

Ces impressions sont toujours très-faciles à reconnaître, aussi bien sur les individus desséchés que sur les individus frais, les téguments du Scorpion ayant une solidité assez grande pour ne pas subir de déformation considérable. Cependant, si l'on plonge un de ces Arachnides dans une dissolution de potasse caustique que l'on maintient chaude durant une ou deux journées, la chitine seule persistant, les sillons deviennent plus apparents sur le tégument ainsi aminci. En même temps, l'on voit de la manière la plus nette qu'il n'existe aucune trace de sutures. Comme on pourra en juger plus loin, le bouclier thoracique se constitue chez l'embryon d'une façon uniforme, c'est-à-dire par *ossification confuse*, pour nous servir d'une expression empruntée à M. Milne Edwards.

Il est pourtant certain que la partie supérieure du céphalothorax du Scorpion représente un assemblage de pièces non-seulement distinctes, mais même complétement séparées les unes des autres chez un grand nombre d'Articulés. C'est là, du reste, un fait admis par les zoologistes. Le nom de céphalothorax, généralement appliqué à toute la partie antérieure du corps des Arachnides, indique déjà assez l'opinion des naturalistes; ils ont vu dans ce tronçon l'analogue de la tête et du thorax des Insectes entièrement confondus.

Si l'on considère isolément la partie supérieure, c'est-à-dire le sclérodermite qui vient d'être décrit, on est donc porté tout d'abord à y chercher les analogues des pièces de la région supérieure de la tête et du thorax des Insectes.

Pour nous, la portion céphalothoracique qui supporte les yeux et qui est limitée en arrière par un sillon, représente bien positivement la tête des Insectes, au moins en partie. La présence des yeux sur cette pièce nous semble de nature à faire admettre notre détermination comme positive. En outre, les nerfs qui se rendent à ces organes ayant une origine semblable à celle qu'on leur trouve chez tous les autres Articulés, toute incertitude, d'après cela, paraît impossible. Quant aux cinq parties qui suivent, et qui sont également circonscrites par des sillons, devons-nous les considérer comme un simple prolongement de la tête plus ou moins bosselé, ou, au contraire, comme les analogues des arceaux supérieurs du thorax, qui demeurent séparés les uns des autres chez d'autres Articulés? Ici encore il ne nous paraît pas y avoir d'embarras; ce sont bien les arceaux supérieurs du thorax, car ils correspondent très-évidemment aux cinq paires d'appendices, et chez d'autres Arachnides (Galéodes) nous trouverons cette région thoracique nettement séparée de la région céphalique.

En résumé, le bouclier céphalothoracique du Scorpion est, dans sa partie antérieure, l'analogue de la région supérieure de la tête des Insectes et en arrière de cinq arceaux thoraciques, indiqués ici seulement par des sillons.

Dans l'opinion de Victor Audouin (1), les Arachnides auraient été dépourvus de pièces dorsales comparables à celles des Insectes, et chez ces animaux les parties analogues aux pièces latérales du thorax des Insectes auraient, dans cette hypothèse, remplacé les arceaux de la région dorsale, en remontant de chaque côté pour venir se rejoindre sur la ligne médiane. Mais, précisément chez les Arachnides, la complète séparation des pièces tergales des pièces sternales montre qu'il n'en est pas ainsi. La démonstration sera entière quand nous examinerons les types d'Arachnides les plus voisins des Scorpions, chez lesquels on trouve des vestiges des pièces épisternales et épimériennes. Comme on le verra de plus en plus, tout concourt à prouver que le bouclier céphalothoracique est bien l'analogue de l'ensemble des parties supérieures réunies de la tête et du thorax des Insectes.

(1) Article *Arachnida*. — *Cyclopædia of Anatomy and Physiology by Todd.*, t. I, p. 202.

*

Appendices céphaliques. — Les appendices de cette région du corps sont en général très-réduits chez les Arachnides; les yeux ne sont presque jamais pédiculés, et les pièces buccales demeurent presque toujours dans un état des plus rudimentaires.

Les yeux. — En considérant la surface du bouclier céphalothoracique du Scorpion, on reconnaît aisément la présence de plusieurs petites lentilles d'aspect vitreux enchâssées dans l'épaisseur du tégument : ce sont les cornées des yeux. On en distingue deux principaux vers le centre du bouclier, assez rapprochés l'un de l'autre (1).

Quand le sclérodermite supérieur du céphalothorax est isolé et bien dégagé de tout corps étranger, on voit que les cornées sont parfaitement transparentes dans toute leur étendue, et que la substance qui les constitue est intimement unie au tégument. Les yeux médians du Scorpion ne sont pas absolument ronds; sans être tout à fait ovales, ils sont un peu plus longs que larges (2). Chez l'espèce qui nous sert de type, il y a en outre, de chaque côté du bouclier céphalothoracique et très-près du bord antérieur, trois yeux beaucoup plus petits que les autres et disposés en rangée longitudinale (3). Ceux-ci ne diffèrent des premiers que par leur dimension moindre. Leur diamètre, en effet, n'équivaut guère qu'à un quart de celui des yeux médians, mais leur forme est très-semblable (4). L'espace qui existe de l'un à l'autre est extrêmement étroit; il est du tiers environ du diamètre de chaque œil.

*

Les antennes-pinces. — En avant et exactement au-dessous du bouclier céphalothoracique, s'insèrent deux appendices courts, ramassés, affectant à leur extrémité la forme de pinces (5). Ces pièces sont maintenues à l'extérieur, au moyen d'une membrane assez épaisse. Chez les Arachnides, elles ne sont jamais implantées dans la partie solide du tégument, à la manière des antennes des Insectes et des Crustacés. Situées au-dessus de l'orifice buccal, on a pu, pendant longtemps, les regarder comme des pièces de la bouche; mais, ainsi qu'on l'a vu précédemment (6), des observations encore assez récentes ont montré dans ces appendices les analogues des antennes des Crustacés et des Insectes. A raison de leur forme, on leur a donné le nom d'*antennes-pinces*, qui indique d'une façon assez heureuse la nature et l'usage de ces parties dans les Scorpions, mais qui ne convient pas au même degré à celles de la plupart des autres Arachnides.

Dans ces appendices, on compte trois articles; en d'autres termes, on y distingue le corps et le crochet (7). Le corps affecte une forme ovalaire, il est bombé, médiocrement arqué sur les côtés et con-

(1) Pl. 4, fig. 7 *a* *.

(2) Fig. 9.

(3) Fig. 7 *a* **. Un naturaliste a cru que chez le *Scorpio occitanus* il y avait quatre yeux de chaque côté; un tubercule a été pris pour un œil. Quand on a soin de détacher le bouclier céphalothoracique, aucun doute n'est possible; mais si une incertitude quelconque pouvait exister encore, l'examen des parties internes, notamment des nerfs, ôterait à cet égard toute chance d'erreur.

(4) Fig. 10. — Ces yeux ont été dessinés à la *camera lucida*, avec le même grossissement que les yeux médians, fig 9, de manière à montrer exactement leur rapport de dimension.

(5) Pl. 4, fig. 1 *a* et fig. 14 *a*.

(6) Voyez pag. 7.

(7) Pl. 4, fig. 11, une antenne-pince grossie, vue en dessus; fig. 12, la même vue en dessous.

stitué par deux articles, l'un principal, l'autre basilaire. Celui-ci est très-court, et se prolonge en dessous en une petite lame servant de point d'attache aux muscles rétracteurs; la pièce principale de l'antenne-pince est comme tronquée au sommet, un peu dentelée et coupée obliquement au côté externe. La partie interne se prolonge en une sorte de crochet marqué à sa base par une dépression; ce prolongement, un peu arqué en dedans, pointu à l'extrémité, est pourvu de deux rangées de dents; un crochet mobile plus long, bidenté à l'extrémité et également muni dans sa longueur de deux rangées de pointes, s'insère au côté externe du sommet de l'antenne, à la manière du doigt des pattes préhensiles des Crustacés, et constitue avec le prolongement interne une véritable pince, une véritable tenaille.

Comme nous avons déjà eu l'occasion de le dire, la détermination des appendices qui viennent d'être décrits sous le rapport de leur forme extérieure a longtemps embarrassé les naturalistes; aujourd'hui elle ne peut souffrir aucune incertitude, la preuve en sera fournie plus loin. Ces pièces sont positivement les analogues des antennes des Insectes et des Crustacés; plus rapprochées seulement de l'orifice buccal que chez la plupart des autres animaux articulés, elles agissent comme organes de manducation, remplissant à peu près les fonctions des mandibules chez les Insectes; c'est à ces appendices que plusieurs zoologistes avaient été conduits à comparer les antennes-pinces des Arachnides. L'examen anatomique et la détermination de petites pièces buccales rudimentaires dans l'un des types de la classe des Arachnides ont montré que l'analogie organique n'existait pas là.

Les antennes-pinces du Scorpion agissent indépendamment l'une de l'autre, tout au contraire des mandibules des Crustacés et des Insectes; elles servent à l'animal à maintenir sa proie à portée de sa bouche, à la blesser de façon à permettre à l'orifice buccal de humer les parties fluides qu'elle contient. Elles sont employées souvent encore, lorsque la proie n'offre pas une enveloppe très-dure, à la diviser en parties assez ténues pour pénétrer dans la bouche et dans l'œsophage. En un mot, les antennes-pinces du Scorpion, de même que les appendices analogues des autres Arachnides, sont anatomiquement les antennes des Insectes et des Crustacés, et, par leurs usages, ce sont presque des mandibules ou des mâchoires.

Bouche. — Chez le Scorpion, il n'existe qu'une seule pièce buccale proprement dite; elle est insérée sur la ligne médiane, au-dessus de la bouche, exactement au-dessous des antennes-pinces, et enclavée pour ainsi dire entre les pattes-mâchoires (1). C'est un petit appendice flexible, aminci vers l'extrémité, sensiblement dilaté sur les côtés, convexe en dessus et garni, principalement au bout, de poils fins et soyeux. Cette pièce offre deux apodèmes d'insertion qui s'écartent beaucoup l'un de l'autre.

On éprouve un certain embarras à déterminer d'une manière bien positive la nature de l'unique appendice buccal des Scorpions. Il est impossible d'y voir l'analogue de la lèvre supérieure des Insectes; la lèvre supérieure est l'une des pièces qui avortent le plus complétement chez les Arachnides. D'ailleurs, dans tous les animaux articulés, cette lèvre supérieure reçoit des nerfs qui naissent des ganglions cérébroïdes; il en est autrement pour l'appendice buccal du Scorpion : ses nerfs ont leur origine dans la portion antérieure du ganglion sous-œsophagien, exactement comme ceux des mandibules et des mâchoires des Crustacés et des Insectes. On ne saurait donc le comparer qu'à ces pièces; mais devons-nous le regarder comme représentant à la fois les deux mandibules et les deux

(1) Pl. 4, fig. 44 b et fig. 13. L'appendice buccal isolé et grossi; du côté droit, on a représenté le bord interne de l'article basilaire de la patte-mâchoire.

mâchoires, ou seulement soit les mandibules, soit les mâchoires; les unes ou les autres pouvant être considérées comme avortées? L'étude la plus approfondie de l'animal adulte ne conduit à cet égard à aucune solution pleinement satisfaisante. On verra plus loin ce que fournit sous ce rapport l'examen de l'embryon.

L'appendice buccal du Scorpion, revêtu d'une enveloppe mince et simple, paraît doué d'une grande sensibilité. Il sert à diriger les aliments vers l'orifice buccal; mais on ne peut guère douter qu'il ne soit de nature à permettre aussi à l'animal d'apprécier la condition de ses aliments. Pendant la déglutition on le voit en effet se mouvoir, palper les substances, comme pour obtenir cette appréciation.

Pièces sternales. — Quand on considère un Scorpion du côté ventral, on reconnaît tout d'abord que la portion céphalothoracique est constituée par des pièces nombreuses, mais on s'aperçoit bientôt aussi que le système appendiculaire contribue surtout à former cette partie du corps. Ce n'est pas là l'un des traits les moins saillants que nous présente le squelette tégumentaire dans ce type d'Arachnides. Nous avons ici un exemple frappant de ce fait, que certaines pièces venant à s'amoindrir ou même à disparaître, d'autres parties prennent un développement d'autant plus considérable et viennent ainsi remplacer les premières. Nous avons ici l'un des exemples les plus remarquables de cette tendance de la nature qu'Étienne-Geoffroy Saint-Hilaire a appelée du nom de *balancement organique*.

Chez le Scorpion, les pièces sternales ou les sternites sont au nombre de deux, dont les dimensions sont des plus exiguës.

La première (1) consiste en un petit sclérodermite enclavé entre les hanches de la dernière paire de pattes. Ce sternite est presque de forme triangulaire, avec sa portion antérieure un peu prolongée et son sommet légèrement tronqué et échancré; ses bords sont épaissis, et sa surface présente sur la ligne moyenne deux dépressions très-marquées, l'une en avant, l'autre vers la base.

La seconde pièce sternale (2) s'insère à la suite de la précédente. On y reconnaît d'abord une portion basilaire membraneuse et une portion postérieure, de consistance coriace, de sorte qu'on pourrait peut-être considérer ce sternite comme composé de deux éléments. Dans la portion membraneuse se trouve pratiqué l'orifice des organes de la génération; deux lames solides, à peu près triangulaires, mais avec les angles arrondis, sont fixées à la base de cette portion membraneuse et demeurent d'ordinaire, exactement rapprochées l'une de l'autre, sur la ligne médiane. Ces lames ont la faculté de s'écarter pendant la copulation et durant la sortie des jeunes, et de se rabattre ensuite à la manière de volets pour protéger l'orifice génital (3).

La portion de consistance coriace qui vient immédiatement à la suite des deux lames en forme de battants est courte, plus large que longue, tronquée presque droit en arrière; elle donne insertion à une paire d'appendices que tous les naturalistes désignent sous le nom de *peignes*.

Ces appendices (4), dont le développement est considérable, occupent les côtés de la pièce sternale;

(1) Pl. 1, fig. 2 et fig. 8 *f*.
(2) Pl. 1, fig. 2 et fig. 8 *g*.
(3) Pl. vii, fig. 9 *a*.
(4) Pl. 1, fig. 2 *a* et fig. 8 *g*.

ils sont aplatis, de consistance coriace, mais très-flexibles. En les examinant à l'aide d'une forte loupe, ou mieux encore sous un grossissement faible du microscope (1), on reconnaît qu'ils présentent plusieurs articulations nettement indiquées par des séparations membraneuses, conformation qui leur permet de se fléchir d'un manière assez prononcée.

On distingue une partie plane et allongée, amincie et arrondie au bout, offrant une ligne longitudinale qui règne dans toute sa longueur, et figurant ainsi deux lames étroites intimement unies. L'une et l'autre ont une articulation basilaire; mais l'antérieure seule s'insère sur le sternite dans toute sa largeur; la postérieure n'y est insérée que par son angle antérieur; elle demeure libre dans le reste de son étendue, ce qui permet à l'appendice de se rapprocher de la ligne médiane du corps. La première lame, outre son article basilaire, qui est oblong, ne présente que deux articulations, l'une vers le milieu, l'autre vers les trois quarts de sa longueur; mais sur ce dernier point on observe un coude assez marqué.

La lame postérieure, outre son article basilaire, qui est une fois moins large que haut, offre en outre huit divisions formant autant de lignes arquées.

Ajoutons que ces appendices pectiniformes sont garnis de poils roides et épars, de façon à rendre leur tact plus parfait. Au bord inférieur de la lame postérieure s'implantent des tiges contiguës les unes aux autres, aplaties, un peu courbées en dehors, arrondies au bout, ayant l'apparence de dents de peigne. Ces dents sont toutes semblables entre elles; elles vont seulement un peu en décroissant graduellement de longueur, de l'origine à l'extrémité des appendices pectiniformes, de sorte que la dernière n'a guère que la moitié de la longueur de la première; ces tiges ou lamelles ont un article basilaire très-court. Libres dans toute leur longueur, elles ont une grande flexibilité. On en compte trente et une chez l'espèce qui ici nous sert de type, le Scorpion roussâtre (*Scorpio occitanus*).

Ces peignes ou appendices pectiniformes des Scorpions ont été souvent représentés, mais jusqu'ici presque toujours fort imparfaitement; nous n'avons même sous ce rapport qu'une seule exception à signaler, c'est une figure donnée par Savigny, très-belle et très-exacte, représentant néanmoins d'une façon un peu exagérée les séparations des articles (2).

Dans la plupart des ouvrages traitant des Arachnides, il est dit que les peignes des Scorpions sont attachés à la base de l'abdomen (3); c'est là une erreur. Ils sont supportés par une pièce sternale appartenant bien manifestement au thorax : l'étude d'autres types d'Arachnides chez lesquels l'abdomen est beaucoup plus nettement séparé du thorax que chez les Scorpions ne peut guère laisser subsister de doute à cet égard; l'examen des parties internes vient aussi à l'appui de cette démonstration. Nous ne pouvons être surpris de trouver l'orifice génital au thorax; c'est le cas pour tous les Crustacés supérieurs avec lesquels les Arachnides, et particulièrement les Scorpionides, ont plus d'une analogie.

On a beaucoup discuté touchant les usages des appendices pectiniformes des Scorpions; on n'est parvenu à s'en faire une idée nette ni par l'observation, ni par des expériences. Si l'on coupe ces appendices, l'animal n'en paraît que médiocrement affecté, il continue à se mouvoir comme à l'ordinaire, sans qu'on puisse remarquer aucun trouble bien évident dans sa démarche. On peut même les supprimer entièrement sans qu'on observe rien de particulier.

Cependant, si l'on tient compte de la position qu'occupent les appendices pectiniformes de chaque côté de l'orifice génital; si l'on songe que l'accouplement ne peut avoir lieu que le mâle et la femelle placés ventre à ventre, que la longueur du corps et la surface unie du tégument sont des obstacles à cette juxtaposition, on demeure presque convaincu que les appendices pectiniformes servent simple-

(1) Pl. 1, fig. 17.
(2) *Description de l'Égypte.* — *Arachnides*, pl. viii, fig. 1 n.
(3) Voyez Latreille, *Règne animal de Cuvier*, t. IV, p. 267, etc., etc.

ment aux deux individus à se maintenir dans la situation nécessaire, les lamelles des peignes s'enchevêtrant les unes dans les autres.

Au premier abord, il semble que rien n'est plus facile que de s'assurer du fait par l'observation directe. Il n'en est pas ainsi; les Scorpions sont des animaux nocturnes; chez eux, le temps de l'accouplement est sans doute très-court, comme pour la plupart des Arachnides. Selon toute apparence, personne ne les a surpris accouplés. En captivité, nous n'avons obtenu de ce côté aucun résultat : il est d'autant plus difficile d'espérer d'en obtenir un, que, resserrés dans un espace étroit, ces animaux ne tardent pas à se tuer.

Appendices thoraciques. — Les appendices thoraciques sont au nombre de cinq paires. On doit les distinguer en pattes-mâchoires et en pattes-ambulatoires.

Pattes-mâchoires. —Celles-ci sont les plus volumineuses; ce sont des pattes avancées vers la bouche tout à fait comparables aux pattes-mâchoires des Crustacés. Elles sont insérées sur les côtés de l'orifice buccal, en avant des pattes ambulatoires (1). On y distingue également la hanche, le trochanter, la cuisse, la jambe et le tarse (2). La hanche est courte et épaisse, guère plus longue que large, coupée obliquement au bord externe, membraneuse au bord interne, avec un bourrelet antérieur couvert de petits tubercules. Au côté interne, elle est amincie en forme de carène; au côté externe, elle offre un méplat, et alors il y a deux carènes finement tuberculées.

Le trochanter est à peu près de la même longueur que la hanche. Il est courbé, aminci à son origine, un peu échancré à son sommet. Le bord interne est tuberculeux, ainsi que deux ou trois petites carènes que l'on remarque à la face supérieure aussi bien qu'à la face inférieure.

La cuisse (3) est assez allongée, légèrement cintrée, coupée obliquement de dehors en dedans, de manière à permettre à la jambe de se replier. Vue en dessus (4), elle offre deux carènes longitudinales, se réunissant à la base et toutes garnies de petits tubercules; vue en dessous (5), elle paraît déprimée, avec deux carènes également tuberculées; considérée par la face interne, elle est convexe, tuberculeuse, avec deux petites crêtes à sa base rejoignant les carènes latérales.

La jambe (6), qui succède à la cuisse, est beaucoup plus renflée et à peu près de la même longueur; elle est étranglée vers l'extrémité avec un rebord saillant, très-échancrée au côté interne, de façon à permettre au tarse d'exécuter des mouvements de flexion très étendus; vus en dessus, on remarque trois carènes longitudinales, un peu moins saillantes et surtout moins tuberculées que celles des cuisses; considérée par sa face interne, la jambe présente deux carènes plus tuberculées que les autres, limitées chacune en arrière par une épine assez forte, et dirigées obliquement à partir de ce point jusqu'à leur jonction, pour l'une, avec la principale carène supérieure, pour l'autre, avec la carène inférieure; en

(1) Pl. 1, fig. 1 *b*, fig. 2, fig. 8 *a* et fig. 14 *c*.
(2) Fig. 8 *a*.
(3) Fig. 8 *a*^{3}.
(4) Fig. 1.
(5) Fig. 2.
(6) Pl. 1, fig. 8 *a*^{4}.

dessous, la jambe nous offre encore deux faibles carènes longitudinales, et à sa surface externe une plus saillante.

Le tarse (1), étroit à son insertion, est élargi ensuite en forme de main; sa surface est lisse; on n'y remarque que des indices de carènes. Au côté interne, le tarse se prolonge en une longue tige légèrement cintrée, ayant son extrémité obtuse et son bord interne finement denticulé; à son côté externe s'insère un doigt ou tige mobile de la même longueur que le prolongement interne, un peu courbé dans le même sens et également denticulé au bord interne. Ce doigt, pourvu d'un long apodème pour l'attache des muscles, est susceptible de mouvements latéraux assez étendus; avec le prolongement interne du tarse, il constitue une pince, un organe préhensile, tout à fait analogue à celui qu'on observe chez les Écrevisses et la plupart des Crustacés décapodes. Ce doigt est un crochet du tarse dont le développement est devenu très-considérable.

*

Au premier abord, on pourra regarder comme superflue cette description détaillée que nous venons de donner des crêtes ou arêtes qu'on observe sur les pattes-mâchoires. Dans l'état de connaissance où l'on en est, au moment où nous prenons la science, touchant l'organisation des Arachnides, il semble que ces carènes sont de simples ornements, des particularités insignifiantes, utiles à signaler tout au plus quand il s'agit de distinguer les unes des autres des espèces voisines. On est porté à croire enfin, que ces sortes d'ornements n'ont d'autre but que de donner à chaque espèce son cachet propre. Il y a cependant tout autre chose. Si ces arêtes tuberculées, d'un aspect quelque peu variable, servent merveilleusement à distinguer entre elles des espèces voisines, elles ont aussi un rôle important dans l'exercice de l'une des grandes fonctions vitales : c'est ce qui sera démontré dans l'un des chapitres suivants. A présent, qu'il nous suffise de faire remarquer que ces crêtes, notablement élevées sur les premiers articles des membres, s'affaiblissent de plus en plus sur les derniers; l'étude de l'organisation intérieure donnera encore l'explication de ce fait.

*

Nous avons appelé du nom de *pattes-mâchoires* les appendices qui viennent d'être décrits. Dans la plupart des ouvrages d'entomologie, ils sont désignés au contraire sous le nom de *palpes*, et leur premier article, ou la hanche, est considéré comme une mâchoire (2). L'avortement des pièces buccales chez la plupart des Arachnides a conduit à cette détermination; mais ces pièces buccales existent dans certains types, conjointement avec les prétendus palpes, ce qui suffirait bien déjà à montrer l'inexactitude de cette détermination, si d'autres faits ne rendaient cette inexactitude tout aussi évidente.

La conformation extérieure des pattes-mâchoires ne permet guère de voir dans leur article basilaire, ou la hanche, une mâchoire ni un palpe dans la série des articles qui viennent à la suite (3). Le même résultat se produit, si l'on a égard à l'origine de leurs nerfs. Tout enfin nous montre dans ces appendices de véritables pattes, un peu détournées de leurs usages ordinaires, un peu refoulées vers la

(1) Fig. 8 *a* *b*.

(2) Voyez Latreille, *Règne animal de Cuvier*, t. IV, p. 212, etc.

(3) C'est avec toute raison que Savigny a dit : « En examinant les palpes des Faucheurs et des autres Arachnides, et les comparant aux pattes proprement dites, on a bientôt des preuves multipliées qu'ils ne sont eux-mêmes que des pattes antérieures plus ou moins déguisées. » *Théorie de la bouche des animaux articulés*, 2ᵉ mémoire, p. 58 (1816).

bouche, entièrement comparables aux pattes-mâchoires des Crustacées décapodes, et même un peu moins modifiées qu'elles ne le sont habituellement dans ce dernier groupe d'Articulés.

Les pattes-mâchoires des Arachnides sont des appendices affectés à des usages variables, suivant les types. Chez les Scorpions, ce sont des instruments de préhension. Pendant la marche, l'animal les porte en avant, et c'est seulement durant le repos qu'il laisse le tarse appuyer sur le sol; il exécute avec ces appendices des mouvements brusques pour saisir entre ses pinces les insectes à leur passage. Il retient ainsi sa proie et la dirige vers la bouche, où les antennes-pinces la saisissent à leur tour et la déchirent plus ou moins.

Pattes ambulatoires. Portion basilaire. — La portion basilaire de toutes les pattes ambulatoires contribuant surtout à constituer la région thoracique inférieure, il devient nécessaire de décrire ces parties dans leur ensemble, considérant d'abord le thorax extérieurement, pour examiner ensuite comment est formée la cavité thoracique.

Le Scorpion, vu par sa face ventrale (1), nous montre tous les articles basilaires des pattes ou leurs hanches (2) comme tendant à se rapprocher et à s'unir sur la ligne médiane du corps, par suite de l'absence ou de l'état rudimentaire des pièces sternales.

Les hanches de la première paire de pattes (3) sont courtes, mais elles se prolongent en avant, se recourbent un peu intérieurement et présentent une dent extérieure au-dessus de l'insertion du trochanter. Par leur rapprochement, les parties avancées des hanches antérieures forment au-dessous de la bouche une sorte de large lèvre évasée; mais lorsqu'on voit le thorax en dessous, cette particularité est masquée par les prolongements des hanches de la seconde paire de pattes.

Ces dernières (4), tout à fait contiguës sur la ligne moyenne comme les précédentes, sont larges, un peu dilatées et anguleuses vers le bout, avec une carène au bord antérieur, recourbée à l'extrémité. Ces hanches ou coxopodites envoient aussi un prolongement étroit, recouvrant presque jusqu'au bout la portion interne des hanches antérieures, et formant ainsi une seconde languette plus étroite que la première, qu'elle vient doubler en dessous.

Les hanches de la troisième et de la quatrième paire de pattes sont soudées l'une à l'autre dans toute leur longueur, mais leur point d'union demeure parfaitement indiqué par une carène finement denticulée. Ces hanches (5), qui ne constituent plus qu'une seule pièce, sont étroites à leur base, élargies graduellement vers le bout, et plus longues que celles de la première et de la seconde paire, surtout les postérieures; elles s'unissent au sternite antérieur, qui établit de cette manière une séparation entre les hanches des deux côtés opposés.

Lorsqu'on observe en dessus le corps d'un Scorpion, ces articles basilaires des pattes, entièrement immobiles, ne dépassent que peu les côtés du céphalothorax; on remarque qu'ils ont leur bord antérieur avancé de façon à empêcher le trochanter de se diriger trop en avant.

Ajoutons que ces pièces ont toujours leurs bords carénés et plus ou moins denticulés.

(1) Pl. i, fig. 2 et fig. 8 *b, c, d, e* pour les parties séparées.
(2) M. Milne Edwards propose de substituer au nom de *hanche* celui de *coxopodite*.
(3) Pl. i, fig. 8 *b* 2.
(4) Fig. 2 et fig. 8 *c* 2.
(5) Fig. 2 et fig. 8 *d e* 2 2.

Cavité thoracique. — Après avoir détaché, chez un Scorpion, le bouclier céphalothoracique et tous les arceaux supérieurs de l'abdomen ; après avoir enlevé les viscères et tous les muscles, de manière à mettre parfaitement à nu la partie intérieure du squelette tégumentaire, on distingue nettement la cavité thoracique et la cavité abdominale (1). Il n'est plus guère possible de douter que le sclérodermite qui supporte les appendices pectiniformes n'appartienne bien réellement au thorax et non pas à l'abdomen, la limite étant mieux tracée encore à l'intérieur qu'elle ne l'est à l'extérieur.

Sur une préparation faite comme il vient d'être dit, on voit que les pièces, paraissant juxtaposées à l'extérieur, sont unies, comme chez la plupart des Articulés, au moyen d'apodèmes formant des cloisons intermusculaires pour lesquelles M. Milne Edwards a proposé récemment le nom d'*endo-phragmes* (2).

Chez le Scorpion, ces cloisons sont médiocrement élevées ; elles forment autant d'arêtes, dirigées vers un point central pour rejoindre les lames sternales ou les *endosternaux*. A l'extérieur, entre les hanches de la première et de la seconde paire, il n'y a aucune trace de sternite ; à l'intérieur, ces pièces envoient une petite lame ou apodème formant sur la ligne médiane une arête assez épaisse, et là nous remarquons une très-petite pièce bifide qui bien évidemment est un vestige d'un sternite antérieur que nous trouverons très-développé chez un autre type d'Arachnides.

L'apodème qui unit les hanches de la troisième et de la quatrième paire, où il y a coalescence complète, est beaucoup plus élevé que les autres, et forme une cloison qui les sépare dans toute leur hauteur. Celui des appendices antérieurs est moins saillant, mais les hanches de la première paire envoient latéralement deux lames libres, l'une antérieure (3), l'autre postérieure (4) ; les hanches de la seconde paire donnent également une lame qui naît de leur bord latéral et de leur apodème de soudure (5).

Le thorax des Scorpions est donc constitué : supérieurement, par un bouclier céphalothoracique résultant de la coalescence d'une série d'arceaux ; inférieurement, par des pièces sternales rudimentaires et par les articles basilaires des appendices ou les hanches ; ces parties, supérieure et inférieure, étant unies sur les côtés au moyen d'un simple tissu membraneux.

Le squelette tégumentaire de ces Arachnides, comparé à celui du plus grand nombre des Articulés, se présente ainsi avec ces caractères : coalescence des sclérodermites supérieurs ou pièces tergales, — état rudimentaire des sternites ou pièces sternales, — avortement complet des pièces épisternales, — développement considérable des articles basilaires ou coxopodites des appendices locomoteurs, prenant la place et l'emploi ordinaires des sternites et des épisternites, — enfin avortement complet des pièces épimériennes.

(1) Pl. 1, fig. 14, cavité thoracique et portion antérieure de la cavité abdominale. — Les deux premiers segments sont représentés.

(2) *Observations sur le squelette tégumentaire des Crustacés décapodes. — Annales des sciences naturelles*, 3e série, t. xvi, p. 272.

(3) Pl. i, fig. 14 d'.

(4) Fig. 14 e'.

(5) Fig. 14.

*

Pattes ambulatoires. Portion libre. — Les pattes deviennent libres depuis l'insertion du trochanter avec la hanche ou coxopodite.

Les quatre paires d'appendices locomoteurs ont exactement la même conformation; elles diffèrent seulement un peu les unes des autres par leur longueur. Chez notre Scorpion, les pattes antérieures sont les plus courtes, les postérieures sont les plus longues, les autres sont intermédiaires (1).

Le trochanter est un article court, aminci et taillé un peu obliquement à son insertion, de façon à lui donner la faculté de parcourir une assez grande distance en se dirigeant en arrière, sans être retenu par l'extrémité de la hanche. Cette pièce est carénée et se termine par une sorte de bourrelet. Le trochanter des deux premières paires de pattes est fort court, celui des deux autres est notablement plus long.

La cuisse (2) est comprimée, presque droite, entaillée en dessous à son insertion et un peu échancrée en dessus, de manière à pouvoir s'élever sans être retenue par le bord du trochanter. Elle est coupée obliquement au bout, ce qui laisse à la jambe la faculté de se replier en dessous jusqu'à un certain point. Ajoutons que la cuisse présente au côté externe deux carènes denticulées, l'une près le bord supérieur, l'autre près le bord postérieur.

La jambe (3) est un peu moins longue que la cuisse, plus élargie et étranglée à son insertion dans le sens opposé à la troncature du bout de la cuisse, de façon à permettre au tarse de se replier sur elle, comme elle sur la pièce précédente, mais dans une limite plus étroite. La jambe est tricarénée, seulement ses carènes sont assez faibles.

Le tarse (4) est grêle, formé de trois articles un peu comprimés, avec leurs bords faiblement carénés. Les deux premiers sont presque d'égale longueur, le dernier est notablement plus court. Le second article est très-peu mobile sur le premier; le troisième au contraire, étant comme entaillé en dessous à son insertion, se redresse dans l'état habituel. Celui-ci supporte en dessous, à son extrémité, une petite pointe conique, et se termine par deux crochets mobiles, aigus au bout, et dépourvus de dentelures intérieures (5).

Il n'y a guère de différence entre les tarses des diverses pattes, si ce n'est leur longueur un peu plus ou un peu moins considérable; cependant, à l'extrémité inférieure du premier article des tarses postérieurs, il y a une épine mobile; elle manque au même article des autres tarses. Au contraire, à l'extrémité du second article de tous les tarses, il existe deux épines également mobiles (6).

*

Les pattes du Scorpion offrent dans toute leur longueur des poils épars, assez roides; ces poils deviennent plus nombreux vers l'extrémité et sont alors disposés en séries longitudinales.

Comme on peut s'en assurer en touchant même assez légèrement ces poils chez l'animal vivant, ils servent à rendre le tact plus sensible : ce qui explique pourquoi ils sont plus abondants sur les parties

(1) Pl. 1, fig. 1 et 2, et fig. 8 *b*, *c*, *d*, *e*.
(2) Fig. 8 *b*, *c*, *d*, *e* 3. Cette pièce, dans la nomenclature de M. Milne Edwards, porte le nom de *méropodite*.
(3) Fig. 8 *b*, *c*, *d*, e 4.
(4) Pl. 1, fig. 8 *b*, *c*, *d*, *e* 5.
(5) Pl. 1, fig. 45.
(6) Fig. 45.

qui d'ordinaire reposent sur le sol, ou se trouvent souvent en contact avec les corps environnants.

Pendant la marche, toutes les pattes exécutent les mêmes mouvements. Le trochanter et la cuisse se dirigent en arrière; aux premières pattes seules, qui suivent habituellement la même direction que les autres, ils forment dans quelques cas un angle droit avec le corps. La cuisse s'élève sur le trochanter et présente un peu en dessus le côté externe. La jambe, qui redescend vers le sol, tend à se contourner vers la cuisse. Dans la position la plus ordinaire, elle forme avec cette dernière partie un angle un peu aigu aux deux premières paires de pattes, un angle presque droit à la troisième paire, et un angle obtus très-médiocrement ouvert à la quatrième paire. Comme les cuisses, les jambes présentent un peu en dessus leur côté externe. Le tarse est avec la jambe, au moins pour ses deux premiers articles, dans la même direction que celle-ci avec la cuisse, mais en formant un angle plus ouvert. Le dernier article seul demeure plus rejeté en arrière; cet article, seul aussi, pose à terre avec les épines terminales de l'article précédent.

Pendant le repos, l'animal conserve en général la même situation que pendant la marche; mais souvent il étend davantage ses pattes, laisse appuyer sur le sol ses tarses dans toute leur longueur et le corps lui-même.

Abdomen.

Chez le Scorpion, l'abdomen est en continuité parfaite avec le thorax; il ne s'en distingue que par l'absence d'appendices (1). Il se partage en deux portions, l'une élargie, l'autre étroite, caudiforme. Les deux parties sont formées d'une série de zoonites placés à la suite les uns des autres.

Considérée en dessus, la portion élargie nous présente sept arceaux ou sclérodermites (2). Le premier est le plus court, le dernier est le plus grand, les autres sont intermédiaires : c'est-à-dire qu'ils vont en augmentant graduellement de longueur. Le premier est un peu recouvert par le bord postérieur du céphalothorax, le second sclérodermite est de même un peu recouvert en avant par le bord supérieur du premier, et ainsi de suite jusqu'au dernier. Chez les femelles seulement, lorsqu'elles approchent du dernier terme de la gestation, toute l'enveloppe de l'abdomen étant extrêmement distendue, les sclérodermites se trouvent plus ou moins séparés les uns des autres.

Tous ces sclérodermites, mais particulièrement les derniers, ont leur bord antérieur légèrement échancré et arrondi; tous aussi offrent en avant une carène transversale bisinuée, et en arrière trois petites carènes longitudinales crénelées, formant chacune une saillie à l'extrémité, à l'exception toutefois de celles du dernier zoonite. De chaque côté, ces sclérodermites ont encore au bord antérieur une échancrure assez profonde et une carène qui continue cette séparation jusqu'au bord postérieur. Cette particularité porte à croire qu'il doit exister fondamentalement deux pièces latérales qui ici se trouvent confondues avec la pièce tergale. Il n'existe du reste aucune trace de suture, comme il est aisé de s'en assurer par l'emploi de la potasse caustique à chaud.

Les six premiers arceaux supérieurs de l'abdomen ne diffèrent les uns des autres que par leur longueur; le dernier seul est d'une forme particulière; il est échancré en arrière, et les côtés de son bord antérieur demeurent entiers; ses carènes ne s'étendent pas jusqu'au bord postérieur. On en compte deux de chaque côté qui sont réunies en avant par une carène transversale garnie comme les autres de petits tubercules (3).

(1) Pl. 1, fig. 1 et 2.
(2) Fig. 7 *b, c, d, e, f, g, h.*
(3) Fig. 7 *h.*

Sur chacun des zoonites de l'abdomen, à l'exception du premier et du second, on remarque deux dépressions ponctiformes bien marquées, mais un peu moins apparentes sur le dernier arceau que sur les quatre précédents (1). Ces légers enfoncements sont dus aux attaches de piliers musculaires qui seront décrits plus loin. Autrefois les naturalistes, et particulièrement Treviranus, ont pris de ces dépressions pour des ouvertures, et les ont considérées comme des stigmates. L'erreur n'a pas tardé à être reconnue, et depuis on les a désignées fréquemment sous le nom de *faux stigmates*.

*

Considérée en dessous, la portion élargie de l'abdomen ne présente que cinq sclérodermites (2). Le premier correspond exactement aux trois premiers arceaux supérieurs réunis. Il est en forme de cône tronqué, sensiblement arrondi sur ses bords, articulé en avant avec le sternite postérieur, paraissant ainsi enclavé entre les hanches de la dernière paire de pattes. Les autres arceaux correspondent aux quatre dernières pièces tergales; le second, le troisième et le quatrième sont à peu près égaux, ayant leur bord antérieur à peine sinueux avec un très-petit bourrelet et une légère saillie conique à chacun de ses angles (3). Le dernier sclérodermite inférieur de l'abdomen affecte la même forme générale que la pièce dorsale correspondante; seulement il n'est point échancré en avant, et ses côtés sont un peu plus rétrécis (4).

Toutes ces pièces ventrales sont parfaitement lisses, plus minces que celles de la région dorsale, et par conséquent plus flexibles. D'ordinaire, le bord antérieur de chaque sclérodermite est également un peu recouvert par le précédent; la membrane unissant les arceaux les uns aux autres, presque toujours repliée en dedans, ne s'étend que chez les femelles quand leur abdomen est en état de turgescence.

On distingue sur ces pièces, principalement en arrière, quatre carènes extrêmement faibles, et même, dans certains cas, fort peu apparentes; jamais elles ne présentent d'aspérités.

De chaque côté des quatre premiers sclérodermites inférieurs, il existe une ouverture en forme de boutonnière dirigée un peu obliquement; ce sont les stigmates ou orifices respiratoires. On en compte ainsi quatre paires chez les Scorpions. Chaque ouverture est entourée d'un rebord saillant, assez faible du reste, qui est le *péritrème*, comme l'a appelé Victor Audouin.

⌄

Portion caudiforme. — Cette partie de l'abdomen presque cylindrique, plus longue que tout le reste du corps, a tout à fait l'apparence d'une queue, mais l'apparence seule; le canal intestinal la traverse et vient aboutir très-près de son extrémité. C'est donc tout autre chose que ce qu'on appelle chez tous les animaux du nom de queue; aussi nommons-nous cette partie, la *portion caudiforme* de l'abdomen. Elle est formée de six zoonites (5); ce sont ici de véritables anneaux ou tubes placés à la suite les uns des autres. Dans chacun d'eux, en un mot, on ne peut reconnaître qu'un seul sclérodermite; il est impossible d'y apercevoir aucune trace de suture, aucun indice de soudure de deux arceaux. En soumet-

(1) Fig. 4.
(2) Pl. 1, fig. 2 et fig. 8 *h, i, k, l, m.*
(3) Fig. 8 *i, k, l.*
(4) Fig. 8 *m.*
(5) Pl. 1, fig. 1 et 2, et fig. 7 *i, k, l, m, n, o.*

tant le squelette tégumentaire d'un Scorpion à l'action de la potasse caustique, en réduisant le tégument à sa mince couche de chitine, on observe toujours une continuité parfaite dans la substance qui
constitue chaque zoonite. Plus tard nous montrerons qu'il y a là dès l'origine une *ossification confuse*.

Ces pièces ont leur portion antérieure étranglée, de façon à s'articuler solidement les unes avec les
autres et à conserver dans un sens une assez grande mobilité. Leur bord inférieur avance un peu plus
que le bord supérieur, et en arrière leurs angles latéraux font saillie, emboîtant ainsi la portion rétrécie
du zoonite suivant. De cette manière, chaque anneau n'est mobile avec le précédent, ni dans le sens
latéral, ni dans le sens inférieur; il ne peut que se redresser. Le premier seul, articulé avec le dernier
zoonite de la portion élargie de l'abdomen, et plus libre à son insertion, peut se diriger latéralement
en entraînant dans son mouvement les zoonites placés à sa suite.

Tous ces anneaux sont un peu excavés dans leur milieu, ayant en dessus deux carènes crénelées
partant des côtés et se rapprochant en arrière, deux de chaque côté et quatre en dessous; les latérales
supérieures suivent presque la même direction que les dorsales, les autres sont droites; elles sont
réunies en avant par une carène transversale également crénelée ou tuberculée.

Les cinq premiers zoonites ont une même forme générale.

Le premier (1), qui s'articule avec le dernier anneau de la portion élargie, est le plus court et le plus
renflé; son bord antéro-supérieur ne présente pas d'échancrure au milieu.

Le second (2) est plus allongé, avec ses côtés plus parallèles et son bord antéro-supérieur pourvu
d'une petite échancrure au milieu.

Le troisième (3) est semblable au précédent, à peine un peu plus long.

Le quatrième (4) est notablement plus allongé, moins convexe, avec ses angles postérieurs plus
saillants et ses carènes latérales inférieures effacées.

Le cinquième (5) est encore plus allongé, plus aplati, sensiblement plus étroit, un peu étranglé en
arrière, avec les angles larges et très-saillants; le bord postéro-supérieur est échancré, ce qui, avec
les prolongements angulaires, le rend quadrilobé. Ici, les carènes tendent à s'effacer et même à disparaître; on ne distingue plus les dorsales; les latérales inférieures ont cessé d'exister, et les deux
ventrales médianes sont remplacées par une seule. Les deux autres carènes ventrales, bien que moins
saillantes que sur les premiers zoonites, sont garnies de plus gros tubercules; on en distingue un surtout qui dépasse beaucoup les autres. Ajoutons aussi qu'une grande partie de la face ventrale de cet
anneau est hérissée de petits tubercules.

Au reste, d'une manière générale on peut dire que les carènes régnant dans presque toute la longueur de la portion caudiforme de l'abdomen vont en s'affaiblissant graduellement, comme celles des
appendices; elles disparaissent de même à l'extrémité; c'est qu'en effet elles jouent ici absolument le
même rôle, comme on le verra dans l'un des chapitres suivants.

L'anus s'ouvre en dessous, dans la partie membraneuse qui unit le cinquième zoonite au sixième (6).
C'est donc ce dernier seul qu'on doit considérer comme une queue.

Le sixième zoonite (7) mérite une description toute particulière. Étranglé antérieurement, avec son
bord supérieur échancré au milieu, il est articulé avec l'anneau précédent et emboîté de chaque côté

(1) Pl. i, fig. 7 i.
(2) Fig. 7 k.
(3) Fig. 7 l.
(4) Fig. 7 m.
(5) Fig. 7 n.
(6) Fig. 16 a.
(7) Fig. 16 a.

entre les prolongements latéraux de celui-ci, de telle sorte qu'il ne peut exécuter absolument que des mouvements de bas en haut, c'est-à-dire se redresser.

Cette pièce terminale est courte, presque arrondie, un peu aplatie en dessus, très-faiblement carénée en dessous et sur les côtés, avec sa portion supéro-postérieure prolongée en une pointe recourbée, aiguë à l'extrémité, presque aussi longue que l'anneau lui-même.

Examinée à l'aide d'un grossissement, on reconnaît dans sa fine extrémité une très-petite ouverture. C'est l'orifice qui sert au passage d'un liquide venimeux.

Cette pointe est l'arme qu'emploie le Scorpion pour tuer les animaux dont il s'empare, et qui au besoin devient pour lui une arme défensive.

Chez l'animal jeune, les zoonites de la portion caudiforme de l'abdomen sont complétement cylindriques; ce n'est que par les progrès de l'âge que leurs formes se dessinent et que leurs carènes se manifestent. Chez le Scorpion pris au moment de sa naissance, le tégument de la partie caudiforme est tout à fait lisse, et le dernier zoonite seulement, aminci au bout, n'offre point encore la pointe recourbée qu'on lui trouve plus tard (1).

Parties membraneuses du squelette tégumentaire. — Outre les pièces solides ou sclérodermites qui viennent d'être décrits, il faut tenir compte des portions qui restent complétement membraneuses; leur étendue est considérable chez le Scorpion.

La pièce tergale céphalothoracique est unie aux articles basilaires des appendices par un espace membraneux assez large, sans qu'il existe aucun point d'*ossification* intermédiaire, comme nous en trouverons chez d'autres types d'Arachnides et comme il s'en trouve chez la plupart des autres Articulés : Crustacés et Insectes.

Les côtés de la portion élargie de l'abdomen sont formés également par une membrane unissant les pièces dorsales avec les pièces ventrales. Le tissu membraneux sépare aussi ces deux séries de pièces les unes des autres, dans le sens de leur longueur; de telle sorte qu'on peut se représenter l'enveloppe de l'abdomen du Scorpion comme constituée par un tissu membraneux dans lequel des espaces se sont solidifiés sous forme de plaques rangées à la suite les unes des autres.

Ce tissu membraneux se retrouve enfin dans chacune des articulations.

La structure en est très-distincte sous des grossissements de 60 à 80 diamètres. On y reconnaît d'abord une couche épidermique lisse, transparente, d'une minceur extrême, et ensuite une couche dermique assez épaisse et d'apparence granuleuse. En examinant la peau des articulations, on voit dans ce tissu une foule de petites aréoles ou de cellules traversées par quelques petites herborisations vasculaires (2). En observant la peau des parties latérales du céphalothorax et de l'abdomen, on ne voit plus ce réseau, mais bien des canaux longitudinaux très-rapprochés les uns des autres, en général assez irréguliers, plus ou moins sinueux, et envoyant une grande quantité d'herborisations extrêmement fines qui se dessinent avec une fort grande netteté (3).

(1) Pl. i, fig. 18.
(2) Pl. ii, fig. 1.
(3) Pl. ii, fig. 2.

Les muscles du Scorpion, d'un blanc un peu jaunâtre, sont formés d'une multitude de fibres parallèles ou peu divergentes, ayant des stries transversales très-prononcées, comme chez tous les animaux articulés en général.

Ces muscles, souvent enveloppés d'une gaîne fibreuse d'une grande délicatesse, prennent leurs points d'attache sur les parois du squelette tégumentaire ou sur les apodèmes que divers anatomistes ont voulu considérer comme les analogues des tendons des animaux vertébrés.

Tantôt ils sont fixés directement sur les pièces qu'ils sont destinés à mouvoir; tantôt ils naissent par des tendons d'origine; mais ce dernier cas n'est pas le plus ordinaire.

En général, les fibres musculaires sont aplaties, et présentent sous le microscope l'apparence de fines lanières; ces fibres sont empilées les unes sur les autres; quelquefois elles présentent une ou deux faibles carènes longitudinales dues à cette circonstance qu'une de leurs surfaces, se trouvant en contact à la fois avec deux autres fibres, ne subit pas partout une pression égale. Leurs stries transversales sont ordinairement écartées de moins d'un centième de millimètre; mais leur écartement doit nécessairement varier en raison du plus ou moins de contraction de la fibre musculaire; elles sont toujours fortement ondulées (1).

Muscles céphalothoraciques. — Les principaux muscles sont logés dans la cavité céphalothoracique : ce sont les muscles du système appendiculaire.

Muscles des antennes-pinces. — On en compte deux seulement, destinés à donner les mouvements généraux à chacune de ces pièces : un rétracteur et un extenseur. Le premier (2) s'insère à l'extrémité et au côté interne du premier article de l'antenne-pince, et se dirige obliquement pour venir prendre son point d'attache sur le côté du céphalothorax, exactement au-dessous des yeux latéraux. Ce muscle a deux chefs insérés exactement l'un au-devant de l'autre.

L'extenseur (3) est puissant, aplati, presque en forme de bandelette; il prend naissance au bord supérieur du premier article, passe sous le muscle rétracteur, se dirige en ligne droite sur le côté interne des muscles des pattes-mâchoires, et prend son point d'attache au bouclier céphalothoracique, en arrière des yeux médians.

Le corps de l'antenne-pince est très-peu mobile sur le premier article; aussi ne trouve-t-on dans ce premier article que deux très-petits muscles : un extenseur logé du côté interne et un fléchisseur dirigé obliquement du côté externe.

En ouvrant le corps de l'antenne-pince, on le trouve entièrement occupé par deux muscles courts comme la partie qui les contient, mais très-volumineux : ce sont les muscles du crochet. L'un, attaché au côté interne du crochet et fixé d'autre part sur la paroi du corps de l'antenne-pince, est le fléchisseur (4). En se contractant, il oblige le crochet à se fermer, c'est-à-dire à venir s'appuyer sur le

(1) Pl. II, fig. 3.
(2) Pl. II, fig. 4 a.
(3) Pl. II, fig. 4 b et 5 b.
(4) Pl. II, fig. 4 c.

prolongement digitiforme. L'autre muscle, ou l'extenseur, naît de la lame apodémique du crochet, et prend son point d'attache en arrière, par une large surface, au côté externe du corps de l'antenne-pince (1). En se contractant, il détermine le crochet à se relever, à s'écarter du prolongement digitiforme, de façon à permettre à l'appendice de saisir.

Muscles de l'appendice buccal. — Nous avons indiqué les deux longs apodèmes divergents de cette pièce (2). Sur chacun d'eux s'insère, à la base, un muscle élévateur pourvu de deux chefs fixés au bouclier céphalothoracique, en avant et en dehors des yeux médians (3). En se contractant, ce muscle fait élever un peu l'appendice buccal, mouvement qui a lieu lorsque l'animal introduit quelque aliment dans la bouche. Un muscle transversal est attaché aux deux lames apodémiques (4); c'est ce muscle qui, en agissant soit d'un côté, soit de l'autre, détermine de faibles mouvements latéraux de l'appendice buccal. Il est à noter que cette pièce, solidement maintenue entre les pattes-mâchoires, entraîne sensiblement ces dernières dans les légers mouvements qu'elle exécute.

Muscles des pattes-mâchoires. — Les pattes-mâchoires ayant des dimensions considérables, leurs muscles sont très-volumineux. En ouvrant le céphalothorax, ce sont les premiers qui frappent l'observateur. Les muscles rétracteurs (5) de ces appendices naissent de la base du trochanter, traversent la hanche et prennent leurs points d'attache à la partie supéro-postérieure du bouclier céphalothoracique. On y distingue au moins trois chefs contigus : l'un s'insère tout à fait en arrière, un autre un peu plus en avant, et le troisième plus de côté; de telle sorte que ces faisceaux de fibres, soit qu'ils agissent ensemble, soit qu'ils agissent séparément, produisent des mouvements un peu variés. On conçoit comment ces chefs de muscles demeurent très-distincts, tout en étant contigus : cela tient à la courbure de la paroi céphalothoracique, qui permet aux faisceaux de fibres les plus courts de s'attacher plus de côté que les autres.

En tirant sur le muscle prétracteur, on détermine la patte-mâchoire à se redresser; en agissant sur le chef interne, on oblige surtout l'appendice à s'élever; en agissant, au contraire, sur le chef latéral, on force le membre à se porter davantage en arrière. D'après cette petite expérience, il est facile de se rendre compte de ces mouvements brusques des pattes-mâchoires, si ordinaires chez les Scorpions.

Les muscles propres du trochanter sont logés dans la hanche. Au côté interne s'attache le fléchisseur interne (6). Au milieu s'attache, sur une cloison longitudinale, l'extenseur (7); au côté externe, resserré par les grands muscles des mouvements généraux des pattes-mâchoires, se trouve le fléchisseur externe (8), qui prend naissance, comme les autres, à la base du trochanter et se fixe sur la paroi latérale de la hanche.

(1) Pl. ii, fig. 4 *d*.
(2) Page 19.
(3) Pl. ii, fig. 4 *e e*, et fig. 6 *a*.
(4) Pl. ii, fig. 4 *f*.
(5) Pl. ii, fig. 4 *g g*, et fig. 5 *g*.
(6) Pl. ii, fig. 4 *h*.
(7) Fig. 4 *i*.
(8) Fig. 4 *k*.

Les muscles de la cuisse contenus dans le trochanter sont naturellement très-courts; le fléchisseur (1), attaché à l'angle basilaire de la cuisse, fait plier cet article dès qu'il vient à se contracter; l'extenseur (2), logé au côté opposé dans le trochanter et fixé à l'angle basilaire externe de la cuisse, détermine, en agissant, le redressement de cette partie du membre.

Les muscles de la jambe ont une puissance considérable. Il y a un grand fléchisseur (3), paraissant occuper presque toute la cuisse quand on vient à l'ouvrir en dessus. Ce muscle naît de l'angle basilaire de la jambe, et s'attache par plusieurs chefs à la paroi de la cuisse du côté externe, de façon à pouvoir faire replier la jambe vers la cuisse, en opérant dans ce sens des mouvements encore assez variés, suivant le point où s'exerce particulièrement la contraction. Nous avons trouvé habituellement cinq chefs, qui sont rendus distinctement dans notre figure; mais comme ils sont tout à fait contigus, souvent on n'aperçoit qu'une seule masse, surtout si le muscle n'a pas été un peu durci par l'action soit de l'alcool, soit d'un liquide salin.

En enlevant le grand fléchisseur, on met à nu deux autres muscles : un fléchisseur inférieur ou abaisseur et un extenseur; le premier (4) naît de l'angle inférieur interne du bord basilaire de la jambe, et prend son attache à la base de la cuisse, également au côté interne; ce muscle se divise en deux ou trois faisceaux. En se contractant, il amène bien réellement un mouvement de flexion de la jambe sur la cuisse; mais en même temps il tend à abaisser l'article, tandis que le grand fléchisseur tend au contraire à le faire élever.

L'extenseur (5) a son origine un peu au-dessus de celle du fléchisseur inférieur, et son point d'attache au côté externe de la cuisse, à peu près vers le milieu; ce muscle s'élargit beaucoup et se sépare en huit ou dix faisceaux distincts : ce qui doit permettre à l'animal de varier avec facilité le degré de redressement de la jambe sur la cuisse.

Les muscles du tarse sont plus développés encore. Nous devons compter d'abord un élévateur et un fléchisseur, l'un interne, l'autre externe, occupant toute la partie supérieure de la jambe. Il y a là deux attaches, deux insertions bien distinctes. L'élévateur (6) naît du bord antéro-supérieur interne du tarse, et s'attache au côté externe de la cuisse. En agissant sur ce muscle, on oblige surtout le tarse à se dresser. Le fléchisseur (7), beaucoup plus volumineux, naît au-dessous de l'insertion de l'élévateur, au bord antéro-inférieur du tarse, et s'attache à la base de la jambe dans presque toute la largeur de l'article. En enlevant ces deux muscles, on trouve au-dessous les extenseurs, au nombre de deux : l'interne (8), naissant vers le milieu du bord basilaire du tarse, s'attache par trois chefs à la paroi inférieure de la jambe; l'externe (9) a son origine tout à fait au bord externe du tarse, et a deux chefs fixés également à la paroi inférieure de la jambe; ce dernier détermine pendant la contraction un redressement du tarse sur la jambe bien plus complet que l'autre, comme il est facile de s'en rendre compte en voyant leurs insertions.

Le tarse est occupé par des muscles puissants destinés à mouvoir le crochet. C'est d'abord un éléva-

<hr>

(1) Pl. II, fig. 4 l.
(2) Pl. II, fig. 4 m.
(3) Pl. II, fig. 4 n.
(4) Pl. II, fig. 4 n'.
(5) Pl. II, fig. 4 n".
(6) Pl. II, fig. 4 o'.
(7) Pl. II, fig. 4 o.
(8) Pl. II, fig. 4 o".
(9) Pl. II, fig. 4 o''.

teur (1) court, naissant du bord basilaire antéro-supérieur du crochet, et s'attachant à la paroi du tarse, qui, par sa contraction, détermine le crochet non-seulement à se replier, mais aussi à s'élever, de façon à faire passer le crochet sur le prolongement digitiforme du tarse comme la branche d'une paire de ciseaux; ensuite c'est un grand fléchisseur (2) fixé à la lame apodémique du crochet et prenant son attache tout le long de la paroi du tarse au côté externe; puis un fléchisseur externe (3), naissant au bord opposé de la lame apodémique. Ce dernier est divisé en deux faisceaux, l'un attaché à la paroi supérieure du tarse, et l'autre tout à fait à son extrémité et du côté interne. Enfin c'est un rétracteur (4) logé au-dessous de ce dernier, naissant de la largeur entière du bord basilaire du crochet, et s'attachant au côté externe du tarse dans toute sa longueur, ses faisceaux de fibres étant obliques. Inutile de dire que c'est le jeu de ce muscle qui fait écarter le crochet.

Muscles des pattes ambulatoires. — Les pattes ambulatoires ayant des mouvements infiniment moins variés que les pattes-mâchoires, leurs muscles sont assez simples.

Ceux des articles basilaires sont très-peu volumineux. Dans tous les cas, ils ne pourraient exercer qu'une action extrêmement faible, les hanches ou coxopodites étant soudées, comme il a été dit précédemment.

En plaçant un Scorpion sur le côté et en enlevant le bouclier céphalothoracique (5), on met à découvert, à la base de chaque appendice, deux ou trois faisceaux musculaires aplatis, naissant du bord externe de la hanche et s'attachant à la paroi du bouclier céphalothoracique (6).

Nous ne croyons pas devoir décrire minutieusement ces petits muscles, exactement représentés dans notre figure; ils sont disposés de manière à pouvoir élever un peu la portion basilaire des pattes; mais, ainsi qu'il a été dit, leur action est des plus limitées. Un de ces muscles cependant se distingue des autres par sa grande longueur : c'est celui de la troisième paire de pattes (7), qui naît par un tendon d'origine et vient s'attacher au sommet du bouclier céphalothoracique en s'appuyant sur la grande lame aponévrotique transversale, formant une sorte de diaphragme entre la cavité thoracique et la cavité abdominale.

Outre ces muscles élévateurs des pattes, il en existe d'autres encore dans la cavité thoracique. Ceux-ci naissent du bord interne des hanches, et s'attachent sur les apodèmes qui ont été décrits précédemment (8). Ils tendent à imprimer aux organes locomoteurs de légers mouvements latéraux.

Comme, dans les quatre paires de pattes ambulatoires, les muscles sont semblables, il n'est pas nécessaire de les décrire séparément.

La hanche renferme deux muscles trochantériens, l'un attaché à l'angle antérieur, l'autre à l'angle postérieur, servant, le premier, à imprimer à l'article un mouvement en avant, le second, un mou-

(1) Pl. ii, fig. 4 *p*.
(2) Pl. ii, fig. 4 *p'*.
(3) Pl. ii, fig. 4 *p''*.
(4) Pl. ii, fig. 4 *p''*.
(5) Pl. ii, fig. 5.
(6) Pl. ii, fig. 5 *r*, *r'*, *r''*, *r'''*.
(7) Pl. ii, fig. 5 *r''*.
(8) Pag. 23.

vement contraire; il existe en outre un élévateur inséré au bord supérieur du trochanter; ce muscle est très-petit aux trois premières paires de pattes, mais beaucoup plus grand à la quatrième (1).

Il y a deux muscles de la cuisse s'étendant dans toute la longueur du trochanter; ils naissent, l'un de l'angle antérieur, et l'autre de l'angle postérieur de la cuisse. Le premier, ou l'extenseur (2), s'attache le long de la paroi de l'article dans lequel il est contenu, ses fibres ayant une direction oblique; le second, ou le fléchisseur (3), s'attache principalement à la base du trochanter.

Deux muscles analogues sont logés dans la longueur totale de la cuisse : un extenseur (4) dont l'action porte la jambe en avant, un fléchisseur qui, en agissant, la rapproche du corps en la faisant replier.

La jambe à son tour est occupée par deux muscles aussi, exerçant les mêmes actions sur le tarse. Le premier article du tarse renferme également deux muscles servant à mouvoir le second article en avant et en arrière. La même disposition se retrouve pour le troisième article; enfin celui-ci est rempli par des muscles qui donnent une certaine mobilité aux crochets (5).

Il faut remarquer que les articles des tarses sont peu mobiles, et que leurs muscles droits et allongés ne peuvent leur imprimer que des mouvements fort restreints.

*

Muscles thoraciques dorsaux. — Outre les muscles des appendices, il existe de chaque côté et en arrière, sous le bouclier céphalothoracique, un muscle dorsal aplati (6) qui sert comme rétracteur du premier segment abdominal au bord duquel il prend son point d'attache.

*

Pour terminer ce qui est relatif au système musculaire du céphalothorax, il nous reste à mentionner une grande lame aponévrotique naissant des deux côtés des apodèmes des hanches. Cette lame sert de support ou de plancher à l'estomac et l'empêche de venir peser sur le grand centre nerveux thoracique. En arrière, son bord se relève pour venir s'unir en se dirigeant obliquement de chaque côté au bord postérieur du céphalothorax à son point d'union avec le premier zoonite abdominal. Cette lame aponévrotique forme ainsi une cloison entre le céphalothorax et l'abdomen, une sorte de diaphragme (7).

*

Muscles abdominaux. — Nous devons distinguer dans les muscles de l'abdomen ceux des pièces tergales de la portion élargie, ceux des pièces ventrales, ceux qui appartiennent à la fois aux pièces tergales et aux pièces ventrales, et enfin ceux des zoonites de la portion caudiforme.

(1) Pl. ii, fig. 4 s.
(2) Pl. ii, fig. 4 s".
(3) Pl. ii, fig. 4 s'".
(4) Pl. ii, fig. 4 s'"" et fig. 7.
(5) Pl. ii, fig. 4 s'"".
(6) Pl. ii, fig. 4. Ce muscle a été enlevé du côté droit; il est représenté en place du côté gauche.
(7) Pl. ii, fig. 4 et fig. 5 r³

Muscles dorsaux. — Ceux-ci sont extrêmement simples. Ils consistent en bandelettes musculaires longitudinales, contiguës les unes aux autres, s'étendant dans toute la longueur de chacune des pièces tergales pour venir s'attacher au bord antérieur de la pièce suivante (1). On pourrait peut-être dire plutôt que ce sont les mêmes bandelettes qui règnent dans l'étendue entière des six premiers anneaux, car leurs points d'attache se montrent comme une sorte d'écrasement produit sur une ligne transversale. Toutes les pièces tergales, au moyen de ces muscles, exercent l'une sur l'autre, de la première à la dernière, une action identique, c'est-à-dire un léger mouvement de rétraction.

Ces muscles longs n'existent pas sur la pièce tergale du septième zoonite; celle-ci fournit les attaches aux grands muscles de la partie caudiforme.

Les muscles dorsaux manquent sur la ligne médiane occupée par le cœur; cet organe est maintenu par des fibres extrêmement délicates et par les muscles longs qui lui sont contigus de chaque côté.

Muscles ventraux. — Ici il y a une complication un peu plus grande. Au centre, il existe des muscles longs sous forme de larges bandelettes aplaties. Ceux-ci occupent tout l'espace compris entre les poches pulmonaires. Nous pensons devoir en compter deux : il existe en effet au milieu une séparation bien marquée que nous avons rendue avec exactitude dans notre figure (2). On observe, en outre, dans chacun de ces muscles des séparations plus ou moins prononcées indiquant autant de faisceaux. Ces bandelettes, ayant pour objet, de même que les dorsales, d'agir comme rétracteurs du premier anneau sur le second, du second sur le troisième et ainsi de suite, paraissent avoir une ligne d'attache le long du bord de chaque sclérodermite; mais nous nous sommes assuré qu'il n'existait pas là de solution de continuité dans les fibres musculaires; il y a seulement une sorte d'aplatissement ou d'écrasement, ce qui doit toujours constituer une attache moins résistante.

Les muscles latéraux consistent en plusieurs faisceaux de bandelettes, les uns droits, les autres transversaux, les autres obliques; ces muscles se retrouvent dans les quatre premiers anneaux, avec un peu plus ou un peu moins d'amplitude, suivant la largeur des zoonites (3).

Il existe un muscle transversal ayant l'apparence d'une assez large bandelette s'étendant du bord inférieur des loges pulmonaires au bord extérieur du sclérodermite (4).

Un autre muscle transversal, large, composé d'un grand nombre de petits faisceaux parfaitement parallèles, occupe la portion extérieure de chaque sclérodermite (5).

Ces muscles transverses permettent à l'abdomen de se contracter et de se dilater dans une certaine mesure; ils agissent aussi sur les orifices respiratoires.

Les muscles obliques (6), étendus du bord inférieur des loges pulmonaires au bord postérieur et externe des zoonites, exercent de même une action sur les stigmates, mais dans un sens différent; ce

(1) Pl. II, fig. 4 *t.*
(2) Pl. II, fig. 4.
(3) Pl. II, fig. 4.
(4) Pl. II, fig. 4 *u, u.*
(5) Pl. II, fig. 4 *u', u'.*
(6) Pl. II, fig. 4 *u''.*

sont eux qui déterminent surtout l'ouverture des orifices respiratoires ; ces muscles consistent aussi en bandelettes parallèles.

Enfin, nous avons les muscles latéraux droits (1) ; ce sont encore des bandelettes, parallèles au bord marginal ou légèrement obliques de dehors en dedans, servant comme rétracteurs des anneaux ; ces muscles naissent du bord antérieur de chaque sclérodermite pour s'attacher sur le précédent.

Les muscles abdominaux sont très-grêles, n'ayant que des actions assez faibles à exercer. Il n'est pas aussi facile qu'on pourrait le croire de les rendre, sur une préparation, bien apparents et surtout bien distincts les uns des autres.

Pour parvenir à ce résultat, il faut enlever avec le plus grand soin tout le tissu connectif interposé entre les faisceaux musculaires ; or c'est là une opération longue et assez délicate, pour laquelle on a besoin d'employer certaines substances propres à empêcher les muscles de se gonfler, comme l'esprit-de-vin, le liquide salin, l'essence de térébenthine, etc.

Les côtés du dernier anneau de la portion élargie de l'abdomen ne nous présentent pas les faisceaux longitudinaux et transverses des zoonites précédents. Ici, il n'y a pas de poche pulmonaire ; il y a une action à exercer sur la portion caudiforme de l'abdomen ; cette action ne peut être exercée que par des leviers puissants ; le dernier zoonite de la portion élargie de l'abdomen fournit les attaches des grands muscles, qui permettent au Scorpion d'exécuter les mouvements les plus énergiques avec la partie postérieure de son corps.

Piliers musculaires. — Si l'on examine un Scorpion vivant, on remarquera souvent pendant les temps d'activité que la paroi dorsale se soulève et s'affaisse alternativement d'une manière assez sensible à l'œil de l'observateur attentif ; cette action physique est produite par le jeu de grands piliers musculaires, qui descendent verticalement de la paroi dorsale à la paroi ventrale de l'abdomen. Ces piliers sont au nombre de six paires, mais ceux de la première sont très-grêles comparativement aux autres, dont le volume ne laisse pas que d'être considérable, toute proportion gardée avec la dimension totale du corps de l'animal (2). Les piliers musculaires de la première paire (3) prennent leur attache, d'un côté, au bord antérieur du second arceau dorsal, et de l'autre, exactement en arrière de la grande cloison aponévrotique du céphalothorax. Les suivants s'insèrent, d'une part, au bord antérieur des troisième, quatrième, cinquième, sixième et septième pièces tergales de chaque côté du cœur, et, d'autre part, aux sclérodermites ventraux, contre le bord interne des poches pulmonaires.

Les piliers abdominaux ne sont pas positivement aplatis, ils ne sont pas arrondis non plus, mais comme dans leurs formes nous avons aperçu quelques légères différences d'un individu à l'autre, il ne nous paraît pas utile de chercher à les préciser rigoureusement. Ces colonnes musculaires douées d'une grande résistance sont composées de fibres extrêmement serrées. On conçoit comment, par leur contraction, elles tendent à abaisser la paroi dorsale vers la paroi ventrale, et en même temps à élever cette dernière ; comment, par leur relâchement, la paroi dorsale tend au contraire à se soulever, et la paroi ventrale à retomber. Nous verrons plus loin que cette action a son importance dans le mouvement circulatoire.

(1) Pl. ii, fig. 4 *u'''*.
(2) Pl. ii, fig. 4 et fig. 5 *x*, *x*.
(3) Fig. 5 *x**.

Muscles de la portion caudiforme de l'abdomen. — Ces muscles sont de trois sortes: ceux qui déterminent les mouvements généraux de toute la partie caudiforme, ceux qui agissent sur chaque anneau en particulier, et ceux qui, logés dans le dernier zoonite, exercent une action toute locale.

Pour les premiers, se présentent d'abord les rétracteurs ou élévateurs (1) : ce sont deux muscles très-volumineux qui naissent du bord supérieur du premier anneau de la partie caudiforme et s'attachent à l'arceau dorsal du septième zoonite abdominal vers son bord antérieur. Ces muscles, très-massifs et d'une grande longueur, ont pour usage de ramener la queue vers le dos, à la volonté de l'animal. Il suffit d'avoir vu des Scorpions vivants pour savoir avec quelle force et quelle rapidité s'exécute ce mouvement.

Nous avons ensuite les rétracteurs latéraux (2); ceux-ci, plus puissants encore que les premiers, s'insèrent aux angles inférieurs du premier anneau caudal et prennent leur attache comme les précédents, qui leur sont contigus, au sclérodermite supérieur du septième zoonite de l'abdomen, mais tout à fait sur les côtés. Ces muscles, en se contractant, tendent aussi à faire relever la queue, mais surtout à la porter rapidement d'un côté ou de l'autre, suivant que c'est le rétracteur latéral de droite ou celui de gauche qui agit.

Enfin, les extenseurs (3) sont deux muscles sensiblement moins volumineux que les autres, qui s'insèrent au bord antérieur du premier anneau caudal et s'attachent au sclérodermite ventral du dernier zoonite de la portion élargie de l'abdomen, à une certaine distance de son bord antérieur. Ces muscles, par leur jeu, étendent la queue; ils la ramènent sur un plan horizontal.

Cette disposition générale permet de se rendre compte de ces mouvements si brusques que les Scorpions exécutent avec cette partie de leur corps quand ils cherchent à frapper de leur aiguillon.

Il y a, en outre, les mouvements particuliers de chacun des zoonites de la portion caudiforme, qui ne sont au reste que la reproduction, dans une limite plus étroite, des mouvements généraux que nous venons d'indiquer.

Dans chaque anneau, à l'exception du dernier, il y a un muscle élévateur, deux rétracteurs latéraux et un extenseur ou abaisseur. Ces muscles se reproduisent dans tous les zoonites sans présenter d'autre différence qu'un peu plus ou un peu moins de longueur, coïncidant avec celle de l'article où ils sont contenus. Il suffit donc de les décrire dans le premier anneau; ils seront décrits, par le fait, pour les quatre suivants.

C'est d'abord un élévateur (4) naissant du bord supéro-antérieur du second zoonite et venant s'attacher au bord antérieur du premier, occupant ainsi la longueur totale de l'anneau. Ce muscle qui est en forme de cône renversé, présente deux faisceaux bien distincts, la séparation demeurant toujours très-nette au milieu, de telle sorte qu'on peut voir là deux muscles contigus, aussi bien qu'un seul, partagé en deux faisceaux. Cet élévateur est plus grêle dans les quatrième et cinquième zoonites

(1) Pl. ii, fig. 4 v' et fig. 5 y.
(2) Pl. ii, fig. 4 et 5 v'.
(3) Pl. ii, fig. 4 et 5 v.
(4) Pl. ii, fig. 4 x.

que dans les trois précédents, vu que les derniers zoonites ont une largeur sensiblement inférieure à celle des autres.

Le muscle élévateur contenu dans le premier anneau venant à se contracter, oblige le second anneau à se redresser; de même pour l'élévateur logé dans le second zoonite à l'égard du troisième, et ainsi de suite pour les autres.

Les rétracteurs latéraux (1) occupent les côtés, sur un plan inférieur à l'élévateur, mais néanmoins toujours exactement au-dessous de la paroi dorsale. Ces muscles, naissant des bords latéraux antérieurs du zoonite, s'attachent dans les angles antérieurs du précédent. En faisant redresser, par leur action, l'anneau où ils prennent origine, ils l'obligent surtout à se porter d'un côté ou de l'autre, suivant que c'est le rétracteur de droite ou celui de gauche qui agit.

Enfin l'extenseur (2) occupe toute la partie inférieure; il est au-dessous de l'élévateur et des rétracteurs latéraux. Ce muscle a son insertion au bord inféro-antérieur du zoonite sur lequel il est destiné à agir, et s'étend, comme les autres, dans toute la longueur du zoonite précédent. Il est formé de cinq faisceaux : un au milieu et deux de chaque côté. D'après cette disposition, on pourrait dire qu'il existe là trois muscles, qu'il en existe cinq; mais les attaches étant tout à fait contiguës et l'action de chaque faisceau en particulier étant simplement comme un degré dans le mouvement général, il ne nous semble pas y avoir lieu à une telle distinction. L'extenseur en agissant replace l'anneau sur une ligne horizontale; si le faisceau médian se contracte plus particulièrement, le zoonite est ramené bien droit dans l'axe du corps; si l'action est exercée davantage par les faisceaux latéraux, le zoonite, en s'abaissant, se trouve plus ou moins porté de côté.

Comme on le voit, c'est avec la partie postérieure de son corps que le Scorpion peut exécuter les mouvements les plus variés et les plus énergiques.

*

Le dernier zoonite de la portion caudiforme de l'abdomen, l'anneau vraiment caudal, ne saurait naturellement contenir des muscles destinés à agir sur une autre partie; il est presque entièrement occupé par des glandes vénénifiques au-dessus desquelles se trouvent deux muscles plats, un de chaque côté, rapprochés sur la ligne médiane. Ces muscles, dont l'épaisseur est très-faible, s'attachent tout autour de la paroi de l'anneau; leur action s'exerce uniquement sur les glandes. Nous y reviendrons en traitant de la secrétion du venin (3).

SYSTÈME NERVEUX.

Les centres médullaires et les nerfs chez le Scorpion ne présentent rien de particulier dans leur structure : c'est la structure des ganglions et des nerfs de tous les Articulés. Si l'on observe les noyaux

---

(1) Pl. ii, fig. 4 x'. Ce muscle a été laissé placé du côté gauche; il a été enlevé du côté droit pour mettre à découvert l'extenseur.

(2) Pl. ii, fig. 4 x''. On ne voit dans chaque zoonite que la partie droite de l'extenseur; la partie gauche, qui est semblable, se trouve masquée par l'élévateur et le rétracteur latéral.

(3) Pour l'ensemble de nos recherches anatomiques sur le Scorpion, il était nécessaire d'obtenir un grand nombre d'individus vivants. Nos amis M. le docteur Cordier et M. Lucas ont bien voulu nous en recueillir en Algérie. D'un autre côté, M. Vacherot nous en a fait parvenir un grand nombre de ce pays. M. Lacaze-Duthiers, l'auteur d'un beau travail sur l'armure génitale des Insectes, a eu l'obligeance de nous en récolter aux environs de Cette, et M. Farines, pharmacien à Perpignan, a été assez bon pour entreprendre une excursion dans le même but et nous procurer un grand nombre d'individus. C'est ainsi, avec plusieurs centaines de Scorpions vivants appartenant à l'espèce roussâtre (*Scorpio occitanus*), que nous avons exécuté notre travail.

cérébroïdes, c'est-à-dire le cerveau, on ne trouve rien de plus, qu'une pulpe granuleuse revêtue d'un névrilème mince, flexible, fort peu résistant. Si l'on observe les autres centres nerveux, c'est la même structure qui se présente, et de plus les fibres qui en dérivent et celles qui passent au-dessus et sur les côtés de la matière pulpeuse (2). Les nerfs sont formés de fibres parallèles, entourées d'un névrilème, comme chez les Crustacés et les Insectes, où elles ont été plus fréquemment observées.

Dans la constitution des nerfs il existe, d'une manière évidente, au moins les deux ordres de fibres contiguës que M. Newport a signalés le premier chez les Insectes (3). Les unes naissent de la matière pulpeuse de tous les ganglions, les autres passent au-dessus sans s'interrompre; de façon que les deux couches de fibres demeurent assez faciles à distinguer. Leur distinction peut être rendue plus manifeste encore par l'action de certaines substances. Par exemple, si l'on recouvre une préparation de système nerveux avec de l'essence de térébenthine durant un jour ou deux, la couche de fibres supérieures devient extrêmement apparente sur les ganglions, elle prend une teinte d'un blanc plus éclatant que les noyaux médullaires; à l'origine des nerfs qui naissent des ganglions pour se distribuer aux différentes parties du corps, on reconnaît alors, sans grande difficulté, que le faisceau de fibres le plus considérable prend son origine dans les corps ganglionnaires, tandis qu'un faisceau moindre provient des colonnes supérieures qui, dans toute la longueur de la chaîne ganglionnaire, passent au-dessus des centres nerveux (3). L'existence de deux ordres de fibres étant bien constatée, M. Newport a pensé, par analogie, qu'il y avait dans les premières l'agent de la sensibilité, et dans les autres celui de la motilité.

C'est en traitant des Insectes que doit se trouver développée davantage la série des faits concernant la structure du système nerveux des Articulés. Dans cette classe, les éléments constitutifs du système nerveux sont beaucoup plus distincts que chez les Arachnides, et d'ailleurs nous devons éviter des répétitions inutiles. Il nous suffira de rappeler qu'en déterminant les fibres supérieures de la chaîne nerveuse des Articulés comme fibres motrices, et les fibres inférieures comme fibres sensibles, M. Newport n'a pu avoir un guide sûr pour cette détermination. Il n'est possible de faire ici aucune expérience comparable à celles qui ont conduit à reconnaître dans les animaux vertébrés les fonctions des racines antérieures et des racines postérieures. Chez les Articulés, les deux couches de fibres sont contiguës; nul jusqu'ici n'a pu parvenir à les séparer l'une de l'autre, encore bien moins serait-il possible, sur un animal vivant, de tailler l'une entièrement, en respectant l'autre.

Outre ces fibres, il y en a de latérales, souvent assez apparentes, sur les côtés des ganglions; M. Newport les a nommées fibres de renforcement (4); il leur attribue une action réflexe. Il y a enfin les fibres transversales ou *commissurales*. Les nerfs dérivant des noyaux médullaires de la chaîne ganglionnaire sont donc formés de quatre sortes de fibres qui s'unissent en plus ou moins forte proportion.

Chez le Scorpion, on reconnaît bien, par une observation minutieuse, les différentes colonnes de fibres qui viennent d'être indiquées, mais elles ne sont pas aussi distinctes à beaucoup près que chez certains Insectes et que chez les Myriapodes. Dans la chaîne nerveuse de ces derniers animaux, M. Newport a trouvé que la colonne des fibres supérieures, considérées comme motrices, s'élargit en passant sur les ganglions. Il n'en est pas ainsi dans le Scorpion. La colonne reste droite, sans qu'il y ait écartement des fibres au milieu des noyaux médullaires.

(1) Pl. iii, fig. 5.
(2) *Philosophical Transactions*, part. II, p. 408 (1834).
(3) Pl. iii, fig. 5 *a*, *b*.
(4) *Philosophical Transactions*, part. ii, p. 243, 1843.

Chez le Scorpion, la portion antérieure du système nerveux est remarquablement centralisée; il en est tout autrement pour la portion postérieure (1). Ceci est du reste parfaitement en rapport avec ce qui existe pour les parties externes. Il y a coalescence de la tête et des anneaux thoraciques; il y a coalescence également des centres médullaires céphaliques et thoraciques, et cette coalescence est augmentée encore par l'addition de quelques ganglions abdominaux, comme cela se voit du reste chez beaucoup d'insectes adultes. On le sait, dans cette dernière classe d'animaux, des ganglions viennent souvent se confondre avec ceux du thorax, et là-dessus point d'incertitude possible, cette fusion n'existe pas chez les larves; elle a lieu par les progrès de l'âge, on la suit pas à pas. Chez le Scorpion, l'abdomen est fort allongé et composé de zoonites très-séparés les uns des autres; de même les ganglions abdominaux sont écartés, et dans notre espèce d'Europe (*Scorpio occitanus*), la chaîne ganglionnaire reste double dans une grande partie de sa longueur.

Ganglions cérébroïdes ou cerveau. — Les ganglions cérébroïdes constituent une seule masse, c'est le cerveau (2). Il est remarquablement petit comparativement à la dimension de l'animal; il est formé de deux noyaux intimement unis, mais nettement indiqués par une dépression longitudinale au milieu et une échancrure arrondie en avant. Le cerveau du Scorpion est donc sensiblement bilobé, mais la fusion des deux noyaux est telle cependant, que les deux lobes sont fort peu prononcés.

Nerfs naissant des ganglions cérébroïdes. — Les nerfs qui naissent directement des ganglions cérébroïdes sont les nerfs pharyngiens, les nerfs optiques médians, les nerfs optiques latéraux et les nerfs antennaires, sans compter le système nerveux de la vie organique.

Les nerfs pharyngiens sont au nombre de deux paires; ceux de la première prennent leur origine au bord antérieur et médian du cerveau et se réunissent presque aussitôt de façon à former un seul nerf dont les branches se distribuent dans la portion supérieure de l'appendice buccal (3). C'est évidemment l'analogue des nerfs de la lèvre supérieure des Insectes. Sa double origine, que nous avons constatée, montre clairement que chaque noyau médullaire cérébroïde fournit un nerf propre, et que c'est par suite d'une tendance à la centralisation qu'une fusion complète s'opère dans presque toute l'étendue des deux branches.

Les nerfs pharyngiens de la seconde paire naissent en dehors des précédents et descendent de chaque côté de l'œsophage. Ceux-ci, encore plus grêles que les précédents, fournissent sur leur trajet des branches d'une extrême finesse qu'il est fort difficile d'isoler complétement par la dissection.

Viennent ensuite les nerfs optiques médians, qui sont assez volumineux et fort courts : ils montent presque verticalement; les yeux étant situés au-dessus des centres cérébroïdes et à peine plus en

(1) Pl. iii, fig. 1.
(2) Pl. iii, fig. 1, fig. 2 *a* et fig. 3 *a*.
(3) Pl. iii, fig. 1 *a* et fig. 2 *b*.

avant, ils s'épanouissent sous la rétine. Aucune branche ne vient se détacher le long de leur trajet (1).

Les nerfs optiques latéraux prennent naissance aux angles antérieurs des ganglions cérébroïdes; ceux-ci sont grêles; au côté externe, ils fournissent deux ou trois petites branches dont les rameaux vont se distribuer dans les muscles des chélicères ou antennes-pinces et jusque dans les grands muscles rétracteurs des pattes-mâchoires. La première de ces branches, c'est-à-dire la plus rapprochée de l'origine, est sensiblement plus considérable que les autres. Parvenus presque à la base des chélicères, les nerfs optiques latéraux se contournent en dehors et se dirigent vers les yeux, où ils se partagent en trois branches se rendant chacune à l'un des yeux. En outre, quelques petits filets grêles se ramifient dans les muscles environnants (2).

Tout à fait contiguë au point d'où naissent les nerfs optiques latéraux, sur un plan un peu inférieur, se trouve l'origine d'un nerf qui, courant dans la même direction que le nerf optique latéral, vient se ramener dans les muscles rétracteurs des chélicères; c'est un nerf antennaire auxiliaire (3).

En dehors des nerfs optiques latéraux et sur un plan tant soit peu inférieur, on trouve l'origine des nerfs antennaires : ceux-ci sont volumineux et dirigés en avant (4); à peu de distance de leur origine, ils émettent une branche assez puissante qui se ramifie dans les muscles rétracteurs des antennes-pinces ou chélicères et dans les grands muscles des pattes-mâchoires; au delà ils donnent encore quelques branches moins considérables qui se distribuent dans les mêmes muscles. Parvenus dans les chélicères, les nerfs antennaires offrent des rameaux nombreux et se partagent presque également en deux branches; l'une d'elles s'étend jusqu'à l'extrémité du corps de l'appendice, l'autre est dévolue spécialement au doigt mobile.

Comme il a été dit dans la partie de ce livre qui traite des connaissances successivement acquises touchant l'organisation des Arachnides (5), la détermination des chélicères ou antennes-pinces des Arachnides n'est devenue certaine qu'au moment où l'on s'est rendu compte de l'origine des nerfs dévolus à ces appendices. La plupart des naturalistes regardaient les chélicères des Arachnides comme des organes buccaux; d'autres, à l'exemple de Savigny, les considéraient comme des organes tout spéciaux n'ayant d'analogues ni chez les Insectes, ni chez les Crustacés; le plus célèbre des entomologistes, Latreille, les comparait à juste titre aux antennes des autres Articulés et les désignait sous le nom d'antennes-pinces, voulant exprimer à la fois la nature et le rôle de ces organes; seulement, ne pouvant s'appuyer sur aucune considération bien importante, rien n'était avéré pour personne.

Au moment où il fut démontré que, chez les Articulés, les nerfs buccaux recevaient invariablement leurs nerfs du ganglion sous-œsophagien, et que les nerfs des chélicères des Arachnides naissaient des ganglions cérébroïdes et avaient exactement la même origine que les nerfs antennaires des Crustacés et des Insectes, toute incertitude dut disparaître.

Outre les nerfs cérébraux qui viennent d'être décrits, les ganglions cérébroïdes en fournissent encore sur les côtés deux autres très-courts qui se rendent aux muscles de la lame aponévrotique sur laquelle repose l'œsophage (6).

(1) Pl. III, fig. 1 et fig. 2 c.
(2) Pl. III, fig. 1 b et fig. 2 d
(3) Pl. III, fig. 2.
(4) Pl. III, fig. 1 c et fig. 2 e.
(5) Pag. 10.
(6) Pl. III, fig. 2 et 3 a.

Nous avons vu que les grands muscles rétracteurs des chélicères et des pattes-mâchoires recevaient des filets provenant de nerfs différents, tels que les optiques latéraux, les antennaires et les antennaires auxiliaires. Il est regrettable que des expériences physiologiques soient ici hors de toute possibilité. On voudrait pouvoir se rendre compte si les branches provenant du nerf optique latéral et les branches provenant des nerfs antennaires réunissent les mêmes fonctions ou ont au contraire des fonctions distinctes; mais il n'y a aucune chance que l'on parvienne jamais à couper les uns en ménageant les autres sur un Scorpion vivant. Avec la connaissance la plus complète de la direction de ces branches et à l'aide des instruments les plus parfaits, on ne saurait arriver au but sans faire à l'animal des blessures si graves qu'il succombe immédiatement. Toujours est-il que ces rameaux d'origines diverses ne s'anastomosent sur aucun point. On sait, au reste, que rien n'est plus rare que les anastomoses de nerfs chez les animaux articulés.

*

Système nerveux de la vie organique. — Cette portion du système nerveux est extrêmement simple comparativement à ce que l'on observe chez la plupart des animaux articulés. Elle paraît avoir totalement échappé à tous les anatomistes, et notamment à l'un des plus habiles de notre temps, à Newport, qui a fait une étude si consciencieuse du type d'Arachnides dont il est question ici.

En arrière du cerveau et un peu en dessous, il existe de chaque côté deux noyaux médullaires extrêmement petits tout à fait accolés aux ganglions cérébroïdes et situés l'un au-dessus de l'autre. Les noyaux supérieurs (1), c'est-à-dire les ganglions angéiens, sont de forme un peu allongée; ils occupent les côtés de l'aorte, à laquelle ils donnent quelques filets de la plus grande ténuité. Un nerf partant de chacun de ces ganglions descend sur l'aorte et sur le péricarde (2) et offre plusieurs renflements ganglionnaires sur son trajet. Il a été possible de reconnaître de chaque côté un de ces renflements au-dessus de chacune des trois premières chambres cardiaques. La ténuité des parties devenant plus extrême en arrière, nous n'avons pu réussir, malgré des efforts multipliés, à suivre plus loin cette portion du système nerveux; mais, d'après ce que nous avons constaté sur la partie antérieure, il nous semble probable que la même disposition doit se répéter dans toute la longueur du cœur.

Ces renflements ganglionnaires sont allongés et donnent au péricarde des filets qu'il n'est pas toujours aisé de mettre parfaitement en évidence. Il est nécessaire, du reste, de faire usage de l'essence de térébenthine pour rendre distinctes toutes ces parties délicates du système nerveux.

Les noyaux inférieurs ou les ganglions gastriques, plus volumineux que les ganglions angéiens et d'une forme presque semi-lunaire, reposent sur les côtés de l'œsophage et ne peuvent être mis à découvert qu'en écartant l'aorte (3). Ils adhèrent aux ganglions angéiens par leur bord latéral, et ils émettent un nerf qui s'étend sur le canal intestinal. Les nerfs gastriques, comme les nerfs angéiens, ont une extrême délicatesse; pourtant, avec du soin et une patience soutenue, on parvient à reconnaître la présence des filets qui en dérivent. Nous avons suivi les nerfs gastriques sur la plus grande portion de l'intestin dans laquelle s'ouvrent les canaux hépatiques; mais au-delà il nous a été absolument impossible d'en apercevoir le moindre vestige.

Ainsi, chez le Scorpion, il y a une portion du système nerveux affectée spécialement aux parties les plus importantes de l'appareil circulatoire, et une autre portion distincte affectée à l'appareil ali-

(1) Pl. III, fig. 2.
(2) Pl. III, fig. 2 *f*.
(3) Pl. III, fig. 3.

mentaire, comme chez le plus grand nombre des animaux articulés; seulement ici la disposition des noyaux médullaires n'est pas celle qui a été observée ailleurs.

*

Centre nerveux céphalothoracique. — Les connectifs qui unissent les ganglions cérébroïdes au centre nerveux céphalothoracique de façon à former le collier œsophagien sont tellement courts, qu'il semble n'exister qu'un trou étroit pour le passage de l'œsophage dans une même masse médullaire. Les ganglions cérébroïdes tendent à se confondre avec les ganglions sous-intestinaux; l'œsophage et la lame aponévrotique sur laquelle il repose paraissent être les seuls obstacles qui s'opposent à ce que cette fusion ne devienne complète. C'est là un fait qui se retrouve chez presque tous les Arachnides et qui contraste avec la disposition ordinaire chez les Insectes et les Crustacés.

La masse médullaire céphalothoracique est à peu près ovalaire (1). Formée par la réunion d'une série de ganglions, elle ne conserve que peu de traces de cette fusion; on remarque seulement en avant un petit lobe assez distinct, et, entre l'origine des deux connectifs qui l'unissent au cerveau, une dépression transversale assez marquée.

Néanmoins il n'est pas douteux que cette masse médullaire ne soit formée par le ganglion sous-œsophagien, qui est toujours logé dans la tête chez les Insectes, par la série des ganglions thoraciques et par quelques ganglions abdominaux. Seulement tout ici est confondu; la centralisation des parties a été poussée extrêmement loin. Nous savons de reste qu'aucun de ces éléments distincts, chez la plupart des Articulés, ne vient à manquer; l'étude du développement en fournit des preuves multipliées.

Nous retrouvons le ganglion sous-œsophagien dans le petit lobe antérieur que nous avons signalé. Ce centre nerveux fournit les nerfs buccaux. Dans les Insectes, les nerfs mandibulaires, maxillaires et labiaux naissent de ce centre nerveux. Chez le Scorpion, les mandibules, les mâchoires et la lèvre inférieure n'existent pas : ces pièces sont remplacées par l'appendice buccal que nous avons décrit (2). Cet appendice reçoit deux nerfs naissant du lobe antérieur de la grande masse médullaire céphalothoracique; ainsi il ne peut y avoir doute sur aucune de nos déterminations. Les nerfs buccaux du Scorpion, un peu épaissis à leur origine, sont notablement ramifiés entre les fibres musculaires (3).

En arrière du petit lobe dont il vient d'être question, la masse médullaire thoracique n'offre plus de divisions ayant un certain degré de netteté. Des côtés tout à fait antérieurs naissent les nerfs des pattes-mâchoires; en arrière de leur origine, il n'y a qu'un faible rétrécissement indiquant à coup sûr la réunion d'un centre nerveux particulier avec les centres situés en arrière; mais cette indication est peu sensible, surtout en dessus.

Les nerfs des pattes-mâchoires sont les plus volumineux chez le Scorpion, ce qui s'explique naturellement par les proportions considérables des appendices qu'ils doivent animer. Ces nerfs, depuis leur origine, se dirigent en avant entre les muscles des hanches et se recourbent ensuite en dehors pour pénétrer dans les pattes-mâchoires (4). Ils donnent d'abord quelques branches aux muscles fléchisseurs de la hanche, et, dans le trochanter, la cuisse et la jambe, des branches plus ou moins considérables suivant le volume des muscles dans lesquels elles se distribuent. Dans la jambe, il y a

(1) Pl. iii, fig. 1 et fig. 4.
(2) Pag. 19.
(3) Pl. iii, fig. 4 *a*.
(4) Pl. i, fig. 1 *d*.

deux de ces branches principales qui naissent dès la base de l'article et étendent leurs diramations, l'une dans les muscles fléchisseurs, l'autre dans les muscles rétracteurs du tarse. Parvenus à la base de cette portion de l'appendice, les nerfs pédio-maxillaires se partagent en deux nerfs de grosseur à peu près égale; l'un suit le côté interne du tarse et pénètre dans le prolongement digitiforme, l'autre se dirige du côté externe et pénètre dans le doigt mobile, l'un et l'autre en se divisant en deux branches et en fournissant de nombreux rameaux aux muscles logés dans cette partie des pattes-mâchoires.

*

Le tarse des pattes-mâchoires du Scorpion, élargi en forme de main, est le résultat de la coalescence des trois articles qu'on trouve aux tarses des pattes ambulatoires; le doigt mobile n'est autre chose, comme nous l'avons exposé précédemment (1), que l'un des crochets du tarse qui prend un développement énorme, tandis que l'autre avorte.

Newport, le premier (2), a fait à ce sujet une remarque intéressante. Il a insisté avec la plus grande raison sur l'uniformité de plan qui existe dans la distribution des nerfs des appendices, montrant que le nerf tarsien des pattes mâchoires se divise en deux branches courant à la partie inférieure et sur les côtés du tarse, exactement comme cela a lieu dans les tarses des pattes ambulatoires, où les deux branches viennent aboutir aux deux petits crochets. Ceci fournit une nouvelle preuve que l'étude du système nerveux peut, dans bien des cas, être un guide sûr pour se rendre compte de certaines dispositions organiques, ainsi que nous l'avons exposé en traitant des pièces buccales.

En examinant cet article élargi en forme de main, prolongé d'un côté en une pointe recourbée et muni de l'autre d'un doigt mobile, de façon à constituer une pince préhensible, on était amené à le considérer comme un tarse, par ce fait qu'il vient après une série d'articles, la hanche, le trochanter, la cuisse et la jambe, analogues à ceux des pattes ambulatoires. Cependant la démonstration entière n'existait pas. Des interprétations diverses auraient pu se produire sans qu'il fût possible de les réfuter d'une manière péremptoire. En trouvant dans cette main du Scorpion une distribution des nerfs tout à fait identique à celle qu'on observe dans les tarses des pattes ambulatoires, aucune incertitude ne saurait être manifestée sur l'analogie fondamentale de ces pièces différemment conformées.

*

En arrière des nerfs pédio-maxillaires, deux nerfs naissent du centre médullaire céphalothoracique et vont étendre leurs diramations dans les muscles du trochanter. L'un d'eux prend son origine exactement à la base du grand nerf pédio-maxillaire, de telle sorte qu'on peut le considérer comme un simple rameau de ce dernier; l'autre, au contraire, naît directement de la masse médullaire.

*

Nerfs des pattes ambulatoires. — Les quatre paires de nerfs des pattes ambulatoires naissent des côtés de la masse médullaire céphalothoracique à des intervalles à peu près égaux. Les nerfs des

---

(1) Pag. 23.

(2) *On the structure, relations and development of the nervous and circulatory systems,* etc. — *Philosophical Transactions* part. ii, p. 262 (1843).

pattes de la première paire remontent pour atteindre l'appendice qu'ils doivent parcourir, ceux de la seconde paire se dirigent presque en ligne droite, ceux de la troisième et de la quatrième paire notablement en arrière (1).

Dès leur origine, ils fournissent des branches grêles qui se divisent dans les muscles extenseurs et rétracteurs des hanches ou coxopodites et des trochanters. Tout le long de leur trajet dans les appendices, ils donnent de chaque côté des branches qui se divisent dans les muscles en une multitude de rameaux. Parvenus vers le milieu du premier article du tarse, les nerfs pédieux se partagent en deux branches égales qui descendent jusque dans les crochets, en fournissant des rameaux aux muscles, et quelques-uns, plus épais que les autres, aux épines du tarse (2). Il est à noter, en effet, que les épines mobiles reçoivent des nerfs d'une grosseur assez considérable, eu égard à leur dimension. Ceci indique le rôle important qu'elles jouent comme organes de tact.

Entre les origines des quatre nerfs pédieux, il existe toujours une branche analogue à celles que nous avons vues en arrière des nerfs pédio-maxillaires. Cette branche part également de la masse médullaire céphalothoracique et fournit des rameaux aux muscles trochantériens.

En arrière de l'origine des nerfs des pattes de la quatrième paire, on trouve encore de chaque côté un nerf assez grêle qui remonte et distribue ses rameaux dans la partie supérieure du céphalothorax (3). Plus en arrière et sur un plan inférieur, on découvre les nerfs des organes pectiniformes (4); ceux-ci passent sous les oviductes ou sous les conduits déférents, et pénètrent dans les appendices qu'ils doivent animer. Peu après leur origine, ils deviennent très-grêles; les branches qu'ils fournissent aux dents ou lamelles des appendices sont d'une extrême finesse.

Ganglions abdominaux. — Nous devons chercher les premiers ganglions abdominaux dans la masse médullaire céphalothoracique. Deux paires de nerfs, en effet, naissent de cette masse médullaire et descendent dans l'abdomen, où ils se divisent. On peut donc être certain que deux paires de ganglions abdominaux au moins, sont venues se confondre ici avec les noyaux thoraciques.

La chaîne ganglionnaire abdominale présente trois paires de ganglions très-espacées dans la portion élargie de l'abdomen et quatre dans la portion caudiforme. Chaque paire des premières forme une masse simple en apparence; la fusion des deux noyaux est complète. Pour les autres, il n'en est pas de même; les deux noyaux sont parfaitement unis, mais ils restent distincts.

Les connectifs qui partent de la masse médullaire céphalothoracique, et unissent les ganglions les uns aux autres jusqu'au dernier de la portion élargie de l'abdomen, sont réunis sur la ligne moyenne de manière à ne former qu'un seul cordon. Au delà, c'est-à-dire depuis le troisième ganglion abdo-

(1) Pl. III, fig. 4 e.

(2) Dans la figure du système nerveux du *Scorpio afer* donnée par Newport, ces nerfs des épines sont trop gros et disposés d'une façon plus régulière que dans la nature.

(3) Pl. III, fig. 4. Ce nerf se voit ici seulement du côté gauche; du côté droit, tous les muscles ayant été détachés pour mettre les nerfs pédieux complétement à nu, il a dû être enlevé.

(4) Pl. III, fig. 4. Dans notre figure, ce nerf a été mis en évidence du côté droit. L'oviducte resté en place masque son passage dans l'appendice pectiniforme.

minal, les connectifs sont séparés l'un de l'autre, de telle sorte que la chaîne est réellement double
dans toute la portion caudiforme de l'abdomen.

En voyant la description des connectifs de la chaîne ganglionnaire réunis sur un point, séparés sur
un autre, il ne faut pas oublier que cette description se rapporte au Scorpion roussâtre (*Scorpio occitanus*). Comme on le verra plus loin, on se tromperait en pensant qu'elle s'applique indifféremment au
système nerveux de telle ou telle espèce du grand genre Scorpion.

Faisons encore une remarque sur la position qu'occupent les centres nerveux de l'abdomen. Le premier de la chaîne fournit les nerfs du troisième segment ventral ; il est placé à la jonction du premier
et du deuxième segment. Le second fournit les nerfs du quatrième segment ; il est placé à la jonction
du troisième et du quatrième. Le troisième fournit les nerfs du cinquième segment ; il est placé vers le
tiers antérieur de ce même segment. Chacune des paires de ganglions de la partie caudiforme est
située à la base du zoonite auquel elle fournit des nerfs.

Ceci montre clairement que le premier ganglion tend à se porter en avant, à se rapprocher du centre
plus que le second, le second plus que le troisième. La tendance à la centralisation se manifeste vers
la masse médullaire céphalothoracique ; cette tendance s'affaiblit graduellement pour les parties qui
occupent la portion postérieure du corps.

Ainsi les centres nerveux céphalothoraciques chez le Scorpion et les premiers ganglions abdominaux
se sont groupés sur un point unique ; ils sont venus former une seule masse. Le premier centre nerveux isolé qui vient à la suite tend à se rapprocher de ce point central. Cette tendance est moindre pour
le second, moindre encore pour le troisième, à peu près nulle pour les autres.

Remarquons aussi que la centralisation du système nerveux s'opère de la même façon, non-seulement d'avant en arrière et surtout d'arrière en avant, mais encore sur la ligne moyenne. Pour les
noyaux céphalothoraciques et les premiers noyaux abdominaux, elle est complète dans tous les sens.
Au delà, la réunion des parties qui s'est effectuée sur la ligne médiane a cessé d'être complète.
Les deux noyaux de chacune des trois premières paires de la chaîne abdominale se sont confondus en
une seule masse, et les deux connectifs qui les unissent les uns aux autres se sont intimement unis :
c'est alors un cordon simple. Plus loin, les deux noyaux de chaque paire de ganglions, tout en étant
accolés, demeurent distincts, et les connectifs qui les unissent les uns aux autres restent séparés.

Nous verrons plus tard les différences qui se présentent sous ce rapport, dans une même famille,
entre les espèces qui se perfectionnent moins que notre Scorpion et celles qui se perfectionnent davantage.

Nerfs naissant des noyaux abdominaux réunis à la masse médullaire céphalothoracique. — Comme il a
déjà été dit, deux paires de nerfs partent de la grande masse médullaire contenue dans le céphalothorax,
naissant en arrière des nerfs des appendices pectiniformes. Ce sont les nerfs des deux premiers zoonites
abdominaux ; ceux de la première paire sont beaucoup plus grêles que ceux de la seconde. Du reste,
les uns et les autres se partagent en deux branches à peu près égales. La branche supérieure des premiers se dirige obliquement, passe sur le grand vaisseau qui amène le sang veineux aux organes pulmonaires, et remonte sur les côtés en donnant des rameaux nombreux aux muscles latéraux et même
aux muscles dorsaux. La branche inférieure descend jusqu'au bord de la première poche respiratoire
et fournit un rameau à la tunique constituant la poche dont l'organe pulmonaire est enveloppé, et
un rameau qui, passant au-dessous, se divise dans les muscles de l'orifice respiratoire.

Les nerfs de la seconde paire, avant de se partager en deux branches, émettent au côté interne une branche secondaire dont les diramations s'étendent dans les longs muscles du premier segment abdominal. Ensuite la première des deux branches principales, parvenue au bord de la première poche pulmonaire, passe au-dessus du conduit qui unit celle-ci à la seconde et se ramifie dans les muscles latéraux et dorsaux. La seconde branche se divise bientôt en deux branches secondaires descendant parallèlement; l'interne donne un rameau aux longs muscles ventraux et vient se ramifier sur la seconde poche pulmonaire; l'externe suit le bord des organes respiratoires, fournit un rameau à chacun des deux premiers piliers musculaires, du côté opposé un rameau aux longs muscles ventraux du deuxième segment, et passe sous la seconde poche pulmonaire pour se diviser dans les muscles de l'orifice respiratoire.

Nerfs naissant des trois ganglions de la portion élargie de l'abdomen. — Chacun des ganglions de la portion élargie de l'abdomen donne une seule paire de nerfs; chacun de ces nerfs se divise comme ceux qui partent de la masse médullaire contenue dans le céphalothorax. Les nerfs du premier ganglion abdominal descendent d'abord presque parallèlement et se recourbent ensuite dans la direction des organes respiratoires. Près de ces organes, ils se partagent en deux branches : la supérieure, plus volumineuse que l'autre, donne d'abord un rameau au troisième pilier musculaire; elle se rend ensuite dans les muscles latéraux et dorsaux, auxquels elle fournit de nombreuses divisions. La branche inférieure envoie des filets nerveux aux longs muscles ventraux, d'autres à la troisième poche pulmonaire, et elle passe au-dessous pour se diviser dans les muscles de l'orifice respiratoire.

Les nerfs du second ganglion se dirigent à peu près horizontalement dans le quatrième segment ventral. Ici le centre médullaire ne se trouve pas porté en avant des parties qui reçoivent ses filets nerveux. Du reste, les divisions de ces nerfs sont absolument semblables à celles des nerfs du premier ganglion. Il n'est donc pas utile de les décrire.

Les nerfs du troisième ganglion de l'abdomen se divisent dans le dernier zoonite de la portion élargie. Ceux-ci remontent d'abord jusqu'à la base du segment, fournissant des deux côtés des rameaux aux longs muscles, puis se recourbent et redescendent pour aller répandre leurs diramations dans les muscles rétracteurs et extenseurs de la portion caudiforme. De ces diramations, l'une d'elles se détache et vient se diviser dans les muscles transverses latéraux du zoonite précédent (1).

On remarque que les nerfs du dernier zoonite de la portion élargie de l'abdomen ne fournissent sur leur trajet que des branches secondaires; ils ne se partagent pas en deux branches à peu près égales, comme les quatre premières paires de nerfs abdominaux. Il n'est peut-être pas fort difficile de se rendre compte de cette différence.

Dans le dernier zoonite, tous les filets nerveux se rendent à des muscles de mouvements volontaires. Dans les quatre autres zoonites se trouvent les quatre paires de poumons. Là, les nerfs se divisent en deux branches : l'une donnant exclusivement ses rameaux aux muscles des mouvements volontaires, l'autre, au contraire, les donnant principalement aux organes respiratoires et aux muscles qui en ouvrent ou en ferment les orifices.

Nul doute que les deux branches ne soient composées, au moins en grande partie, de fibres de nature différente, bien que ces fibres soient intimement unies dans une étendue considérable.

(1) Pl. III, fig. 1.

La spécialité des organes auxquels se rendent ici certains faisceaux de fibres semble attester que ces fibres sont également d'une nature toute spéciale. Il y a donc lieu de penser que les premiers noyaux médullaires ont une composition plus complexe que les suivants. Malheureusement l'observation directe des parties, si minutieuse qu'elle ait été, n'a pu rien révéler. La centralisation, comme nous l'avons fait remarquer, est poussée ici beaucoup plus loin que dans les ganglions postérieurs; la structure est devenue ainsi beaucoup moins apparente.

*

Plexus nerveux des organes respiratoires. — Outre les nerfs que nous avons décrits comme étant dévolus aux organes respiratoires, il y a sur ces organes quelque chose de si particulier et de si complétement inobservé jusqu'ici, que nous pensons devoir en donner une description à part.

Nous avons parlé de la branche des nerfs abdominaux qui passe sous les organes respiratoires, donnant des filets aux muscles des orifices stigmatiques et un rameau à la membrane qui constitue la poche pulmonaire. Si l'on enlève cette membrane, on met à nu le bord supérieur des feuillets juxtaposés, dont sont formés les poumons. Alors, avec un peu d'attention, on distingue un plexus nerveux provenant de la branche spécialement dévolue aux organes de la respiration (1). Les filets nerveux se répandent sur toute la superficie des poumons. La plupart d'entre eux sont d'une extrême finesse, mais on les rend néanmoins très-distincts par l'action de l'essence de térébenthine. Au contraire de ce qui s'observe dans les autres parties du corps, il y a ici de nombreuses anastomoses entre les filets; en un mot, c'est sur plusieurs points une sorte de réseau, un véritable plexus.

Ainsi, chez le Scorpion, les organes respiratoires sont sous l'influence d'un système nerveux propre n'ayant pas de relation directe avec le système nerveux affecté à l'appareil circulatoire et à l'appareil digestif. Suivant toute probabilité, ce sont des parties de même nature; mais les investigations les plus attentives n'ayant pu jusqu'à présent faire reconnaître de différence de structure entre les ganglions et les nerfs de la vie de relation et ceux de la vie organique, c'est une simple induction résultant de ce que nous savons d'ailleurs. Chez les Insectes, en effet, les ganglions et les nerfs des trachées sont unis aux ganglions angéiens et intestinaux.

*

Nerfs de la portion caudiforme de l'abdomen. — Une paire de ganglions, ainsi qu'il a été dit, existe à la base de chacun des quatre premiers zoonites de la portion caudiforme de l'abdomen (2). Il en naît latéralement un seul tronc qui se partage bientôt en deux nerfs. Les fibres latérales qui entrent dans la formation du tronc commun se trouvant occuper le bord antérieur, le premier nerf est formé principalement de ces fibres, auxquelles on a attribué une action réflexe.

Celui-ci se dirige vers l'angle du zoonite et plonge vers la partie inférieure de façon à répandre ses principaux rameaux dans les muscles extenseurs. Le second nerf, au contraire, se dirige en arrière. Il donne d'abord quelques filets, la plupart assez grêles, puis il se divise en quatre ou cinq branches qui marchent à peu près parallèlement jusqu'à l'extrémité du zoonite, en donnant de nombreux rameaux tout à la fois aux muscles superficiels et aux muscles profonds. Ces branches, à l'exception de la plus interne, qui s'enfonce presque aussitôt dans les muscles extenseurs, rampent pour la plupart

(1) Pl. vi, fig. 8 et 9.
(2) Pl. iii, fig. 4.

7

au-dessous des muscles élévateurs, de telle sorte que leurs rameaux, s'ils s'élèvent, pénètrent dans les muscles superficiels, et dans les muscles profonds s'ils s'abaissent.

Pour les deux derniers zoonites, il y a plusieurs particularités à signaler. Il n'existe plus de ganglions ; tous les nerfs dérivent directement des grands cordons.

Ces grands cordons s'écartent d'une manière très-notable dès la partie postérieure du quatrième zoonite ; ils se rapprochent vers le tiers de la longueur du cinquième et restent intimement unis jusqu'au point où le rectum plonge, pour s'ouvrir à la base de l'anneau caudal. Sur ce point, les deux cordons écartés de nouveau, forment une sorte de collier autour de l'extrémité intestinale ; ils se réunissent encore de façon à ne plus constituer qu'un seul nerf qui remonte à la partie dorsale et vient se perdre à l'extrémité de la queue, au-dessus du conduit vénénifique.

Les grands cordons, avant l'extrémité du quatrième zoonite, donnent une paire de nerfs considérables qui se rendent dans les muscles élévateurs du sixième. Dès la base du cinquième, ils donnent deux autres paires, l'une antérieure qui se comporte exactement comme la première branche des troncs qui naissent des ganglions des premiers zoonites, l'autre postérieure qui se comporte comme la seconde branche. En outre, le cordon devenu unique, fournit encore deux paires de nerfs dont les diramations se répandent dans la portion inférieure du cinquième zoonite. Cet anneau ayant une longueur plus considérable que les autres, les branches des nerfs antérieurs se trouvent très-affaiblies vers l'extrémité du zoonite. On doit croire que c'est à cette circonstance qu'est due la présence de nerfs qui n'existent pas dans les autres anneaux. Du collier anal s'échappent deux paires de filets qui se rendent principalement autour de l'anus. Dans le zoonite caudal, le cordon nerveux courant sous la paroi dorsale donne des branches assez faibles qui se divisent dans les muscles de l'appareil vénénifique.

Comme nous avons eu l'occasion de le dire précédemment, il n'est pas aisé de reconnaître par des expériences physiologiques les fonctions des diverses parties du système nerveux chez les Articulés. On ne peut chez ces animaux agir sur un point quelconque sans leur faire presque toujours des blessures tellement graves qu'elles n'entraînent la mort bien rapidement. Néanmoins nous n'avons pas négligé de faire plusieurs tentatives sur le Scorpion.

On sait que des Insectes auxquels on a arraché la tête peuvent cheminer encore pendant un certain temps, qu'ils conservent des mouvements réfléchis bien manifestes (1), malgré l'absence des ganglions cérébroïdes. La position qu'occupent ces centres médullaires chez le Scorpion ne permet pas de les enlever sans tuer l'animal immédiatement. Pourtant on peut être certain, ce nous semble, que les fonctions sont beaucoup plus nettement localisées chez ces Arachnides, dont le système nerveux est très-centralisé, que chez la plupart des Insectes, où il l'est infiniment moins.

Dans une première expérience, nous avons pris quelques individus de notre Scorpion et nous avons simplement piqué les noyaux cérébroïdes avec la pointe d'une aiguille. Cette opération se fait sans occasionner sur l'animal de graves blessures ; ce sont les glandes salivaires seules qui peuvent se trouver intéressées. Tout individu dont le cerveau a subi une piqûre manifeste un grand trouble. Il paraît ne plus savoir se diriger, en un mot, il semble avoir perdu la connaissance exacte de ses mouvements. Tous les Scorpions qui furent ainsi piqués périrent en moins de vingt-quatre heures.

(1) Voy. Dugès, *Traité de physiologie, Expériences sur des Mantes,* et Émile Blanchard, *Mémoire sur le système nerveux de Coléoptères. — Annales des sciences naturelles,* 3ᵉ série, t. V, p. 287 ; *Expériences sur le Mélolonthe commun.*

Sur d'autres individus, la masse médullaire céphalothoracique fut piquée de même au travers du tégument. Il en parut habituellement résulter quelque gêne dans les mouvements des pattes; du reste, les animaux n'en étaient pas autrement affectés, ils continuaient à se diriger comme s'ils n'avaient subi aucune blessure; ils menaçaient aussi vigoureusement quand on les inquiétait. La mort n'arriva qu'au bout d'un temps assez long.

De ces faits il paraît résulter bien positivement que chez ces Arachnides toute volonté, tout sentiment des objets extérieurs émanent exclusivement des ganglions cérébroïdes. Aucune trace de mouvements réfléchis ne persiste chez les Scorpions quand ces noyaux médullaires ont subi une lésion un peu notable, au contraire de ce qui a été constaté chez d'autres Articulés dont le système nerveux n'atteint pas le même degré de centralisation.

Il est néanmoins à noter que Newport, dans ses expériences sur les fonctions des centres nerveux des Myriapodes, a cru reconnaître chez ces animaux une localisation de fonctions analogue à celle que nous avons constatée dans les Scorpions. La disposition du système nerveux des Myriapodes est pourtant de nature à faire penser que cette localisation ne doit pas être plus manifeste là que chez les Insectes dont nous avons parlé.

C'est un point que nous aurons à examiner plus complétement dans une autre partie de cet ouvrage.

Dans d'autres expériences, les nerfs optiques médians ont été coupés chez plusieurs Scorpions. Les animaux qui n'avaient plus l'usage de leurs yeux les plus développés continuaient à marcher dans la direction ordinaire; mais si l'on venait à les inquiéter, ils paraissaient reconnaître très-difficilement les objets placés en avant, bien qu'ils eussent conservé la jouissance de leurs yeux latéraux. Un grand trouble évidemment se manifestait en eux. Il fut toujours impossible de déterminer ces Scorpions ainsi mutilés à saisir une proie et à la porter à leur bouche. On ne peut, malgré toutes les précautions, couper les nerfs optiques de ces animaux sans entailler le bouclier céphalothoracique assez fortement, et cette blessure a toujours été suffisamment grave pour amener la mort dans un assez court espace de temps.

On sait combien les Scorpions agissent avec la partie caudiforme de leur abdomen; c'est la portion de leur corps qui exécute les mouvements les plus rapides et les plus énergiques. Il était intéressant de voir ce qui se produirait, la chaîne ganglionnaire étant coupée tantôt sur un point, tantôt sur un autre. Il s'agissait de savoir quelle pouvait être encore l'action des noyaux médullaires placés à la base de chaque zoonite quand ils seraient séparés de la partie antérieure de la chaîne ganglionnaire.

Dans une expérience, au moyen d'une petite incision pratiquée en dessous dans la partie membraneuse qui unit le premier zoonite de la portion caudiforme à la portion élargie de l'abdomen, les deux grands cordons de la chaîne ganglionnaire ont été complétement coupés au-dessus du premier ganglion caudal. D'abord il n'a pas paru en résulter un grand changement dans les mouvements de l'animal; la queue tout entière se redressait sur le dos, et chacun des zoonites conservait une action propre bien manifeste. Or, la portion caudiforme étant entraînée par les grands muscles, sur lesquels agissent les nerfs provenant du dernier ganglion de la portion élargie de l'abdomen, il était tout naturel de voir se continuer le mouvement général ordinaire après la section des grands cordons. En même temps, on ne pouvait s'expliquer la persistance des mouvements propres à chaque zoonite qu'en admettant que les noyaux médullaires conservaient leur action tout en étant isolés de la partie antérieure de la chaîne ganglionnaire.

Il fut bientôt impossible de douter qu'il n'en soit ainsi. Au bout d'une heure après l'opération, la partie caudiforme de l'abdomen se redressait ou s'allongeait toujours avec la même facilité qu'auparavant; mais les divers zoonites jouaient avec une certaine difficulté les uns sur les autres. Au bout de trois ou quatre heures leurs mouvements étaient devenus plus restreints encore, et le lendemain ils avaient cessé à peu près complétement. L'animal alors laissait traîner sa queue à terre en marchant ; quand on l'inquiétait, il la redressait brusquement sur son dos, et dans cette manœuvre il était facile de voir qu'un seul ressort agissait ; la partie caudiforme se relevait et s'abaissait comme si elle eût été d'une seule pièce. A ce moment, les centres médullaires placés au-dessous de la section des cordons avaient perdu toute action ; il en résultait une paralysie complète. Cette action seulement ne s'était éteinte qu'avec une certaine lenteur ; la motilité et la sensibilité des parties avaient diminué graduellement jusqu'à leur anéantissement complet.

Dans une autre expérience, la chaîne ganglionnaire fut divisée entre le troisième et le quatrième zoonite de la portion abdominale caudiforme , au-dessus de la quatrième paire de ganglions. Au premier instant, rien ne parut changé dans les mouvements généraux ; mais assez rapidement les trois derniers zoonites perdirent leurs mouvements propres. L'animal redressant sa queue, il y avait une tendance pour les derniers zoonites à retomber, bien qu'ils fussent toujours entraînés dans le mouvement général. Au bout de deux heures la paralysie des zoonites postérieurs était complète.

Dans une autre expérience, les grands cordons de la chaîne ganglionnaire furent coupés au-dessous de la quatrième paire de ganglions ; dans ce cas, l'extrémité de la portion caudiforme de l'abdomen fut paralysée presque instantanément.

De ces faits il résulte donc que, si la chaîne ganglionnaire est divisée de façon que la partie placée en arrière de la section conserve encore plusieurs centres médullaires, l'action de ces foyers d'innervation persistera pendant un temps assez long ; que cette action s'éteindra d'autant plus vite que les ganglions placés en arrière de la section seront moins nombreux ; qu'enfin aucune action ne sera transmise au moyen des grands cordons, quelle que soit leur longueur, si au-dessous de la section il n'est pas resté un seul centre médullaire.

Dans d'autres expériences, nous avons eu soin de ne couper que l'un des deux cordons de la chaîne ganglionnaire, tantôt celui de droite, tantôt celui de gauche, tantôt exactement à la base de la portion caudiforme, tantôt entre l'un ou l'autre des zoonites. Dans ce cas, toute la partie en arrière de la section tendait à se porter de côté, dans la direction du connectif qui avait été épargné.

Ainsi , si le grand cordon de gauche a été coupé au-dessus du premier ganglion de la portion caudiforme de l'abdomen , le Scorpion incline presque toute cette partie de son corps du côté droit. C'est le contraire si c'est l'autre connectif qui a été coupé. Si la section a été pratiquée entre le troisième et le quatrième zoonite, ce sont seulement les derniers zoonites qui tendent à se porter de côté ; ils forment alors une sorte de coude avec les autres. Néanmoins la sensibilité persiste du côté où le grand cordon a été coupé, paraissant n'être interrompue ou fortement diminuée que sur un point très-restreint.

Suivant toute apparence, l'action qui se transmet d'ordinaire au moyen des deux connectifs continue à se transmettre au moyen d'un seul, et la transmission ne se trouve interrompue qu'à l'endroit même où la section a été pratiquée.

ORGANES DES SENS.

Les sens ne peuvent pas tous être reconnus chez les Arachnides. Ceux de la vue et du tact sont manifestes ; l'existence de celui du goût est certaine, au moins dans une certaine mesure ; mais rien de plus obscur, de plus douteux que la nature des sens de l'ouïe et de l'odorat chez ces animaux ; leur existence même est presque une question.

*

Organes de la vision. — Chez notre Scorpion (*Scorpio occitanus*), comme on le sait, il y a deux yeux principaux occupant le centre du bouclier céphalothoracique, et de chaque côté trois petits yeux latéraux.

Occupons-nous d'abord des premiers. Ils ont été étudiés par M. Müller il y a déjà plus de vingt-cinq ans (1). Ce savant a reconnu dans ces organes une cornée, un cristallin, un corps vitré et une rétine membraneuse portée sur la base du cône du nerf optique.

Les yeux médians du Scorpion sont très-rapprochés l'un de l'autre; une crête formée par les téguments extérieurs établit seule une séparation entre eux. Ces yeux ne se trouvent pas situés sur le même plan; leurs axes divergent sous un angle considérable.

La cornée est enchâssée dans le tégument : on pourrait dire qu'elle n'est qu'une continuation des téguments, si une différence totale de structure n'était l'indice d'une partie affectée à un usage tout spécial. En effet, la cornée, examinée sous des grossissements considérables, ne montre aucune structure : c'est une partie transparente, vitreuse, entièrement homogène.

La cornée est beaucoup plus épaisse sur ses bords que vers le centre, de façon qu'au dedans sa concavité est plus grande que sa convexité au dehors. Une coupe perpendiculaire de l'œil permet de se rendre compte de cette différence (2). Si l'on isole en entier l'œil d'un Scorpion, en coupant les téguments bien exactement autour de la cornée, celle-ci se montre recouvrant le cristallin comme une sorte de chapeau (3). Ainsi isolée, il est facile de reconnaître qu'elle se déprime un peu sur les bords.

Le cristallin est enchâssé supérieurement dans la cornée, inférieurement dans la concavité que présente le corps vitré pour le recevoir. Comme l'a fort bien observé M. Müller, en soulevant le bouclier céphalothoracique, en enlevant la cornée, le cristallin reste toujours adhérent à cette dernière; il se trouve toujours plus fortement étreint par la surface interne de la cornée que par le corps concave du corps vitré. Cette circonstance a trompé un naturaliste, Gaede (4); observant un autre type d'Arachnides et détachant le cristallin sans s'en douter, il a pensé que l'œil était dépourvu de ce corps.

Le cristallin considéré verticalement est parfaitement arrondi (5); mais examiné chez un grand nombre d'individus, nous avons toujours trouvé son diamètre horizontal inférieur à son diamètre vertical; il n'est pas absolument sphérique, comme l'a décrit M. Müller. Ce cristallin est très-dur; il reste transparent chez les individus qui ont séjourné dans l'alcool, mais alors il prend une teinte jaunâtre bien plus prononcée que pendant la vie.

Immédiatement en arrière du cristallin se trouve le corps vitré (6). Celui-ci est large, décrivant une courbe très-régulière inférieurement et se rétrécissant assez brusquement vers le sommet. Son bord antérieur est très-concave et reçoit ainsi une portion considérable du cristallin. M. Müller a décrit le corps vitré comme étant convexe à sa surface antérieure, ajoutant que le cristallin n'est pas enchâssé dans la partie antérieure de ce corps vitré, comme il a été figuré par Sœmmering dans la *Mygale avi-*

----

(1) *Zur Vergleichenden Physiologie des Gesichtsinnes*, p. 316, pl. vii, fig. 8 et 9, et *Annales des sciences naturelles*, 1re série, t. XVII, p. 225, pl. xii, fig. 1 et 2 (1829).

(2) Pl. iv, fig. 2 *a.*

(3) Pl. iv, fig. 1 *a.*

(4) *Nova Acta Academiæ naturæ curiosorum*, t. XI, s. 338.

(5) Pl. iv, fig. 2 *b* et fig. 3.

(6) Pl. iv, fig. 1 *c*, fig. 2 *c.*

cularia (1). Or c'est là une erreur; il est parfaitement enchâssé dans le corps vitré chez le Scorpion, comme Sœmmering l'a vu chez la Mygale (2).

Le corps vitré, dans son plus grand diamètre, a un peu plus du double du diamètre du cristallin. Sa hauteur est aussi la moitié de sa largeur. Au reste, ces proportions sont rendues avec toute l'exactitude possible dans nos figures, les objets placés sous le microscope ayant été dessinés à la chambre claire.

Le corps vitré est d'une consistance mollasse, d'une apparence un peu granulée et d'une assez grande transparence quand les parties viennent d'être détachées d'un animal vivant. Après un certain séjour dans l'alcool, le corps vitré devient d'un blanc opaque.

La choroïde, avec son pigment d'un noir bleuâtre, entoure toutes les parties internes de l'œil; elle est commune aux deux yeux, dont les autres éléments sont essentiellement séparés. Elle dépasse les bords du corps vitré et s'applique à sa face antérieure de manière à former une véritable ceinture. Le pigment s'étend sur les côtés du cristallin jusque sous la cornée, mais en perdant beaucoup de son épaisseur. Cette circonstance a conduit M. Müller à penser qu'il existait sur les côtés un espace tout à fait libre entre le cristallin et la cornée, le pigment chez les individus conservés dans la liqueur ayant une tendance à se ramasser.

Observée chez des animaux vivants, la pupille nous a toujours paru être en rapport parfait avec le diamètre du cristallin.

La rétine entoure en entier le bord postérieur du corps vitré (3). C'est une expansion membraneuse qui de chaque côté fait saillie vers la moitié de son étendue et se continue avec le nerf optique.

Le pigment noirâtre qui forme une ceinture autour du corps vitré s'étend autour de la rétine et du cône du nerf optique, en devenant une masse pulpeuse plus grise, traversée par de nombreuses artérioles; de sorte que pour bien voir ces parties il est nécessaire d'enlever le pigment avec beaucoup de précaution, ainsi que l'a fait remarquer M. Müller.

M. Brants (4) a signalé dans l'œil des Arachnides des tubes, situés en arrière du corps vitré, qui seraient analogues aux tubes qui existent dans les yeux composés des Insectes et des Crustacés. Après cette assertion, M. Müller (5), reprenant l'examen des parties, a déclaré n'avoir pu reconnaître ces tubes; il a vu des corps pigmentaires semblables à des filaments interposés entre les fibres du nerf optique au point où celui-ci pénètre dans l'œil, mais il ajoute que ces filaments ne sauraient en aucune façon être confondus avec les cônes vitrés des yeux à facettes. Nous avons de notre côté examiné ce point avec la plus scrupuleuse attention, et nous nous sommes convaincu qu'à cet égard M. Müller est parfaitement dans le vrai.

Nous avons décrit les nerfs optiques, il n'est plus besoin d'y revenir (6).

Par analogie, on a supposé que les yeux latéraux du Scorpion avaient la même structure que les

---

(1) *De oculorum hominis animaliumque sectione horizontali*, p. 74, pl. III.

(2) Nous avons donné nos figures de l'œil du Scorpion exactement dans les mêmes proportions que celles de M. Müller, pour que l'on puisse se rendre compte aisément de la différence de nos observations avec celles du célèbre professeur de Berlin. Il faut remarquer que celui-ci a eu le désavantage de n'avoir à sa disposition que des individus conservés dans l'alcool, et que nous avons été assez heureux pour en avoir un très-grand nombre de vivants.

(3) Pl. IV, fig. 1 e et 2 e.

(4) *Observations sur les yeux simples des Animaux articulés. — Tijdschrift voor natuurlijke Geschiedenis en physiologie*, t. IV, p. 153, pl. I (1838), et *Annales des sciences naturelles*, 2ᵉ série, t. IX, p. 308 (1838).

(5) Müller's *Archiv Bericht über die Fortschritte der Vergl. Anatomie*, s. 139 (jahrg. 1838).

(6) Pag. 41.

yeux médians. Ici nous n'avons rien à supposer; nous avons examiné, et nous avons constaté qu'il y avait similitude d'organisation dans les yeux médians et les yeux latéraux.

Comme nous l'avons indiqué précédemment (1), il y a une différence considérable dans leur dimension. En outre, la cornée a une convexité beaucoup plus grande; elle forme presque une demi-sphère. Le cristallin est aussi plus sphérique. La choroïde, ainsi que la masse pigmentaire, est commune aux trois yeux. La rétine est proportionnellement plus mince, et les nerfs optiques sont infiniment plus grêles (2).

*

Maintenant nous avons à considérer la manière dont s'effectue la vision, au moyen des organes qui viennent d'être décrits.

Ces organes sont regardés comme immobiles, mais cette immobilité n'est sans doute pas aussi complète que l'ont pensé certains physiologistes. Des fibres musculaires extrêmement fines, qu'on observe autour du globe de l'œil, ont une action qu'il est impossible de méconnaître.

Selon M. Müller, « des yeux immobiles doivent nécessairement avoir des champs visuels différents, » et ils ne sauraient converger entre eux, car dans ce cas des objets simples éclairant les deux yeux » produiraient des images doubles. Des yeux dont les champs visuels sont différents doivent être im-» mobiles et divergents. Le nombre des yeux n'augmente certainement pas l'intensité de la vision, mais » simplement l'étendue du champ visuel. »

M. Müller pense donc que chaque œil voit une partie, et que tous ensemble embrassent le cercle de vision entier. Dans cette hypothèse, l'œil simple serait un organe ne distinguant les objets qu'à une distance déterminée, et comme les distances focales des yeux diffèrent entre les uns et les autres, tous ces yeux réunis produiraient l'effet d'un œil simple parfait.

Si le physiologiste de Berlin eût moins tenu à généraliser, d'un côté, la manière dont on admet le phénomène de la vision pour les animaux vertébrés, et, de l'autre, la manière dont il l'admet pour les animaux articulés, il aurait peut-être conclu d'une autre façon.

En toutes choses, nous jugeons des sensations qui se produisent en dehors de nous par celles qui se produisent en nous; il n'y a guère moyen qu'il en soit autrement. Néanmoins les observations sur l'organisme des êtres, comme l'observation des circonstances biologiques auxquelles ces êtres sont soumis, nous disent que les sensations, tout en ayant un fonds commun chez les divers types du règne animal, doivent différer dans une certaine mesure. Il ne peut manquer d'en être ainsi pour les fonctions de tous les organes. Jusqu'ici on s'est contenté en général d'admettre une perfection ou une dégradation plus ou moins grande. Certainement ce n'est pas là le seul genre de diversité existant dans les fonctions organiques.

A la fin du siècle dernier, une science sortit des limbes; on l'appela l'anatomie comparée. Aujourd'hui une autre science est à créer; cette nouvelle science sera la physiologie comparée. L'anatomie comparée et la physiologie comparée se réunissant en un seul faisceau; faisceau, qui doit être la véritable zoologie.

Les expériences sur les animaux vivants, l'étude de la disposition de leurs organes, l'étude de leurs tissus, ont mis en lumière les fonctions organiques dans un grand nombre de cas. Mais la fonction étant reconnue ici pour un organe, on a trop facilement admis une identité dans la fonction pour l'organe

(1) Pag. 48.
(2) Pag. 42 et pl. III, fig. 2 c d.

analogue, envisagé partout ailleurs. Les différences que présentent les mêmes organes, considérés anatomiquement dans les divers types du règne animal, frappent nos yeux; ces différences n'ont pu être contestées; elles ont pu donner lieu simplement à des interprétations variées. Les différences dans le rôle physiologique des organes analogues, mais autrement constitués, n'étant pas de nature à être constatés aussi aisément, on s'en est peu préoccupé. Pourtant il nous semble de la dernière évidence que les fonctions des organes analogues, suivant les êtres chez lesquels elles s'exercent, tout en étant les mêmes dans le fond, diffèrent à certains égards, comme les organes analogues, comparables en tous points sous le rapport anatomique, diffèrent plus ou moins dans leur volume relatif, dans leur forme, dans la composition de leurs tissus, etc.

L'œil d'un Arachnide comparé à l'œil d'un Mammifère présente avec celui-ci plusieurs traits de ressemblance, et en même temps des dissemblances extrêmement considérables. Ressemblances et différences anatomiques nous disent, à n'en pas douter, que l'organe exerce une fonction bien réellement de la même nature, mais que pourtant la fonction est loin d'être identique.

Guidé par cette pensée, nous devons en toutes circonstances, après avoir constaté les particularités anatomiques, nous efforcer de reconnaître les particularités physiologiques. Là où l'expérience du laboratoire cesse de fournir un résultat, il nous reste à examiner les conditions biologiques.

Ces conditions, étudiées d'une manière comparative entre elles et étudiées dans leurs rapports avec les particularités d'organisation, jetteront bien certainement une vive lumière sur un grand nombre de questions. Là où l'expérience du laboratoire nous fait défaut, nous avons recours à l'expérience de la nature elle-même. Nous aurons à revenir, dans plus d'une circonstance, sur cette façon d'agir pour arriver à reconnaître le rôle des organes.

*

M. Müller regarde les yeux des animaux articulés comme des organes imparfaits comparés à ceux des animaux vertébrés; tous les physiologistes professent également cette opinion; mais le savant professeur de Berlin pense que les yeux des Articulés suppléent par leur nombre à l'imperfection de chacun d'eux considéré isolément, et que l'ensemble de ces organes produit une vision analogue à celle des yeux d'un Mammifère, sauf toutefois le degré de perfection. Or, nous croyons que le phénomène physique diffère beaucoup non-seulement de l'animal articulé à l'animal vertébré, mais encore de tel Articulé à tel autre animal du même groupe. En tout cas, la théorie de M. Müller nous semble bien plus applicable aux yeux composés qu'aux yeux simples.

Le naturaliste hollandais que nous avons cité, et qui a combattu les idées de M. Müller, M. Brants, nous semble être plus près de la vérité. Selon cet observateur, les yeux d'un Arachnide ayant chacun leur propre divergence et un nerf propre, les impressions différentes peuvent être conduites séparément et parvenir en même temps au cerveau. L'animal reçoit ainsi autant d'images que d'impressions, lesquelles sont égales au nombre d'yeux; de la sorte, il peut faire usage de tous ces yeux à la fois, et voir avec chacun d'eux une partie différente de l'espace.

Bien certainement il y a là quelque chose de vrai, mais il nous paraît impossible de croire que chez un Arachnide l'image d'un objet se trouve toujours transmise au moyen d'un seul œil.

*

La vue est certainement d'une grande netteté chez le Scorpion. M. Brants a fait remarquer aussi que la précision des mouvements des Aranéides attestait l'existence d'une vision très-distincte chez ces animaux, même à des distances assez variables.

Un Insecte vient-il à passer plus ou moins près d'un Scorpion, celui-ci se dirige vers sa proie et ne lui porte des coups de son aiguillon qu'au moment où il en est suffisamment rapproché pour l'atteindre. Il est donc manifeste qu'il distingue parfaitement l'objet à des distances variables.

Ne perdons pas de vue la position qu'occupent les yeux chez le Scorpion. Il y en a deux, d'assez grande dimension, vers le milieu du bouclier céphalothoracique, et trois beaucoup plus petits de chaque côté de ce bouclier. Il est clair, d'après la position de ces yeux, les uns médians et supérieurs, les autres latéraux, qu'ils peuvent fonctionner simultanément et en sens divers.

Les premiers, bien que situés sur le même plan, sont séparés l'un de l'autre par une saillie du tégument; ils divergent sous un angle considérable; de là toute évidence que, si un objet est placé un peu de côté, la vision s'opère au moyen d'un seul œil. Si au contraire l'objet se trouve soit en avant, soit en dessus, les deux yeux doivent nécessairement apercevoir en même temps ; et alors comment n'y aurait-il pas superposition de deux images et par conséquent une vision plus nette? Autrement la vision serait double, ce qui nous paraît inadmissible.

D'autre part, la divergence des deux yeux montre que chaque œil séparément est apte à voir un objet différent, ces objets étant placés l'un à droite, l'autre à gauche. Dans ce cas, nul doute de la simultanéité de la vision, soit de deux objets, soit de deux parties de l'espace, comme cela se produit chez nous, si nous mettons un écran entre nos deux yeux.

Les yeux latéraux du Scorpion, plus petits, plus convexes que les autres, sont conformés de façon à être infiniment plus myopes.

L'expérience prouve qu'il en est ainsi; il suffit d'approcher un insecte vivant, tantôt en face des yeux médians, tantôt vers les yeux latéraux, pour se convaincre de la réalité de ce fait. Les trois yeux latéraux de notre Scorpion commun sont situés sur une même ligne, sous le même angle et très-rapprochés, bien que séparés par une étroite saillie du tégument. Le plus ordinairement, ces trois yeux doivent apercevoir simultanément le corps qui est à leur portée; admettre que chacun en voit seulement une partie et que le concours des trois est nécessaire pour en distinguer ou une partie plus grande ou la totalité, nous semble impossible. Les séparations existant entre chacun de ces yeux produiraient des solutions de continuité, de façon que l'animal serait toujours inhabile à distinguer l'ensemble d'un objet. Chaque œil est conformé pour recevoir une image ; les yeux d'un côté portant à la fois sur le même point, il doit y avoir superposition d'images.

Que les yeux médians puissent voir chacun séparément, cela se conçoit, chacun ayant un nerf propre. Mais comment en serait-il de même pour les yeux latéraux? ils n'ont pour eux trois qu'un seul nerf divisé en trois branches très-près de son extrémité. Si deux ou trois images différentes étaient reçues au même instant, l'impression de ces diverses images pourrait-elle être transmise au cerveau au moyen d'un seul nerf? Cela n'est pas croyable, puisqu'il faudrait supposer dans ce nerf l'existence de trois faisceaux demeurant complétement distincts jusqu'à leur origine dans le cerveau.

D'après l'étude de l'organisation et d'après les observations faites sur les individus vivants, on peut dire que les Scorpions voient à une distance médiocre, mais cependant assez variable, les objets placés au-devant ou au-dessus d'eux, au moyen de leurs deux yeux médians; que, par suite de la divergence des axes de ces yeux, ils voient les objets séparément, si ces objets sont placés obliquement par rapport à l'axe du corps; qu'ils voient sur les côtés, au moyen de leurs yeux latéraux, les objets placés à très-courte distance; de telle sorte que le champ de la vision d'un Scorpion est encore assez étendu, par la raison que ses organes visuels sont appropriés à des distances différentes et qu'ils occupent des positions permettant aux uns d'entrer en fonction , lorsque les autres sont hors de portée vers les corps environnants.

Un des caractères les plus remarquables dans les dégradations organiques , c'est la diffusion; la tendance à la répétition, à la multiplicité des organes de même nature, des parties de même sorte. Jusqu'à un certain point, le nombre supplée à l'imperfection de chaque instrument pris isolément, mais c'est toujours d'une manière incomplète. Notre Arachnide avec ses huit yeux est moins bien partagé que l'animal pourvu de deux yeux , si ses deux yeux peuvent être dirigés dans tous les sens. L'observation nous montre combien chez le Scorpion, les organes visuels sont heureusement postés pour embrasser un vaste champ de l'espace, et pourtant il est aisé de le reconnaître : malgré les trois groupes que forment ces organes, il est des points intermédiaires où la vue de l'animal doit difficilement atteindre sans un mouvement de tout le corps.

Maintenant, essayerons-nous de nous former une idée de la nature réelle de la vision de l'Arachnide étudié ici, comme l'un des grands types de la classe? Dans la mouche que nous présentons au Scorpion, tous les détails de structure extérieure nous apparaissent avec une merveilleuse netteté ; le Scorpion la voit-il à peu près de même? au contraire, est-ce pour lui seulement une forme vague , tout juste suffisante pour qu'il reconnaisse une proie bonne à satisfaire le besoin de se nourrir ? Ici notre raison est confondue. Serait-il mis hors de toute incertitude que l'organe visuel du Scorpion reçoit l'image la plus parfaite, que penser encore? Il y a au delà une fonction du cerveau.

Ouïe. — Nous ne connaissons chez le Scorpion aucun organe particulier pour l'audition ; les recherches minutieuses que nous avons entreprises sur l'organisation de ce type, le soin que nous avons mis à suivre les nerfs du cerveau nous autorisent à penser qu'il n'en existe pas. Si nous donnons une attention spéciale aux circonstances biologiques de cet Arachnide, nous demeurons plus convaincu encore de l'absence d'un organe de l'ouïe. Les Scorpions ne produisent aucun son , les individus ne s'attirent donc pas entre eux par des bruits, comme cela a lieu chez beaucoup d'insectes. Remarquons encore que ces Arachnides restent presque toujours cachés sous des pierres, dans des fissures étroites, dans des retraites peu accessibles, où ils n'ont guère à s'occuper des bruits extérieurs. S'ils sortent en quête d'une proie, c'est seulement la nuit, s'écartant peu de leur demeure cachée afin d'y rentrer au plus vite. Le besoin d'entendre ne paraît pas très-nécessaire pour des créatures qui vivent aussi isolées.

Est-ce à dire que les Scorpions sont absolument incapables de percevoir aucun son? Nous ne le croyons pas; en produisant des bruits intenses dans le voisinage de ces animaux, ils n'en sont guère troublés, cependant par leur attitude on doit penser qu'ils en ressentent quelque effet. Il semble que, les ondes sonores suivant le sol, le Scorpion en subit l'influence au moyen de tous ses appendices. Ce ne peut être là qu'une audition bien vague, mais, si vague qu'elle soit, cette audition est sans doute suffisante pour avertir l'animal d'un danger à éviter, et il n'a pas besoin d'autre chose.

Si chez les insectes les antennes sont bien en réalité des organes d'audition , comme il y a tant de raisons de le croire, ces appendices ont une conformation et une fonction telles dans le plus grand nombre des Arachnides que nous ne pouvons leur supposer le même usage.

La nature de l'audition est à n'en pas douter extrêmement variable entre les différents types du règne animal. Lorsque l'on reconnaît qu'un être a la faculté d'entendre, ce n'est pas à dire qu'il a la faculté d'analyser les sons, d'en saisir les différences de façon à en déterminer l'origine. Un sens de l'ouïe aussi perfectionné serait sans objet chez les Scorpions ; constitué de la sorte, il n'existe donc pas.

Odorat. — L'existence du sens de l'odorat est tout à fait problématique chez le type d'Arachnides qui nous occupe ici : ce sens ne lui est d'aucune utilité dans la recherche de sa subsistance. Le Scorpion n'attaque que les insectes vivants; leurs mouvements seuls attirent son attention; le Scorpion ne manifeste aucune répugnance à se nourrir d'insectes qui exhalent une odeur pour nous insupportable. Nous avons présenté à des Scorpions des Hémiptères ou Punaises de bois, des Blattes, dont chacun connaît l'odeur repoussante, ils les ont dévorés tout aussi facilement qu'ils dévorent des mouches. En plaçant des substances fortement odorantes auprès de ces Arachnides, ils n'ont paru en éprouver aucun effet. Dans le cas seulement où l'odeur était pénétrante, un certain trouble devenait évident, et alors c'étaient les organes de la respiration qui étaient visiblement affectés.

De ces faits on est porté à conclure que l'odorat est nul chez le Scorpion. Cependant un doute nous reste. Comment les sexes sont-ils attirés l'un vers l'autre? Chaque individu vit isolé; à une époque, le mâle doit rechercher sa femelle. De quelle façon la trouve-t-il? est-il guidé uniquement par la vue? On n'ose le croire, ici où il s'agit d'animaux qui se tiennent si habituellement cachés : on admettrait plus volontiers que c'est le sens de l'odorat qui intervient; mais n'allons pas au delà. Dans l'état actuel, ni l'étude de l'organisation ni les expériences ne nous permettent de résoudre la question.

Lorsque nous voyons la fleur de l'*Arum* remplie d'Insectes stercoraires; lorsque nous voyons la Mouche de la viande venir déposer ses œufs sur cette fleur, nous sommes bien assurés que le sens de l'odorat joue un très-grand rôle chez beaucoup d'Animaux articulés. Cette certitude nous oblige à être circonspect pour décider que tel ou tel animal du même embranchement est privé d'un sens si développé ailleurs.

Goût. — Selon toute vraisemblance, le goût existe chez le Scorpion ; mais, suivant toute apparence aussi, ce sens y est peu développé. Comme il vient d'être dit, notre Arachnide mange indifféremment toutes sortes d'insectes, pourvu que leurs téguments n'aient pas trop de résistance ; il ne repousse pas ceux dont l'odeur est le plus détestable.

Le siége du goût ne peut se trouver que vers l'entrée du pharynx ; les parties sont molles, très-délicates, mais il n'y a pas de papilles, ainsi que nous nous en sommes assuré à l'aide de grossissements considérables.

Tact. — De tous les sens, celui du toucher joue certainement ici le plus grand rôle, avec celui de la vue. Le tégument du Scorpion a une certaine solidité, néanmoins la moindre atteinte, le moindre effleurement produisent sur l'animal une sensation manifeste ; le tact est plus parfait sur la région ventrale que sur la région dorsale, et cependant un léger attouchement sur les parties les plus dures, comme le bouclier céphalothoracique, les pattes-mâchoires, les zoonites de la portion caudiforme de l'abdomen, amène des mouvements subits de l'animal, même lorsqu'il est placé de manière à ne pas voir l'objet qui vient le toucher.

Sur les côtés du corps, des parties membraneuses sont à découvert entre les sclérodermites, et sur ces points la sensibilité est poussée extrêmement loin.

Les pattes sont conformées de manière à sentir l'effet de tout contact et à permettre sans doute à l'animal d'apprécier jusqu'à un certain point la nature des corps qu'il rencontre. Le tégument qui recouvre les tarses en-dessous est très-flexible et un peu boursouflé vers le milieu de chaque article; il y a sur les côtés de ces articles de petites épines, et à l'extrémité des deux premiers des pointes qui rendent le tact fort délicat; les jambes elles-mêmes sont garnies de séries de poils roides très-propres à déterminer des sensations prononcées, quand elles viennent à rencontrer un objet quelconque.

*

De tous les faits qui précèdent il résulte que chez le Scorpion le sens de la vue a une assez grande perfection, que le sens de l'ouïe est très-imparfait, le sens de l'odorat sans doute à peu près nul, le sens du goût assez obscur, et le sens du toucher très-développé.

APPAREIL DIGESTIF.

L'appareil digestif du Scorpion consiste en un tube parfaitement droit, depuis la bouche jusqu'à l'orifice anal; ses différentes parties sont marquées par des étranglements et des dilatations assez faibles. C'est l'œsophage, l'estomac, l'intestin grêle et le gros intestin. Des glandes volumineuses accompagnent le tube alimentaire; les unes versent leur produit dans l'estomac, ce sont les glandes stomacales; les autres le versent dans l'intestin, ce sont les glandes hépatiques, c'est-à-dire le foie, et de plus les canaux urinaires.

*

Bouche et œsophage. — L'orifice buccal se présente sous la forme d'une petite fente transversale cachée sous les antennes-pinces au-dessus de l'appendice impair qui a été décrit précédemment (1); ses bords sont flexibles et dépourvus d'aspérités.

L'œsophage, qui débute par un pharynx un peu en forme d'entonnoir, est grêle, court et élargi postérieurement, à la manière de ce que l'on appelle chez les insectes, d'après M. Léon Dufour, le *jabot* (2). Vers le milieu, l'œsophage est maintenu de chaque côté par une fine bandelette musculaire dirigée en arrière et vers son point d'union avec l'estomac par une bandelette semblable dirigée en avant. Ces muscles s'attachent au plancher sternal, formé, comme on le sait, par les pièces basilaires des appendices; ils servent à tendre l'œsophage, soit en avant, soit en arrière, de façon à faciliter la déglutition.

Les parois de l'œsophage sont minces, lisses à l'intérieur ou présentant quelques fines plissures.

(1) Pag. 19.
(2) Pl. iv, fig. 4 a et 6 d.

Estomac. — A la portion élargie de l'œsophage succède l'estomac (1). Celui-ci occupe la moitié postérieure de la cavité thoracique; il est d'une faible capacité; sa forme est plus ou moins allongée, suivant qu'il est rempli ou vide depuis un temps plus ou moins long. Si l'animal a pris récemment de la nourriture, on trouve l'estomac renflé, formant avec l'œsophage un étranglement très-prononcé et offrant une sorte de bourrelet antérieur.

Pour l'étude des viscères, on ne saurait trop insister sur la nécessité d'avoir des animaux vivants. Meckel ayant eu l'occasion de disséquer un Scorpion vivant, reconnut l'estomac; plus tard Treviranus, n'ayant à sa disposition que des individus conservés dans l'esprit-de-vin, ne réussit à découvrir aucune partie intermédiaire distincte entre l'œsophage et l'intestin, et cependant il connaissait les observations de son devancier.

La surface de l'estomac est lisse; de chaque côté, il présente deux larges conduits par lesquels vient se déverser le produit des glandes.

Les parois de l'estomac sont minces, comme chez tous les animaux qui vivent d'ordinaire de matières fluides. A l'intérieur, la surface semble légèrement granuleuse.

Glandes stomacales. — Il n'existe pas de glandes salivaires chez le Scorpion; les glandes ainsi désignées par plusieurs anatomistes, MM. J. Müller, Newport, etc., sont les glandes stomacales. Les conduits de toutes glandes salivaires s'ouvrent dans la bouche; il n'y a rien de pareil ici.

Après avoir enlevé les pièces dorsales du corps d'un Scorpion, on trouve l'estomac et même l'œsophage enveloppés par des glandes volumineuses qui remplissent la plus grande partie de la cavité thoracique. Ainsi observées dans leur position naturelle, ces glandes forment trois masses considérables reliées entre elles par des portions grêles (2). Séparant ces masses et les rejetant sur les côtés, on voit que les glandes de l'estomac sont composées de différentes parties.

Ce sont d'abord deux capsules placées l'une à droite, l'autre à gauche et appuyées contre la grande lame aponévrotique qui constitue une sorte de diaphragme séparant la cavité thoracique de la cavité abdominale (3). Ces capsules un peu réniformes, relevées en pointe sur les côtés, particulièrement du côté interne où elles sont libres, ont des parois minces, transparentes.

Sous cette enveloppe, on distingue un long tube aplati, contourné sur lui-même et remplissant tout l'espace. Rien n'est plus difficile que de dérouler ce tube sans le briser; ses replis, serrés les uns contre les autres et maintenus encore par un tissu connectif très-tenace, ne se laissent isoler qu'avec la plus grande peine. Beaucoup de patience est nécessaire pour parvenir à étendre ce tube dans toute sa longueur, qui n'est pas moindre de trois à quatre centimètres. Du reste, il a un diamètre à peu près égal dans toute son étendue, et il se termine en cul-de-sac. Ses parois sont par le bout placé du côté externe, la capsule contenant le tube est en communication avec la partie glandulaire.

C'est cette dernière partie qui est divisée en trois masses; l'une médiane, reposant sur l'estomac et l'œ-

<hr>

(1) Pl. IV b et fig. 6.
(2) Pl. IV, fig. 5.
(3) Pl. IV, fig. 4 et fig. 6 b.

sophage, les deux autres latérales, rétrécies vers le sommet et terminées d'une manière irrégulière (1); ces trois masses sont en continuité par des amas glandulaires plus ou moins larges. La masse médiane est la plus volumineuse; elle affecte la figure d'un cône un peu inégal. Du reste ces glandes varient légèrement quant à leur forme, suivant les individus. Comme elles constituent un ensemble unique, puisque les parties latérales sont unies à la portion médiane, on ne peut les rejeter sur les côtés qu'en les divisant sur un point quelconque (2).

Ces glandes sont formées d'une multitude d'utricules agglomérées et serrées les unes contre les autres. Ces utricules, revêtues d'une membrane fibreuse extrêmement délicate, sont assez grosses pour qu'on les distingue aisément à l'œil nu ou à l'aide d'une simple loupe.

Les glandes stomacales versent leur produit par deux paires de canaux courts et larges, s'ouvrant sur les côtés de l'estomac (3). Les parois de ces canaux sont épaisses, lisses extérieurement, granuleuses intérieurement.

Si l'on examine le contenu des glandes stomacales, on trouve dans la partie tubuleuse un liquide peu abondant et à peu près incolore, et dans la partie conglomérée un liquide plus épais, tenant en suspension des corpuscules très-distincts sous un médiocre grossissement. Une sécrétion a lieu dans la première portion de l'appareil; cette sécrétion est modifiée et sans doute enrichie de nouveaux éléments dans la seconde portion. Le liquide arrivant dans l'estomac est acide; il rougit fortement le papier de tournesol.

Jusqu'ici cet appareil glandulaire avait peu attiré l'attention des anatomistes assez nombreux qui se sont occupés de l'organisation des Scorpions. Observé pour la première fois par M. J. Müller, il a été indiqué plutôt que décrit par ce savant (4).

Intestins. — L'estomac est suivi de l'intestin grêle, qui débute à la base de la cavité thoracique et s'étend dans presque toute la longueur de la portion élargie de l'abdomen (5). C'est un tube grêle, tout à fait droit, s'élargissant faiblement et graduellement d'avant en arrière. Lorsque l'animal a mangé, les parois de l'intestin demeurent bien tendues, mais après un long jeûne elles s'affaissent, se plissent, et l'intestin se montre alors comme un ruban chiffonné. Sa surface est lisse. Sur les côtés s'ouvrent les canaux biliaires, dont le diamètre est assez considérable.

Les parois de l'intestin sont fort minces; il y a deux tuniques, l'une interne d'une extrême délicatesse et d'une structure très-homogène, dont on parvient bien difficilement à isoler quelques parties; l'autre externe, plus épaisse et d'apparence spongieuse. Examinée sous des grossissements de 200 à 300 diamètres, elle montre dans son épaisseur de nombreuses granulations et des canaux longitudinaux irréguliers et quelquefois bifurqués (6).

Le gros intestin commence dans la portion élargie de l'abdomen par une dilatation assez brusque; il traverse la portion caudiforme et s'ouvre en dessous dans la partie membraneuse qui unit le dernier

(1) Pl. iv, fig. 5.

(2) Pl. iv, fig. 6. Du côté droit, on a laissé seule la masse latérale *a*; on a rejeté la masse médiane *a'* sur la masse latérale de gauche.

(3) Pl. iv, fig. 6 *c, c*.

(4) *Beiträge zur Anatomie des Scorpions.* — Meckel's, *Archiv.* 1828, s. 52.

(5) Pl. iv, fig. 4 *d*.

(6) Pl. iv, fig. 7.

zoonite à l'avant-dernier (1). Le gros intestin est toujours renflé comparativement à l'intestin grêle ; mais suivant son état de plénitude , son volume est très-variable. Élargi dans chacun des zoonites , il est étranglé d'une manière sensible aux divers points de jonction de ces anneaux entre eux ; ce qui résulte de l'espace étroit qu'il traverse.

Les parois du gros intestin ont plus d'épaisseur que celles de l'intestin grêle ; leur tissu offre aussi beaucoup plus de résistance. Sous un grossissement d'environ 300 diamètres , on y distingue avec une parfaite netteté des fibres longitudinales notablement écartées et des fibres transversales ou circulaires, constituant avec les premières une sorte de réseau quadrilatère. Ce n'est pas à dire que ces fibres aient une régularité absolue ; néanmoins leur direction est toujours bien déterminée.

L'anus consiste en une fente transversale ayant un rebord membraneux légèrement plissé (2).

*

Foie. — Le foie a un développement énorme chez le Scorpion ; il occupe presque toute la cavité abdominale , enveloppant en entier l'intestin grêle , l'origine du gros intestin et les organes de la génération.

Pendant longtemps les anatomistes, particulièrement ceux de l'Allemagne , le considérèrent comme un corps adipeux.

Meckel avait bien été tenté de le regarder comme le foie (3), mais Treviranus avait combattu cette opinion (4), et M. J. Müller avait adopté la détermination de ce dernier (5). Cependant Cuvier ne s'était pas mépris sur sa véritable nature (6). M. Léon Dufour ne s'y trompa pas davantage (7). Aujourd'hui l'incertitude n'existe plus pour personne.

Si l'on enlève chez un Scorpion les pièces tergales, le foie, par son ampleur, par sa coloration brune, frappe tout d'abord les yeux de l'observateur. Il s'étend de tous côtés jusqu'aux parois du corps; en avant il pénètre dans le thorax, et envoie des prolongements irréguliers qui remontent au-dessus des glandes stomacales ; en arrière il se termine en deux lobes amincis qui descendent dans le premier zoonite de la portion caudiforme de l'abdomen (8). Pour le mettre complétement à découvert , le cœur doit être enlevé ; on observe alors dans le milieu une sorte de large gouttière qui marque la place occupée par cet organe. De chaque côté, le foie affecte une certaine convexité, et comme il n'est retenu que par la paroi supérieure de l'abdomen, les séparations des arceaux y demeurent fortement imprimées (9). En dessous il s'appuie jusque sur le système nerveux, enveloppant la presque totalité des organes de la génération ; aussi lorsque les embryons se développent chez les femelles , se trouvant comprimé sur une infinité de points, il présente des lobes nombreux et irréguliers qui s'insinuent entre les différentes parties de l'ovaire (10).

(1) Pl. ɪv, fig. 4 e.
(2) Pl. ɪ, fig. 16 a.
(3) *Beiträge zur Vergleichenden Anatomie.* — Bd. 1, s. 108 (1809).
(4) *Ueber den inner Bau der Arachniden*, s. 6 (1812).
(5) *Beiträge zur Anatomie des Scorpions.* — Meckel's, *Arch. für Anatomie und Physiologie* (1828), s. 35.
(6) *Analyse des travaux des sciences de l'Institut pendant l'année* 1810, p. 45, et *Histoire des progrès des sciences naturelles*, t. III, p. 272.
(7) *Recherches anatomiques et observations sur le Scorpion roussâtre.* — *Journal de physique*, t. LXXXIV, p. 447 (1817).
(8) Pl. ɪv, fig. 4.
(9) Pl. v, fig. 4.
(10) Pl. vɪɪ, fig. 3.

Des anatomistes ont pu représenter le foie des Scorpions comme lobulé sur les côtés ou échancré sur ses bords ; cela tient à ce que leurs observations ont été faites sur des animaux conservés dans l'esprit-de-vin.

Une mince membrane revêt le foie en entier et entoure ainsi une grande portion des viscères. Cette membrane, pellucide, appliquée exactement sur toutes les parties de l'organe, envoie latéralement des prolongements qui s'attachent aux parois musculeuses du corps. On en compte d'ordinaire cinq de chaque côté. Le foie, dont le poids est considérable, se trouve par là maintenu de manière qu'il ne se produise aucun affaissement.

Pour examiner l'organe plus profondément, il faut détacher la membrane enveloppante et soulever les parties ; la préparation étant plongée dans l'eau, l'opération devient facile ; le foie se montre alors formé d'une multitude d'utricules ovalaires implantées les unes sur les autres et sur des conduits prodigieusement ramifiés (1). On s'attache à découvrir l'intestin dans toute sa longueur, en rejetant les grappes utriculaires sur les côtés, et en détachant, s'il est besoin, celles qui tendent toujours à revenir en dessus. C'est un travail exigeant beaucoup de soin et des précautions infinies, car il importe de tout voir et de ne rien déchirer. L'intestin étant à nu, on l'isole sur les côtés en enlevant les parcelles du foie qui y adhèrent ; de cette façon on met en évidence les canaux biliaires (2).

Des ouvertures pratiquées dans la membrane existent pour le passage des piliers musculaires, qui traversent toute la masse hépatique. Comme on l'a vu précédemment (3), il y a de chaque côté six de ces piliers.

Les utricules hépatiques sont de petits sacs ovoïdes, longs de 20 à 25 centièmes de millimètre. Implantées les unes sur les autres, elles forment de petites masses communiquant avec des canaux par lesquels s'écoule leur produit. Ces canaux, très-déliés vers leurs extrémités, deviennent plus volumineux en se rapprochant de l'intestin, car successivement ils se réunissent les uns aux autres. Si l'on coupe un de ces canaux pour détacher une petite portion du foie, les utricules portées sur leurs conduits comme sur des tiges ont une véritable apparence de grappes (4).

Les utricules hépatiques, examinées sous le microscope, paraissent granuleuses sur toute leur surface. Si on les comprime sous une lame de verre mince, leur contenu s'échappant, on distingue dans leurs parois des cellules polygonales, souvent irrégulières ; vers le sommet des utricules, elles deviennent plus confuses, plus petites, plus isolées les unes des autres.

Toutes les cellules contiennent un liquide rempli de granules d'un brun verdâtre, et vers leur centre une sorte de noyau granuleux. Dans l'intérieur des utricules, des globules huileux se montrent souvent en assez grand nombre.

La structure du foie du Scorpion ressemble beaucoup à celle que M. J. Leidy a fait connaître du foie des Écrevisses (5).

La matière sécrétée dans les utricules hépatiques passe dans les conduits biliaires pour être versée dans l'intestin.

Il serait rationnel de décrire les canaux biliaires, en allant de leurs extrémités aux points où ils débouchent dans l'intestin ; mais la description serait moins claire ; on aurait plus difficilement une

---

(1) Pl. iv, fig. 8.
(2) Pl. iv, fig. 4 d.
(3) Pag. 37.
(4) Pl. iv, fig. 8.
(5) *Researches into comparative structure of the Liver.* p. 4, pl. i, fig. 8, et pl. ii, fig. 9-13. — *American Journal of the medical Sciences* (1848).

idée de l'ensemble de ces conduits qu'en les suivant depuis leurs troncs communs jusqu'à leurs dernières ramifications. Nous les considérons donc de cette manière.

Les canaux biliaires sont au nombre de cinq paires, correspondant à peu près à la série des pièces
tergales de l'abdomen (1). Les quatre premiers ne diffèrent pas très-sensiblement sous le rapport de
leur dimension ; seul, le premier de tous est un peu plus grêle que les autres. Ces conduits, dirigés dans
le sens transversal des corps, se divisent d'abord en trois, quatre ou cinq branches principales qui se
subdivisent ensuite en une multitude de rameaux serpentant dans toute la masse hépatique.

Les deux canaux postérieurs s'ouvrent très-près de ceux de la quatrième paire ; ils ont un développement beaucoup plus considérable que les autres ; leur diamètre est plus large ; leurs branches et
leurs rameaux s'étendent dans toute la moitié postérieure du foie. Les canaux de la cinquième paire
donnent d'abord une branche volumineuse qui suit la direction des autres canaux ; puis ils descendent,
parallèlement à l'intestin, jusque dans les digitations terminales du foie, en fournissant tout le long de
leur trajet de nombreuses ramifications.

La paroi des canaux biliaires est formée par une membrane mince qui, sous un fort grossissement,
se montre finement striée.

Canaux urinaires. — Ces organes ont été signalés pour la première fois par Treviranus (2). Étant
difficiles à suivre, ils ont donné lieu, de la part des anatomistes, à d'innombrables méprises que du
reste il n'est pas utile de rappeler ici.

Il y a deux paires de canaux urinaires s'ouvrant, l'une, à l'extrémité de l'intestin grêle, l'autre, à
l'origine du gros intestin. Ces canaux sont très-minces, mamelonnés et fort ondulés sur tout leur trajet.
Ils remontent parallèlement à l'intestin et se ramifient entre les grappes utriculaires du foie (3). Ceux
de la première paire s'étendent jusqu'à la base de l'abdomen ; ceux de la seconde paire ne vont pas
aussi loin ; ils suivent la même direction, mais en s'écartant davantage de l'intestin. Nous avons trouvé
une anastomose entre ces derniers et l'une des branches des canaux biliaires postérieurs. Cette communication nous paraissant avoir quelque chose d'insolite, nous y avons porté une grande attention, dans
la pensée que peut-être il y avait là un simple accolement des deux canaux ; l'examen le plus scrupu-
leux nous a montré la même communication chez plusieurs individus.

Déglutition, digestion, fonction des glandes stomacales. — Les différentes parties de l'appareil digestif
du Scorpion étant connues sous le rapport de leur disposition anatomique, nous avons à examiner
comment s'opère la digestion, à rechercher le rôle des glandes qui accompagnent le tube alimentaire.

Comme on sait, les Scorpions sont essentiellement carnassiers. Dépourvus d'appareil masticateur, ils
se nourrissent exclusivement d'insectes dont les téguments n'offrent pas une très-grande résistance ;
saisissant leur proie à l'aide des pinces de leurs pattes-mâchoires, ils la portent vers l'orifice buccal, où
elle trouve un point d'appui sur les parties avancées des hanches ou coxopodites des pattes antérieures

(1) Pl. iv, fig. 4.
(2) *Ueber den innern Bau der Arachniden*, s. 6, fig. 6, c, i.
(3) Pl. iv, fig. 4.

qui forment au-dessous de la bouche une sorte de large lèvre évasée, ainsi qu'il a été dit (1). L'animal se sert de ses antennes-pinces pour déchirer sa victime et parvient ainsi à en humer les parties fluides.

Les Scorpions avalent ce qui a une certaine mollesse ; mangeant des mouches, ils dévorent très-souvent l'abdomen en entier et même la tête, mais il est rare qu'ils n'abandonnent pas au moins une portion du thorax et les appendices. Notre Arachnide fait arriver les substances alimentaires dans sa bouche en les y poussant au moyen des hanches de ses pattes antérieures, de ses pattes-mâchoires et de ses chélicères, à peu près comme on agit en donnant la nourriture à un jeune oiseau encore inhabile à la saisir lui-même.

Les aliments, ainsi introduits dans la bouche, traversent rapidement l'œsophage et arrivent dans l'estomac, où ils séjournent quelque temps.

Il importait de suivre le travail de la digestion avec tout le soin possible ; de semblables recherches n'ayant guère été faites jusqu'à présent sur les animaux invertébrés.

Choisissant des individus qui venaient de prendre de la nourriture, nous les avons ouverts pour constater l'état de leur estomac ; cette recherche souvent répétée, en tenant compte des intervalles plus ou moins longs écoulés entre le moment où l'animal venait de manger et celui où il était sacrifié, il est devenu possible de voir comment s'effectuait la digestion.

Chez le Scorpion à jeun, l'estomac est vide et très-peu mouillé à l'intérieur ; si le jeûne a été extrêmement prolongé, les glandes stomacales sont affaissées et contiennent alors peu de liquide. L'estomac vient-il d'être rempli, une excitation a lieu sur les glandes, leur sécrétion arrive dans l'estomac, les aliments s'humectent, et au bout d'un temps assez court ils se réduisent en une pulpe de couleur brunâtre. Ces faits peuvent être constatés aisément si l'on observe successivement plusieurs individus, à des intervalles un peu variés, après leur repas. On se convainc alors que les parois de l'estomac ne produisent pas le suc gastrique, que ce suc est fourni par les glandes. Nous l'avons dit, cette sécrétion est toujours acide, mais son acidité augmente beaucoup pendant la digestion, comme le prouve son action sur le papier de tournesol.

D'après nos recherches, les glandes stomacales ont donc pour fonction de fournir le suc nécessaire à la digestion, l'analogue du suc gastrique. Pour l'observateur qui se décide à suivre la marche du phénomène, en portant ses investigations sur un grand nombre d'individus, il ne saurait rester d'incertitude ; cependant il nous a paru que ce n'était pas encore assez ; nous avons voulu recourir à une expérience décisive : il s'agissait d'avoir une digestion artificielle. Un obstacle très-sérieux se trouvait dans la petitesse des parties et dans la faible quantité de liquide qu'il est possible d'en obtenir ; néanmoins, pouvant à une époque disposer d'une grande quantité de Scorpions, nous n'avons pas hésité à tenter l'épreuve.

Ayant mis dans une capsule de verre de petits fragments arrachés d'une mouche vivante, on prit les glandes stomacales de plusieurs Scorpions, et une gouttelette fut exprimée de chacune d'elles au moyen d'une pince fine. Les fragments de la mouche, étant baignés par une certaine quantité du liquide extrait des glandes stomacales et un peu agités, disparurent bientôt : ils étaient dissous. L'évaporation d'une aussi faible masse de liquide que celle qui avait été obtenue étant rapide, il resta au fond du vase un résidu homogène semblable à celui que l'on trouve dans l'estomac d'un Scorpion après la digestion.

Les organes qui fournissent les sucs propres à la digestion peuvent varier considérablement chez les

(1) Page 24

animaux articulés; aussi est-il indispensable, dans les recherches, de ne pas s'attacher seulement à la configuration générale d'une glande pour lui attribuer tel ou tel rôle.

Dans notre Scorpion, les matières dissoutes dans l'estomac passent facilement dans l'intestin, car le pylore est largement ouvert. Parvenues dans l'intestin, elles subissent l'action de la bile. Quelle est au juste cette action? C'est ce qu'il nous a été impossible de déterminer. En général, la bile s'est trouvée être un peu acide. En observant les matières contenues dans le tube digestif, on les voit dans l'intestin plus complétement réduites en pulpe homogène, en chyme; mais ceci ne suffit pas pour nous éclairer sur le rôle de la bile dans l'acte de la digestion.

Le diamètre des canaux biliaires aux points où ils débouchent dans l'intestin étant assez large, surtout celui des canaux postérieurs, on peut se demander si les matières alimentaires contenues dans le tube digestif n'y pénètrent pas. Cette question mérite d'être examinée, puisque dans les animaux où l'intestin présente de nombreux *cæcum* il s'agit encore de savoir si ces *diverticulum* intestinaux ne sont pas des canaux biliaires modifiés sous divers rapports.

Chez les Scorpions, il est rare de trouver l'intestin fort rempli; ce qui s'explique aisément: ces animaux mangent peu de substances solides et quelquefois se contentent presque de humer les parties fluides des insectes dont ils se nourrissent. On comprend ainsi que l'on ait peine à reconnaître la présence de matières alimentaires dans les canaux hépatiques, ces matières pouvant y pénétrer ou même y pénétrant d'ordinaire en petite quantité.

En ouvrant l'intestin de façon à mettre en évidence les orifices des canaux biliaires, on voit que leur dimension est assez grande pour permettre cette introduction, et qu'il n'existe pas d'obstacle de nature à l'empêcher. Une telle disposition semble attester la nécessité de mettre les matières digestives en parfait contact avec la bile.

De la matière contenue dans l'intestin grêle, une partie va passer dans le sang, tandis que les parties impropres à servir à la nutrition vont s'engager dans le gros intestin. Comme il a déjà été dit, les parois de l'intestin grêle sont en quelque sorte spongieuses et en tout cas extrêmement perméables; aussi est-il évident que les matériaux destinés à régénérer le fluide nourricier transsudent au travers des parois de l'intestin, qui de toutes parts sont baignées par le sang veineux. On n'a guère mis en doute que le passage du chyle dans le sang ne s'effectuât de cette manière chez les animaux invertébrés, où il y a absence totale de vaisseaux chylifères; pourtant il nous a semblé qu'une expérience capable de mettre le fait en évidence n'était pas à négliger.

Introduisant dans l'intestin de quelques Scorpions des substances colorantes, telles que de l'indigo ou de la garance, ou du carmin, nous avons vu bientôt la couleur bleue ou rouge suinter sur les parois de l'intestin. La perméabilité de ces parois est donc bien positive.

Les matières parvenues dans le gros intestin ont pris un caractère tout particulier. Brunâtres et presque fluides dans l'intestin grêle, elles ont acquis une certaine consistance dès leur entrée dans le gros intestin, et leur couleur est devenue d'un blanc jaunâtre: on dirait de la craie délayée. Sur le point d'être expulsées, elles prennent une teinte plus jaune et tendent à se solidifier. Enfin, rejetées sous forme de petites masses à peu près d'égale épaisseur dans tous les sens, elles sont d'un brun foncé. De l'acide urique s'y trouve en quantité très-notable.

Les Scorpions résistent à une abstinence extraordinairement prolongée. M. Léon Dufour, dans ses observations sur le Scorpion roussâtre (*Scorpio occitanus*), publiées en 1817, assure avoir gardé vivant six mois un individu qui ne prit aucune nourriture durant cette longue période.

Pour notre part, nous avons tenu renfermés dans des boîtes ou des bouteilles des individus qui ont supporté un jeûne de près d'une année sans paraître très-affaiblis; aussi n'est-il pas sûr encore qu'ils soient morts d'inanition. Cependant, chez ces animaux, la digestion s'opère d'une manière rapide. Un Scorpion qui avait mangé deux ou trois grosses mouches avait l'estomac vide au bout de peu d'heures. D'autres individus pris dans la même condition avaient l'intestin déjà presque vide au bout de 24 à 48 heures. On peut, du reste, se rendre compte de la rapidité de la digestion chez les Scorpions auxquels on fournit des aliments par le temps qu'ils mettent à rejeter les matières excrémentielles. Un Scorpion qui subit un long jeûne ne rend rien durant des mois entiers. Vient-on à lui donner plusieurs insectes à dévorer au même moment, dans l'espace de douze à quinze heures il aura rejeté une quantité notable d'excréments.

Nous n'avons presque jamais vu le gros intestin se vider d'une manière complète. Chez un Scorpion qui a subi une longue abstinence, l'estomac et l'intestin grêle sont dans l'état de vacuité le plus parfait; si l'abstinence a été très-prolongée, il en est de même de la portion antérieure du gros intestin; mais l'animal eût-il jeûné six ou huit mois, que d'ordinaire la portion inférieure contient encore une certaine masse de matière digérée.

Lorsque le tube digestif demeure vide, l'air peut s'y introduire par la bouche, mais cela se borne à quelques bulles.

Dans l'état de vacuité, le gros intestin seul demeure plus ou moins distendu par du gaz; il est donc certain que ce gaz est produit par les matières digérées.

Fonctions du foie. — Le développement que conserve le foie chez une infinité d'animaux déjà fort dégradés sous le rapport de leur organisation exclut l'idée que cet organe ait un rôle tout à fait secondaire, comme cela a été admis par divers physiologistes. On l'a vu, chez le Scorpion le foie a un volume prodigieux comparativement à celui de tous les autres organes. Il est impossible de douter que ce viscère remplisse dans l'économie des fonctions de grande importance.

Les expériences que nous avons entreprises sur le Scorpion nous ont permis de constater certains faits.

La production glycogénique du foie ayant été reconnue par M. Claude Bernard chez des animaux appartenant à différentes classes, nous ne devions pas négliger de nous assurer si cette production avait lieu également chez notre Arachnide.

Ayant soumis à plusieurs reprises du foie de Scorpion à l'action du cuprotartrate de potasse, le résultat avait été négatif. Pensant qu'il était bon pour cette expérience de nous aider du secours d'une personne expérimentée dans ces sortes de recherches, nous nous sommes adressé à M. Leconte, professeur agrégé de la Faculté de médecine et préparateur du cours de physiologie au Collége de France.

Ce chimiste, qui s'est beaucoup occupé de la fonction glycogénique du foie, s'est empressé de nous donner assistance.

Du foie de Scorpion a été traité par le réactif de Frommhertz, cette fois encore le résultat a semblé presque négatif. Mais les Scorpions tenus en captivité, qu'il n'est pas toujours facile de pourvoir de nourriture, avaient jeûné la plupart du temps. Il fut convenu qu'on recommencerait l'expérience sur des individus en digestion. En effet, M. Cl. Bernard a vu la production glycogénique disparaître chez les animaux privés d'aliments durant plusieurs jours.

Nos Scorpions ayant mangé, peu d'heures après on détacha une portion de leur foie que l'on traita comme dans les premières expériences; le précipité brun-rouge caractéristique de la présence du sucre parut en médiocre quantité il est vrai, mais d'une manière incontestable.

Ce procédé étant généralement regardé comme insuffisant pour établir la présence du sucre, on soumit une certaine masse de foie, délayée dans l'eau, à l'action de la levûre de bière fraîche, en l'introduisant dans un tube rempli de mercure, placé à une douce température.

La fermentation ne tarda pas à s'établir; il y eut production notable de gaz. Dans un autre tube, on introduisit une égale partie de levûre simplement délayée dans de l'eau, il ne se manifesta rien de semblable. Cette manière de procéder est celle déjà indiquée par M. Leconte dans un mémoire relatif à la fonction glycogénique du foie (1).

Nous avons plusieurs fois répété les deux expériences, et toujours nous avons obtenu les mêmes résultats.

Ainsi, dans le moment où s'opère la digestion, le foie, chez le Scorpion, produit de la matière sucrée; cette production cesse lorsque l'animal est à jeun.

Le fluide nourricier tiré des grands sinus abdominaux n'a pas fourni de sucre; mais la difficulté d'obtenir sans mélange le sang de telle ou telle partie du corps d'un animal d'aussi petite taille que le Scorpion n'a pas permis de pousser de ce côté les recherches aussi loin qu'on eût pu le désirer.

Maintenant, le foie étant un organe destiné à la sécrétion du glucose, est-ce à dire que ce viscère ne remplit pas encore d'autres fonctions importantes? Nos recherches sur le Scorpion tendent à prouver que là ne s'arrête pas son rôle dans l'économie.

Le foie a été souvent considéré comme servant à l'épuration du sang, comme un organe d'élimination, agissant sous certains rapports à la manière des reins. Il y avait là encore une étude à faire. Par des recherches antérieures dirigées vers un autre but (2), nous savions que l'on colore le sang des animaux invertébrés en faisant avaler à ces animaux des substances colorantes.

Rien n'est plus facile pour les espèces phytophages : il suffit de saupoudrer la matière colorante sur les feuilles dont ils se nourrissent. Pour des espèces carnassières, refusant toute autre chose qu'une proie vivante, l'opération devenait plus difficile; néanmoins le moyen d'y parvenir fut trouvé.

La plupart des insectes continuant à s'agiter longtemps encore après avoir reçu de terribles blessures, il sembla possible d'introduire dans leur corps une quantité notable soit d'indigo, soit de garance, et de les présenter aussitôt aux Scorpions avant qu'ils aient cessé de se débattre. De grosses mouches de la viande furent choisies, l'ampleur de leur abdomen permettant d'y loger aisément la matière colorante; ces mouches furent données à nos Arachnides, qui les dévorèrent aussi aisément que les autres. Après plusieurs jours de ce régime, consistant en mouches garnies d'indigo pour les uns, de garance

(1) *Recherches sur la fonction glycogénique du foie.* — *Annales des Sciences naturelles*, 4ᵉ série, t. III, p. 61 (1855).

(2) Voy. Bossi, *Rapport relatif au passage des substances introduites dans le système trachéen des Insectes.* — *Annales des Sciences naturelles*, 3ᵉ série, t. XV, p. 362; — et Émile Blanchard, *Nouvelles observations sur la circulation du sang et sur la nutrition chez les Insectes.* — *Annales des Sciences naturelles*, 3ᵉ série, t. XV, p. 371.

pour les autres, nous eûmes des Scorpions à sang bleu et des Scorpions à sang rose; la couleur n'était pas fort intense, mais elle était bien prononcée.

Chez les individus ouverts peu de jours après le commencement du régime, le sang était coloré, la substance colorante se voyait dans l'intestin, mais c'était tout. Au contraire, chez les individus soumis au régime depuis plus longtemps, le foie avait pris la teinte de la substance ingérée par l'animal; chez les individus d'abord soumis à la même alimentation que les autres, puis laissés à jeun pendant plusieurs jours, le sang avait presque perdu sa couleur bleue ou rose, et le foie l'avait acquise avec beaucoup plus d'intensité; chez les Scorpions laissés à jeun au même moment et ouverts plus tard, le sang avait repris sa teinte ordinaire, tandis que le foie conservait encore des traces évidentes de la présence soit de l'indigo, soit de la garance. Chez les individus mis dans des conditions semblables et ouverts après un plus long espace de temps, tout avait disparu de l'économie.

Ainsi la matière colorante qui de l'intestin passe dans le sang est positivement éliminée par le foie : notre série d'expériences le montre de la manière la plus évidente.

Or, si le foie a la propriété d'éliminer la substance apparente à nos yeux, il nous semble impossible de ne pas croire qu'il ait la même propriété à l'égard d'autres éléments que nous sommes inhabile à distinguer. Le foie sert donc bien réellement à épurer le sang. Il faut voir maintenant ce qui a lieu dans les autres types du Règne animal.

Fonctions des canaux urinaires. — Il a fallu renoncer ici à obtenir une démonstration nette des fonctions des canaux urinaires. Leur ténuité, la difficulté et presque l'impossibilité de les dégager des grappes utriculaires du foie, si la préparation n'est pas plongée dans un liquide; le soin et le temps considérable nécessaires pour les isoler, même en plaçant l'objet dans l'eau ; la quantité extrêmement minime de matière qu'il est possible d'en extraire, sont autant de circonstances qui ont empêché de poursuivre quelque chose de sérieux en fait d'expériences. Dans le cas de coloration artificielle du sang, il a seulement été constaté qu'une partie de la substance colorante disparaissait de l'économie par les organes urinaires. Lorsqu'il s'agit surtout des animaux articulés, on ne peut guère s'étonner de voir une fonction partagée par le foie et par l'appareil urinaire, car chez les *insectes*, comme on sait, il n'existe plus que des organes d'une sorte, appelés tantôt *vaisseaux* ou *canaux biliaires*, tantôt *vaisseaux urinaires* ou *vaisseaux urino-biliaires*.

ORGANES DE LA RESPIRATION.

Chez le Scorpion les organes de la respiration sont localisés, mais cette localisation est portée moins loin que chez plusieurs autres types de la classe des Arachnides. Ils sont disséminés, en effet, dans les quatre zoonites antérieurs de l'abdomen.

Ces organes respiratoires sont généralement désignés sous le nom de poumons; ce sont en réalité de véritables poumons, si l'on considère qu'ils reçoivent l'air en nature et qu'ils sont localisés; mais c'est là tout, car sous le rapport de leur structure ils n'ont rien de commun avec les poumons des animaux vertébrés. Divers naturalistes, se fondant sur le caractère anatomique de ces poumons des Arachnides, formés de feuillets appliqués les uns contre les autres, ont cru trouver dans leur structure plus d'analogie avec la structure ordinaire des branchies ; ils ont appelé de ce nom les organes respiratoires des

Arachnides. D'autres enfin, voulant concilier les deux idées, les ont désignés sous le nom de pneumo-branchies ou de pulmono-branchies.

Or, les organes respiratoires des Arachnides diffèrent complétement des branchies par leur structure ; on s'est laissé prendre à une apparence plutôt qu'à une véritable analogie, et comme le mot de branchie implique l'idée d'un organe servant à la respiration aquatique, il convient, selon nous, de ne pas adopter cette dénomination lorsqu'il s'agit des Arachnides.

Quant au nom de pneumo-branchie, qui a été rarement employé, ce qui est déjà un motif d'exclusion, il n'exprime rien de réel, si, partant des organes respiratoires des vertébrés, on se figure quelque chose tenant à la fois des poumons des Mammifères et des Oiseaux et des branchies des Poissons.

Il faut donc rejeter également cette dénomination.

Le mot de poumon est évidemment celui qui doit être préféré ; en agissant autrement, on pourrait être conduit à adopter un nom particulier pour tout organe dont la structure serait modifiée.

Les poumons du Scorpion, au nombre de huit, soit de quatre paires, sont disposés sur deux rangs à la partie ventrale de l'abdomen (1) ; chacun des quatre premiers arceaux en supporte une paire. Ces organes s'ouvrent en dessous par des orifices en forme de boutonnière, dont la direction est un peu oblique (2). Ce sont les stigmates désignés par quelques anatomistes sous le nom de *pneumostomes*.

Ils consistent en une petite fente transversale offrant un rebord saillant, rebord qui au reste ne se distingue des autres parties du tégument que par une épaisseur plus grande : ce n'est pas un véritable anneau comme chez les insectes, où, d'après V. Audouin, on lui donne le nom de *péritrème ;* ce n'est ici qu'une simple duplicature.

Les poumons s'aperçoivent au travers du tégument ; on en distingue aisément les contours, à raison de leur couleur blanche qui tranche sur la teinte sombre des organes environnants. Pour les mettre à découvert, il faut ouvrir l'animal par la partie dorsale et enlever le tube digestif et le foie en entier, ou séparer sur les côtés les pièces ventrales des pièces tergales et détacher ainsi toute la paroi abdominale à laquelle ils sont fixés.

Ces organes sont enveloppés par une membrane mince, transparente, constituant pour chacun d'eux une sorte de poche ; cette tunique, resserrée entre les poumons, établit une communication entre ceux du même côté, et se continue sous la forme d'un vaisseau en avant du poumon antérieur et en arrière du poumon postérieur (3) ; c'est le canal pulmonaire, dont il sera question bientôt relativement à la circulation du sang. La membrane enlevée, les poumons sont mis à nu ; ils apparaissent alors sous la forme de petites bourses ovalaires, larges d'environ deux millimètres, plus étroites au côté externe qu'au côté interne. Cette apparence de bourse est complète si l'on détache un poumon de façon à voir en entier l'orifice qui correspond au stigmate (4). Mais c'est là une simple apparence, il n'y a pas de cavité générale.

L'examen le plus superficiel suffit pour reconnaître que l'organe est un assemblage de lamelles fort minces appliquées les unes contre les autres. Pour donner une idée de cette disposition, Treviranus a

(1) Pl. ii, fig. 4 ; pl. iii, fig. 4 *f. f.* et pl. vi, fig. 3 *e, e.*
(2) Pl. i, fig. 2, et fig. 8 *h, i. k. l.*
(3) Pl. vi, fig. 3 *e. e.*
(4) Pl. vi, fig. 7.

comparé aux feuillets d'un livre les lamelles pulmonaires du Scorpion, qui de même sont attachées par un de leurs bords : image bien souvent reproduite depuis dans les ouvrages où il est question des Arachnides. Mais Treviranus, n'ayant pas poussé bien loin ses investigations, se méprit complétement sur les points les plus importants. Les organes respiratoires des Scorpions, d'abord observés très-superficiellement, furent pour la première fois étudiés avec soin par M. J. Müller (1); ils l'ont été plus récemment par Newport (2).

Les poumons de notre Arachnide reposant sur la paroi abdominale même, si on les détache, l'espace que chacun occupait, étant circonscrit par les muscles, a l'aspect d'une loge de la forme de l'organe (3).

Chaque poumon composé de lamelles, au nombre d'une cinquantaine chez notre Scorpion roussâtre *Scorpio occitanus*), présente une sorte de vestibule qui correspond exactement à l'orifice, c'est-à-dire au stigmate. Les lamelles, adhérentes par les extrémités de leur bord inférieur, s'ouvrent dans ce vestibule commun, qui est extrêmement court.

On ne peut nullement se rendre compte de la conformation des poumons du Scorpion sans avoir considéré la structure de leurs lamelles. Faute de s'être attachés à l'examen attentif de ces parties, les premiers anatomistes qui s'occupèrent du sujet ne réussirent pas à se faire une idée nette de la manière dont s'effectue la respiration chez les Arachnides.

Les lamelles pulmonaires ayant un de leurs bords arqué, l'autre sensiblement concave et leur sommet en pointe chez le Scorpion, sont doubles, c'est-à-dire que ce sont de véritables sacs aplatis (4). Dans leur intérieur elles reçoivent l'air, et comme leur tissu est blanc, elles ont un aspect argenté ou nacré.

Les parois des lamelles pulmonaires sont elles-mêmes formées de deux feuillets d'une extrême délicatesse et cependant tout à fait rigides. La tunique interne, examinée sous les plus forts grossissements, ne montre aucune structure; la tunique externe, au contraire, paraît granuleuse.

Entre les deux feuillets se trouve interposé un tissu résistant, formant des cellules plus ou moins irrégulières.

Vers la partie inférieure des lamelles, ces cellules, bien distinctes sous un médiocre grossissement, sont allongées, rétrécies vers le haut et disposées à peu près en séries longitudinales. Vers le sommet, elles deviennent plus petites, prennent une forme plus ou moins arrondie, et semblent entassées les unes sur les autres, de telle sorte que sur ce point on remarque une apparence granuleuse générale.

Newport a cru voir là un réseau vasculaire, mais il est certain que ces parties solides sont destinées à donner de la résistance aux parois des lamelles pulmonaires, à empêcher l'accolement de leurs tuniques, de façon à laisser un passage libre pour le sang; ces parties remplacent le fil spiral des trachées des insectes.

Les cellules, constituées par le tissu interposé entre les deux feuillets des lamelles pulmonaires, sont manifestes surtout vers le bord concave; elles s'affaiblissent vers le bord convexe, où il existe un canal par lequel s'introduit le sang.

Par le bord où se trouvent attachées les lamelles pulmonaires, seule la tunique interne de leurs parois est adhérente; la tunique externe reste libre dans le canal circulaire où vient affluer le liquide nourricier qui se porte aux poumons.

(1) *Beiträge zur Anatomie des Scorpions.* — Meckel's *Archiv*, 1828, s. 39.
(2) *On the structure, relations and development of the nervous and circulatory systems*, etc., in *Myriapoda and Macrourous Arachnida.* — *Philosophical Transactions*, part. 2, p. 295 (1843).
(3) Pl. II, fig. 4. Du côté droit, les poumons sont en place; ils sont enlevés du côté gauche.
(4) Pl. VI, fig. 40.

Comparons maintenant les poumons du Scorpion aux organes respiratoires des autres Articulés qui reçoivent l'air directement, c'est-à-dire aux trachées. On le sait, depuis les recherches de Dugès, divers Arachnides de l'ordre des Aranéides respirent à la fois au moyen de poumons et de trachées. L'existence simultanée de poumons et de trachées dans ce groupe, a été dans ces derniers temps reconnue plus générale qu'on ne l'avait supposé d'abord, circonstance propre déjà à faire soupçonner une modification médiocre entre ces deux sortes d'organes respiratoires. On a observé chez ces Aranéides des trachées qui ne se ramifient pas à la manière de celles des insectes; ce sont des tubes simples, n'ayant pas dans l'épaisseur de leurs parois de fil contourné en spirale. En un mot, les organes respiratoires des Aranéides vinrent présenter une série de modifications intermédiaires entre les poumons formés d'une masse de doubles lamelles juxtaposées et les trachées ramifiées des insectes.

Un naturaliste allemand, M. Rudolph Leuckart, s'est attaché dans un mémoire spécial (1) à démontrer l'unité fondamentale d'organisation existant entre ces organes respiratoires diversement modifiés.

On doit donc considérer les poumons du Scorpion et des autres Arachnides comme un assemblage de petits tubes trachéens empilés les uns contre les autres, s'ouvrant dans un seul vestibule, et recevant l'air par un orifice commun.

Une expérience faite par M. R. Leuckart, que nous avons répétée à plusieurs reprises, achève de mettre en évidence la parité de structure existant entre les lamelles pulmonaires et les trachées. Les préparations que l'on fait souvent dans les laboratoires sur les téguments des animaux articulés dans le dessein d'isoler la chitine, ont appris depuis longtemps que les trachées sont elles-mêmes en grande partie composées de cette substance. En effet leur membrane interne et leur fil spiral résistent à l'action de la potasse caustique, leur membrane externe seule se détruit. Les lamelles pulmonaires plongées dans une dissolution de potasse caustique maintenue à une température un peu élevée, se comportent exactement de même; leur tunique externe, qui ne contient pas de chitine, disparaît; au contraire, leur tunique interne constituée essentiellement par cette substance résiste ainsi que le tissu aréolaire interposé entre les deux membranes.

Les stigmates étant béants, ainsi que les orifices des lamelles pulmonaires, l'air s'y introduit naturellement. Mais l'air doit être expulsé et sans cesse renouvelé; dans cet acte de la respiration, les piliers musculaires de l'abdomen (2) jouent un rôle important. Élevant par leurs contractions la paroi ventrale et abaissant la paroi dorsale, ils resserrent la cavité abdominale dans le sens de son épaisseur, et déterminent ainsi une pression sur les poches pulmonaires; une partie de l'air s'échappe alors, il y a expiration.

Les piliers musculaires se relâchant, l'abdomen se dilate, il y a inspiration. Ces mouvements, nous l'avons déjà dit, s'aperçoivent sur l'animal vivant; bien qu'ils soient assez faibles, on les distingue aisément, en y portant une attention un peu soutenue.

(1) *Ueber den Bau und die Bedeutung der sog. Lungen bei den Arachniden*, 1853.
(2) Pag. 37 et pl. II, fig. 4 et fig. 5 x', x.

D'un autre côté, les stigmates se ferment et s'ouvrent plus ou moins ; ces mouvements sont exécutés par des muscles que nous avons décrits (1). Les muscles latéraux transverses (2) agissant, obligent les bords du stigmate à se rapprocher; l'action du muscle oblique (3) les force à s'écarter.

*

Les Scorpions ont besoin de respirer un air sec ; on sait qu'ils vivent dans des localités arides, que d'ordinaire ils habitent les collines et les montagnes jusqu'à une certaine élévation, qu'ils fuient les endroits humides. Tenus en captivité, ils peuvent vivre très-longtemps renfermés dans des boîtes : placés dans des vases où l'air est chargé d'humidité, ils périssent très-rapidement.

Soumis à l'action de gaz délétères, les Scorpions ne meurent en général qu'au bout de plusieurs heures; ils résistent quelquefois pendant plus d'un jour. Plongés dans un air contenant une faible quantité de ces mêmes gaz, soit de l'hydrogène sulfuré, soit du gaz acide carbonique, ils succombent dans un espace de temps beaucoup plus court.

Des expériences dues à William Edwards ont appris qu'il en était ainsi pour les insectes. Au premier abord le fait paraît inexplicable, mais l'observation de ce qui se passe alors chez l'animal donne bientôt l'explication de cette étrange différence. Plongé dans un air simplement vicié, l'animal continue à respirer : le gaz délétère pénétrant peu à peu dans ses organes respiratoires, ne tarde pas à produire l'asphyxie. Plongé dans du gaz acide carbonique, par exemple, ses muscles respiratoires se contractent aussitôt, il y a occlusion complète des stigmates, l'animal ne périt que par la privation d'air. La respiration étant peu active chez les arachnides et les insectes, comme chez tous les animaux à sang froid, la suspension de cette fonction n'entraîne pas la mort immédiatement.

Pour les nombreuses recherches anatomiques que nous avons faites sur des Scorpions vivants, nous avons eu souvent recours à l'éthérisation afin d'agir plus facilement sur les individus qui devaient être sacrifiés.

Dans un vase clos, une petite goutte d'éther avait suffi dans bien des cas pour obtenir l'effet désiré; en peu d'instants l'animal était devenu inerte. D'autres fois, on voyait le Scorpion continuer à s'agiter, pendant plusieurs heures; la pensée d'augmenter la quantité d'éther venait naturellement ; mais cette addition paraissait ne produire aucun effet. C'est qu'en ces circonstances tout s'était passé comme dans les expériences d'asphyxie par les gaz délétères. Le Scorpion plongé dans un air chargé seulement d'un peu de vapeur d'éther, ne cessait pas de respirer ; plongé dans la vapeur seule, mouillé par la liqueur elle-même, il ne respirait plus; ses orifices respiratoires étaient hermétiquement fermés. Aussi, dans le cas où l'éther ayant été versé en trop grande quantité, l'animal ne succombait pas, si l'on venait à ouvrir le vase, l'air y pénétrant, le Scorpion laissait entr'ouvrir ses stigmates, et presque aussitôt il était éthérisé.

APPAREIL CIRCULATOIRE.

Chez le Scorpion, il existe un cœur allongé, contenu dans un péricarde, un système d'artères qui distribuent le sang sur tous les points de l'économie, des réseaux capillaires, un système veineux

(1) Pag. 36.
(2) Pl. ii, fig. 4 u, u, u', u'.
(3) Pl. ii, fig. 4 u''.

consistant non pas en vaisseaux, mais en canaux presque toujours parfaitement délimités, et enfin des vaisseaux pneumocardiaques.

L'appareil circulatoire du Scorpion a un remarquable degré de perfection, une complexité que bien longtemps on fut loin de soupçonner chez les Arachnides. Vu la difficulté d'observer les parties délicates de l'organisme de ces êtres, en général de petite taille, chacun, aimant à se persuader que ce qu'il n'était pas parvenu à découvrir n'existait pas, se plaisait à croire que l'appareil de la circulation d'un Arachnide était chose fort simple. Les premiers naturalistes qui s'occupèrent de l'anatomie des Scorpions signalèrent seulement la position et la forme générale du cœur. Plus tard, Treviranus constata les étranglements que présente cet organe; il reconnut le péricarde, il décrivit ses muscles, il aperçut quelques-uns des principaux troncs vasculaires; mais n'ayant pas réussi à les suivre, il commit de grandes méprises. Malgré les recherches de plusieurs anatomistes, on en était toujours réduit aux conjectures touchant la nature de l'appareil circulatoire des Scorpions.

M. J. Müller avait annoncé qu'on pouvait suivre le cœur jusqu'à l'extrémité de la portion caudiforme de l'abdomen; il avait vu la grande artère postérieure, l'artère uroïdale.

La science s'était arrêtée là, lorsque George Newport fit connaître la structure du cœur, le trajet de presque toutes les artères, les vaisseaux pneumocardiaques, etc. Le système veineux seul, tout à fait impossible à étudier sur des individus conservés dans l'esprit de vin, ne put être bien compris par l'habile anatomiste anglais (1).

*

Cœur. — Le cœur, attaché par des muscles à la paroi dorsale de l'abdomen, est logé dans une rainure du foie, comme on l'a indiqué précédemment (2). C'est un organe musculeux, allongé à la manière du vaisseau dorsal des insectes, mais proportionnellement plus large et beaucoup plus solidement constitué. Il occupe presque toute la longueur de la portion élargie de l'abdomen. Une tunique mince, fibreuse, presque transparente, l'enveloppe en entier, c'est le péricarde, qui, ici comme chez les crustacés, joue le rôle d'oreillette (3).

Est-on parvenu à détacher les pièces tergales de l'abdomen, en les isolant de la délicate membrane sous-jacente, de façon à n'intéresser aucune partie, le cœur se montre enveloppé de son péricarde, qui est en communication directe avec les vaisseaux pneumocardiaques constitués par le même tissu (4). Il est maintenu exactement entre les muscles dorsaux de l'abdomen (5) et en outre solidement assujetti par des muscles propres, adhérents au péricarde et attachés aux pièces tergales. Il y a de ces muscles pour chacune des chambres du cœur; on en distingue deux de chaque côté (6); l'un, assez large, très-

---

(1) Dans les figures de Newport, d'ailleurs très-belles, les proportions de beaucoup de détails sont exagérées. Les artères, dans des animaux conservés dans la liqueur, ont l'apparence de cordons plus ou moins déformés; il n'est plus possible de déterminer leur volume. Aussi, dans plusieurs cas, Newport a-t-il donné plutôt des figures schématiques que des représentations réelles. Nos recherches ayant été faites sur un nombre énorme d'individus vivants et au moyen d'injections, nous nous sommes attaché à représenter chaque détail avec toute la fidélité possible. Nous avons employé pour nos injections des substances qui ne pouvaient déformer les vaisseaux, telles que le mélange de dissolutions de bichromate de potasse et de sous-acétate de plomb, de manière à avoir un précipité extrêmement fin, ou des couleurs (carmin, bleu de Prusse, etc.) broyées à l'huile et délayées dans de l'essence de thérébentine.

(2) Pag. 63.

(3) Pl. v, fig. 2, et pl. vi, fig. 2.

(4) Pl. vi, fig. 2.

(5) Pl. ii, fig. 4, et pl. ii, fig. 6.

(6) Pl. v, fig. 2 a.

aplati, dirigé obliquement d'arrière en avant, prend son point d'attache au bord antérieur de la pièce tergale du zoonite auquel correspond la chambre du cœur. L'autre, grêle, transversal, accompagné de fibres lâches dirigées en arrière. Ce sont les muscles qui ont été nommés les *ailes du cœur*.

Le cœur présente huit divisions ou chambres indiquées par de légers étranglements. Toutefois les dilatations et les rétrécissements de ces chambres sont faiblement prononcés chez l'animal vivant; ils le sont davantage après la mort, lorsque le sang ne vient plus exercer sa pression d'une manière égale, plus encore lorsque l'alcool est venu contracter les tissus.

Ce cœur est essentiellement constitué par deux couches de fibres longitudinales et circulaires. Celles-ci forment des faisceaux aplatis et assez larges pour être distincts presque à la vue simple. Une mince membrane revêt extérieurement cette double couche musculaire; une membrane semblable la revêt intérieurement. En dessus, des bandelettes musculaires viennent encore ajouter à la solidité de cette tenture.

Il y en a, au milieu, une très-forte qui règne dans toute la longueur de l'organe; il y en a de chaque côté une grêle, qui passe sur les orifices auriculoventriculaires (1).

Les chambres du cœur sont un peu resserrées vers leur milieu, et sensiblement élargies à leurs points de jonction les unes avec les autres. La première, plus petite que les suivantes, s'amincit en avant et se confond avec l'aorte; la seconde, la troisième, la quatrième, la cinquième et la sixième vont en s'élargissant d'une manière très-faible mais appréciable; la cinquième a un peu plus de longueur que toutes les autres, la sixième un peu plus de largeur. La septième à son tour devient manifestement plus étroite et un peu moins longue; enfin la huitième se rétrécit en arrière, et se continue avec la grande artère uroïdale (2).

Les divisions du cœur sont donc déjà marquées extérieurement par l'élargissement qu'offre chacune d'elles à son point d'union avec la précédente et la suivante; mais elles le sont mieux encore par les orifices auriculoventriculaires (3). Chaque chambre est pourvue de deux de ces orifices, situés sur la partie dorsale et assez rapprochés l'un de l'autre vers la ligne médiane. Leur rebord formé par une duplicature de la membrane leur donne l'aspect de petites boutonnières; ils ont une direction un peu oblique.

Si l'on ouvre le cœur dans le sens longitudinal, on voit entre chaque chambre une duplicature de la paroi qui s'étend de la région supérieure aux régions latérales; il n'y en a aucune apparence à la partie inférieure. C'est au reste une structure qui est plus prononcée chez certaines espèces du genre Scorpion, ainsi qu'on le verra bientôt (4). La duplicature des parois forme des valvules au-dessous des orifices auriculoventriculaires. Ces valvules, qui des deux côtés occupent le tiers environ de la largeur du cœur, ne se rejoignant pas sur la ligne moyenne, demeurent libres à leur extrémité (5).

Elles sont un peu tournées en arrière; leur disposition est telle que le sang peut entrer librement, et que si une fois introduit un effort tend à le faire refluer, pressées par le courant et refoulées sous les orifices, elles en ferment exactement l'entrée.

(1) Pl. v, fig. 3.
(2) Pl. v, fig. 4, et pl. vi, fig. 4.
(3) Pl. v, fig. 4 et fig. 3 *b*.
(4) Il en est ainsi chez le *Buthus afer* étudié par Newport.
(5) Pl. v, fig. 4.

*

Système artériel. — On doit distinguer ici trois catégories d'artères : 1° l'aorte , qui naît en avant de la chambre antérieure du cœur et de laquelle dérivent la plupart des artères; 2° les artères qui partent latéralement de chacune des chambres du cœur; 3° la grande artère uroïdale qui fait suite à la chambre postérieure du cœur.

Les artères ont des parois sans doute très-minces, mais pourtant d'une solidité remarquable si l'on se reporte au volume de l'animal. Ces parois sont formées d'une tunique musculeuse, présentant des fibres circulaires et longitudinales très-apparentes dans les troncs principaux. Cette tunique est revêtue extérieurement et intérieurement par une membrane d'une délicatesse extrême.

*

Aorte. — L'aorte est un tronc large et court duquel dérivent toutes les artères céphalothoraciques et une grande partie des artères abdominales. Naissant de la chambre antérieure du cœur, exactement à la base du céphalothorax, elle se dirige en avant et inférieurement, traverse le diaphragme et passe sous les glandes stomacales pour se porter à la base du cerveau et s'appuyer sur l'œsophage (1). En arrière du cerveau , elle se partage en deux troncs qui contournent le collier œsophagien, de telle sorte que les noyaux cérébroïdes se trouvent entourés par un tronc artériel qui repose en même temps sur la masse médullaire céphalothoracique (2). De ce vaisseau circulaire , naissent, en avant , les artères antennaires et cérébrales ainsi que les artères ophthalmiques et buccales; sur les côtés, les artères pédiomaxillaires et les artères pédieuses; en arrière l'artère spinale.

Sur son trajet, l'aorte émet latéralement plusieurs artères. Il y en a une de chaque côté, dont les rameaux se distribuent dans les lobes antérieurs du foie (3). Plus en avant et sur un plan inférieur, il y a les artères des glandes stomacales qui se partagent dès leur origine en trois branches; leurs rameaux se divisent à l'infini entre les lobules des glandes stomacales (4). En dessous , l'aorte fournit deux petites artères au diaphragme; une de leurs branches se dirige vers la partie dorsale, l'autre vers la partie sternale. Enfin , en arrière du cerveau , l'aorte donne encore des deux côtés une artère stomacale qui descend latéralement le long de l'œsophage, de l'estomac et de l'intestin. Celle-ci est très-faible; ses branches sont de la plus grande tenuité. Dans les injections on parvient à la remplir beaucoup plus difficilement que toutes les autres.

*

Artères antennaires, cérébrales, ophthalmiques et buccales. — Les artères antennaires ou artères des chélicères (5) naissent de la portion supérieure du tronc circulaire et se portent en avant, en demeurant accolées aux nerfs antennaires.

(1) Pl. v, fig. 1, et pl. vi , fig. 1 *b*.
(2) Pl. vi, fig. 1, et fig. 3.
(3) Pl. v, fig. 1.
(4) Pl. vi, fig. 1 *d*.
(5) Pl. v, fig. 1 *a*, pl. vi, fig. 1 *e*, fig. 3 *b*.

A la base des chélicères, de même que les nerfs, elles se partagent en deux branches principales ; l'interne, un peu plus faible que l'autre, s'étend jusqu'à l'extrémité du prolongement onguiforme de l'organe ; l'externe pénètre dans le crochet mobile. De nombreux rameaux partent de ces branches et se ramifient à l'infini entre les muscles des antennes-pinces.

Dans les injections bien complètes, on demeure émerveillé en présence de la prodigieuse multiplicité et de l'incroyable délicatesse de ces artérioles qui parcourent les muscles en tous sens ; les animaux vertébrés n'offrent rien de plus parfait sous ce rapport.

Mais avant d'atteindre la base des appendices auxquels elles sont spécialement dévolues, les artères antennaires envoient plusieurs branches considérables ; c'est, en dehors, en partant de leur origine, une artériole qui va à l'extrémité du muscle rétracteur des chélicères, puis une artère volumineuse qui se distribue à la face supérieure des grands muscles rétracteurs des pattes-mâchoires ; celle-ci se partage aussitôt en deux troncs dont l'un va répandre ses branches en arrière vers le point d'attache des muscles rétracteurs des pattes-mâchoires et l'autre vers la partie antérieure de ces mêmes muscles. De ces branches quelques-unes sont dévolues aux yeux latéraux (1). Les artères antennaires fournissent encore sept ou huit rameaux à leurs propres muscles rétracteurs et des artérioles aux parties laté-rales du cerveau et aux nerfs qu'elles accompagnent ; au-devant du cerveau elles émettent les artères cérébrales supérieures (2).

Celles-ci sont extrêmement petites ; elles s'anastomosent l'une avec l'autre au milieu du cerveau et envoient à la surface de cet organe des rameaux de la plus grande ténuité (3).

Les artères ophthalmiques qui vont aux yeux médians partent également des antennaires, tout à fait au-devant des noyaux cérébroïdes, et demeurent accolées aux nerfs optiques (4) ; sur leur trajet elles leur donnent de nombreuses artérioles, et à l'extrémité elles s'épanouissent en un bouquet d'arté-rioles semblables qui entourent le globe de l'œil. Ces vaisseaux sont d'une telle finesse, qu'il est vraiment impossible de les représenter dans des figures qui ne sont pas grandies d'une manière énorme, à moins d'exagérer considérablement leurs proportions.

L'artère buccale naît du milieu du tronc circulaire, passe sous le cerveau et pénètre dans l'appendice buccal (5). A son origine elle fournit une anastomose avec les artères pédiomaxillaires.

Le tronc artériel qui entoure le cerveau en arrière et sur les côtés se trouve de la sorte complété en avant.

*

Artères pédiomaxillaires. — Les artères pédiomaxillaires semblent presque être la continuation du vaisseau circulaire que nous avons vu entourer le collier œsophagien, tant est légère leur déviation sur le côté (6). Comme le remarque Newport, les appendices qu'elles parcourent ont un développement énorme comparativement aux autres appendices ; leur diamètre est proportionné à ce développement : elles doivent recevoir une quantité considérable de sang. La ligne qu'elles suivent étant peu en dehors de la ligne du cœur et de l'aorte, elles se trouvent particulièrement favorisées sous ce rapport ; le liquide leur arrive sans éprouver nulle part de résistance bien notable.

(1) Pl. v, fig. 1 b.
(2) Pl. vi, fig. 1.
(3) Pl. vi, fig. 3.
(4) Pl. v, fig. 1, et pl. vi, fig. 1 c.
(5) Pl. vi, fig. 3 a.
(6) Pl. vi, fig. 1, et fig. 3 c, et pl. v, fig. 1.

Les artères pédiomaxillaires s'appuient au côté externe des nerfs; mais, dès leur origine, elles envoient en-dessous une branche qui ne dépasse pas l'extrémité de la hanche et demeure accolée au côté interne du nerf. Cette branche émet un rameau qui se contourne en dedans au-dessous de l'œsophage, et se divise dans les muscles de la pièce buccale; elle donne en outre des branches secondaires au fléchisseur interne et au rétracteur du trochanter. Le tronc principal des artères pédiomaxillaires fournit encore, avant de pénétrer dans le trochanter, des rameaux aux muscles des pattes ambulatoires antérieures et du céphalothorax, et une grosse branche qui se partage en deux branches secondaires (1); l'une se ramifiant vers l'origine des grands muscles rétracteurs, l'autre se recourbant en arrière pour ramper tout le long de la paroi dorsale du céphalothorax, distribuant ses rameaux aux muscles et à la partie superficielle des glandes stomacales (2). Ainsi les grands muscles rétracteurs des pattes-mâchoires reçoivent à la fois des branches dérivant des artères antennaires et des artères pédiomaxillaires.

Les artères pédiomaxillaires traversent le trochanter, la cuisse et la jambe en restant appuyées sur le nerf, car, ainsi que Newport le fait observer, toutes les artères qui dérivent de l'aorte, suivent le trajet des nerfs comme cela a lieu chez les Vertébrés. En effet, dans le Scorpion comme dans beaucoup d'autres types d'animaux invertébrés, la distribution des vaisseaux a une précision aussi parfaite que chez les animaux supérieurs.

Sur leur parcours entier, les artères pédiomaxillaires fournissent des branches et des rameaux nombreux à tous les muscles. Il n'est pas nécessaire de les décrire; sur nos figures, ces détails ont été représentés avec un soin minutieux, de façon à en donner l'idée la plus exacte.

Parvenues dans le tarse, ces grandes artères des pattes-mâchoires se séparent des nerfs; à la base du doigt mobile, elles se partagent en deux branches égales: l'une parcourt le prolongement digitiforme, l'autre le doigt mobile (3).

*

Artères pédieuses et *sternales*. — Les quatre paires d'artères dévolues aux pattes ambulatoires partent à peu près à égale distance les unes des autres, des côtés du tronc circulaire qui repose sur la masse médullaire céphalothoracique (4) et entoure le cerveau. Le volume des artères des quatre paires de pattes ne diffère pas sensiblement, bien que les pattes antérieures soient un peu moins développées que les postérieures.

Dans le thorax les artères pédieuses envoient des branches assez fortes qui se ramifient dans les muscles des hanches et des trochanters. Tout le long de leur trajet elles demeurent simples, fournissant une multitude de rameaux qui se divisent dans les muscles et sous le tégument. Dans les injections bien réussies, rien n'est plus joli que cette masse innombrable d'artérioles d'une incroyable délicatesse, qui, par suite de leur coloration, se dessinent au milieu de la teinte blanche des muscles, avec la plus admirable netteté. Grâce à la transparence des téguments, ces détails peuvent être considérés dans leur ensemble, car si l'on coupe le tégument il est impossible de ne pas déchirer un très-grand nombre de ces artérioles, et alors bien des rameaux se vident.

(1) Newport a signalé une anastomose entre les branches supérieures des artères pédiomaxillaires; il n'y a rien de semblable ici.
(2) Pl. vi, fig. 1 *d*.
(3) Pl. v, fig. 1 *g*, et pl. vi, fig. 1.
(4) Pl. vi, fig. 1 et fig. 3 *d. d*.

Les artères des pattes ambulatoires, comme celles des pattes-mâchoires, suivent le côté externe du nerf, celle de la dernière paire seulement tend à se porter en dessus ou même un peu en avant. Mais dans les tarses, ainsi qu'on l'a vu précédemment, les nerfs se partagent (1); il n'en est pas ainsi des artères, qui restent simples jusqu'à la base des crochets; aussi l'accolement cesse dans cette portion terminale des pattes. A l'extrémité les artères pédieuses se divisent en deux petites branches pour les crochets.

Nous avons remarqué, dans notre description du système nerveux, la similitude que présentent dans leur partage les nerfs des pattes-mâchoires et des pattes ambulatoires; remarquons ici la similitude dans le partage des artères. Malgré la disproportion des parties, les artères pédiomaxillaires n'offrent de division qu'à la base du doigt mobile, qui n'est qu'un crochet tarsien dont le développement est énorme; de même les artères pédieuses se divisent seulement à la base des crochets.

Si les nerfs permettent de déterminer la nature des parties auxquelles ils se rendent, il peut en être souvent ainsi à l'égard des vaisseaux, comme Newport l'a fait observer.

Les artères pédieuses de la troisième paire produisent près de leur origine une branche qui mérite d'être indiquée : c'est un vaisseau de peu d'étendue, qui passe sous la masse médullaire céphalothoracique et s'engage dans les lames sternales dont est recouvert l'orifice génital (2). Cette artère sternale se recourbe en dedans et offre peu de ramifications sur son trajet.

Les artères pédieuses de la quatrième paire émettent presque dès leur origine une artère qu'il faut mentionner à part : c'est celle des appendices pectiniformes.

Cette artère s'enfonce aussitôt entre les deux lames des appendices, puis se recourbe et continue de ramper jusqu'au bout, au bord de la lame inférieure, à la base même des tiges pectiniformes (3).

L'artère des pièces pectiniformes fournit une branche assez grêle à la lame antérieure, des rameaux en assez grand nombre et une artériole à chaque tige; mais, chose surprenante, cette artériole nous a toujours paru ne pas dépasser l'article basilaire des tiges. Les tiges elles-mêmes ne recevraient pas d'artères; ici, on croira volontiers à un défaut d'observation; cependant dans nos injections bien souvent répétées, nous avons réussi d'une manière si complète à mettre en évidence les artérioles les plus déliées de toutes les parties du corps, que nous ne pouvons croire à un insuccès en ce qui concerne les vaisseaux des appendices pectiniformes, surtout après l'attention toute particulière que nous avons portée de ce côté.

Artère spinale. — L'artère spinale part du milieu du tronc circulaire, exactement au-dessous de l'aorte; c'est donc une artère récurrente ; elle règne sur la chaîne ganglionnaire, dont elle occupe la ligne médiane, y étant accolée et maintenue par du tissu connectif. L'artère spinale est grêle dans toute sa longueur; son calibre reste le même presque jusqu'à son extrémité (4). A peine après avoir dépassé la masse médullaire céphalothoracique, elle émet les artères génitales (5); celles-ci descendent sur les conduits ovariques ou sur les verges et les testicules, suivant le sexe des individus; leurs rameaux sont peu nombreux.

(1) Pag. 46.
(2) Pl. vi fig. 4 *a*.
(3) Pl. vi, fig. 4 *b*.
(4) Pl. vi, fig. 4 et fig. 3.
(5) Pl. vi, fig. 4 *f* et fig. 3.

Mais, du même point que les artères génitales, naissent les premières artères abdominales; ces vaisseaux pénètrent dans l'abdomen, et à sa base même ils se divisent en deux grandes branches; la première se dirige de suite vers le côté, en passant sur le canal pulmonaire en avant du premier poumon; l'autre descend jusqu'au bord postérieur du premier segment abdominal, fournit une branche secondaire aux piliers musculaires et de nombreux rameaux aux longs muscles ventraux, et traverse sur le canal pulmonaire entre le premier et le deuxième poumon, pour remonter le long des parois latérales jusqu'à la paroi dorsale, en donnant des rameaux à tous les muscles.

L'artère spinale passe sur les connectifs qui unissent la masse médullaire céphalothoracique au premier ganglion de l'abdomen sans donner autre chose que des artérioles presque imperceptibles à ces mêmes connectifs. Parvenue sur le ganglion, elle envoie de petits rameaux à sa surface et à l'origine des nerfs auxquels ce centre médullaire donne naissance, et deux branches, l'une à droite, l'autre à gauche, qui traversent le ganglion, le contournent sur les côtés, et se réunissent en dessous pour ne plus former qu'un seul tronc (1). Ce tronc devient libre, il n'adhère plus en aucune façon au système nerveux, il descend sous les connectifs qui unissent le premier au deuxième ganglion abdominal, et avant d'arriver au bord postérieur du second sclérodermite de la paroi ventrale de l'abdomen, il se partage en deux branches se portant aux deux côtés du corps. Ces branches passent alternativement au-dessus et au-dessous des nerfs envoyant une branche secondaire aux piliers musculaires et des rameaux aux longs muscles ventraux; elles passent ensuite sur les canaux pulmonaires entre le deuxième et le troisième poumon, remontent le long des parois latérales pour venir se perdre en se ramifiant dans les muscles dorsaux; sur leur trajet elles donnent des rameaux à tous les faisceaux musculaires des parties latérales de l'abdomen, dans le zoonite auquel elles sont spécialement dévolues.

L'artère spinale continue son parcours du premier au deuxième ganglion abdominal, du deuxième au troisième absolument comme de son origine au premier ganglion. Sur ces noyaux médullaires elle envoie également, outre les artérioles, les deux branches qui se rejoignent en-dessous pour constituer un tronc commun duquel dérivent toutes les artères de chacun des zoonites de l'abdomen.

Le second noyau médullaire abdominal, on le sait, est situé à la jonction du troisième et du quatrième segment ventral; ses nerfs se distribuent uniquement dans le troisième segment; il en est de même des vaisseaux qui se réunissent sous ce ganglion; le tronc commun se porte en avant jusque vers le milieu du segment, et là se partage en deux branches qui se comportent comme celles de l'anneau précédent; de chacune d'elles, une branche secondaire donnant des rameaux aux longs muscles ventraux va au pilier musculaire, tandis que la branche principale, en fournissant aussi des rameaux aux longs muscles, traverse le canal pulmonaire entre le troisième et le quatrième poumon, et remonte le long des parois latérales et dorsales.

Le troisième ganglion abdominal, on l'a dit précédemment, est situé vers le tiers antérieur du dernier segment de la portion élargie de l'abdomen; le tronc artériel commun qui part de la face inférieure de ce ganglion ne se divise plus ici seulement en deux branches; mais bien en trois; l'une remonte dans le quatrième segment, les deux autres se portent latéralement dans le cinquième. La première devient le tronc des deux artères dévolues à chacun des zoonites de l'abdomen; mais ici tout ne se passe pas comme dans les zoonites précédents; la branche secondaire qui va au pilier musculaire est devenue la plus importante; l'autre ou la postérieure est très-faible, elle se ramifie dans les longs

---

(1) Newport n'ayant pas réussi à suivre parfaitement cette disposition, est tombé dans quelques méprises, surtout relativement au vaisseau qui, d'après lui, régnerait à la face inférieure de la chaîne ganglionnaire. — *On the nervous and circulatory systems, etc., in Myriapoda and Macrourous Arachnida. — Philosophical transactions*. part. 2, p. 291 (1843).

muscles ventraux, mais elle ne dépasse pas le canal pulmonaire (1). Dans cette partie postérieure du corps, la paroi dorsale et les régions latérales reçoivent leurs artères de la grande artère uroïdale ou aorte postérieure.

Bien que le dernier segment abdominal soit le plus grand de tous, ses artères sont plus faibles que dans les segments antérieurs; elles ne sont pas destinées à parcourir un aussi long trajet. Néanmoins elles se partagent également en deux branches secondaires; l'antérieure est la plus forte, elle va au pilier musculaire et donne quelques artérioles aux muscles latéraux; la postérieure, qui est très-grêle, se dirige en arrière, et se ramifie simplement dans les longs muscles ventraux.

*

L'artère spinale poursuit sa route le long de la face supérieure de la chaîne nerveuse dans la portion caudiforme de l'abdomen (2). Au premier abord, on est porté à s'étonner de la longueur du trajet de cette artère, dont le volume est très-faible; il semble que l'impulsion donnée par le cœur au liquide nourricier doit devenir bien peu sensible dans une artère récurrente, étroite et prodigieusement longue, si on la compare à toutes les autres.

Mais en ne négligeant l'observation d'aucun détail, on ne tarde pas à s'apercevoir qu'il existe une disposition de nature à faciliter singulièrement la propulsion du sang. La chambre postérieure du cœur envoie inférieurement deux artères passant sur les côtés de l'intestin pour se réunir au-dessous et s'anastomoser avec l'artère spinale sur le premier ganglion de la portion caudiforme de l'abdomen. On conçoit ainsi comment l'impulsion reçue par le sang qui a dû s'affaiblir d'une manière très-notable dans son parcours à travers toute la portion élargie de l'abdomen, se trouve accrue tout à coup par le courant nouveau qui arrive vers le milieu du trajet de l'artère.

En pratiquant des injections, il est aisé de voir combien ce renfort était indispensable. En effet, si après avoir ouvert le cœur vers le milieu, on pousse en avant le liquide coloré, toutes les artères qui dérivent de l'aorte se remplissent parfaitement; l'artère spinale seule ne s'injecte qu'en partie; on ne parvient jamais à faire passer le liquide sensiblement au delà de la portion élargie de l'abdomen. Au contraire, l'artère spinale se remplit en totalité si l'on chasse en arrière une partie du liquide coloré.

*

A la surface de chacun des ganglions de la portion caudiforme de l'abdomen, l'artère spinale fournit comme sur les autres noyaux médullaires, de très-petites artérioles et deux branches contournant le ganglion pour se réunir en dessous en un seul tronc qui se partage tout aussitôt en deux branches principales, l'une pour le côté droit, l'autre pour le côté gauche, se divisant à leur tour en deux branches secondaires. Celles-ci se ramifient dans les muscles extenseurs de chacun des zoonites; la branche antérieure est la plus petite; elle se dirige transversalement; la branche postérieure se porte en arrière, et descend jusqu'à l'extrémité du zoonite.

Mais, on le sait, il n'existe que quatre paires de centres nerveux dans la portion caudiforme de l'abdomen; la disposition qui vient d'être indiquée ne s'étend donc pas au delà du quatrième zoonite.

(1) Pl. vi, fig. 3.
(2) Pl. vi, fig. 4.

Sur le dernier ganglion, l'artère spinale envoie en arrière deux branches qui suivent les grands nerfs postérieurs dans toute l'étendue du quatrième zoonite; parvenues à la base du cinquième zoonite, ces branches s'écartent, donnent quelques rameaux et se perdent vers l'origine des muscles extenseurs contenus dans ce cinquième anneau de la portion caudiforme de l'abdomen. Elles ne vont pas plus loin; ce sont des branches de la grande artère uroïdale qui viennent se ramifier dans les muscles profonds des deux derniers zoonites.

Un dernier fait nous reste à mentionner à l'égard de l'artère spinale. A la surface de la chaîne ganglionnaire abdominale, on remarque ordinairement un corps glanduleux parfaitement blanc, dont la nature, dont le rôle n'ont pu être déterminés.

Ce corps glanduleux est plus ou moins développé suivant les individus, peut-être aussi suivant certaines époques. Dans tous les cas, il reçoit de l'artère spinale qu'il masque en partie, une multitude innombrable d'artérioles le parcourant et le pénétrant dans tous les sens (1).

*

Artères hépatiques. — Les artères hépatiques naissent des parties latérales et inférieures du cœur. Chacune des chambres en fournit une paire.

Si après avoir injecté par le cœur le système artériel d'un Scorpion, on vient à découvrir le foie sans intéresser la membrane dont il est revêtu, on aperçoit une foule de petites artérioles qui se perdent sous la membrane même (2); ce sont les extrémités des artères hépatiques. Détachons la tunique qui enveloppe le foie, écartons avec précaution les grappes utriculaires, les artères hépatiques seront mises à nu. Nous les voyons partir sur les côtés de la portion tout à fait antérieure de chacune des chambres du cœur, mais leur origine ne peut être aperçue, car c'est réellement en dessous qu'elles prennent naissance. Pour reconnaître leur point de départ, il est donc indispensable ou de détacher le cœur et les vaisseaux, ou d'ouvrir l'animal par la face ventrale et enlever les organes de la génération, l'intestin, une grande partie du foie lui-même pour mettre à découvert la face inférieure du cœur.

Les artères hépatiques se portent de leur point d'origine vers les côtés, mais elles se divisent en branches nombreuses, ramifiées à l'infini. Parmi ces branches il y en a d'ascendantes, il y en a d'autres qui plongent inférieurement, de telle façon qu'aucune portion du foie n'est privée d'artères, de telle sorte qu'il n'y a peut-être pas une seule utricule sans au moins une artériole.

Ces artères sont presque exclusivement dévolues au foie; c'est à peine si elles donnent quelques rameaux à l'intestin. Aucune d'elles ne dépasse la limite formée par l'enveloppe du foie.

*

Artère uroïdale. — Une grande artère, avons-nous dit, fait suite à la dernière chambre du cœur, c'est l'aorte postérieure ou mieux l'artère uroïdale. Ce grand vaisseau règne dans toute la longueur de la portion caudiforme de l'abdomen, reposant sur le gros intestin et dans le dernier zoonite sur les glandes vénénifiques.

(1) Pl. vi, fig. 5 d.
(2) Pl. v, fig. 1. Du côté gauche, le foie est dans la condition qui est décrite ici; du côté droit seulement, la membrane est enlevée, et les grappes utriculaires écartées de façon à mettre en évidence les artères hépatiques.

À son origine, naissent les artères qui vont s'anastomoser avec l'artère spinale ; ces vaisseaux fournissent des branches volumineuses, dévolues tout particulièrement aux muscles rétracteurs de la partie caudiforme de l'abdomen (1).

L'artère uroïdale plonge dès son point d'origine pour pénétrer dans le premier zoonite, mais avant d'entrer dans cette portion rétrécie, elle envoie de chaque côté une branche dont les rameaux se distribuent dans la région dorsale. On a vu en effet que l'artère spinale ne fournissait des branches aux muscles dorsaux que dans les premiers zoonites.

L'artère uroïdale engagée dans la portion caudiforme de l'abdomen, émet vers la partie antérieure de chacun des segments une paire d'artères qui se partagent en deux branches principales, se ramifiant dans les muscles rétracteurs et élévateurs ; elle fournit en outre sur son trajet des branches plus ou moins importantes dont les rameaux se répandent dans les mêmes muscles. Dans les quatre premiers zoonites aucune branche dérivant de l'artère uroïdale ne descend dans les muscles profonds, les muscles extenseurs ; c'est l'artère spinale seule qui y pourvoit. Mais dès l'origine du cinquième zoonite, on l'a vu , sont venus se perdre les derniers rameaux de l'artère spinale. Ici, alors, ce sont des branches considérables de l'artère uroïdale qui descendent jusque dans les muscles extenseurs contenus dans l'avant-dernier anneau, et qui les parcourent dans toute leur longueur. Ajoutons qu'ici les branches naissant directement du grand vaisseau postérieur sont plus multipliées que dans les premiers zoonites (2).

Les grands cordons qui terminent la chaîne ganglionnaire remontant en arrière, au-dessus du gros intestin, et se rapprochant sur la ligne médiane supérieure, l'artère uroïdale se trouve, dans la partie postérieure du corps, être accolée jusqu'à l'extrémité caudale au double cordon nerveux. Dans le dernier zoonite elle envoie un grand nombre de branches aux glandes vénénifiques et à leurs muscles, ainsi qu'à leur conduit éjaculateur.

Système veineux. — Réseaux capillaires. — Chez le Scorpion , de même que chez la plupart des animaux invertébrés , les artères ne sont pas comme dans les animaux supérieurs en continuation intime avec les veines. On reconnaît ici avec une entière précision les points où finissent les artères ; si elles sont remplies par une injection, il est facile en déterminant une médiocre pression d'obliger le liquide à s'échapper par leurs dernières extrémités. Ainsi, point de doute, les vaisseaux que nous venons de décrire ne sont pas en continuité parfaite avec les vaisseaux par lesquels doit s'effectuer le retour du sang. Tandis que chez notre Arachnide, le système artériel a une perfection qui cède peu à celle du système artériel des animaux supérieurs , les réseaux capillaires et les veines présentent une évidente dégradation. Cette dégradation commune à beaucoup d'animaux invertébrés a souvent paru portée plus loin qu'elle ne l'est en réalité; en effet, si les vaisseaux proprement dits disparaissent, les trajets les plus réguliers et les mieux délimités persistent toujours.

Les connaissances scientifiques acquises jusqu'à présent touchant le système veineux des animaux articulés sont trop vagues, trop incomplètes pour que nous puissions nous dispenser d'entrer ici dans quelques détails circonstanciés à l'égard de la nature des réseaux capillaires et des veines chez le type qui nous occupe en ce moment.

Le fluide nourricier transporté par les artères semble s'épancher, puisqu'au delà des extrémités arté-

(1) Pl. v, fig. 4; pl. vi, fig. 4 et 3.
(2) Pl. v, fig. 4, et pl. vi, fig. 1.

rielles il n'y a plus de vaisseaux à parois propres. Cependant c'est bien plutôt une apparence qu'une réalité, car le sang traverse de véritables capillaires ; seulement ces capillaires ressemblent imparfaitement à ceux que l'on observe dans le corps de l'homme et des animaux supérieurs. Ce ne sont plus des vaisseaux dont les parois s'isolent des tissus environnants ; ce sont des canaux occupant, dans la plupart des cas, les interstices des fibres et des faisceaux musculaires, les espaces libres entre les différentes parties des organes. Mais ce n'est pas sans être endigué que le fluide nourricier circule dans ces espaces étroits, dans ces interstices. Un tissu analogue au tissu connectif, circonscrit exactement les passages que suit le liquide nourricier ; si ce ne sont pas des vaisseaux, ce sont au moins des canaux très-parfaits ; le sang qui y circule ne franchit jamais les espaces tracés. Les canaux capillaires formés d'un tissu lâche, sont toujours tapissés à l'intérieur d'un mince épithélium, suffisant pour empêcher les infiltrations.

Il est facile de concevoir comment cette structure des réseaux capillaires, commune à une foule d'animaux invertébrés, a pu presque toujours passer complétement inaperçue. Un Articulé ou un Mollusque a-t-il été injecté par le cœur, les artères se sont gorgées jusque dans leurs dernières ramifications : l'observateur, satisfait de ce résultat, ne voyant plus rien au-delà d'aussi net à beaucoup près, il peut lui arriver de croire que le sang abandonnant les vaisseaux artériels, se répand à peu près au hasard dans toutes les cavités du corps. Si une partie du liquide coloré qui a été poussé dans les artères a passé dans les capillaires, l'observateur apercevant l'injection entre les faisceaux de fibres musculaires, peut croire encore qu'un épanchement fortuit a eu lieu, et cela d'autant plus qu'il n'est pas toujours aisé dans les injections artérielles de forcer le liquide coloré à passer au delà des dernières artérioles. Quand on a expérimenté dans le but de montrer chez certains Articulés l'absence de veines semblables à celles des animaux supérieurs, les liquides colorés étant introduits en masse trop abondante et sans toutes les précautions nécessaires, les canaux capillaires si délicats et même les canaux veineux n'ont pu être mis en évidence. Cependant les moyens de reconnaître l'existence de ces canaux sont loin de manquer. Notre Scorpion nous en a fourni des preuves multipliées. Il suffit en effet de prendre un individu, de l'ouvrir un peu sur un point quelconque, de le tenir quelque temps plongé dans un liquide capable de raffermir les tissus, et de détacher ensuite le tégument avec tout le soin imaginable, de façon à n'intéresser ni les membranes sous-jacentes ni aucun des muscles, pour distinguer nettement les canaux capillaires, tels que nous venons de les décrire.

Le tissu qui les constitue s'aperçoit partout sans la moindre difficulté, pour peu que l'on enlève avec délicatesse de petites parties ; les canaux communiquant les uns avec les autres et formant ainsi des réseaux apparaissent aux yeux de l'observateur avec toute l'évidence possible.

Mais la démonstration de cette partie de l'appareil circulatoire peut être rendue plus complète au moyen des injections. C'est d'abord en poussant lentement et d'une manière soutenue le liquide coloré par les principaux troncs artériels de manière à forcer ce liquide à passer dans les réseaux capillaires : c'est plus sûrement encore, en faisant pénétrer le liquide par les principaux canaux veineux ; ici seulement il faut agir avec une prudence extrême, car si l'injection est poussée ou avec trop de force ou en trop grande abondance, les faibles parois des canaux veineux sont rompues, tout est sali uniformément par la substance que l'on a introduite ; il faut s'abstenir alors de chercher à rien déterminer.

Au contraire, dans le cas où l'expérience a été bien conduite, les canaux veineux, les réseaux capillaires sont rendus manifestes. Chez l'animal dont les téguments ont une certaine transparence, il est permis de constater l'heureux résultat sur divers points du corps, car la plupart des réseaux capillaires et des canaux veineux sont sous-cutanés.

Néanmoins, comme un anatomiste ne saurait se contenter d'un examen aussi superficiel, l'animal doit être ouvert, et alors il ne faut omettre aucune des précautions qui viennent d'être indiquées; toute déchirure rendant l'observation à peu près impossible.

Nous avons vu, chez notre Arachnide, les réseaux capillaires constitués dans les interstices des organes et surtout dans les interstices des faisceaux musculaires; or, les canaux veineux sont en continuité avec ces réseaux; ce sont d'abord des conduits étroits qui se réunissent successivement les uns aux autres et aboutissent à des canaux principaux absolument comme cela a lieu pour les veines des animaux supérieurs; c'est seulement la texture des parties et la nature des trajets qui diffèrent. Les canaux veineux ne traversent pas indifféremment comme les artères, telle ou telle partie du corps. Pour nous servir d'une expression heureuse souvent employée en diverses circonstances par M. Milne Edwards, nous dirons qu'ils *empruntent* leurs trajets; ils les empruntent particulièrement aux intervalles existants entre les muscles, et aux intervalles compris entre les différents scléro-dermites.

Ces veines imparfaites sont formées par le même tissu que les réseaux capillaires et tapissées à l'intérieur de la même manière. Seulement, dans les larges canaux, il y a quelque chose de plus, on y reconnaît des vestiges de membranes; mais ces tuniques toujours fort incomplètes ne se laissent pas isoler des tissus auxquels elles adhèrent dans une certaine étendue, même par la dissection la plus délicate. Encore ici, ce sont donc des canaux, et non pas de véritables vaisseaux. Ces veines ressemblent à beaucoup d'égards aux vaisseaux des animaux supérieurs lorsqu'ils sont en voie de formation.

Il y a pourtant certaines veines qui acquièrent des parois; ce sont celles que nous appelons les vaisseaux pulmonaires. Les vaisseaux pulmonaires reçoivent le sang des veines de toutes les parties du corps, et le conduisent aux organes respiratoires. Ils correspondent physiologiquement aux artères pulmonaires des animaux supérieurs. Chez le Scorpion, où comme chez tous les animaux invertébrés les organes de la respiration sont situés sur le trajet de la grande circulation, les vaisseaux pulmonaires sont en quelque sorte la continuation des grandes veines.

Un des caractères généraux de la circulation veineuse des Invertébrés, c'est de présenter un ou deux vastes sinus dans la cavité générale du corps. Chez le Scorpion, il ne saurait en exister aucun dans la cavité céphalothoracique, tous les espaces étant remplis par les viscères et par les muscles. Tous les canaux veineux sont constitués entre ces parties. Dans les appendices, les veines occupent également les espaces compris entre les muscles, mais ces espaces étant en général fort étroits et la quantité de sang à ramener vers le centre de l'appareil circulatoire assez considérable, les canaux veineux ont pu acquérir le volume qui leur était indispensable, au moyen d'une disposition fort curieuse.

Nous avons signalé la présence de carènes à la surface des pattes-mâchoires et des pattes ambulatoires (1). Ces saillies extérieures du tégument correspondent à des cavités longitudinales que ne viennent pas remplir les muscles. Les cavités créées ainsi, de cette manière simple dont on a tant d'exemples dans l'organisme des animaux, sont les principaux canaux veineux. Il ne faudrait pas croire néanmoins qu'il n'y a pas ici quelque chose de plus que les rigoles elles-mêmes; en effet les canaux veineux sont nettement circonscrits par le tissu lâche dont il a été déjà parlé, et ce tissu, appliqué exactement contre les parois et d'un côté sur les muscles, est en outre tapissé intérieurement par un épithélium et même dans les plus gros troncs par une membrane qu'il est possible d'isoler en

(1) Pag. 23.

partie. Nous avons montré comment les carènes des appendices si saillantes vers l'origine des membres s'affaiblissaient graduellement et finissaient par disparaître. Il est à peine besoin maintenant de donner l'explication de ce fait. Les canaux veineux, petits naturellement aux extrémités, deviennent larges à la base des appendices. Où ils ont besoin d'espace, la saillie du tégument augmente; où l'espace n'est plus nécessaire, la saillie s'efface.

Une disposition identique à celle que l'on observe dans les appendices, se trouve dans la portion caudiforme de l'abdomen. Il est inutile à présent d'entrer à cet égard dans de nouveaux détails.

Dans la portion élargie de l'abdomen, la complication est plus grande. Il y a également des canaux veineux longitudinaux, interposés entre les faisceaux musculaires, il y en a en outre de transversaux logés particulièrement dans les intervalles membraneux qui existent entre les sclérodermites; ce sont ceux-ci qui charrient le sang vers les organes respiratoires. Quand on a en vue seulement les veines des animaux supérieurs, on peut s'étonner de voir ici les canaux veineux suivre souvent des lignes longitudinales ou transversales parfaitement droites, mais le fait n'offre plus rien de surprenant lorsqu'on a bien compris que chez les articulés les canaux veineux ont presque tous des trajets empruntés soit aux muscles, soit à différentes parties du tégument.

Dans la portion élargie de l'abdomen de notre Scorpion, il existe indépendamment des canaux qui viennent d'être mentionnés, les canaux veineux des viscères, du foie en particulier. Ceux-ci, qui correspondent physiologiquement au système de la veine porte de l'homme et des animaux supérieurs, rampent entre les grappes utriculaires du foie. Formés du reste de la même manière que les autres, ils rampent dans toutes les directions et aboutissent dans deux canaux principaux placés aux deux côtés de l'intestin, d'où le sang est versé latéralement par des conduits qui le portent aux organes respiratoires.

Une autre portion de l'appareil circulatoire reste encore à mentionner.

Le sang, qui a été de toutes parts dirigé vers les poumons, est ramené au cœur par un système de vaisseaux particuliers; ces vaisseaux ont reçu le nom de *pneumocardiaques*.

Nous allons bientôt les décrire. Qu'il nous suffise en ce moment de faire observer qu'ils transportent le sang artérialisé, et que physiologiquement ils correspondent aux veines pulmonaires de l'homme et des animaux supérieurs.

Un seul auteur avant nous s'était occupé sérieusement de la circulation du sang chez les Arachnides, c'est George Newport, le savant si distingué et si regrettable (1) que nous avons cité en maintes circonstances.

Par suite de difficultés inhérentes à la nature des matériaux dont il put disposer, sa description du système veineux des Scorpions, comme nous l'avons déjà exprimé, n'expose pas la réalité des faits. Nous sommes donc obligé de renoncer à le suivre sur ce terrain.

Canaux veineux céphalothoraciques. — Deux principaux canaux veineux se trouvent dans le céphalothorax; ils sont situés inférieurement et de chaque côté de la masse médullaire à laquelle ils s'appuient. Ces canaux veineux, reposant sur le plancher sternal, ont leurs parois adhérentes aux muscles profonds logés dans la cavité céphalothoracique. Ils sont en continuité avec le vaisseau pulmonaire qui débute à la

(1) M. Newport est mort en 1854.

base de l'abdomen (1). Une échancrure pratiquée dans le diaphragme laisse la communication libre.

Pour suivre ces canaux et déterminer exactement leur direction, l'anatomiste éprouve de grandes difficultés. En voulant les mettre à découvert, leurs parois étant partout adhérentes aux parties voisines, se trouvent entièrement déchirées si l'on coupe les muscles qui les masquent. Pour parvenir à mettre en évidence les grands canaux du céphalothorax, il faut après avoir injecté le système veineux, ouvrir l'animal par le côté et détacher les muscles pour ainsi dire fibre par fibre, de façon à pouvoir s'arrêter lorsqu'il ne reste plus que les derniers soutiens des trajets sanguins (2).

C'est à ces grands canaux céphalothoraciques, véritables représentants des veines caves supérieures des animaux vertébrés, que viennent aboutir les veines des appendices et de la plupart des organes contenus dans le céphalothorax.

Ces veines ne sont ni moins nombreuses ni beaucoup moins spécialisées que chez une infinité de vertébrés; seulement, il est fort difficile de décrire leurs ramifications, plus encore de les représenter dans leur ensemble, à cause de leurs trajets d'emprunt et de leur adhérence complète aux tissus des parties environnantes.

Il y a des veines ophthalmiques contiguës aux artères et fixées aux nerfs optiques qui descendent presque perpendiculairement dans les grands canaux après avoir reçu de petites veines cérébrales. Plus en arrière, il y a les veines des glandes stomacales, aboutissant sur les côtés de la masse médullaire céphalothoracique. Les glandes stomacales, on l'a vu, sont parcourues par de nombreuses artères ; des réseaux capillaires et des veines très-déliées rampent aussi en quantité considérable entre toutes les utricules dont elles sont formées (3). Ces veines se réunissant successivement, constituent de chaque côté, en dernière analyse, quelques canaux qui s'ouvrent dans les grands troncs céphalothoraciques.

Les veines buccales règnent sur les parties latérales de l'appendice impair, passent sous les nerfs des pattes-mâchoires, et se montrent comme de simples branches des grands canaux.

Les chélicères ou antennes-pinces offrent d'admirables réseaux capillaires et plusieurs veines superficielles qui sont autant de branches de la veine principale logée entre les muscles fléchisseur et extenseur du crochet. Cette veine se continue sous le muscle extenseur du corps même de l'antenne-pince pour aboutir comme les autres aux grands canaux. Sur son trajet, elle reçoit des branches nombreuses qui lui arrivent de toutes les parties des muscles.

*

Canaux veineux des pattes-mâchoires et des pattes ambulatoires. — Dans toute l'étendue de ces appendices, les réseaux capillaires sous-cutanés se font remarquer par leur délicatesse et par la multiplicité de leurs anastomoses (4). Les veines suivent le trajet de chaque muscle; les plus importantes occupent les rigoles dont nous avons parlé, rigoles qui sont en rapport avec les saillies du tégument désignées sous le nom de carènes. Mais dans les pattes-mâchoires comme dans les pattes ambulatoires, il existe un canal veineux principal auquel aboutissent tous les autres (5). Ce canal principal règne dans la longueur entière de l'appendice, toujours au côté externe ; cependant parvenu dans le trochanter

(1) Pl. vi, fig. 3 e.
(2) Pl. vi, fig. 2.
(3) Pl. vi, fig. 1 d.
(4) Pl. vi, fig. 4 c, d.
(5) Pl. vi, fig. 1.

il devient plus profond, il se rapproche du nerf, et pénètre dans la hanche, en suivant la même direction; puis il débouche dans l'un des grands canaux céphalothoraciques.

Les veines pédieuses nous présentent encore une particularité qu'il importe de signaler. A l'extrémité de chacune des divisions des appendices, surtout des plus longs, comme la cuisse, la jambe, les articles du tarse, il existe un canal presque semi-circulaire. L'une des veines les plus fortes qui se rendent dans le canal principal est une veine récurrente qui longe le bord interne et se contourne à l'extrémité de l'article et qui de la sorte vient rejoindre le canal externe (1). Cette veine reçoit une grande partie des branches répandues entre les muscles. On verra bientôt l'utilité de cette disposition.

Canaux veineux abdominaux. — Portion élargie de l'abdomen. — Dans l'abdomen nous distinguons deux ordres de canaux veineux ; les canaux qui correspondent physiologiquement aux veines-caves inférieures de l'homme et des animaux supérieurs, ceux qui représentent le système de la veine porte.

Commençons par les premiers.

Dans la portion élargie de l'abdomen, on trouve les réseaux capillaires, de même que sur la plupart des autres points du corps, sous le tégument et entre toutes les fibres musculaires, et les canaux veineux logés entre les muscles eux-mêmes.

A la paroi dorsale, les veines courent longitudinalement dans les espaces compris entre les faisceaux musculaires; elles versent leur contenu dans des canaux transversaux par lesquels il est porté aux vaisseaux pulmonaires. Ceux-ci, qui occupent les intervalles des pièces tergales, sont formés par un repli de la membrane qui tapisse les muscles et protégés par une certaine masse de tissu connectif. Sur les côtés de l'abdomen la complication des veines est poussée plus loin ; cette complication est en rapport avec la direction variée des muscles qui occupent ces parties du corps. Le sang, du reste, est toujours versé dans les principaux canaux transversaux qui le conduisent aux vaisseaux pulmonaires. A la face ventrale, les veines occupent encore les espaces compris entre les longs muscles ; c'est sur la ligne médiane que l'intervalle est le plus grand (2). Le principal canal veineux longitudinal remplit cet intervalle, situé exactement sous la chaîne ganglionnaire.

De même qu'à la région dorsale, le sang des veines longitudinales est reçu dans des canaux veineux transverses. Parmi ceux-ci les principaux sont autant de rigoles assez larges endiguées comme celles de la paroi dorsale et logées dans les intervalles des pièces ventrales (3). Outre ces canaux principaux, il y en a quelques-uns de plus faibles qui suivent la même direction. Tous viennent aboutir aux vaisseaux pulmonaires.

Canaux veineux abdominaux. — Portion caudiforme. — Dans la portion caudiforme ou uroïdale de l'abdomen, il y a d'admirables réseaux capillaires sous-cutanés et des veines nombreuses qui suivent

(1) Pl. vi, fig. 4.
(2) Pl. ii, fig. 4.
(3) Pl. vi, fig 3.

pour la plupart une direction transversale et se rendent dans de grands canaux longitudinaux. Il existe en outre, près de l'origine et près de l'extrémité de chaque zoonite, un canal circulaire qui facilite le passage du sang d'une veine dans une autre; de telle sorte qu'une obstruction sur un point quelconque serait toujours sans danger pour l'animal.

Les canaux longitudinaux sont nombreux dans la portion caudiforme de l'abdomen du Scorpion. Il y en a un de chaque côté de la chaîne nerveuse; mais la plupart sont logés dans les cavités superficielles formées par les saillies du tégument, les carènes dont plusieurs fois déjà il a été question (1).

On en compte six : deux dorsales, deux latérales et quatre ventrales. Ces rigoles, ces trajets veineux, n'ont pas tous la même capacité. Les canaux latéraux sont les plus considérables; situés sur les côtés des muscles extenseurs, ils portent le sang aux vaisseaux pulmonaires en suivant une ligne directe (2). Les canaux ventraux, au contraire, communiquent avec les veines longitudinales de la portion élargie de l'abdomen; de la sorte le sang arrive ici aux vaisseaux pulmonaires surtout par l'intermédiaire des canaux transverses. Quant aux canaux supérieurs, il nous a paru que le sang qu'ils apportaient passait dans les canaux veineux hépatiques.

Canaux veineux hépatiques. — Au milieu des grappes utriculaires du foie entassées les unes contre les autres, il existe des espaces nombreux qui restent libres. Ces espaces, plus ou moins limités par du tissu connectif et par quelques vestiges de membranes, forment les réseaux capillaires et les veines du foie. Ces canaux sont si multipliés et si dépendants de la position des grappes hépatiques, qu'il est vraiment impossible d'en suivre l'ensemble d'un seul coup.

Les veines qui rampent entre les muscles adhèrent à des tissus doués de résistance. Avec du soin et de la patience, on parvient à les mettre toutes en évidence successivement, si l'on dispose de plusieurs individus. Mais pour les veines hépatiques que l'on détruit en écartant les utricules du foie, il faut des efforts inouïs pour réussir à reconnaître leur disposition, à distinguer les principaux canaux des canaux secondaires. Ces remarques nous semblent utiles pour prémunir les anatomistes contre l'idée de l'absence d'une disposition bien déterminée dans les canaux veineux hépatiques.

C'est aux côtés de l'intestin que se trouvent ces principaux trajets veineux. Ils n'ont pas ici cette forme régulière de canaux, que nous avons reconnue aux veines des autres parties du corps. Plus élargis sur certains points que sur d'autres, ce sont en réalité des sinus longitudinaux; ils reçoivent une grande partie des veines qui parcourent le foie; les autres se jettent dans des canaux transverses qui, du reste, sont en communication avec les sinus longitudinaux. Ce sont les canaux transverses, qui conduisent aux organes respiratoires tout le sang veineux du foie. Il a été dit précédemment de quelle façon la tunique dont le foie est revêtu en entier venait se fixer aux parois latérales de l'abdomen.

Les prolongements de la tunique qui prennent adhérence dans les intervalles des sclérodermites communiquent de la sorte avec les canaux transversaux de l'abdomen. C'est ainsi que le sang veineux du foie se trouve amené aux organes respiratoires.

Les grands sinus veineux hépatiques reçoivent évidemment du sang qui leur vient de la cavité thoracique et de la portion caudiforme de l'abdomen. Nous avons déjà vu que les canaux dorsaux de

(1) Pag. 29, etc.
(2) Pl. vi, fig. 1 *i*.

cette dernière partie arrivaient en arrière du foie. D'autre part nous voyons les veines qui règnent sous le bouclier céphalothoracique et dans la partie supérieure des glandes stomacales se porter également dans le foie.

Vaisseaux pulmonaires. — Comme on l'a vu, les poumons sont revêtus d'une tunique résistante constituant de véritables poches ; cette tunique resserrée entre chacun d'eux établit un canal de communication entre les cavités de tous les organes respiratoires placés d'un même côté. Prolongée en avant du poumon antérieur, elle forme le vaisseau qui reçoit le sang des grands canaux veineux céphalothoraciques ; prolongée en arrière du poumon postérieur, elle forme le vaisseau qui reçoit le sang des grandes veines de la portion caudiforme de l'abdomen. Tels sont les vaisseaux pulmonaires du Scorpion, qui dans l'ordre physiologique représentent les artères pulmonaires des animaux supérieurs (1).

Les poches des poumons ont une certaine convexité. Il importait qu'elles ne pussent jamais s'affaisser sur les lamelles pulmonaires, ce qui aurait empêché la libre circulation du sang; une disposition simple et très-parfaite en même temps ne permet pas qu'un accident de cette nature puisse se produire en aucun cas. Vers la portion moyenne de chacune des poches s'élève assez près de leur bord interne un ligament souvent double ou triple qui adhère d'autre part à la face inférieure du péricarde. On verra bientôt l'utilité de cette connexion entre le péricarde et les poches pulmonaires.

Ces poches ne sont pas complètes; elles n'enveloppent les poumons qu'en dessus et sur les côtés; elles ne s'étendent pas en dessous; leurs bords se trouvent ainsi adhérer simplement à la paroi abdominale. Il en est de même pour la portion rétrécie en forme de vaisseau entre les poches pulmonaires comme pour les vaisseaux antérieurs et postérieurs. Par suite de cette disposition, les canaux veineux transverses de l'abdomen s'ouvrent inférieurement dans les vaisseaux pulmonaires où disparaît leur paroi, et non pas au moyen d'orifices pratiqués sur les côtés de ceux-ci, comme si c'étaient des tubes complets.

Les vaisseaux pulmonaires antérieurs s'avancent jusqu'à la base de l'abdomen où ils prennent le sang des grands canaux veineux céphalothoraciques, mais leur paroi s'amincit graduellement. Il en est de même pour les vaisseaux postérieurs qui s'étendent presque jusqu'à l'extrémité de la portion élargie de l'abdomen, où ils finissent par se confondre avec les grands canaux latéraux de la portion caudiforme. Ce qui établit la distinction entre ces deux sortes de vaisseaux, c'est que les pulmonaires ont une paroi solide indépendante en dessus des tissus environnants, et que les autres ont de tous côtés leurs parois adhérentes, soit aux muscles, soit aux téguments.

Le sang introduit dans les poches pulmonaires s'engage dans un large canal qui règne autour des poumons; de là il pénètre dans l'espace intermembranulaire que nous avons reconnu dans les parois des lamelles. On a vu que le tissu aréolaire solide existant entre les deux tuniques disparaissait au bord convexe des lamelles, laissant ainsi un canal parfaitement libre. Le sang arrive dans ce canal et s'étend ensuite dans la paroi entière des lamelles; le tissu aréolaire, n'ayant pas d'adhérence avec la tunique interne, n'oppose pas d'obstacle au passage du liquide. Le sang qui a pénétré dans l'épaisseur des parois des lamelles pulmonaires s'y forme ainsi en véritable nappe (2). C'est de la sorte qu'il subit la réoxygénation, qu'il redevient artériel, se trouvant sur une assez grande surface en contact avec l'air contenu dans chaque lamelle pulmonaire, dont une mince membrane seule le sépare.

(1) Pl. vi, fig. 3 *c, e.*
(2) Pl. vi, fig. 10.

Il n'est pas impossible de reconnaître ces faits, simplement par l'inspection anatomique chez des individus dont on a eu soin de raffermir les tissus ; mais c'est par l'introduction de liquides colorés qu'on parvient à suivre le plus sûrement la marche entière du liquide nourricier dans les organes respiratoires.

Le sang veineux s'est introduit par la partie basilaire des lamelles pulmonaires ; devenu artériel, il en sort par les extrémités, d'où il est versé dans les vaisseaux qui vont le ramener au cœur, c'est-à-dire les vaisseaux pneumocardiaques.

Vaisseaux pneumocardiaques. — Ceux-ci, chez les Invertébrés, représentent, comme on sait, les veines pulmonaires des animaux supérieurs.

Évasés à leur origine, de manière à reprendre tout le sang qui sort des extrémités des lamelles des poumons qui sont tournées en dehors, les vaisseaux pneumocardiaques forment à la suite des poches pulmonaires des tubes parfaitement réguliers (1). Constamment appliqués contre les parois de l'abdomen, ils remontent sur les côtés et sous la voûte dorsale, où ils viennent s'unir au péricarde (2).

Examinés sur ce point, leurs parois se montrent comme des prolongements de la tunique qui constitue le péricarde lui-même. Bien qu'elles soient parfaitement susceptibles d'être isolées par la dissection, ces parois sont trop minces, trop faibles, pour n'avoir pas besoin d'être partout soutenues dans le long trajet des vaisseaux pneumocardiaques. Elles sont maintenues par les longs muscles dorsaux et par les muscles latéraux.

Les vaisseaux pneumocardiaques ont un diamètre assez large ; ils sont au nombre de sept paires, correspondant aux orifices auriculoventriculaires du cœur ; de chaque côté, les trois premiers, rapprochés à leur origine et ouverts devant les extrémités des lamelles pulmonaires, ramènent au cœur le sang du premier poumon ; le quatrième seul reprend le sang du deuxième poumon ; le cinquième, du troisième poumon ; le sixième et le septième, du quatrième poumon.

Une fois reporté dans le péricarde, qui ici joue le rôle d'une véritable oreillette, le sang rentre au cœur par les orifices auriculoventriculaires.

Mouvements du fluide nourricier dans les vaisseaux. — *Mécanisme de la circulation.* — Les parties servant au passage du sang sur tous les points de l'économie ayant été minutieusement étudiées, il reste à examiner comment s'opère la marche du liquide nourricier.

On a vu combien le cœur est solidement constitué chez le Scorpion, et par quelles puissantes attaches il est maintenu. Ses contractions et ses dilatations peuvent donc être extrêmement énergiques. Elles le sont en effet. Dans l'espèce qui ici nous sert de type, grâce à une certaine transparence des téguments, surtout chez les jeunes individus, on distingue parfaitement les mouvements de systole et de diastole. Néanmoins comme le tégument est encore assez opaque, il est difficile par cette seule observation d'apprécier avec exactitude l'énergie des contractions et des dilatations du cœur. Pour s'en rendre compte véritablement, il faut enlever avec dextérité une petite portion des pièces dorsales d'un individu

(1) Pl. vi, fig. 3 *f*.
(2) Pl. vi, fig. 1 et fig. 2.

vivant, en ayant grand soin de ne rien déchirer; le cœur étant mis à nu dans une partie de sa longueur, on voit qu'il se contracte et se dilate successivement avec une force remarquable. Ses battements sont au moins de quarante à cinquante par minute.

Le cœur vient-il à se contracter, il chasse le sang dans toutes les artères. La colonne liquide qu'il contient ayant une grande longueur, et toutes les chambres exécutant à la fois le même mouvement, le sang est poussé par les premières chambres dans l'aorte, par les dernières dans l'artère uroïdale. Nous avons fait observer que les six premières chambres du cœur s'élargissaient graduellement d'avant en arrière, que la septième et la huitième se rétrécissaient d'avant en arrière. D'après cette disposition il est clair que les six chambres antérieures envoient le sang dans l'aorte, que les deux chambres postérieures l'envoient dans l'artère uroïdale. Quant à la portion du sang qui pénètre dans les artères hépatiques, elle y arrive pour ainsi dire sans effort, presque par le seul effet de la pesanteur du liquide, les orifices de ces vaisseaux étant placés à la partie inférieure de chacune des chambres du cœur.

Si ces faits peuvent être sûrement constatés par l'observation simple et par la disposition des organes, ils peuvent être reconnus d'une manière plus complète encore au moyen d'une expérience assez simple. Il suffit chez des individus vivants d'introduire dans le cœur une petite quantité d'eau colorée, tantôt par les chambres antérieures, tantôt par les chambres postérieures, pour rendre parfaitement visible la marche du liquide. Malgré la blessure grave que l'on est obligé de faire à l'animal pour une semblable expérience, la vie ne s'éteint pas aussitôt, les mouvements du cœur continuent pendant plusieurs instants; l'expérience ne peut manquer de réussir, si elle a été faite avec adresse.

Quant à la rapidité du mouvement du fluide nourricier dans les artères, elle est soumise, comme ailleurs, aux lois du mouvement des liquides. Moins les artères s'éloignent de la direction du centre d'impulsion, plus est grande la vitesse du courant. Ainsi, dans les injections pratiquées chez le Scorpion, le liquide arrive tout d'abord dans les artères hépatiques, dans les artères antennaires et pédio-maxillaires, et dans l'artère uroïdale; un peu moins vite dans les artères pédieuses, beaucoup plus lentement dans l'artère spinale.

Une fois entré dans les capillaires, le sang arrive dans les veines, sans doute à peu près par la pression seule du liquide qui est versé sans cesse par les artères. Mais à l'égard des canaux veineux, il y a quelque chose d'essentiel à remarquer. Les communications entre les veines sont fort nombreuses; pour beaucoup d'entre elles, le sang passe avec une entière facilité des unes dans les autres. Cependant le liquide nourricier est astreint à une marche bien déterminée; tout est disposé chez l'animal pour que le sang veineux arrive aussi directement que possible aux organes respiratoires.

Dans ces veines imparfaitement constituées de notre Arachnide, il n'existe, il ne peut exister aucune valvule pour empêcher un mouvement rétrograde du sang. Ici, néanmoins, le mouvement rétrograde sera presque aussi impossible.

Les veines sont disposées de telle façon que les muscles agissent constamment sur elles; la direction des muscles et leurs moindres contractions favorisent le passage du liquide dans un sens et présentent un obstacle considérable, quelquefois absolument insurmontable, pour le passage dans l'autre sens. C'est dans les appendices que cette organisation se montre avec le plus de netteté.

En injectant un liquide coloré dans l'un des grands canaux de l'abdomen, on le voit pénétrer facilement dans la plupart des espaces remplis par le sang veineux. On remarque en même temps qu'il n'entre ni dans les canaux veineux des pattes ni dans ceux des autres appendices. Sous l'effort d'une pression excessive, on éprouve une résistance qu'on ne parvient jamais à vaincre absolument. Les muscles extenseurs et fléchisseurs fixés sur les cloisons qui s'élèvent dans la cavité thoracique, se rapprochant à leurs points d'attache, ferment le passage de dedans en dehors. On conçoit en effet que sans une disposition particulière, le sang en abondance dans les grands canaux céphalothoraciques , aurait toujours tendu à retomber dans les canaux veineux des membres locomoteurs, placés naturellement sur un plan inférieur.

Un fait mérite encore d'être indiqué à l'égard du cours du sang dans les appendices. Les pattes des Arachnides sont plus ou moins souvent exposées à être brisées. Ces fractures ont lieu constamment dans les articulations : l'animal n'en souffre que médiocrement. C'est à peine si une très-petite gouttelette vient perler à l'extrémité du membre brisé ; la contraction des muscles resserre l'artère , et les canaux veineux sont disposés de telle sorte que le cours normal du sang ne se trouve pas un instant interrompu. On a vu que dans chaque article la veine récurrente reprend la plus grande partie du sang qui revient des petits canaux. Cette disposition explique pourquoi, en arrachant la moitié d'une patte d'un Scorpion, le sang s'échappe de la partie détachée, et non pas de celle qui est restée attachée au corps.

Lorsque le sang veineux a été de tous les points de l'économie amené aux poumons, il est repris par les vaisseaux pneumocardiaques, qui le versent dans la cavité péricardique d'où il rentre dans le cœur par les orifices auriculo-ventriculaires. Comme on le sait, les vaisseaux pneumocardiaques remontent le long des parois latérales de l'abdomen ; aussi, bien que les injections multipliées et la dissection n'aient pu laisser le moindre doute sur la marche du sang dans ces vaisseaux, il était toujours difficile de se rendre compte de la manière dont le liquide pouvait remonter continuellement de la partie inférieure à la partie supérieure du corps pour rentrer dans le cœur. Des observations attentives et quelques expériences assez simples ont permis de comprendre de quelle façon ce mouvement s'opérait sans difficulté.

Les ligaments attachés inférieurement aux poches respiratoires et supérieurement au péricarde jouent là un rôle important. En effet, en mettant à nu une portion du cœur, on remarque que ses battements se font sentir sur les ligaments contractiles , et déterminent sur les poches pulmonaires une pression qui fait aussitôt refluer et remonter le sang dans les vaisseaux pneumocardiaques.

Chaque poche pulmonaire se trouve ainsi alternativement soulevée ou pressée. Ce mouvement est encore singulièrement aidé par les piliers musculaires , qui agissent puissamment dans l'acte de la respiration , comme nous l'avons montré.

C'est donc au moyen d'un mécanisme analogue à celui de la pompe foulante que le sang parcourt si aisément le trajet ascensionnel de la distance qui sépare les organes respiratoires du cœur.

Une fois dans le péricarde, le sang, pesant sur les orifices auriculo-ventriculaires, rentre facilement dans le cœur.

Entre chaque contraction, les orifices s'ouvrent et reçoivent le liquide ; se fermant pendant la contraction lorsque agissent toutes les fibres musculaires, le sang introduit, déjà arrêté par les valvules de chacune des chambres du cœur, se trouve dans l'impossibilité absolue de refluer au dehors

Ainsi, chez le Scorpion, le fluide nourricier est chassé par le cœur dans les artères ; porté par les artères à tous les organes ; repris par les veines, il est amené aux organes respiratoires placés sur le trajet de la grande circulation, et enfin refoulé dans les vaisseaux pneumocardiaques, il est de nouveau transporté au cœur, au moyen d'un mécanisme particulier.

*

Sang. — Nous eussions vivement désiré connaître d'une manière exacte la composition du sang chez le Scorpion; mais la difficulté d'obtenir ce liquide en quantité assez considérable pour le faire soumettre à une analyse sérieuse s'est trouvée un obstacle.

Le sang de notre Arachnide est très-fluide et transparent; il offre une légère teinte jaunâtre lorsqu'il est réuni en quantité un peu notable. Au contact de l'air, il se coagule, se prend en masse comme celui des Crustacés. Il est riche en globules, mais il est loin de l'être cependant au même degré que celui de certains insectes. Les corpuscules sanguins du Scorpion sont de petits corps arrondis, très-inégaux sur leurs bords, tout à fait d'apparence framboisée (1). Leur convexité paraît assez médiocre. Ces globules n'ont pas de nucleus distinct; ils sont formés d'un grand nombre de cellules entassées les unes contre les autres. Leur diamètre varie de 1/100ᵉ à 1/150ᵉ de millimètre. Mais on en observe de beaucoup plus petits, de plus irréguliers; les uns d'une forme un peu oblongue, les autres d'une forme mal définie : ce sont les globules en voie de formation (2).

Il ne nous a pas été possible de saisir une différence réellement apparente entre le sang artériel et le sang veineux; pourtant il nous a semblé que la teinte généralement jaunâtre qu'affecte le fluide nourricier chez le Scorpion était plus prononcée dans le sang veineux que dans le sang artériel.

Comme l'a remarqué un observateur anglais, M. Wharton Jones (3), le sang des Arachnides a une grande ressemblance avec celui des Crustacés. Dans ces animaux, dont beaucoup ont une grande taille, il nous sera plus facile que dans nos chétives Arachnides, de faire une étude approfondie du fluide nourricier.

ORGANE DE SÉCRÉTION SPÉCIALE.

Chez le Scorpion, il n'existe qu'une seule sécrétion particulière : c'est celle du venin. L'organe sécréteur est situé, comme chacun sait, dans le dernier zoonite de la portion caudiforme de l'abdomen (4). Ce sont deux glandes ovalaires, appliquées exactement l'une contre l'autre sur la ligne médiane, convexes en dessus et sur leur côté extérieur, car elles remplissent en entier le zoonite caudal (5). Dans la portion antérieure du zoonite, les glandes vénénifiques sont amincies et maintenues par des fibres musculaires (6) qui s'attachent sur le bord de l'anneau caudal. Ces glandes se réunissent en arrière (7) et forment un seul canal s'étendant dans toute la longueur de la pointe recourbée qui termine le corps du Scorpion (8).

Le canal en remplit en entier la cavité et s'ouvre au dehors par deux petits trous presque imperceptibles, situés un peu au-dessous et un peu en arrière de la pointe terminale elle-même.

Les glandes vénénifiques sont lisses extérieurement en dessus et au côté externe; au côté interne, elles ont au contraire deux rangs de stries, entre lesquelles on distingue de nombreuses follicules apparentes sous un fort grossissement. A l'intérieur, la surface des parois est granuleuse. Des fibres musculaires dirigées d'avant en arrière recouvrent les glandes et s'attachent au tégument (9). Des fibres

(1) Pl. vi, fig. 6.

(2) M. Wagner a examiné le sang du Scorpion d'Europe (*Scorpio Europeus*). — *Zur Vergleichenden Physiologie der Blutes*, Heft I, p. 27, fig. 11.

(3) *The Blood Corpuscle considered in its different phases of development in the Animal series* (*Invertebrata*). — *Philosophical Transactions of the Royal Society of London*, 1846, part. I, p. 91.

(4) Pl. vii, fig. 1 et 2.

(5) Pl. vii, fig. 1 b.

(6) Pl. vii, fig. 2 a.

(7) Pl. vii, fig. 1 et fig. 2 c.

(8) Pl. vii, fig. 2 d.

(9) Pl. ii, fig. 4.

analogues, mais proportionnellement plus faibles, maintiennent aussi le canal éjaculateur dans la pointe terminale.

Les glandes vénénifiques sécrètent par leurs parois et leurs follicules un liquide transparent tenant en suspension des granules irréguliers, c'est le venin, dont l'effet, comme personne ne l'ignore, est extrêmement énergique. Ce venin est acide, il rougit fortement le papier de tournesol.

L'aiguillon, c'est ainsi que l'on désigne la pointe terminale du Scorpion, est une arme redoutable. Elle sert à l'animal pour l'attaque, elle lui sert également pour la défense. Si le Scorpion se voit menacé, il lance vers l'ennemi qui l'inquiète des coups de son aiguillon avec toute l'énergie des mouvements que la partie caudiforme de l'abdomen est capable d'exécuter.

Mais notre Arachnide fait usage de son arme surtout pour tuer les insectes dont il veut se nourrir.

Si faible que puisse être sa proie, le Scorpion ne manque jamais de percer la victime, qu'il tient entre les pinces de ses pattes-mâchoires avant de commencer à la dévorer. Par suite de l'action du venin, l'insecte piqué tombe inerte sur l'instant même. Quand le Scorpion est prêt à frapper de son arme terrible, on voit d'ordinaire une imperceptible gouttelette qui perle à l'extrémité de l'aiguillon : l'éjaculation a lieu déjà avant l'introduction de la pointe dans le corps où elle va pénétrer, mais elle devient plus abondante au moment où le corps atteint oppose sa résistance contre la pointe de l'aiguillon. Pour déterminer l'éjaculation du venin, l'action des muscles qui entourent les glandes est indispensable ; ces muscles se contractent lorsque l'animal est irrité : ils exercent alors une pression qui force le liquide à sortir.

L'orifice du canal éjaculateur consiste en deux trous d'une petitesse extrême, qui ne sont pas situés au bout de la pointe même, mais un peu en arrière. Ces ouvertures ne sont pas faciles à apercevoir : aussi pendant longtemps des naturalistes se refusèrent à croire que l'extrémité caudale du Scorpion fût perforée ; d'autres, à la vérité, ne pouvant expliquer les effets de la piqûre du Scorpion autrement que par l'introduction d'un venin, étaient persuadés qu'il existait un orifice ; cependant l'observation directe manquait. C'est un célèbre anatomiste italien, Antoine Vallisnieri, qui au commencement du dix-huitième siècle reconnut la position des orifices de l'appareil vénénifique du Scorpion (1) ; seulement cet observateur crut que le liquide sortait par trois points, ce qui n'est pas exact ; la dureté, l'épaisseur et la coloration noirâtre de l'aiguillon sont les causes qui empêchent de voir nettement, même à l'aide du microscope, les petits orifices ; en traitant cette partie solide par la potasse caustique, de façon à ne plus laisser subsister que la chitine, on n'éprouve plus aucune difficulté à reconnaître la position et la forme des fentes par lesquelles le venin est éjaculé.

Comme Vallisnieri l'a remarqué avec toute raison, si une ouverture eût été située à la pointe même de l'aiguillon, cette pointe eût perdu nécessairement de sa solidité et de son acuité. Introduite dans un corps quelconque, la moindre parcelle de matière étrangère qu'elle eût rencontrée, sous l'effet de sa pression, eût obstrué l'orifice.

De tout temps, les Scorpions ont attiré l'attention, principalement à raison des accidents graves que produit leur piqûre. Dans certaines contrées du globe, dans celles surtout où vivent les plus grosses

(1) *Raccolta di Varj Trattati* del sig. Antonio Vallisnieri, p. 157. — Venezia. 1714

espèces , on les redoute presque à l'égal des Serpents venimeux. On remplirait un volume avec l'énoncé seul de tous les accidents attribués aux Scorpions, mais ce n'est pas ici le lieu de les rapporter ; ces récits souvent inexacts, et presque toujours entachés d'incroyables exagérations , sont d'ailleurs en grande partie dénués d'intérêt.

Ce qui a préoccupé à toutes les époques, c'est de savoir si la piqûre des Scorpions est mortelle pour l'homme ; on n'a pas hésité à décider qu'il en était ainsi ; on a propagé le récit d'une foule d'accidents qui auraient été funestes.

Mais ce n'est pas aux rapports de personnes ignorantes ou trop crédules que les naturalistes peuvent se fier. Dans ces derniers temps, M. Guyon, le médecin en chef de l'armée d'Afrique , a encore assuré savoir de *sources certaines* que des hommes piqués par des Scorpions ont succombé (1); jamais pourtant il ne s'est trouvé en position de constater par ses propres yeux les accidents dont il a entretenu le public. Ce qui doit laisser encore toute défiance, c'est que l'on comprend avec peine comment on se laisse piquer si aisément par des Scorpions.

Ces animaux étant médiocrement agiles, craintifs, disposés à fuir dès que le moindre danger les menace, il faut les toucher par mégarde, ce qui ne peut être fréquent, ou vouloir les saisir avec la main pour s'en faire piquer, et l'on n'imagine pas que beaucoup de personnes aient l'idée de s'en aviser. Cependant il paraît certain qu'il y en a des exemples. Dans le midi de l'Europe, dans le nord de l'Afrique, etc., on a remarqué d'ordinaire que la piqûre des Scorpions détermine sur l'homme une inflammation et une douleur locales qui disparaissent au bout de vingt-quatre heures.

Un fait avéré, c'est que la piqûre des Scorpions ne produit pas toujours les mêmes effets ; de là les idées singulières des anciens, Aristote, Pline, etc., que les Scorpions dangereux dans certaines localités ne l'étaient pas dans d'autres; qu'ils étaient malfaisants pour les gens du pays, inoffensifs pour les étrangers, etc. On a bien reconnu que ces animaux, après avoir piqué plusieurs fois et avoir épuisé leur venin , ne causaient plus aucun mal tant que la liqueur ne s'était pas reproduite.

D'un autre côté, comme des piqûres faites par des individus dont le venin paraissait loin d'être épuisé étaient demeurées sans effet, on a pu encore supposer que ce liquide n'avait pas en tout temps les mêmes propriétés; que ces propriétés variaient suivant la température ou d'autres circonstances.

Cependant tout cela est erroné ; le venin du Scorpion ne change nullement de nature suivant les époques de l'année, suivant qu'il fait chaud ou qu'il fait froid. Lorsque la piqûre occasionne peu de mal, c'est qu'une très-petite quantité de venin a été éjaculée; lorsqu'elle ne fait aucun mal, c'est qu'il n'y a pas eu du tout d'éjaculation. On l'a vu , ce sont des muscles particuliers qui, agissant sur les glandes vénénifiques, déterminent l'expulsion de la liqueur. Or, dans le cas ou un Scorpion a piqué sans que cette action des muscles se soit suffisamment exercée, il n'y a pas eu d'épanchement de venin. Ensuite, bien que les orifices soient placés de manière à être difficilement obstrués, il faut peu de chose pour les boucher; la moindre parcelle d'un corps étranger venant à adhérer à l'extrémité de l'aiguillon suffit pour cela; que l'animal pique alors, il ne s'ensuivra aucun effet fâcheux; le venin n'aura pu sortir. Après avoir vu plusieurs fois des mouches qui n'avaient pas succombé sur l'instant à la piqûre d'un Scorpion , nous nous sommes assuré qu'elles avaient été atteintes par des individus chez qui l'orifice du canal éjaculateur du venin était obstrué. Ceci explique tout naturellement pourquoi la piqûre d'un Scorpion a déterminé ici un accident grave , tandis qu'ailleurs elle est demeurée sans résultat.

Bien des fois on a cherché à déterminer les effets du venin des Scorpions en faisant piquer des animaux de taille plus ou moins considérable. Par les raisons que nous venons d'énoncer, on a obtenu

(1) *Comptes rendus de l'Académie des sciences* (1853).

13

des résultats contradictoires. Les expériences de Maupertuis sont bien connues (1). Ce savant a fait piquer un chien, le chien a témoigné une grande souffrance, a eu des vomissements et a succombé le lendemain. Il a fait piquer d'autres chiens et divers autres animaux, une inflammation locale s'est manifestée, mais les animaux se sont rétablis. M. Ehrenberg, le célèbre professeur de Berlin, a observé les Scorpions en Égypte; il a été piqué plusieurs fois par ces Arachnides, et les douleurs si vives qu'il en a ressenties lui font penser que des individus faibles, des femmes, des enfants peuvent succomber; cependant il n'a constaté par lui-même aucun cas qui ait été suivi de mort.

Tenant à nous rendre compte aussi exactement que possible des effets du venin de notre Scorpion roussâtre (*Scorpio occitanus*), nous avons expérimenté sur des animaux de différentes classes.

Toute piqûre du Scorpion sur un insecte, pourvu qu'il y ait une éjaculation de venin, si faible qu'elle soit, le tue ou au moins l'engourdit immédiatement de la manière la plus complète. Personne au reste ne doute de ce fait si facile à constater lorsqu'un Scorpion s'empare d'une proie.

La piqûre des Scorpions est mortelle pour eux-mêmes. Si l'on place dans une boîte plusieurs individus, la plupart du temps ils cherchent à se détruire; le premier qui reçoit un coup d'aiguillon périt aussitôt. Il arrive souvent que deux individus mis en présence se lancent pendant longtemps des coups de leur queue sans se faire aucun mal; les parties solides de leurs téguments offrent assez de résistance pour ne pas permettre à la pointe de l'aiguillon de les entamer aisément; seulement, si l'aiguillon vient à frapper entre deux sclérodermites sur une partie membraneuse, tout est fini. Les anciens assuraient que les Scorpions se piquaient quelquefois eux-mêmes, dans des circonstances désespérées; par exemple, si on les entourait d'un cercle de feu; Maupertuis a montré la valeur de ces assertions, il y a déjà plus d'un siècle. Tout Scorpion est disposé à piquer ce qui l'approche, mais jamais à se piquer lui-même, si mauvaise que soit la situation où il se trouve.

Nous avons essayé l'action du venin de notre espèce commune sur des grenouilles. Un effet étrange s'est produit chaque fois chez ces Batraciens; au bout de peu de temps leur corps et leurs membres devenaient complétement roides; le tétanos se manifestait. Des individus succombèrent, d'autres se rétablirent.

Nous avons fait piquer de petits oiseaux, des pierrots, des serins, etc. Dans tous les cas où une dose un peu forte de venin s'est trouvée inoculée, l'animal est mort sur-le-champ comme foudroyé. Récemment, ayant piqué un moineau sous le ventre, en pressant un peu sur les glandes vénénifiques du Scorpion dans le but d'avoir une éjaculation abondante, l'oiseau périt instantanément; un second moineau fut piqué avec le même Scorpion, dont on pressa l'anneau caudal pour expulser le liquide des glandes; cette fois, malgré tout, le venin fut introduit en moindre quantité, l'oiseau ne mourut pas, mais pendant plusieurs heures il s'agitait incessamment comme avec une sorte de fureur; ses mouvements annonçaient un grand malaise.

Les mêmes expériences furent faites sur des lapins et sur des chiens; ces animaux ont paru souffrir beaucoup; néanmoins sur cinq ou six, aucun n'a péri. Durant deux ou trois heures ils étaient en proie à une agitation très-apparente; leurs narines remuaient convulsivement, leur respiration était irrégulière, tantôt extrêmement précipitée, tantôt très-ralentie. Peu à peu ils se calmaient, et le lendemain tout symptôme fâcheux avait disparu. Nos animaux furent piqués soit au ventre, soit au cou; il ne se produisit jamais d'enflure bien sensible; les veines sous-cutanées seules parurent dans tous les cas un peu gonflées.

D'après nos expériences, nous devons donc regarder comme très-peu probable que la piqûre du

<hr>

(1) *Expériences sur les Scorpions.* — *Histoire de l'Académie des Sciences*, année 1731. p. 223.

Scorpion roussâtre (*Scorpio occitanus*) puisse être mortelle pour l'homme, mais nous ne voudrions pas assurer qu'il en soit de même de la piqûre des plus grandes espèces. Nous avons reconnu par nos expériences sur les animaux que les effets étaient fort différents suivant la quantité de venin introduite dans la plaie. Or comme dans quelques Scorpions de l'Asie et de l'Afrique les glandes vénénifiques sont deux ou trois fois plus grosses que chez l'espèce du midi de la France, il est naturel de croire que ceux-ci peuvent produire des effets infiniment plus graves.

Le venin des Scorpions, comme celui des Serpents, peut être avalé impunément. Il y a des siècles, Plutarque assurait qu'on avait vu des gens bien portants manger des Scorpions sans en être incommodés. Nous avons fait avaler à des chiens des glandes vénénifiques tout entières qui venaient d'être arrachées en les introduisant dans un morceau de viande, ces animaux n'en ont nullement souffert.

On se demande comment il arrive que le venin introduit dans l'estomac ne cause aucun accident, tandis qu'il agit d'une façon si énergique lorsqu'il est introduit directement dans le sang ; l'idée qui se présente à l'esprit, c'est que le venin se trouve dénaturé par l'action du suc gastrique. Il y aurait eu ici une recherche à faire, la difficulté seule d'avoir la liqueur venimeuse en assez grande quantité nous a obligé à y renoncer. Au reste, comme chez les Serpents, le venin a des propriétés très-analogues. On peut espérer obtenir un résultat concluant par des expériences faites à l'aide de ces Reptiles.

ORGANES DE LA GÉNÉRATION.

Les organes de la génération ont été étudiés chez les Scorpions par les anatomistes que nous avons cités en diverses circonstances ; Meckel (1), Treviranus (2), Léon Dufour (3), Müller (4). Ils l'ont été plus récemment par M. Duvernoy (5). Mais les recherches de ces savants n'ont pas porté sur les mêmes espèces, il importe de s'en préoccuper ; entre les nombreuses espèces du grand genre Scorpion les différences dans le système nerveux, l'appareil digestif, l'appareil circulatoire sont légères ; les différences, au contraire, sont assez grandes dans les organes de la génération (6).

Chez notre Scorpion, la disposition générale des organes générateurs du mâle et de la femelle est très-analogue. A l'état de repos, aucun indice extérieur ne permet de distinguer les sexes ; chez les mâles il n'y a d'apparent au dehors qu'un orifice ovalaire, absolument semblable à celui de la femelle. L'appareil génital de ces Arachnides est étendu dans la portion élargie de l'abdomen, enveloppé de tous côtés par le foie. Sa composition est fort simple comparativement à ce qui existe chez beaucoup d'autres types d'invertébrés. Les Scorpions, on le sait, sont vivipares ; le fait était déjà connu d'Élien. Dans les temps modernes, Redi, le premier, a entretenu les naturalistes de ses observations à ce sujet (7). Elles ne laissaient aucun doute sur le mode de reproduction de ces animaux.

(1) *Beiträge zur vergleichen den Anatomie*, Bd. I, Heft 2, s. 112, tab. vii (1809).

(2) *Ueber den innern Bau der Arachniden* (1842).

(3) *Recherches anatomiques et Observations sur le Scorpion roussâtre.* — *Journal de physique*, t. LXXXIV, p. 439 (1817).

(4) *Beiträge zur Anatomie des Scorpions.* — Meckel's, *Archiv*, s. 29 (1828).

(5) *Fragments sur les organes de la génération de divers animaux.* — *Mémoires de l'Académie des Sciences*, t. XXIII, p. 183, pl. v (1853).

(6) Meckel et Treviranus ont étudié le petit Scorpion d'Europe (*Scorpio europœus*); le premier paraît avoir observé un individu de l'espèce roussâtre (*Sc. occitanus*) C'est sur celle-ci que M. Léon Dufour a fait ses recherches. M. Müller a étudié plusieurs espèces exotiques ; M. Duvernoy les Scorpio (*Buthus*) *afer, occitanus* et *europœus*; mais il faut se défier des déterminations indiquées dans le travail de ce dernier ; les organes génitaux attribués au *Scorpio occitanus* n'appartiennent pas à cette espèce.

(7) *Experimenta circa generationem Insectorum* (1686).

Appareil mâle. — Les testicules du Scorpion roussâtre (1) sont ou simplement unis vers leur portion inférieure par un seul canal transversal, ou entièrement séparés l'un de l'autre; ce qui n'a pas lieu chez toutes les espèces du genre Scorpion. Ils consistent chacun en un tube bifurqué dont les branches, communiquant par deux ou trois canaux transversaux, forment ainsi de larges mailles. Ces organes présentent des différences individuelles, quelquefois des différences entre les deux testicules d'un même individu. Ainsi, normalement, il doit y avoir trois canaux transversaux représentant les trois tubes transverses médians de l'ovaire; dans certains cas il n'y en a que deux. Les tubes longitudinaux peuvent se réunir par leurs extrémités comme les tubes ovariques; le plus souvent ils restent séparés l'un de l'autre et se terminent en cœcum.

Le canal déférent auquel se réunissent les deux branches du testicule est un tube à peu près de même diamètre que celles-ci, s'élargissant plus ou moins en s'ouvrant dans le canal de la verge. Sur ce point, il est accompagné d'une vésicule prolongée en un petit tube aveugle, formant une sorte d'appendice (2). Au-dessus se trouve encore une vésicule séminale de forme ovoïde, sensiblement étranglée vers son milieu (3). Le produit de ces glandes arrive dans un conduit appliqué contre le fourreau de la verge; ce conduit se continue avec l'enveloppe de la verge elle-même.

Les organes copulateurs ont une disposition singulière. Il y a deux verges contenues l'une et l'autre dans un fourreau de forme allongée (4). Les fourreaux des verges représentent tout à fait les oviductes de la femelle; car ici les parties correspondantes des organes génitaux du mâle et de la femelle ont une remarquable analogie dans leur disposition. Ces fourreaux, renflés dans leur portion moyenne, aplatis et repliés en dessous vers leur extrémité, rétrécis en avant, se réunissent de manière à former un canal commun s'ouvrant entre les deux lames sternales (5).

Si nous ouvrons ces fourreaux, à l'intérieur se montrent les verges elles-mêmes; celles-ci sont constituées essentiellement par une pièce solide, de consistance coriace, d'une couleur brune ou noirâtre, d'une forme très-particulière (6), tapissée en dedans par une membrane. Cette pièce d'une médiocre largeur, courbée sur les bords de manière à circonscrire un canal, est carénée en dessus, et la carène se prolonge seule en avant sous la forme d'une petite tige aplatie et dentelée sur ses bords. En arrière la pièce se bifurque; la partie interne de la bifurcation est très-courte, c'est une sorte de petite pointe; la partie externe, au contraire, se prolonge en une tige mince, extrêmement longue, finissant comme un fil. Un tissu d'apparence gélatineuse entoure cette lame.

Un muscle protracteur aplati s'attache au-dessous de la gaîne de la verge.

Dans l'intérieur des tubes constituant les testicules, on trouve la liqueur séminale, qui est d'une teinte légèrement opaline; elle contient une foule de corpuscules ayant l'apparence de très-petites

(1) Pl. VII, fig. 3 *a. a.*
(2) Pl. VII, fig. 3 *b.*
(3) Pl. VII, fig. 3 *c.*
(4) Pl. VII, fig. 3 *d.*
(5) Pl. VII, fig. 3 *e.*
(6) Pl. VII, fig. 4.

utricules; mais nous n'avons pu y reconnaître encore de véritables spermatozoïdes ; nous les avons trouvés au contraire en grand nombre dans les glandes séminales (1) et dans le canal de la verge. Sous un grossissement considérable, ils apparaissent comme un point ayant une queue très-grêle (2). Leurs mouvements, qui sont rapides, persistent souvent pendant plusieurs heures après qu'on les a extraits des organes.

Les utricules ou très-petites vésicules que l'on observe dans les tubes testiculaires présentent des cellules en plus ou moins grand nombre. M. A. Kölliker a vu chez une espèce du genre Scorpion (*Scorpio europæus*) un spermatozoïde se formant à l'intérieur de chacune de ces cellules (3). Les spermatozoïdes se développent donc dans ces vésicules, qui contiennent plusieurs noyaux; une fois mûrs, les vésicules se détruisent, et ils se trouvent libres. Nous aurions désiré suivre la marche de ce développement d'une manière plus complète que nous n'avons pu le faire. Après s'être voué à l'étude de l'organisation d'une espèce durant plusieurs années, il est impossible de ne pas regretter encore de laisser certains détails insuffisamment approfondis. Chez des animaux qui ne s'accouplent que pendant une très-courte période de l'année et dont l'existence a une longue durée, l'abondance de la liqueur séminale et le degré de développement des spermatozoïdes varient singulièrement suivant l'instant où l'on observe, tout en choisissant pour ses recherches l'époque où s'effectue d'ordinaire le rapprochement sexuel. Hors de ce temps, les organes génitaux du Scorpion contiennent très-peu de liquide, et ce liquide ne tient en suspension aucun spermatozoïde, mais seulement des utricules, elles-mêmes en voie de formation.

Appareil femelle. — Les ovaires de notre Scorpion consistent en trois canaux longitudinaux unis entre eux par quatre canaux transverses et à l'extrémité par une double anse (4). On distingue bien là deux ovaires, mais au lieu d'être complétement séparés l'un de l'autre, comme les testicules chez le mâle, ils sont réunis sur la ligne médiane. Le canal interne de l'ovaire de droite est confondu avec son correspondant de l'ovaire de gauche; cette fusion a donné lieu à un unique canal médian.

D'abord ces canaux ovariques constitués par une mince membrane fibreuse (5) sont complétement vides et d'un diamètre à peu près égal dans toute leur étendue. Le long de leur trajet se trouvent en grand nombre de petites ampoules communiquant chacune dans leur intérieur, au moyen d'un tube extrêmement court (6). Ces ampoules ou ces loges renferment les ovules. Mais les Scorpions sont vivipares; après la fécondation, les embryons se développent et occupent une place considérable.

L'ovaire, si régulier dans sa disposition pendant les premiers temps, se trouve distendu en sens divers lorsque les embryons ont pris un certain accroissement, de telle sorte qu'il faut y porter attention pour reconnaître la disposition primitive des canaux (7) Les ovaires, d'abord entièrement enfouis

(1) M. Siebold déclare également avoir vu distinctement des spermatozoïdes en mouvement dans les vésicules séminales chez des individus vivants du Scorpion d'Europe (*Scorpio europæus*). *Lehrbuch der Vergleichenden Anatomie* et traduction française. *Manuel d'Anatomie comparée*.

(2) Pl. vii, fig. 5.

(3) *Die Bildung der Samenfäden in Bläschen als Entwickelungsgesetz*. p. 25, pl. ii, fig 16. — *Nouveaux Mémoires de la Société helvétique des Sciences naturelles*, t. VIII (1847).

(4) Pl. vii, fig. 6.

(5) Pl. vii, fig. 10.

(6) Pl. vii, fig. 6 et 7.

(7) Pl. vii, fig. 9.

entre les lobes du foie, ont fini par les refouler dans toutes les directions (1), en même temps qu'ils dilataient considérablement les parois de l'abdomen.

Dans chaque ampoule, l'embryon prenant de l'accroissement on a distendu les parois; puis il a envahi le tube de communication avec le canal ovarique, qu'il a ensuite envahi lui-même (2). Les canaux ovariques, se trouvant alors tendus dans tous les sens, paraissent plus étroits qu'ils ne l'étaient dans l'origine, mais leurs parois sont susceptibles de s'écarter suffisamment pour que les jeunes puissent se frayer un passage et arriver dans les oviductes. On remarquera que les embryons ne sont pas tournés tous du même côté; les uns ont la partie antérieure du corps dirigée en avant, les autres en arrière.

Si l'on examine les ovaires d'un Scorpion avant la fécondation, ou peu de temps après, on comptera d'ordinaire plus de cent ovules (3); plus tard cependant on ne trouvera guère qu'une cinquantaine d'embryons (4). Tous les ovules ne peuvent se développer à la fois.

Avortent-ils? ceux qu'on trouve encore sous la forme de petits globules lorsque les jeunes Scorpions sont sur le point de naître, ou bien arrêtés dans leur développement par le développement des autres. doivent-ils, l'année suivante, prendre la place que les premiers occupaient? C'est là ce qui n'est pas facile à constater.

Toujours est-il qu'on n'observe jamais les ovaires d'un Scorpion adulte sans qu'il n'y ait des ovules : or ceci semble attester que les ovules en apparence avortés à un certain moment éprouvent simplement un temps d'arrêt pour leur développement.

Les oviductes consistent dans le prolongement des canaux ovariques externes (5). Ils se réunissent pour former un court vagin, ayant, comme les organes du mâle, son orifice sous les lames sternales qui le masquent entièrement pendant l'état de repos (6).

Les oviductes sont naturellement élargis vers leur portion moyenne, mais au temps où les embryons commencent à s'engager dans leur intérieur, leur degré de dilatation est très-variable.

L'orifice génital est ovalaire, transversal et entouré d'une sorte de bourrelet membraneux très-flexible, condition nécessaire pour rendre son extension facile au moment de la naissance des jeunes Scorpions.

Accouplement. — Fécondation. — Dans l'accouplement, le mâle et la femelle sont nécessairement appliqués l'un contre l'autre par la face ventrale; la place occupée par les organes de copulation ne permet pas qu'il en soit autrement.

Les deux verges du mâle, venant à saillir au dehors de l'orifice extérieur, doivent s'engager dans la

(1) Pl. vii, fig. 8 a.

(2) M. Duvernoy n'a pas donné une idée exacte des faits en disant que les œufs passent dans l'intérieur des canaux de l'ovaire et s'y placent en série continue pour le développement du fœtus. — *Fragments sur les organes de la génération.* — *Mém. de l'Institut,* t. XXIII, p. 191. Car en réalité ils ne changent nullement de place, seulement ils prennent plus d'espace par suite de leur développement.

(3) Pl. vii, fig. 6.

(4) Pl. vii, fig. 9. Dans notre figure, qui est de la plus grande exactitude dans tous ses détails, on verra qu'il y en a 48. Maupertuis et M. Léon Dufour ont déclaré que les femelles qu'ils avaient observées avaient produit de 40 à 60 petits. R di assure qu'une femelle lui en donna seulement 26. *Experimenta circa generationem Insectorum,* p. 71. Amstelodami 1686.

(5) Pl. vii, fig. 6 b, 8 c et 9 b.

(6) Pl. vii, fig. 6 c, d et fig. 8 d, e.

vulve de la femelle, se courber l'une à droite et l'autre à gauche, et pénétrer dans les oviductes. En effet, chez les femelles fécondées depuis peu de temps, les oviductes contiennent des spermatozoïdes en grand nombre. Les canaux ovariques sont vides à ce moment, la liqueur séminale ne peut rencontrer aucun obstacle pour s'y répandre. Comme les loges renfermant les ovules communiquent avec les canaux par des tubes courts et larges, la liqueur y pénètre naturellement et féconde chaque ovule. La fécondation s'effectue bien évidemment pour tous à la fois; on n'en saurait douter, puisque les embryons occupant les différentes parties de l'ovaire sont toujours au même degré de développement. L'examen des organes de la femelle peu de jours après l'accouplement ne permet de conserver aucun doute sur la manière dont chemine la liqueur séminale; à ce moment, les canaux ovariques sont remplis de spermatozoïdes aussi bien que les oviductes.

On remarquera l'analogie qui existe entre les organes de la génération du Scorpion et ceux des Crustacés supérieurs. Chez les uns et les autres, ils s'ouvrent à la partie postérieure du céphalothorax; les mâles sont pourvus également de deux verges, seulement dans les Crustacés elles font saillie par deux orifices extrêmement écartés; dans les Scorpions, elles sortent par le même orifice.

La durée de la gestation est fort longue chez les Scorpions, environ cinq à six mois; les femelles sont fécondées au printemps, les jeunes naissent seulement vers le mois de septembre.

Parmi ces Arachnides, les mâles sont deux ou trois fois moins nombreux que les femelles : le fait avait déjà été remarqué par des anatomistes; nous avons eu l'occasion de nous en assurer en disséquant plusieurs centaines d'individus. D'après cela, il est certain que chaque mâle féconde plusieurs femelles. Il est certain aussi que d'ordinaire les femelles ne tuent pas le mâle après l'accouplement, car, au temps de la gestation, sur un grand nombre de femelles, il est rare d'en rencontrer une qui n'ait pas été fécondée.

Les modifications du type dans la famille des SCORPIONIDES.

Nous l'avons dit précédemment, les Scorpions forment un seul genre représenté par un nombre d'espèces assez considérable. Les divisions que certains auteurs ont tenté d'introduire dans ce groupe, reposent sur des caractères extérieurs dénués d'importance; ces caractères ne coïncident avec aucune modification organique de quelque valeur. Les Scorpions, à la vérité, offrent entre eux des différences qui frappent l'observateur. Ayant seulement sous les yeux les espèces les plus disparates, on pourrait croire à des dissemblances plus profondes que celles qui existent. Au contraire, si, au milieu d'une vaste collection, on vient à suivre les dégradations de ces formes qui d'abord avaient appelé l'attention, il devient évident qu'aucun caractère ne s'applique rigoureusement à une réunion d'espèces. Le fait en apparence le plus absolu consiste dans le nombre des yeux; y en a-t-il deux, trois, quatre ou cinq de chaque côté? voilà qui semble facile à constater, pourtant ces caractères ont une bien faible valeur; l'étude du développement embryonnaire nous en fournira la preuve. D'ailleurs, entre des Scorpions dont les yeux latéraux sont au nombre de trois paires, nous allons rencontrer les formes les plus dissemblables que présentent entre eux tous les Scorpions connus, le développement des pattes-mâchoires, de la portion caudiforme de l'abdomen, des appendices pectiniformes offrant presque toutes les nuances imaginables.

D'un autre côté, en comparant quelques-unes de ces espèces à trois paires d'yeux latéraux à des espèces qui en ont cinq paires, nous allons trouver, dans toutes les parties du corps, une ressemblance extrême. En comparant d'autres espèces pourvues de trois paires d'yeux latéraux à celles qui en ont seulement deux, le même fait apparaîtra encore.

A une époque où une tendance assez générale porte les naturalistes à multiplier les divisions génériques à l'infini, sans s'occuper le moins du monde de l'importance des caractères auxquels ils s'arrêtent, les Scorpions ont dû être partagés en beaucoup de genres. Le nombre des yeux a pu être réputé un caractère de haute valeur, et les plus légères nuances dans la position de ces organes, dans la multiplicité des lamelles des appendices pectiniformes, dans le développement des mains et de la portion caudiforme de l'abdomen, être déclarées des caractères génériques.

Au reste, examinons les différences qu'affecte l'enveloppe extérieure des Scorpions; examinons les modifications organiques coïncidant avec les particularités extérieures, nous arriverons de la sorte à être à même d'apprécier les faits dans toute leur rigueur et d'en saisir la signification.

FORMES EXTÉRIEURES.

Le Scorpion, dont nous avons étudié en particulier l'organisation (*Scorpio occitanus*), tient en quelque sorte le milieu entre les espèces chez lesquelles les caractères du groupe sont le plus prononcés, et celles chez lesquelles ils sont le plus affaiblis.

Ses mains sont d'un volume très-médiocre, la portion caudiforme de son abdomen est assez épaisse, sans l'être au même degré que chez d'autres Scorpions; ses yeux latéraux sont au nombre de trois paires, des tubercules les entourent, et parmi eux il en est deux qui, paraissant plus transparents que les autres, ont été pris quelquefois pour des yeux; l'examen des parties, la constatation des nerfs optiques latéraux, ont montré que le Scorpion roussâtre était bien de la catégorie des espèces à six yeux

14

latéraux et non pas de celle des espèces à dix; pourtant il y a là un détail sur lequel nous aurons à revenir.

Ces formes du Scorpion roussâtre, se modifiant un peu suivant les localités ou d'autres circonstances, les mains et la portion caudiforme de l'abdomen devenant soit un peu plus grêles ou un peu plus massives, les naturalistes ont admis des espèces d'après ces légères différences, le plus souvent tout à fait individuelles (1). Quelques-unes de ces modifications, sans doute, caractérisent réellement des espèces, mais elles sont si insignifiantes qu'il n'y a rien là qui doive nous arrêter (2).

Les Scorpions les plus apparentés et à l'espèce considérée ici comme type du groupe et à celles qui en sont tout à fait voisines, appartiennent à la catégorie des Scorpions pourvus de cinq paires d'yeux latéraux (genre *Androctonus* Hemprich et Ehrenberg). L'un d'eux, le Scorpion à cinq stries (*Scorpio quinquestriatus* Hempr. et Ehrenb.) (3), conserve l'aspect des espèces précédentes, seulement la portion caudiforme de son abdomen est proportionnellement plus longue, et vers les bords du céphalothorax, deux yeux très-petits sont venus s'ajouter à la série ordinaire des trois; l'un est situé en arrière du troisième, l'autre à son côté interne.

Des espèces de l'Afrique et de l'Asie, pourvues également de cinq paires d'yeux, se font remarquer par le développement considérable de la portion caudiforme de l'abdomen, dont les carènes sont très-saillantes et fortement dentelées, caractère qui a déterminé MM. Hemprich et Ehrenberg à établir, pour ces Scorpions, une division particulière (*Prionurus*) (4). L'espèce la plus commune de celles chez lesquelles on observe ce développement est le Scorpion funeste (*Scorpio funestus*, Hempr. et Ehrenb.) (5); elle habite une partie de l'Algérie, le Dongola, la Syrie, etc.; sa taille est un peu supérieure à celle du Scorpion roussâtre (*Scorpio occitanus*); son céphalothorax est de la même forme, trois paires d'yeux latéraux sont disposées comme chez ce dernier, seulement il y en a en outre deux beaucoup plus petits, situés en arrière du troisième; les proportions des membres diffèrent peu, le tarse ou la main des pattes-mâchoires est un peu plus renflé, et les pattes ambulatoires un peu plus grêles, avec les carènes moins saillantes; la portion caudiforme de l'abdomen, au contraire, a un volume beaucoup plus considérable; tous les zoonites sont fort larges, à l'exception du dernier; leurs carènes sont très-élevées, surtout les dorsales; les appendices pectiniformes ressemblent à ceux du Scorpion roussâtre, ils ont de trente-trois à trente-cinq lamelles.

Une espèce qui habite les mêmes contrées que le Scorpion funeste (*S. bicolor* Hempr. et Ehrenb.) (6), offre les mêmes caractères avec un moindre développement du tarse ou de la main des pattes-mâchoires.

---

(1) *Voyez* Androctonus Dufoureius, Brullé, de Grèce, *Expédition scientifique de Morée.* — *Zoologie*, t. III, p. 58, pl. viii, fig. 2. — Androctonus Paris, Koch, d'Algérie, *Die Arachniden*, Bd. V, p. 23, tab. cli, fig. 352. — Androctonus Halius ejusd., de Portugal, loc. cit., p. 69, tab. clxiii, fig. 383, etc.

(2) *Voyez* Androctonus Leptochelys, Hemprich et Ehrenberg, du Mont Sinaï, *Vorläufige Uebersicht der in Nord-Africa und West-Asien einheimischen, Scorpione*, etc., s. 8. — Androctonus macrocentrus Hempr. et Ehrenb., du Mont Sinaï, loc. cit., p. 8, et Ehrenb., *Symbolæ physicæ*, pl. i, fig. 6.

MM. Hemprich et Ehrenberg, qui rapportent à leur genre *Androctonus*, c'est-à-dire aux Scorpions pourvus de cinq paires d'yeux latéraux, le Scorpion roussâtre (*Scorpio occitanus*) et les espèces qui en sont voisines, placent ces espèces dans un sous-genre désigné sous le nom de *Leiurus*, à raison des carènes de la portion caudiforme de l'abdomen, qui, déjà faibles sur les premiers zoonites, disparaissent sur les derniers.

(3) MM. Hemprich et Ehrenberg, *Vorläufige Uebersicht der in Nord-Africa und West-Asien einheimischen Scorpione*, etc., p. 6, citent comme appartenant à cette espèce le Scorpion figuré par Savigny, *Description de l'Égypte*. Arachnides, pl. viii, fig. 2, mais c'est là une erreur; le Scorpion de Savigny avoisine extrêmement le *S. occitanus*, et peut-être même n'en diffère pas.

(4) *Loc. cit.*, p. 9.

(5) *Loc. cit.*, p. 9. — Ehrenb., *Symbolæ physicæ*. — Arachn., pl. ii, fig. 5. — Gervais, *Histoire des Insectes Aptères*, suites à Buffon. T. III, p. 40. — Androctonus Hector, Koch, *Die Arachniden*. Bd. VI, p. 6. Tab. clxxxi, fig. 433.

(6) *Loc. cit.*, p. 51. — Androctonus Æneas, Koch, *Die Arachniden*. Bd VI, p. 3. Tab. clxxxi, fig. 432.

Chez une espèce provenant de l'île de Java (*S. priamus*) (1), analogue au Scorpion funeste, sous le rapport du volume de ses pattes-mâchoires, la grosseur de la portion caudiforme de l'abdomen est plus remarquable encore.

Des Scorpions propres à la zone intertropicale, soit de l'Afrique, soit de l'Amérique (genre *Tityus*, Koch), ne s'éloignent pas beaucoup encore, sous le rapport des proportions, de notre Scorpion roussâtre; leur prothorax est seulement un peu plus conique, portant cinq paires d'yeux latéraux, dont deux très-petits comme chez les espèces que nous venons de mentionner; les pattes-mâchoires ont un développement comparable à celui qu'on leur trouve chez le *Scorpio occitanus*; la portion caudiforme de l'abdomen, quelquefois dans les mêmes proportions, quelquefois plus allongée, a, dans tous les cas, une dent sous le dernier zoonite; les appendices pectiniformes à peu près aussi développés chez plusieurs Scorpions de ce groupe que chez nos espèces d'Europe et du nord de l'Afrique, le sont moins chez d'autres où ils n'ont en général que seize lamelles (2).

Quelques espèces, réunissant tous les caractères de ces Scorpions pour lesquels on a formé le genre *Tityus*, et présentant absolument la même apparence, n'ont que trois paires d'yeux latéraux (3). M. Gervais les place dans sa division des Atrées (*Atreus*) (4); ce sont des espèces de l'Amérique du Sud, ayant la portion caudiforme de l'abdomen souvent beaucoup plus longue que le corps (5).

Une espèce du Brésil (*Telegonus versicolor* Koch) (6), qui ressemble extrêmement par ses formes à certains Scorpions de la division des *Tityus*, est devenue le type d'un genre (*Telegonus*) (7) pour l'auteur allemand, qui a tant multiplié les genres dans la classe des Arachnides, M. Koch. Ici, il n'y a que trois paires d'yeux latéraux, et la portion caudiforme de l'abdomen est assez épaisse. Des espèces rattachées à cette division par M. P. Gervais se font remarquer par leur surface lisse; les carènes du céphalothorax, de l'abdomen, des pattes, s'effaçant, et leurs crénelures tendant à disparaître. Ces Scorpions, du reste, ne s'éloignent pas des précédents sous le rapport de leurs proportions; les mains des pattes-mâchoires sont de médiocre grosseur, la portion caudiforme de l'abdomen est de longueur moyenne, et n'a point de dent sous le dernier zoonite; les appendices pectiniformes bien développés ont jusqu'à une quarantaine de lamelles (8).

Quelques Scorpions ont quatre paires d'yeux latéraux; trois sont disposés sur une ligne un peu courbe, comme chez les espèces à six yeux; le quatrième, extrêmement petit, est placé en dedans des autres, à la hauteur du troisième. Ce sont les Centrures (*Centrurus*) de MM. Hemprich et Ehrenberg. D'après certaine nuance dans la position des yeux et dans leur grosseur proportionnelle, on a dis-

---

(1) Androctonus Priamus Koch, loc. cit., BJ. V, p. 45. Tab. CLVII, fig. 366.

(2) Une série d'espèces appartenant à cette division (genre *Tityus* Koch) sont décrites et figurées dans Koch, *Die Arachniden*. Bd. V. Ce sont des figures qui malheureusement laissent beaucoup à désirer.

(3) On s'est souvent trompé relativement à la présence ou à l'absence des petits yeux en quelque sorte surnuméraires de certains Scorpions.

(4) Le nom d'Atrée (*Atreus*) avait servi d'abord à M. Koch, *Uebersicht der Arachnidensystems*, tab. VI, fig. 66, à désigner un genre qu'il a appelé tout aussitôt *Opisthophthalmus*, loc. cit., s. 36; division dont le type est le *Scorpio capensis* de Herbst.

(5) Scorpio obscurus Gerv. — S. biaculeatus Lucas. — S. Edwardsii Gerv., etc. Gervais, *Histoire des Insectes Aptères*, suites à Buffon, t. III, p. 52, 54, 55 (1844), et *Remarques sur la famille des Scorpions*. — *Archives du Muséum d'histoire naturelle*, t. IV. p. 216-219, pl. XI.

(6) *Die Arachniden*, Bd. III, s. 52, fig. 207.

(7) *Uebersicht der Arachnidensystems*, s. 37, tab. VI, fig. 68.

(8) Buthus vittatus Guerin, *Voyage de la Coquille*. — Zoologie, T. II, p. 50 (*S. Gervaisii* ejusd. *Iconographie du Règne animal*, Arachn., Texte, p. 10,) de l'Amérique du Sud. — Scorpio Dorbignyi Guer., *Iconogr. du Règne anim.* Arachn. Texte, p. 10; de la Bolivie. — S. Ehrenbergii Gerv. *Voyage de la Bonite*, Aptères, pl. I, fig. 18-22; du Pérou. — S. glaber Gerv., *Voy. de la Bonite*. Apt. pl. I, fig. 28-32; du Pérou, et *Hist. nat. des Ins. Aptères*, t. III, p. 58-59.

tingué ensuite les Centrures et les Vœjovis (1). Ceux-ci ressemblent par leurs proportions au S. roussâtre (*S. occitanus*), et surtout aux espèces du groupe des *Tityus;* leur céphalothorax est un peu rétréci en avant; leurs appendices pectiniformes n'ont qu'une quinzaine de lamelles (2). Chez quelques-uns les pattes-mâchoires sont sensiblement plus fortes et la portion caudiforme de l'abdomen est plus grêle (3); sous ce rapport ils ressemblent à des espèces que nous allons examiner, qui ont été désignées sous le nom d'Ischnures (*Ischnurus*).

Plusieurs Scorpions sont remarquables par leur corps allongé et extrêmement mince, par leurs pattes-mâchoires grêles, dont le tarse ou la main n'a pas plus d'épaisseur que l'article précédent ou la jambe, avec les doigts fort longs; par la portion caudiforme de leur abdomen très-effilée, surtout chez les mâles, et présentant sous le dernier zoonite une dent, ou plutôt une pointe acérée. Ces Scorpions n'ont que trois paires d'yeux latéraux, bien qu'un auteur leur en ait attribué cinq; leurs appendices pectiniformes sont faibles, et n'ont d'ordinaire que quinze à vingt lamelles. Dans ce groupe, les caractères propres aux Scorpionides s'amoindrissent d'une manière frappante (4).

MM. Hemprich et Ehrenberg formèrent sous le nom de *Isometrus* une division du genre *Buthus* pour une espèce réunissant les caractères que nous venons d'énoncer (5). Ces Scorpions grêles devinrent pour M. Koch le genre *Lychas* (6). M. Gervais les plaça dans sa division des Atrées (*Atreus*) (7).

*

Tous les Scorpions que nous venons de signaler ne s'élèvent guère au-dessus des dimensions de notre type, le Scorpion roussâtre (*Scorpio occitanus*). En voici maintenant qui atteignent une taille beaucoup plus considérable, chez lesquels les téguments acquièrent une consistance infiniment plus grande, où les pattes-mâchoires, et particulièrement les mains, prennent un développement énorme, où la portion caudiforme de l'abdomen est très-forte et munie d'arêtes dentelées très-saillantes, où les appendices pectiniformes, sans être pourvus de lamelles bien nombreuses, ont plus de consistance que partout ailleurs; ce sont les *Buthus* des auteurs (8). Ils n'ont que trois paires d'yeux latéraux, et leur céphalothorax est large et souvent aplati.

Le type de ces Scorpions de grande taille, le Scorpion africain (*Scorpio afer*, Linn.) (9), l'espèce anciennement connue, qui, contrairement à ce qu'indique son nom spécifique, est propre à l'Inde, atteint une longueur de quinze à dix-huit centimètres; son céphalothorax est bombé, très-échancré

---

(1) Koch, *Uebersicht der Arachnidensystems*, p. 38 (1837).

(2) Vœjovis mexicanus Koch, *Die Arachniden*, Bd. III, s. 54, tab. xci, fig. 206. — Vœjovis debilis Koch, du Brésil, l. c. Bd. VIII, s. 21, fig. 605. — Vœjovis nitidulus Koch, du Mexique, Bd. X, s. 4, fig. 758. — V. Carolinus Koch, de la Caroline, l. c., s. 7, fig. 759, etc.

(3) Centrurus galbinus Koch, *Die Arachniden*, Bd. IV, s. 110, tab. cxxxix, fig. 320.

(4) Ce sont : Scorpio americanus De Geer, *Mémoires*, t. VII, p. 346, pl. xli, fig. 9 et 10 (*Lychas americanus* Koch, *Die Arachn.* Bd. XII, fig. 964). — Scorpio maculatus, De Geer, *Mém.*, t. VII et p. 346, pl. xli, fig. 11 (*L. maculatus* Koch, l. c., fig. 960.) Buthus (*Isometrus*) filum, Hempr. et Ehrenb., l. c. et Ehr. *Symbolæ physicæ.* Arachn., pl. ii, fig. 3. — Lychas scutilus et L. paraensis Koch, *Die Arachn.* Bd. XII, s. 3-6, fig. 962-963. — Scorpio Peronii Gerv., *Histoire nat. des Insectes Aptères*, t. III, p. 57.

(5) *Vorläufige Uebersicht*, etc., p. 4.

(6) Ce genre fut établi par M. Koch, *Uebersicht der Arachnidensystems*, s. 38, tab. vi, fig. 71 (1837) sous le nom de *Pilumnus;* reconnaissant ensuite que ce nom était déjà employé pour désigner un genre de Crustacés, l'auteur le changea en celui de *Lychas; Die Arachniden*, Bd. XII et *Uebersicht der Arachnidensystems*, s. 92 (1850).

(7) *Histoire nat. des Insectes Aptères*, t. III, p. 52.

(8) Genre établi par Leach, *Zoological Miscellany*, t. III, p. 48, pour tous les Scorpions pourvus de huit yeux, deux médians et six latéraux.

(9) Scorpio afer, Linné, *Systema naturæ*, II, p. 1038. — Koch, *Die Arachniden*, Bd. III, s. 17, tab. lxxix, fig. 173. — Milne Edwards, *Règne animal* de Cuvier, nouv. édit., Arachn., pl. xvii, etc.

en avant, avec le sillon médian très-marqué, et les impressions transversales postérieures déterminées par les attaches des muscles des pattes-mâchoires fort prononcées ; ses yeux médians sont situés au milieu du céphalothorax ; ses yeux latéraux forment une ligne courbe, le dernier est un tant soit peu plus petit que les autres et plus écarté ; ses pattes-mâchoires sont très-développées, avec les carènes extrêmement saillantes, et les mains cordiformes, aplaties, très-volumineuses ; la portion caudiforme de son abdomen est épaisse et fortement carénée ; ses pattes ambulatoires sont courtes et massives ; ses appendices pectiniformes ont dix-sept lamelles, seize quelquefois, lorsque la première vient à avorter.

Une espèce du Sénégal (*Buthus imperator*, Koch) (1) dépasse encore par ses dimensions le précédent ; son céphalothorax est plus large et plus aplati ; ses mains, de forme arrondie, sont démesurément larges ; la portion caudiforme de son abdomen est plus forte, plus carénée et plus dentelée. Mais chez d'autres espèces tout à fait voisines de celles-ci, les mains deviennent plus étroites, la portion caudiforme de l'abdomen plus grêle, et les appendices pectiniformes n'ont plus que douze ou treize lamelles (*Buthus bengalensis*, Koch (2), etc.).

Les caractères de ces géants des Scorpions venant à s'affaiblir, nous arrivons à une espèce de l'Algérie (*Buthus palmatus*, Hempr. et Ehrenb.)(3) dont la taille n'excède pas celle de notre Scorpion roussâtre (*Scorpio occitanus*). Ici les pattes-mâchoires sont encore très-développées, leurs mains étant fort larges ; mais la portion caudiforme de l'abdomen devient faible ; les appendices pectiniformes n'ont plus que neuf ou dix lamelles. Ce Scorpion est pour MM. Hemprich et Ehrenberg le type d'une division particulière (*Heterometrus*) dans le genre *Buthus* (4). Quelques espèces de l'Afrique australe et de l'Inde, très-voisines de cette dernière, avec les mains toutefois un peu moins développées, se font remarquer par leurs yeux médians placés très en arrière sur le céphalothorax (5) ; à raison de cette particularité, elles forment pour M. Koch le genre Opisthophthalme (*Opisthophthalmus*) (6).

D'autres Scorpions conservent encore à peu près tous les caractères des Buthus, trois paires d'yeux latéraux, très-petits toutefois, et placés sur une ligne droite, le céphalothorax échancré en avant, les pattes-mâchoires très-développées, avec les mains plus ou moins élargies, mais la portion caudiforme de l'abdomen extrêmement grêle, souvent plus courte que le reste du corps, et les appendices pectiniformes fort courts, réduits à un très-petit nombre de lamelles. Ce sont les Ischnures (*Ischnurus* Koch) (7). Chez certaines espèces, la portion caudiforme de l'abdomen présente en dessus un profond sillon médian (8) ; chez d'autres, cette partie du corps est plus courte et s'éloigne moins du reste de la forme ordinaire (9). Dans ces Scorpions, qualifiés du nom d'*Ischnures*, nous remarquons encore une véritable

(1) Koch, loc. cit., Bd. IX, s. 4, tab. cclxxxix, fig. 695.

(2) Koch, l. cit., Bd. IX, s. 3, tab. ccxc, fig. 696. — Voyez encore, pour les espèces de ce groupe, le même auteur. Bd. III. IV. VIII et IX.

(3) *Vorläufige Uebersicht*, etc., p. 4. — Ehrenberg, *Symbolæ physicæ*, Arachn., pl. i, fig. 4. — Gervais, *Hist. nat. des Ins. Aptères*, t. III, p. 63. — *Buthus testaceus*, Koch, *Die Arachniden*, Bd. V, s. 3, tab. cxlv, fig. 342.

(4) *L. cit.*, p. 4.

(5) Scorpio capensis Herbst, *Scorp.*, p. 62, pl. v, fig. 2 et 3. — Scorpio ceylonicus Herbst, p. 83, pl. v, fig. 1. — Opisthophthalmus pilosus Koch. *Die Arachniden*, Bd. IV, s. 91, fig. 309, de Java. — O. maxillosus Koch, *l. c.*, s. 93, fig. 310. — O. pallipes Koch, *l. c.*, Bd. X, s. 3. fig. 757, etc.

(6) *Uebersicht der Arachnidensystems*, s. 36 (1837), sur la planche. Tab. vi, fig. 65 ; ce genre porte le nom de *Atreus*.

(7) *Uebersicht*, etc., p. 37. Sur la planche, tab. vi, fig. 69. Ce genre porte le nom de *Sisyphus*.

(8) Ischnurus melampus Koch, *Die Arachniden*, Bd X, s. 4, fig. 756, du Cap de Bonne-Espérance. —Scorpio trichiurus Gervais. *Archives du Muséum*, t. IV, p. 237, et *Hist. nat. des Ins. Apt.*, t. III, p. 70, de Cafrerie.

(9) Scorpio Cumingii Gerv., *Hist. des Ins. Apt.*, t. III, p. 69, de Manille. — Ischnurus ochropus, I. Australasiæ de Java, I. complanatus de Java, Koch, *Die Arachniden*, Bd IV, s. 69–73, fig. 293-295.

dégradation, mais ici cet amoindrissement des caractères ne porte que sur certains points, les appendices pectiniformes et la portion caudiforme de l'abdomen.

Les espèces qui nous restent à mentionner n'ont plus que deux paires d'yeux latéraux. Les unes ont les mains épaisses, la portion caudiforme de l'abdomen assez forte, les appendices pectiniformes courts, ne portant que quelques lamelles, ce sont les *Brotheas* de M. Koch (1) ou les *Chactas* de M. Gervais(2). Les autres ont les mains anguleuses, aplaties, la portion caudiforme de l'abdomen faible comme chez les Ischnures, et les appendices pectiniformes aussi réduits; ce sont les *Scorpius* de MM. Hemprich et Ehrenberg (3). Le type de cette division est le Scorpion le plus répandu en Europe (*Scorpio flavicaudus* De Geer. *Sc. europæus* Schrank.) (4).

ORGANISATION INTERNE.

Les variations que subit le type *Scorpion*, relativement à la forme extérieure, ayant été examinées, il reste à observer quelles modifications peuvent se produire dans l'organisation intérieure. On va voir que tout ici se réduit à peu de chose.

Système musculaire. Le système musculaire d'un Scorpion quelconque est toujours celui que nous avons décrit d'une manière détaillée chez le Scorpion roussâtre (*Scorpio occitanus*). Si des différences se présentent, elles consistent simplement dans le volume plus ou moins considérable de certains muscles. Chez les espèces à cinq paires d'yeux latéraux (*Androctonus*), dont la portion caudiforme de l'abdomen a un développement si remarquable, les muscles de cette partie du corps acquièrent un volume proportionnel, sans offrir du reste aucune autre particularité. L'affaiblissement de ces mêmes muscles se manifeste naturellement lorsque la portion caudiforme de l'abdomen devient grêle, comme chez les espèces désignées sous le nom de *Lychas*, comme chez les Ischnures et les Scorpions où il n'existe plus que deux paires d'yeux latéraux (*Scorpius* Hempr. et Ehr.). Dans les *Lychas*, où les pattes-mâchoires sont très-minces, les muscles rétracteurs de ces appendices ont peu de volume, et alors le céphalothorax est étroit et aplati; dans les espèces où les pattes-mâchoires sont fortes, ainsi que cela se voit au plus haut degré dans les *Buthus*, ces muscles acquièrent une grande puissance, et le céphalothorax qui les contient prend plus de largeur et d'épaisseur que partout ailleurs. En cela il y a des nuances presque insensibles d'espèce à espèce.

Système nerveux. De tous les appareils organiques, le système nerveux étant celui dont la disposition offre le plus de persistance dans les groupes naturels, il n'y a pas lieu de s'attendre à trouver de

---

(1) *Uebersicht*, etc., p. 37, tab. vi, fig. 67. M. Koch se trompe en attribuant trois paires d'yeux latéraux aux espèces de ce groupe. Cette erreur a déjà été rectifiée par M. Gervais.

(2) *Hist. des Ins. Aptères*, t. III, p. 64. — Voyez, pour les espèces, Scorpio maurus, De Geer, *Mém.*, t. VII, p. 337, pl. xl, fig. 1-8, Herbst *Scorpionen*, p. 52, pl. vi, fig. 4.— S. Van Benedenii et S. Granosus Gerv., du Mexique. Gervais, *Hist. des Ins. Apt.*, t. III, p. 65, et les Brotheas décrits par Koch, *Die Arachniden*, Bd. IV. VIII et X.

(3) *Vorläufige Uebersicht*, etc., p. 3.

(4) M. Koch a décrit comme des espèces particulières une série de variétés du Scorpion flavicaude ou européen. — Voyez *Die Arachniden*.

notables modifications chez les Scorpionides. Néanmoins l'importance de tout caractère fourni par cet appareil est telle, qu'on ne saurait négliger de porter son attention même sur des détails.

Chez tous les Scorpionides, les centres nerveux occupent les mêmes positions; la distance qui les sépare les uns des autres, ou la longueur des connectifs qui les unissent, ne varie que suivant exactement l'allongement de la portion caudiforme de l'abdomen. Quant aux nerfs, c'est leur grosseur seule qui diffère, et naturellement elle est en rapport avec le développement que prennent les pattes-mâchoires et la portion caudiforme de l'abdomen.

En décrivant le système nerveux du Scorpion roussâtre (*S. occitanus*), nous avons indiqué avec exactitude sur quel point les deux cordons de la chaîne ganglionnaire étaient réunis, sur quel point ils étaient séparés. C'est relativement à cette réunion ou à cette séparation des deux cordons de la chaîne ganglionnaire qu'il y a quelque chose à observer parmi les Scorpionides. Il n'est pas besoin de dire que le système nerveux des espèces tout à fait voisines de notre Scorpion, considéré comme type (*S. occitanus*), est en tout semblable à celui que nous avons décrit. Dans les Scorpions pourvus de cinq paires d'yeux latéraux (*Androctonus*), les nerfs optiques dévolus à ces organes se partagent comme chez les autres en trois branches; mais de la branche postérieure part une branche plus grêle, qui se divise en deux filets, se rendant aux yeux supplémentaires. Le Scorpion funeste de l'Algérie (*Androctonus funestus*, Hempr. et Ehr.) nous offre du reste un système nerveux analogue à celui du S. roussâtre, avec cette différence que les noyaux médullaires de la portion caudiforme de l'abdomen sont sensiblement plus volumineux, et que la structure en est plus apparente.

Dans ces Scorpions, désignés par les auteurs sous les noms de *Tityus* et de *Telegonus*, la chaîne ganglionnaire ne diffère véritablement pas de celle de notre type. Chez les espèces grêles, au contraire, les *Lychas*, dont les pattes-mâchoires sont effilées, il y a un fait important à noter, les deux cordons de la chaîne ganglionnaire demeurent séparés depuis leur origine. La centralisation n'est pas portée ici au même degré que dans la plupart des autres représentants de la famille.

D'un autre côté, les grandes espèces de *Buthus* (*Scorpio afer*, Linné, et les espèces voisines), où les caractères propres aux Scorpions sont plus prononcés que partout ailleurs, nous offrent un exemple de plus grande centralisation. Les deux cordons de la chaîne ganglionnaire sont réunis, non-seulement dans toute la portion élargie de l'abdomen, mais encore dans le premier zoonite de la portion caudiforme (1). Nous avons vu les caractères de ces grands Scorpions s'affaiblir chez certaines espèces, comme le Scorpion palmé de l'Algérie (*Scorpio palmatus*); nous retrouvons ici le système nerveux dans le même état que chez notre type (*S. occitanus*); les nerfs pédiomaxillaires ont seulement un volume plus considérable, les appendices auxquels ils se rendent étant très-développés.

Chez les espèces où les appendices pectiniformes n'ont plus qu'un petit nombre de lamelles, où la portion caudiforme de l'abdomen est grêle et courte, où enfin les caractères du groupe sont atténués, c'est-à-dire chez les Ischnures (*Ischnurus*, Koch) et chez les Scorpions où il n'existe plus que deux paires d'yeux latéraux (*Scorpius*, Hempr. et Ehrenb.); les deux cordons de la chaîne ganglionnaire sont séparés depuis leur origine, de même que chez les *Lychas*; les ganglions de la portion caudiforme

___

(1) Newport a décrit et représenté très-exactement le système nerveux du *Scorpio afer*, *On the structure, relations and development of the nervous and circulatory systems and on the existence of a complete circulation of blood in vessels in Myriapoda and Macrourous Arachnida.* — *Philosophical Transactions of the royal society of London*, part. ii, p. 243 (1843). M. Léon Dufour, examinant le système nerveux du *Scorpio occitanus*, et ne trouvant pas les deux cordons de la chaîne ganglionnaire confondus comme ils sont représentés dans la figure donnée par Newport, a cru pouvoir accuser cet auteur d'inexactitude. — *Observations sur l'anatomie des Scorpions.* — *Annales des sciences naturelles*, 3ᵉ série, t. XV, p. 249 (1851).

Nous rappelons ce fait pour montrer qu'il est bon de ne pas généraliser avant de posséder tous les éléments qui permettent la généralisation.

de l'abdomen sont aussi plus petits proportionnellement que partout ailleurs. Il est à peine besoin de dire que chez ces derniers les nerfs optiques latéraux n'ont plus que deux branches.

Les divers degrés de centralisation du système nerveux que nous venons de constater chez les Scorpionides sont bien appréciables; pourtant ils sont faibles, puisqu'en aucun cas nous ne voyons les noyaux médullaires être manifestement ou plus écartés ou plus rapprochés. Néanmoins, avons-nous dit, ces légères différences ne doivent pas être laissées inaperçues. Il importe, en effet, d'en saisir le caractère. S'appliquent-elles à de petits groupes naturels, c'est-à-dire à des espèces déjà rapprochées par d'autres particularités? Il est facile de voir qu'il n'en est pas ainsi. Les Scorpions désignés sous les noms génériques de *Tityus* et de *Telegonus* ont la chaîne ganglionnaire centralisée au même degré que le Scorpion roussâtre. Les *Lychas*, si voisins de ces *Tityus* et de ces *Telegonus*, qu'ils ne s'en distinguent en réalité que par leurs formes grêles, n'offrent plus le même degré de centralisation. Dans les grands *Buthus*, cette centralisation du système nerveux est la plus prononcée qui ait été observée parmi les Scorpionides, tandis que chez d'autres *Buthus*, ressemblant aux premiers par la plupart des détails de leur organisation (*Scorpio palmatus*), la chaîne ganglionnaire se trouve être centralisée seulement au même degré que chez le Scorpion roussâtre (*Scorp. occitanus*).

Entre les différences que nous avons signalées, toutes les nuances, tous les intermédiaires doivent se rencontrer, et d'une manière si insensible, qu'on parviendrait difficilement à les préciser. L'observation met ce fait hors de doute : que la centralisation du système nerveux augmente si les caractères propres au groupe se prononcent fortement, qu'elle diminue   si les caractères s'affaiblissent. Les grands *Buthus*, où le développement des pattes-mâchoires et de la portion caudiforme de l'abdomen est porté au plus haut degré, ont, entre tous les Scorpionides, le système nerveux le plus centralisé; les *Ischnurus* et les *Scorpius*, où ce développement n'est pas poussé aussi loin, ont le système nerveux le moins centralisé, de même que les *Lychas*, qui paraissent être les représentants dégradés de la forme offerte avec de très-légères modifications par le Scorpion roussâtre, les *Androctonus, Tityus, Telegonus,* etc.

D'après les faits déjà constatés, il devient évident que les différences les plus notables qui se montrent entre les représentants de la famille des Scorpionides sont dues à un état de développement plus ou moins avancé. Si l'on considère comme le développement typique celui qui est offert par le plus grand nombre d'espèces, le *Scorpio occitanus* peut être pris comme exemple. On trouve alors qu'il y a excès de développement chez les grands *Buthus,* arrêt de développement au contraire chez les *Lychas*, les *Ischnurus,* les *Scorpius*, etc. Mais, en même temps, il faut reconnaître que l'excès ou l'arrêt de développement se manifeste tantôt assez uniformément sur toutes les parties de l'animal, tantôt seulement sur quelques parties ou même sur une seule.

Les faits qui vont se produire successivement achèveront de nous éclairer sur la nature des modifications dans la famille des Scorpionides.

Organes de la vision. Chez les Scorpionides, les yeux varient sous le rapport du nombre et aussi sous le rapport de la grosseur. Ce nombre est de six ou de trois paires chez la plus grande partie des espèces, ayant tous à peu près le même diamètre ; cependant il y en a quelquefois deux de plus (*Centrurus* et *Vœjovis*), ou même quatre de plus (*Androctonus*). Or ces yeux, qui apparaissent chez certains Scorpions et que nous avons appelés supplémentaires, sont toujours très-petits comparativement aux

autres ; ils semblent être venus s'ajouter comme après coup aux trois paires ordinaires. Cette interprétation devient un fait lorsqu'on examine plusieurs de ces Scorpions, auxquels on a attribué cinq paires
d'yeux latéraux, et qui en réalité en ont seulement trois ; à la place où ailleurs se trouvent les yeux supplémentaires (*Androctonus*), il existe deux tubercules plus transparents que les autres, ressemblant de
la sorte à de petites cornées ; au-dessous on distingue même parfois un peu de matière pigmentaire. Il
n'y a pas là d'organes de vision constitués, il n'y a pas de nerfs optiques, mais on reconnaît des traces
d'yeux en voie de formation. C'est donc par suite d'un développement excessif que certains Scorpions se
trouvent être pourvus de cinq paires d'yeux latéraux, ou en totalité de douze yeux ; le fait est démontré par les espèces où ce développement, ayant commencé à s'effectuer, s'est bientôt arrêté. Il
paraîtra plus manifeste encore quand nous allons suivre la formation des organes de la vue chez les
embryons.

D'un autre côté, si le nombre ordinaire des yeux augmente chez plusieurs représentants de la
famille, il diminue chez d'autres. Les Scorpions (*Scorpius* Hempr. et Ehrenb.) dont le type est l'espèce la plus répandue en Europe (*Scorpio flavicaudus* de Geer, *Scorpio europæus* Schrank) n'ont que
deux paires d'yeux sur les côtés ; ceux de la troisième paire ont totalement disparu ; or, chez des espèces appartenant à la division des *Ischnurus ,* où il y a six yeux latéraux ; les deux postérieurs sont
beaucoup plus petits que les antérieurs ; ici déjà on constate un arrêt de développement ; cet arrêt devient total dans notre type d'Europe (*Scorpio flavicaudus*).

Ainsi, dans ce nombre variable des yeux chez les Scorpionides, nous trouvons, comme pour le
système nerveux, qu'il s'agit de différences dues soit à un perfectionnement, soit à une dégradation
de ces organes ; différences pouvant se produire entre les espèces les plus voisines sous tous les
rapports.

Appareil digestif. — D'après ce qui précède, on a pu voir déjà combien sont faibles les modifications organiques entre tous les représentants de la famille des Scorpionides, mais encore dans les
formes extérieures, dans le volume des muscles, dans le degré de centralisation du système nerveux,
dans le nombre des organes de la vision, avons-nous eu à mentionner divers détails plus ou moins
notables. A l'égard du système digestif il n'y a vraiment plus rien à signaler après la description de
cet appareil chez le Scorpion roussâtre (*Scorpio occitanus*). Dans tous les types des nombreuses divisions génériques que nous avons énumérées, le tube alimentaire et ses annexes offrent une complète
ressemblance.

Chez les espèces dont la portion caudiforme de l'abdomen est remarquablement élargie (*Androctonus
funestus* Hempr. et Ehrenb.), on aurait pu s'attendre à trouver quelque particularité, il n'en est rien
cependant ; le tube digestif a les mêmes proportions, le gros intestin n'est pas plus renflé ; les
glandes salivaires sont disposées exactement de la même façon ; on retrouve les mêmes lobes
principaux. Dans les *Tityus* et les *Telegonus* (*Scorpio Ehrenbergii* Gerv.), tout est pareil encore.
Les *Lychas*, à raison de leurs formes grêles, devaient être examinés sous ce rapport, mais il ne s'est
trouvé là rien non plus qui mérite d'être noté. Partout l'œsophage, l'estomac, les glandes stomacales, l'intestin, sont dans les mêmes proportions ; les canaux biliaires sont espacés et dirigés d'une
manière semblable, et tout ce que l'on constate, c'est que le foie est plus volumineux dans les espèces
dont le corps est très-renflé, comme les *Buthus ,* qu'il l'est moins dans les espèces dont le corps est
très-grêle, c'est-à-dire les *Lychas*, et que cette légère différence coïncide de la façon la plus exacte

15

avec la grosseur de la portion large de l'abdomen, absolument comme la longueur du gros intestin coïncide avec l'allongement de la partie caudiforme.

Chez les Scorpions dont le corps est assez large et la portion caudiforme de l'abdomen fort grêle (*Ischnurus*, *Scorpius*, — *Scorpio europæus*), le gros intestin n'est pas sensiblement moins renflé que chez les autres; dans cette partie du corps si amincie, ce sont particulièrement les muscles qui ont perdu de leur volume ordinaire. Cette similitude dans l'appareil alimentaire de tous les représentants de la famille des Scorpionides doit sans doute peu surprendre, car chez ces animaux, si voisins les uns des autres à tous égards, le régime est toujours le même.

*

Organes de la respiration. — La position qu'occupent les poumons est identique chez tous les Scorpionides. Quant au nombre de ces organes, il est regardé depuis longtemps comme tout à fait caractéristique de cette famille d'Arachnides; il doit être déclaré tel dans l'état présent de nos connaissances, touchant les espèces disséminées dans les différentes régions du monde. Les poumons des Scorpionides, relativement à la dimension du corps, sont un peu plus ou un peu moins volumineux; il s'agit ici, à la vérité, d'une différence fort légère, mais pourtant appréciable. Notre Scorpion roussâtre (*Scorpio occitanus*) étant toujours pris comme exemple, nous observons que, chez les *Lychas*, les organes respiratoires sont plus réduits, qu'ils sont plus larges, au contraire, dans les grands *Buthus*. Les poumons ont naturellement un volume en rapport avec la quantité de sang qui leur est amené dans un même espace de temps. Or, chez les espèces dont les pattes-mâchoires sont très-minces, de même que la portion caudiforme de l'abdomen, la masse du fluide nourricier qui revient de ces parties, étant beaucoup plus faible que chez les espèces dont les pattes-mâchoires ont un développement énorme, il s'ensuit que, dans un cas, ils n'ont pas autant de sang à recevoir que dans l'autre, et qu'ils occupent un peu moins ou un peu plus de place dans la cavité abdominale. Cette légère différence de volume des organes respiratoires ne paraît pas due seulement à la dimension des lamelles pulmonaires, mais encore à leur nombre. Dans les *Lychas*, ce nombre est plus faible; dans les *Buthus*, il est plus élevé que dans les autres divisions de la famille des Scorpionides. Cependant il est besoin d'un temps si considérable pour isoler toutes ces lamelles sans en briser et sans en perdre, que nous avons renoncé à les compter exactement dans une série d'espèces, ne voyant pas un intérêt bien réel à faire ce dénombrement d'une manière rigoureuse.

*

Appareil circulatoire. — Plus encore que pour l'étude de tout autre système organique, il est souvent indispensable et toujours désirable d'avoir des animaux vivants, s'il s'agit de l'appareil de la circulation; dans bien des cas, c'est là une grande difficulté. Aussi n'avons-nous pu suivre l'ensemble du système vasculaire que chez un fort petit nombre de Scorpionides. Outre notre type (*Scorpio occitanus*), les seules espèces dont nous ayons obtenu des individus vivants sont le Scorpion funeste (*Androctonus funestus*) et le petit Scorpion d'Europe (*Scorpio flavicaudus* ou *europæus*). Là, tout a pu être examiné au moyen d'injections. C'était déjà un point important pour nos comparaisons : néanmoins fallait-il s'en contenter? Tenant à porter nos investigations sur un plus grand nombre d'espèces, nous avons eu recours à des individus conservés dans l'esprit de vin, dont les tissus étaient demeurés dans un état satisfaisant; de la sorte, il nous a été possible encore de nous assurer de plus d'un fait. On n'a pas oublié à quel point Newport a réussi à suivre le système artériel chez le Scorpion africain (*Buthus afer*), n'ayant à sa disposition que des individus qui avaient longtemps séjourné dans la liqueur. Le résultat général de nos recherches a été de reconnaître dans la distribution et les ramifications des vaisseaux artériels et des canaux veineux le même plan jusque dans les détails ; ce qui est en accord complet avec nos observations, touchant les autres systèmes organiques. A l'égard de l'appareil circulatoire, des indices de perfectionnement ou de dégradation se manifestent dans les types où nous les avons constatés à l'égard des autres appareils.

Le cœur varie un peu sous le rapport de sa longueur , et légèrement aussi sous le rapport des étranglements que présente chacune de ses divisions ou de ses chambres. Sa longueur correspond toujours à celle de la portion large de l'abdomen; ses étranglements, plus ou moins prononcés, correspondent à la solidité de ses parois. Dans les Scorpions les plus voisins de notre type (*Scorpio occitanus*), de même que chez les espèces pourvues de cinq paires d'yeux latéraux (*Androctonus quinquestriatus* et *A. funestus*), le cœur est absolument tel que nous l'avons décrit (1). Plusieurs Scorpionides d'Amérique (*Telegonus Ehrenbergii*, Gerv. *Scorpio Edwardsii*, Gerv.) ne nous ont offert encore aucune différence. Au contraire, chez ceux dont le corps est très-grêle (*Lychas*, — *Scorpio americanus* et *Sc. maculatus*, de Geer.), nous avons trouvé le cœur plus cylindrique et à parois plus faibles; c'est qu'ici, où les pattes-mâchoires et la portion caudiforme de l'abdomen sont très-minces, la masse de sang qu'il doit chasser est plus faible qu'ailleurs. D'un autre côté, les grands *Buthus* (*Scorpio afer*, Lin.), qui présentent dans toutes leurs parties un si beau développement, ont le cœur relativement à parois épaisses avec toutes les chambres fortement étranglées. Ces étranglements se remarquent encore, quoiqu'un peu affaiblis, dans d'autres espèces appartenant au même type , mais déjà moins élevées , sous le rapport de leur développement (*Scorpio palmatus, S. capensis*, Herbst, genre *Opisthophthalmus*, Koch); ils s'effacent à peu près chez certains *Ischnurus* et chez le petit Scorpion d'Europe (*Sc. flavicaudus*), où le cœur devient plus court que dans les autres représentants de la famille, comme l'indique la forme de l'abdomen.

Nous n'insisterons pas sur les modifications du système artériel. Les artères se ramifient de la même manière chez tous les Scorpionides; leur volume seul diffère, principalement pour les pédiomaxillaires et l'uroïdale. Cette dernière fournit des branches très-grosses dans le Scorpion funeste (*Sc. funestus*); et bien injectée, elle a un fort bel aspect. Pour les *Lychas*, la dissection nous a permis de reconnaître que les artères des pattes-mâchoires n'étaient pas beaucoup plus fortes que celles des pattes ambulatoires , et que l'artère uroïdale était extrêmement grêle. Chez les *Buthus* (*Scorpio afer*), les artères pédiomaxillaires sont énormes; elles sont fortes encore dans notre petit Scorpion d'Europe, où l'artère uroïdale devient très-faible, même dès son origine.

Le système veineux ne diffère entre tous les représentants de la famille des Scorpionides que par la constitution plus ou moins parfaite des principaux canaux. Chez le Scorpion funeste, les canaux veineux inférieurs de l'abdomen sont tapissés par une membrane mieux constituée , et par conséquent plus facile à isoler que chez le Scorpion roussâtre (*Scorpio occitanus*). Ce perfectionnement se montre dans la plupart des principaux troncs, chez le grand Buthus (*Scorpio afer*). Dans la petite espèce européenne (*Scorpio flavicaudus*), les canaux veineux de l'abdomen sont manifestement moins bien indiqués ; mais comme ils sont étroits, la pression qu'exerce le sang dans son passage à travers ces conduits se trouvant faible , ils ont la solidité nécessaire pour résister, et tout se passe comme chez les espèces les plus parfaites.

(1) Pag. 76.

Organe du venin. — Cet organe est le même chez tous les Scorpionides. Il n'offre de différence que dans son volume, et ce volume se trouve exactement indiqué à l'extérieur par la grosseur du zoonite caudal. On sait que la dimension de ce zoonite n'est pas toujours précisément dans le même rapport avec celle du corps. Ainsi le Scorpion funeste, qui a la portion caudiforme si élargie, n'a pas le zoonite caudal beaucoup plus gros que le Scorpion roussâtre; le volume des glandes vénénifiques diffère bien peu entre ces deux espèces. Le Scorpion funeste a été souvent signalé comme infiniment plus dangereux que son congénère; c'est à lui surtout que M. le docteur Guyon a attribué la plupart des accidents graves qui seraient survenus en Algérie; mais, comme déjà nous l'avons donné à penser, il y a tout lieu de croire que ces récits ne sont pas exempts d'exagération. Les grands *Buthus* de l'Inde et des contrées intertropicales de l'Afrique ont leur zoonite caudal et leurs glandes vénénifiques d'un volume médiocre relativement à la dimension de leur corps; toujours est-il que l'appareil du venin est là assez développé pour fournir une éjaculation bien plus abondante que celui des Scorpions du midi de l'Europe et de l'Algérie. La piqûre de ces espèces doit donc produire des effets plus fâcheux. Il n'est pas impossible non plus que l'énergie du venin ne soit pas absolument la même chez toutes les espèces, que cette énergie varie aussi suivant les climats; mais à cet égard, nous n'avons la connaissance d'aucun fait qui mérite d'être pris en considération.

*

Organes de la génération. — Déjà nous l'avons dit (1), en étudiant une nombreuse série d'espèces de Scorpionides, on observe plus de différences dans les organes génitaux que dans toute autre partie de l'organisme. C'est là, du reste, un fait général qu'on remarque dans la plupart des groupes du règne animal lorsqu'ils sont composés d'éléments homogènes. C'est seulement entre les espèces tout à fait voisines que les organes de la génération sont conformés exactement de la même manière; c'est seulement dans ce cas que la reproduction peut avoir lieu par l'union d'espèces distinctes. Il y en a des exemples multipliés parmi les vertébrés. Il n'en est pas ainsi chez les invertébrés, par la raison que les rapprochements entre individus d'espèces différentes ne se produisent guère qu'en captivité. Les mêmes expériences n'ont donc pu être faites; mais il est à croire que pour des Arachnides ou des Insectes placés dans des conditions analogues à celles où se trouvent placés nos animaux domestiques, on obtiendrait beaucoup de résultats de même nature.

Entre les types principaux de la famille des Scorpionides, les différences que présentent les organes génitaux, tout en étant appréciables, sont néanmoins fort légères; entre les espèces voisines, c'est une similitude presque entière.

*

Appareil mâle. — Les organes de la génération des Scorpions pourvus de cinq paires d'yeux latéraux (*Androctonus quinquestriatus* et *A. funestus*) ont une ressemblance complète avec ceux de notre type (*Scorpio occitanus*). Chaque testicule consiste toujours en un tube bifurqué dont les deux branches sont réunies par des canaux transversaux, de façon à former quatre larges mailles. Plusieurs individus du Scorpion funeste nous ont présenté cette disposition d'une manière régulière. Les fourreaux des verges ont également les mêmes proportions que chez le Scorpion roussâtre; les vésicules séminales nous ont

(1) Page 99.

paru seulement plus volumineuses dans tous les cas. La pièce de consistance coriace qui constitue la partie principale de la verge ne diffère pas non plus de celle de notre type; elle est toutefois un peu plus large surtout inférieurement.

Dans les espèces américaines (*Scorpio Edwardsii, Scorpio (Telegonus) Ehrenbergii*, etc.), les testicules ressemblent tout à fait à ceux des espèces précédentes, mais les verges en diffèrent à quelques égards; elles sont plus courtes, plus massives, avec les vésicules séminales assez renflées. La pièce solide des verges est naturellement plus courte; elle a aussi une forme un peu particulière; elle s'élargit vers le bas et présente sur le bord une ou deux dents. Les Lychas (*Scorpio americanus* et *maculatus*) s'éloignent très-peu des autres espèces américaines sous le rapport de leurs organes génitaux. Cependant il y a ici quelque chose à noter : les deux testicules sont confondus par leur portion supérieure ; sur la ligne médiane, il n'existe d'abord qu'un seul tube qui se bifurque après un court trajet. Les verges sont très-courtes et presque aussi larges en arrière qu'en avant, et leur pièce coriace porte deux grandes dents sur son bord externe.

Les grands Scorpions de l'Afrique et de l'Asie (*Buthus*) s'éloignent sous certains rapports de tous les précédents. Les organes de la génération du Buthus africain (*Scorpio afer* Lin.) ont déjà été observés par M. Duvernoy (1); nous les avons examinés de nouveau dans cette espèce, ainsi que dans le Buthus du Bengale (*Buthus Bengalensis* Koch). Chez ces géants de la famille des Scorpionides, les testicules, toujours indépendants l'un de l'autre, sont conformés comme chez les espèces que nous avons mentionnées précédemment, seulement les deux branches, réunies comme d'ordinaire par leur extrémité inférieure, ne sont en communication sur leur trajet que par deux canaux transversaux, de telle sorte que chaque testicule ne présente que trois grandes mailles au lieu de quatre. Les verges se font remarquer par leur forme massive; elles sont courtes et épaisses, renflées au milieu et légèrement recourbées en dehors à leur extrémité; leur pièce coriace est un peu sinueuse, dentelée au bout sur ses deux bords avec la tige grêle et fort courte. Ici il n'existe plus qu'une glande séminale, l'inférieure qui est oblongue; nous n'avons aperçu aucune trace des vésicules supérieures.

Chez le Scorpion palmé de l'Algérie (*Buthus palmatus*), les organes générateurs mâles ressemblent presque complétement à ceux des grands *Buthus ;* les testicules forment de même trois grandes mailles; mais les verges sont porportionnellement un peu plus courtes et plus épaisses. La même disposition, les mêmes formes nous ont encore été offertes par le type du genre Opisthophthalmo de M. Koch (*Scorpio capensis* Herbst).

Le petit Scorpion d'Europe (*Scorpio flavicaudus* de Geer) ne s'éloigne guère des précédents sous le rapport de la configuration des organes génitaux; ce sont toujours des testicules dont les tubes, assez gros dans cette espèce, forment trois grandes mailles; seulement ici les testicules ne sont plus indépendants l'un de l'autre, comme chez tous les autres Scorpionides que nous avons déjà examinés; ils sont réunis en avant. Les verges sont courtes et terminées en pointe; il n'y a qu'une seule vésicule séminale à l'extrémité du conduit déférent, comme chez les *Buthus*. Nous n'avons pu étudier qu'une seule espèce d'*Ischnurus* encore inédite, provenant des îles Philippines. Il y a ici une différence frappante avec ce qui existe chez le petit Scorpion d'Europe; elle nous est offerte par les testicules : dans le Scorpionide de l'Inde, ces organes sont complétement réunis l'un à l'autre; de la sorte il y a seulement trois tubes longitudinaux comme pour les Ovaires. Il est digne de remarque de voir, dans les espèces les plus dégradées, la ressemblance entre les organes mâles et les organes femelles devenir plus manifeste.

(1) *Fragments sur les organes de la génération de divers animaux.* — *Mémoires de l'Académie des sciences*, t. xxiii, p. 185 et 195, pl. v, fig. 1-7 (1853).

Appareil femelle. — A l'égard des organes génitaux des femelles, nous avons à constater des ressemblances et des différences analogues à celles que nous avons signalées relativement aux organes mâles, des différences même un peu moindres, ainsi qu'il arrive d'ordinaire chez les femelles.

Parmi les espèces pourvues de cinq paires d'yeux latéraux, nous avons examiné les ovaires, principalement chez le Scorpion funeste (*Androctonus funestus*); la ressemblance avec ce que nous avons décrit chez notre type est telle que nous ne saurions mentionner aucune particularité vraiment appréciable. Il en est de même pour les espèces américaines (*Scorpio Edwardsii* et *Ehrenbergii*); les mailles formées par les conduits ovariques un peu plus ou un peu moins larges, les oviductes un peu plus ou un peu moins longs, ces variations étant toujours extrêmement légères, c'est à cela que se réduisent les différences qui nous ont paru saisissables.

Chez les *Lychas* (*Scorpio americanus* et *maculatus*), nous avons constaté une petite particularité. Les ovaires des femelles que nous avons disséquées avaient leur tube médian longitudinal séparé en deux conduits dans la troisième maille, la réunion s'opérant à l'origine des conduits transverses.

Les grands Scorpions de l'Afrique et de l'Asie (*Buthus*) diffèrent notablement de tous les précédents en ce qui concerne leurs ovaires. La disposition fondamentale, il est vrai, reste la même, mais avec quelques modifications bien sensibles. Il y a toujours trois tubes longitudinaux réunis par des conduits transversaux; seulement ceux-ci ne sont plus qu'au nombre de trois au lieu de quatre comme chez notre type et ceux qui s'en rapprochent à tous égards. Comme on le voit, il y a pour les ovaires une modification entièrement analogue à celle que nous avons signalée pour les testicules.

Une différence plus frappante encore nous est fournie par les capsules ou loges ovariques. Au lieu de former une simple enveloppe appliquée sur l'œuf, comme dans les autres Scorpionides, elles sont longues, étranglées à leur origine, et prolongées en un appendice tubuleux plus ou moins contourné et terminé en cœcum (1). C'est une disposition très-caractérisée chez le type de la division des *Buthus* (*Scorpio afer*); nous l'avons retrouvée chez plusieurs espèces voisines, notamment dans le Buthus du Bengale (*Buthus Bengalensis* Koch).

Nous avons signalé les rapports existant dans la conformation des organes générateurs mâles du Scorpion palmé de l'Algérie (*Buthus palmatus*), avec ceux des grands *Buthus;* des rapports semblables et peut-être plus étroits encore se font remarquer à l'égard des ovaires. Les conduits ovariques sont disposés exactement de la même façon, mais les capsules sont plus ovalaires, et l'appendice qui les termine acquiert une longueur considérable; ce prolongement tubuliforme se contourne irrégulièrement, de telle sorte que l'on trouve un véritable enchevêtrement de tous les appendices ovariques, lorsqu'on vient à en faire la dissection.

Le Scorpion de l'Afrique centrale, qui est devenu le type du genre *Opisthophthalmus* de M. Koch (*Scorpio capensis* Herbst), nous a présenté des ovaires très-semblables à ceux du Scorpion palmé; le mauvais état de conservation de l'individu que nous avons disséqué ne nous a pas permis toutefois d'en faire une comparaison extrêmement approfondie.

Le petit Scorpion d'Europe (*Scorpio flavicaudus* ou *Europæus*, type du genre *Scorpius* Hempr. et Ehrenb.), ainsi que nous l'avons dit précédemment, a été étudié par plusieurs anatomistes; ses ovaires ont été décrits et représentés avec plus ou moins d'exactitude, par Treviranus et Duvernoy. Dans ce type, il y a seulement trois grandes mailles comme chez les *Buthus*, mais les loges ovariques, tout à fait dépourvues de prolongement, ressemblent à celles du Scorpion roussâtre (*Scorpio occitanus.*) Le petit

---

(1) Une figure de l'ovaire du *Buthus afer* a été donnée par M. Duvernoy. — *Fragments sur les organes de la génération de divers animaux.* — *Mémoires de l'Académie des sciences,* t. XXIII, pl. V, fig. 1.

Ischnure des îles Philippines, que nous avons cité à propos des organes mâles, a les ovaires conformés sur le même plan que ceux du Scorpion d'Europe; on n'observe même pas la moindre différence entre ces deux espèces.

Nous n'avons rencontré aucune transition entre les loges ovariques arrondies et les loges à prolongement tubuliforme. Il est probable cependant, qu'il y a des intermédiaires, des passages entre ces deux formes; aussi regrettons-nous de ne pas avoir eu l'occasion de disséquer un plus grand nombre d'espèces. Quelques Ischnures de grande taille se rapprochent plus que les autres des *Buthus;* peut-être chez ceux-là les ovaires présentent-ils la forme intermédiaire qui a échappé à nos recherches.

N'ayant pu étudier aucun Buthus sur des individus vivants, l'incertitude, il est vrai, nous reste touchant le rôle de ces prolongements des loges ovariques qui existent seulement dans un nombre assez restreint des représentants de la famille des Scorpionides. Nous avons ouvert de ces appendices tubuliformes chez plusieurs individus: les uns se sont trouvés complétement vides, les autres plus ou moins remplis d'une matière réduite en pulpe. Nous inclinons à croire que là commence à se développer un germe qui passe dans la loge ovarique, quand l'embryon qu'elle contenait en a été expulsé. S'il en était ainsi, on comprendrait l'absence d'intermédiaires entre les deux formes de loges ovariques, observées parmi les Scorpions; pourtant, il est ordinaire de voir dans la nature de ces vestiges, de ces témoins qui établissent les transitions.

Ces recherches sur l'organisation des espèces les plus différentes du groupe des Scorpionides, nous semblent montrer avec toute l'évidence possible une complète unité de plan dans la conformation des représentants de cette famille zoologique. Nous sommes donc conduit à les regarder comme constituant un seul genre, se partageant d'une manière assez naturelle en deux sections.

La considération seule des caractères extérieurs, comme on a vu précédemment (1), avait déjà amené à envisager de la sorte ce groupe de la classe des Arachnides. Toutes les divisions que plusieurs naturalistes ont voulu y établir sous le nom de genres, doivent ainsi prendre un rang tout à fait secondaire et servir seulement à rapprocher les espèces voisines de façon à rendre les déterminations plus faciles; encore serait-il souvent fort malaisé de placer certains Scorpions dans une division plutôt que dans une autre sans agir arbitrairement et par conséquent sans profit aucun, et peut-être même avec désavantage.

En effet, chaque caractère invoqué pour toute réunion d'espèces s'évanouit si l'on porte partout une observation attentive. Le nombre des yeux latéraux, variable de deux à cinq paires chez les Scorpionides, avait paru devoir être employé pour des distinctions génériques; on reconnaît bientôt que des espèces également pourvues sous le rapport des organes visuels sont les plus dissemblables sous les autres rapports, comme les *Lychas* et les *Buthus,* et alors on cherche d'autres caractères dans des parties dont les légères variations ont moins d'importance encore.

Nos recherches anatomiques nous semblent avoir établi surabondamment que le nombre des yeux latéraux ne suffit pas pour donner la moindre idée de l'affinité des espèces entre elles, les plus voisines pouvant présenter à cet égard des différences dues à leur état de perfectionnement plus ou moins avancé. La preuve nous en a été fournie par ces yeux si réduits des Scorpions, dont on a formé les genres *Centrurus, Vœjovis* et *Ischnurus,* et ces yeux de notre type (*Scorpio occitanus*) dont le développement ne s'est pas achevé.

(1) Page 14.

Les appendices pectiniformes ont fixé l'attention des classificateurs; le nombre de leurs lamelles ou de leurs dents a paru pouvoir servir à caractériser des divisions génériques; mais, nous l'avons vu, la série de ces lamelles, si variables entre les Scorpions les plus voisins, ne caractérise pas même les espèces; une différence dans leur nombre se montre entre les individus d'une même espèce, entre les deux appendices d'un même individu, suivant que quelques-unes des tiges se développent ou avortent.

Maintenant, si l'on a recours aux proportions des mains, des pattes-mâchoires et de la portion caudiforme de l'abdomen, ce sont des passages insensibles ne permettant nulle part de tracer une limite en harmonie avec les faits.

L'exagération ou l'amoindrissement des caractères typiques des Scorpionides, avons-nous remarqué, sont dus évidemment à cet état de développement plus ou moins avancé, ainsi que l'attestent les divers degrés de centralisation du système nerveux que nous avons observés; or, ceci ne doit jamais figurer parmi les particularités de nature à rapprocher ou à éloigner des espèces les unes des autres. Combien d'exemples avons-nous, dans le règne animal, d'êtres chez lesquels les individus des deux sexes d'une espèce n'arrivent pas au même degré de perfection organique?

L'organisation intérieure offre-t-elle, chez les Scorpionides, des modifications coïncidant avec les nuances signalées dans les formes extérieures? Certes, en général, il est loin d'en être ainsi, comme nous pensons l'avoir prouvé. Le système nerveux absolument invariable dans tous les détails de sa disposition, entre tous les représentants de cette famille zoologique, présente juste de légères différences de centralisation, ainsi que cela se voit chez des embryons d'une même espèce observés à quelques jours, à quelques heures d'intervalle.

L'appareil digestif se montre partout semblable; les organes respiratoires, le cœur, les principaux vaisseaux ne varient, et encore assez faiblement, que sous le rapport du volume. Les organes de la génération fournissent-ils d'autres indications? Nous ne le pensons guère.

Les espèces dont on a formé les genres *Androctonus*, *Prionurus*, *Tityius*, *Atreus*, *Telegonus*, *Centrurus*, *Vœjovis*, *Lychas* ou *Isometrus*, ont les organes mâles et femelles presque identiques; les verges atteignent un peu plus de longueur dans les unes que dans les autres, mais on ne saurait signaler nulle part un caractère vraiment différentiel. D'un autre côté, les espèces dont on a composé les genres *Buthus*, *Heterometrus*, *Opisthophthalmus*, *Ischnurus*, *Brotheas* ou *Chactas* et *Scorpius*, qui présentent un peu moins d'uniformité que les précédentes, ne nous semblent pas néanmoins devoir être séparées. L'union des deux testicules qui se remarque dans les Ischnures et le petit Scorpion d'Europe, ne saurait être considérée comme un caractère considérable, puisque ici et ailleurs nous voyons la réunion ou la désunion des deux testicules ou des deux ovaires s'effectuer partiellement. La forme des loges ovariques pourrait être regardée comme un caractère d'une plus haute valeur, mais néanmoins nous ne croyons pas devoir attribuer une extrême importance à cette forme, qui ne coïncide avec aucune autre modification bien appréciable.

Entre les *Androctonus* et les genres que nous en rapprochons d'une part, et les *Buthus* avec les genres que nous avons énumérés à la suite, d'autre part, on constate une différence sensible dans l'appareil mâle comme dans l'appareil femelle. Chez les premiers, les testicules et les ovaires figurent quatre mailles; chez les autres trois seulement, en outre, il y a certaines dissemblances que nous avons signalées dans les vésicules séminales et les verges. C'est en considération de ces faits que nous voyons les espèces du genre Scorpion se grouper d'une manière naturelle en deux sections. Celles de la seconde section ont généralement le corps plus large que celles de la première, les mains des pattes-mâchoires plus massives, le tégument plus solide.

Famille des THÉLYPHONIDES (*THELYPHONIDÆ*).

Les caractères zoologiques qui séparent les Thélyphonides des autres familles du même ordre sont faciles à saisir. Ces Arachnides ont le corps assez allongé et déprimé ; des yeux au nombre de huit, dont deux plus grands que les autres et rapprochés sur la ligne médiane, tout à fait à la partie an- térieure du céphalothorax, et les plus petits rejetés sur les bords, assez en arrière, formant ainsi de chaque côté un groupe de trois; des antennes ou chélicères constituant des pinces; des pattes- mâchoires très-massives et terminées à peu près en forme de main ; des pattes antérieures pourvues d'un tarse de médiocre longueur et composé d'un nombre d'articles peu considérable; un abdomen dont les trois derniers zoonites seuls sont rétrécis en forme de queue, et terminé par une véritable queue filiforme et multiarticulée. En outre, ils sont dépourvus de lamelles à la base de la région ventrale et de crochet destiné à servir de passage à un liquide venimeux.

La famille des Thélyphonides n'est représentée, dans l'état actuel de nos connaissances, que par un nombre d'espèces fort restreint. Pendant longtemps les naturalistes n'en ont reconnu qu'une seule ; s'ils en ont vu plusieurs, comme cela est presque certain, ils n'ont pas su les distinguer et leur ont attribué le même nom. Depuis, M. H. Lucas a fait connaître six nouvelles espèces de ce groupe (1), appliquant à l'une d'elles provenant de Java le nom de l'espèce de Linné, qui probablement ne lui appartient pas. M. Koch, sans connaître le travail de son devancier, en a décrit plusieurs (2), de telle sorte que nous pouvons compter aujourd'hui à peu près une douzaine d'espèces de Thélyphones, plus ou moins bien déterminées. Ces Arachnides jusqu'à présent n'ont été rencontrés que dans certaines parties de l'Amérique intertropicale, comme le Mexique, d'où nous vient la plus grande espèce que nous connaissions (*Th. giganteus*, Lucas), les Antilles, la Guyane, le Brésil et dans l'Inde, les îles de la Sonde, particulièrement l'île de Java, et l'Australie si l'on en croit M. Koch (3).

Les Thélyphones connus présentent tous les mêmes caractères généraux : aussi, malgré le zèle de certains Entomologistes pour multiplier les divisions génériques, aucun ne paraît y avoir songé encore pour le type qui nous occupe en ce moment. Lorsque l'on aura réuni une plus longue suite d'espèces que celle qui existe à présent dans les musées, nous aurons peut-être à observer des modifications de la nature de celles qu'ont offertes les Scorpionides, comme des différences dans le nombre des yeux latéraux; mais jusqu'ici aucun cas semblable ne s'est présenté.

Actuellement, la famille des Thélyphonides ne comprend donc qu'un seul genre, le genre Thélyphone (*Thelyphonus*) établi par Latreille (4). L'espèce connue de Linné avait été rangée par ce naturaliste dans son genre *Phalangium*, exemple suivi par plusieurs de ses successeurs, ou placée par Fabricius dans le genre *Tarantula* (5).

En général, les Entomologistes qui se sont occupés des Arachnides ont associé dans la même

<hr>

(1) *Monographie du genre Thélyphone. — Magasin de zoologie*, publié par M. Guérin (1835).
(2) *Die Arachniden*. T. X, p. 24 et suiv., tab. 331-335 (1843).
(3) *Thelyphonus australianus*. Koch. Loc. cit., p. 33, tab. 335, fig. 775.
(4) *Histoire naturelle des Crustacés et des Insectes*. T. VII, p. 130 (1804).
(5) *Entomologia systematica*. T. II, p. 433 (1793).

18

famille, à l'exemple de Latreille (1), les Thélyphones et les Phrynes. Dugès au contraire fait figurer dans le même ordre (*Dactylognathes*), les Phrynes et les Aranéides, et admet un ordre (*Chélipalpes*) comprenant les Thélyphones, les Scorpions et en outre les Chélifères (2); arrangement du reste en désaccord complet avec les affinités naturelles. D'un autre côté, M. Gervais considère le groupe des Phrynes comme un type ordinal (*Phrynéides*), et les Thélyphones avec les Scorpions et les Chélifères comme une division de même valeur (*Scorpionides*) (3), adoptant en cela les vues de Dugès.

Ici, nous présentons les Scorpions, les Thélyphones et les Phrynes, comme autant de types de familles naturelles, appartenant a un même ordre, et nous rangeons les Chélifères près des Faucheurs, comme dans la classification de Latreille, arrangement justifié par l'organisation de ces divers Arachnides, ainsi qu'on les verra par la suite.

LE THÉLYPHONE A QUEUE (*THELYPHONUS CAUDATUS*).

Phalangium caudatum, Linné. *Museum Ludovicæ Ulricæ Reginæ*, p. 426 (1764).

Pallas. *Spicilegia zoologica*. Fasc. 9, p. 30, tab. III, fig. 1 et 2 (1772).

Lichtenstein et Herbst. *Natursystem der Ungeflügelten Insekten (Solpuga und Phalangium)*, p. 84, tab. V, fig. 2 (1797).

Tarantula caudata, Fabricius *Entomologia systematica*. Tab. II, p. 433.

Thelyphonus proscorpio, Latreille. *Genera Crustaceorum et Insectorum*. T. I, p. 130 (1806).

Thelyphonus caudatus. Dugès. *Règne animal* de Cuvier (nouvelle édition). Atlas, Arachnides, pl. 15, fig. 11.

Thelyphonus antillanus, Koch. *Die Arachniden*. T. X, p. 29, tab. 334, fig. 773 (1843).

Thélyphone de la Martinique, Gervais. *Histoire naturelle des Insectes Aptères*. T. III, p. 12 (1844).

Cet Arachnide a une longueur de quarante à cinquante millimètres sans compter la queue. Il est ordinairement d'un brun rouge très-foncé en dessus, et d'une couleur marron assez claire en dessous. Il a le céphalothorax finement chagriné avec une large impression sur la ligne moyenne, commençant un peu en arrière des yeux antérieurs et finissant un peu au delà de la hauteur des yeux latéraux : les pattes-mâchoires d'un noir rougeâtre luisant avec leur extrémité moins sombre, et le trochanter garni à son bord supérieur interne de cinq dents aiguës, dont une beaucoup plus forte que les autres, et à son bord inférieur de deux dents sensiblement recourbées vers le haut; les pattes de la couleur générale du corps, avec les jambes et les tarses d'un brun rouge assez vif, les antérieures ayant même les cuisses de cette nuance; l'abdomen brun, avec tous les segments finement tuberculés en dessus, la queue ayant à la base de chaque article un petit cercle jaunâtre.

Cette espèce est assez répandue aux Antilles; on la reçoit de la Martinique, de la Guadeloupe, de Saint-Domingue, et suivant toute apparence elle se trouve également dans d'autres îles de l'Archipel.

Nous appliquons le nom de *Thelyphonus caudatus* à l'espèce des Antilles, celle que l'on apporte le plus communément en Europe; cependant il nous est impossible de savoir si c'est bien elle qui a été décrite par Linné sous le nom de *Phalangium caudatum*. Le grand naturaliste scandinave l'indique de Java, et en effet un Thélyphone se rencontre dans cette île, plusieurs peut-être; mais nous savons que les anciens zoologistes ont connu beaucoup d'animaux des Antilles et les ont signalés souvent comme

(1) *Genera Crustaceorum et Insectorum*. T. I. p. 128 (1806).

Latreille forme avec les genres *Phrynus* et *Thelyphonus* sa famille des Pédipalpes. Le genre *Scorpio* seul constitue sa famille des Scorpionides. Plus tard (*Règne animal*, de Cuvier), il classe les trois types dans sa famille des Pédipalpes, mais le rapprochement plus intime entre les Phrynes et les Thélyphones est conservé.

(2) *Recherches sur l'ordre des Acariens. — Annales des sciences naturelles*, 2ᵉ série. T. I, p. 10 (1834).

(3) *Histoire naturelle des Insectes Aptères* (suites à Buffon). T. III, p. 1 et 7 (1844).

provenant de l'Inde ou des Indes : de là notre défiance. Linné cite des figures de Seba (1) représentant un Télyphone plus semblable, nous paraît-il, à notre espèce qu'à celle de Java (2), et Seba lui donne pour patrie la Guinée; or les naturalistes modernes ne connaissent encore aucun Thélyphone africain. Pallas ne dit pas de quel pays provenait l'espèce qu'il a décrite, et Lichtenstein et Herbst expriment l'opinion que leur espèce, qui nous semble bien être celle des Antilles, *doit avoir* l'Inde pour patrie. En résumé, rien n'est plus obscur; nous croyons très-difficile, pour ne pas dire impossible, de mettre la lumière dans cet assemblage de descriptions et de figures extrêmement défectueuses, et ici notre objet n'est pas de le tenter.

Jusqu'à présent, aucun Thélyphone n'avait été le sujet d'investigations anatomiques. Malgré bien des efforts, nous n'avons pu obtenir de ces Arachnides vivants. C'est donc avec des individus conservés dans la liqueur que nos recherches ont été faites, mais ces individus étaient dans un excellent état de conservation, car il a été possible, sur plusieurs d'entre eux, d'injecter en grande partie le système artériel ; néanmoins il a fallu renoncer, surtout pour l'appareil circulatoire, à une étude aussi complète qu'on eût pu la faire avec des animaux vivants.

SYSTÈME TÉGUMENTAIRE.

Le tégument de notre Thélyphone, sous le rapport de la structure intime, ressemble entièrement à celui du Scorpion; n'ayant rien de particulier à énoncer sur ce point, nous examinons de suite les caractères et l'arrangement des pièces du squelette.

Céphalothorax. — Région supérieure. — Ici les proportions entre le céphalothorax et l'abdomen diffèrent beaucoup de celles qui se voient chez les Scorpions. On sait combien, dans ces derniers, le céphalothorax est raccourci ; il n'en est pas de même dans les Thélyphones, où cette portion de l'animal équivaut au moins aux deux cinquièmes de la longueur totale du corps (3). Le bouclier céphalothoracique est ici une fois plus long que large, très-rétréci en avant, avec les côtés très-rabattus, et presque arrondi en arrière. Tout à fait à sa partie antérieure, il présente un enfoncement transversal très-marqué, ayant au milieu une éminence sur laquelle sont enchâssées les cornéules des yeux médians, séparées l'une de l'autre par un large bourrelet. Des deux côtés de la dépression part une arête qui s'étend jusqu'à la hauteur de l'origine des pattes antérieures, où se trouvent groupés les yeux latéraux (4). Sur toute sa surface, le bouclier céphalothoracique présente une fine granulation dont les petits tubercules, assez confus sur la région antérieure, deviennent plus écartés et plus nets sur la région postérieure, mais il n'y a rien de semblable à ces crêtes tuberculigères que nous avons décrites chez le Scorpion. Les sillons ne sont guère apparents dans la portion antérieure du bouclier. La région occupée par les yeux médians est assez nettement circonscrite en arrière, et nous voyons qu'elle se continue sur les parties latérales, limitée, comme nous l'avons dit, par l'arête qui se prolonge jusqu'aux yeux placés sur les côtés. En arrière de ces organes, on distingue sans peine trois impressions transversales assez profondes, dont les intervalles correspondent aux trois paires de pattes postérieures. Il n'y a point dans le Thélyphone de sillons vraiment distincts, limitant des espaces qui

---

(1) *Locupletissimi rerum naturalium Thesauri accurata descriptio.* T. 1, p. 112. Tab. 70, fig. 7 et 8 (1734).

(2) Décrite par M. Lucas. *Monographie des Thélyphones.* L. cit.

(3) Pl. 8, fig. 1 et 2.

(4) Pl. 8, fig. 1 *b.*

correspondraient aux pattes-mâchoires et aux pattes antérieures. La région céphalique, ou la partie du bouclier céphalothoracique supportant les yeux, paraît ici s'être étendue en arrière plus que chez beaucoup d'autres Arachnides, et en même temps s'être confondue plus intimement avec les arceaux thoraciques. Quant aux sillons dont nous avons parlé, ils ne se rejoignent pas sur la ligne médiane; là, il y a en avant un large sillon longitudinal interrompu à la hauteur de l'origine des pattes antérieures, sillon qui reparaît un peu en arrière et s'élargit même de façon à former une petite excavation à la hauteur de l'origine des pattes de la troisième paire (1). Nous n'avons pas besoin de répéter que ces impressions sont déterminées par les attaches musculaires. Pour compléter cette description du bouclier céphalothoracique, il nous reste seulement à ajouter qu'il existe une ligne marginale enfoncée, bordée par une rangée de petits tubercules extrêmement serrés.

Les yeux. — Les cornées des yeux, ces petites lentilles d'aspect vitreux, enchâssées dans l'épaisseur du tégument, comme chez le Scorpion et la plupart des autres Arachnides, sont très-apparentes dans le Thélyphone, par suite de la teinte foncée que présente le système tégumentaire.

On distingue les yeux médians et les yeux latéraux; les premiers, situés très-près du bord antérieur du céphalothorax, sont presque ronds ou très-peu ovalaires et légèrement tournés en dehors sur l'éminence arrondie qui les supporte; les yeux latéraux, dont la position a déjà été indiquée, ne sont pas disposés en rangée longitudinale comme chez le Scorpion; le second est situé sur un plan supérieur aux deux autres, et sa forme est presque ronde; le premier, plus ovalaire, est dirigé un peu d'avant en arrière dans le sens de son plus grand diamètre, tandis que le troisième, moins gros que les autres, descend presque perpendiculairement par rapport à l'axe du corps. Ces yeux latéraux sont sensiblement plus petits que les yeux médians, mais la différence n'est pas comparable à celle que l'on voit chez le Scorpion. L'espace qui les sépare l'un de l'autre est également très étroit.

Les antennes-pinces ou *chélicères.* — Les antennes-pinces implantées dans la partie membraneuse, en avant et au-dessous du bouclier céphalothoracique, sont très-rétractiles (2), mais en même temps elles ne peuvent avoir latéralement que des mouvements très-bornés. Elles sont dirigées de telle sorte que le crochet mobile est toujours supérieur. Le corps de l'antenne-pince est long, aplati sur les côtés et arrondi en dessus, sans trace de division à sa base, ayant seulement au côté externe un petit prolongement de manière à offrir une plus large surface pour l'attache des muscles rétracteurs. À son bord inférieur il est garni d'une brosse de poils assez longs et fort serrés, et il se prolonge en un crochet court, pointu à l'extrémité et légèrement arqué en dedans, où il porte de chaque côté une forte dent. Le crochet mobile qui s'insère à la partie supérieure et un peu externe du sommet de l'antenne-pince, et qui constitue, avec le prolongement inférieur ou interne, une véritable pince, comme dans le Scorpion, est ici beaucoup plus long, crochu au bout et très-faiblement denté intérieurement, mais il est garni sur le côté d'une brosse de poils.

Bouche. — Chez le Thélyphone, de même que chez le Scorpion, il n'existe qu'une pièce buccale pro-

(1) Pl. 8, fig. 4.
(2) Pl. 8, fig. 4 *a* et 4 *b*.

prement dite, insérée sur la ligne médiane, exactement au-dessus de l'orifice buccal, et enclavée entre les pattes-mâchoires (1). C'est une sorte de petite languette membraneuse, sur laquelle on distingue deux pièces allongées de consistance coriace, que nous regardons comme les vestiges d'une paire d'appendices.

*

Pièces sternales. — La portion thoracique inférieure est encore constituée ici en grande partie par le système appendiculaire (2), mais les véritables pièces sternales prennent un développement plus considérable que dans le Scorpion. Il y a un sternite entre les hanches ou coxopodites des quatre paires de pattes ambulatoires, seulement le deuxième et le troisième demeurent complétement rudimentaires. Les hanches des pattes-mâchoires sont tout à fait contiguës; au contraire, celles des pattes ambulatoires de la première paire sont fort écartées l'une de l'autre, et l'espace qui les sépare est occupé par le premier sternite; c'est une pièce large au sommet, formant une petite pointe médiane qui se dirige vers l'origine des pattes-mâchoires, très-rétrécie en arrière, où elle se prolonge entre les coxopodites des pattes de la seconde paire, sous l'apparence d'une simple tige. Le deuxième sternite. qui lui est uni, mais dont on peut le séparer, semble n'en être qu'un très-petit prolongement. Le troisième ne consiste qu'en une pièce presque imperceptible, située entre les hanches de la troisième paire de pattes. Le quatrième est bien développé, offrant la forme d'un cône arrondi au sommet ; il fournit sur les côtés l'insertion des coxopodites des pattes de la quatrième paire, et en arrière celle du premier arceau ventral de l'abdomen.

*

Pattes-mâchoires. — Les pattes-mâchoires, très-massives dès leur origine, ne s'élargissent point vers leur extrémité. Elles n'ont donc pas comme chez les Scorpions un aspect de bras terminé par une main (3).

La hanche ou la pièce basilaire (4) est épaisse; considérée en dessous, elle est élargie graduellement de la base au sommet et prolongée en une pointe aiguë, finement denticulée et ciliée sur ses bords; considérée en dessus, elle se montre très-échancrée en avant et en arrière, offrant même au milieu un petit espace qui reste membraneux. Les deux hanches exactement rapprochées l'une de l'autre sur la ligne médiane complétent en avant la cage céphalothoracique (5).

Le trochanter, ou le basipodite dans la nomenclature de M. Milne Edwards (6), est court et large, très-épais au côté interne et pourvu de deux carènes : l'une supérieure, l'autre inférieure; celle-là, remarquablement dilatée, présentant cinq pointes aiguës; les trois premières, en comptant de bas en haut, de dimension égale, la quatrième beaucoup plus grande et la cinquième intermédiaire, plus rejetée en dedans. On remarque en outre sur ce bord quelques petits tubercules et des cils roides. La carène inférieure ne présente que deux dents un peu recourbées vers le haut.

La cuisse (7) est très-courte, surtout en dedans, de manière à lui permettre de se replier sur le

(1) Pl. 8, fig. 3 a.
(2) Pl. 8, fig. 2.
(3) Pl. 8, fig. 1 et 2.
(4) Pl. 8, fig. 2 b.
(5) Pl. 8, fig. 3 b.
(6) Pl. 8, fig. 1 et 2 c.
(7) Pl. 8, fig. 1 et 2 d.

trochanter et à laisser la jambe à son tour se fléchir sur elle. Son bord externe est régulièrement arqué, et son bord interne, déprimé, offre en bas une pointe assez forte.

La jambe (1) n'est échancrée qu'en dessous; ses deux côtés en dessus ont à peu près la même longueur; le bord interne présente une petite dent et vers le sommet une longue dilatation constituant une grande pointe dirigée obliquement; cette pointe ciliée est denticulée, surtout à son bord supérieur.

Le tarse a la forme générale de la jambe, avec une dimension un peu moindre (2); ce n'est donc plus ici cet aspect de main qui se voit chez les Scorpions. Son bord externe est légèrement arqué et son bord interne finement denticulé et cilié, se prolonge en une pointe forte et aiguë. Un doigt ou tige mobile, recourbé, aigu à l'extrémité, tranchant sur son bord et ici d'une longueur notablement plus considérable que le prolongement interne, forme avec ce dernier une pince préhensile, moins parfaite toutefois que celle des Scorpions.

Les différentes pièces des pattes-mâchoires, très-échancrées en dessous, comme nous l'avons fait remarquer, sont unies par une membrane assez ample; à la base de la jambe et du tarse, on observe dans cette portion membraneuse un point d'*ossification* qui a sans doute pour but d'augmenter sa résistance.

*

Pattes ambulatoires. Portion basilaire. — La portion basilaire des pattes ambulatoires contribue encore, chez le Thélyphone, à constituer la région thoracique inférieure; mais, ainsi qu'on vient de le voir, deux pièces sternales ont déjà atteint une dimension notable, de la sorte l'insertion des coxopodites des pattes antérieures se trouve rejetée sur les côtés et ces articles basilaires demeurent libres. Ainsi, il n'y a plus ici que les hanches des trois paires de pattes postérieures qui concourent à former la cage thoracique, et encore les dernières sont-elles séparées l'une de l'autre par un sternite assez large; seulement les pièces sternales n'ont pas acquis des proportions suffisantes pour que les hanches soient devenues libres.

Ces parties de forme ovalaire, tronquées au sommet pour l'insertion du trochanter, ne sont nulle part en contiguïté parfaite. Entre les premières, passe la portion amincie du premier sternite et se voit le vestige d'un second sternite. Entre les coxopodites de la troisième paire de pattes, il y a encore une étroite séparation membraneuse, sur laquelle on distingue le rudiment de pièce sternale dont nous avons parlé; et entre ceux de la quatrième paire de pattes, il y a, comme on l'a vu, un sternite assez développé, sans qu'il le soit suffisamment pour rejeter sur les côtés l'article basilaire des appendices locomoteurs. Ces trois paires de hanches ont une surface lisse et les mêmes proportions; les intermédiaires sont seulement un peu plus larges et un peu plus arrondies que les autres à leur origine (3).

*

Pièces épimériennes ou *Épimérites.* — Chez le Thélyphone on constate la présence de vestiges de pièces épimériennes. Au-dessus des hanches de la quatrième paire de pattes, au-dessous du bouclier céphalothoracique, existe une petite pièce dirigée obliquement et un peu plus longue que large, dans laquelle il est impossible de ne pas reconnaître un épimère. Dans la portion membraneuse qui

(1) Pl. 8, fig. 1 et 2 *e*.
(2) Pl. 8, fig. 1 *d* et 2 *f*.
(3) Pl. 8, fig. 2.

remplit l'échancrure des coxopodites de la seconde et de la troisième paire de pattes, on remarque souvent aussi la trace d'un point d'*ossification* particulier; mais le fait nous a semblé douteux à l'égard de certains individus, tandis qu'il ne l'est jamais pour l'épimérite postérieur.

Toujours est-il que des pièces entrant pour une part notable dans la constitution du squelette tégumentaire des Insectes, et manquant d'ordinaire chez les Arachnides, se retrouvent au moins à l'état de vestiges chez quelques-uns de ces derniers, comme pour nous empêcher de nous méprendre sur la signification des différentes pièces thoraciques.

Cavité thoracique. — Après avoir détaché le bouclier céphalothoracique, enlevé les muscles et tous les viscères, la partie intérieure du squelette tégumentaire se trouve mise à nu. Ici les parties formant les cloisons intérieures sont assez élevées. On voit en avant la saillie interne de chacun des coxopodites des pattes-mâchoires entre lesquels passe une tige simple de l'appendice buccal (1). Puis le sternite antérieur relevé par devant forme une cloison transversale, et ses bords latéraux unis aux lames internes des coxopodites de la seconde paire de pattes, qui se dilatent en arrière en manière d'ailes, constituent la selle turcique (2). Une autre cloison est formée par les bords saillants des hanches de la troisième paire de pattes qui, se repliant en arrière sur la ligne médiane du corps, figurent encore une sorte de selle (3). Enfin, en arrière les hanches postérieures, qui ne se rejoignent pas au milieu, fournissent d'autres arêtes (4) auxquelles le sternite postérieur ne prend aucune part, cette pièce n'envoyant aucune lame à l'intérieur (5).

Le thorax des Thélyphones, comparé à celui des Scorpions (6), s'en distingue donc essentiellement, par un bouclier céphalothoracique beaucoup plus développé, par des pièces sternales moins rudimentaires, par des coxopodites entrant pour une part moindre dans sa constitution, les antérieures étant complétement rejetées sur les côtés, et par la présence de vestiges de pièces épimériennes.

Pattes ambulatoires. Portion libre. — Les pattes antérieures, on l'a vu, sont libres depuis leur origine, les autres seulement depuis l'insertion du trochanter avec la hanche. Dans le Thélyphone, les pattes de la première paire se distinguent encore des suivantes par quelques particularités de conformation. Elles sont grêles, notablement plus longues que les autres, avec un tarse multiarticulé (7). Leur hanche est une petite pièce courte, presque cylindrique; leur trochanter, un article court, mince à sa base, un peu élargi au sommet et tronqué obliquement; leur cuisse, une tige longue et mince, légèrement arquée; leur jambe, une tige plus longue, presque droite, un peu courbée seulement à son origine, et leur tarse, une longue baguette effilée, suivie de huit articles cylindriques, à peu près égaux, dont le dernier arrondi au bout, garni de poils soyeux et totalement dépourvu de crochets.

(1) Pl. 8 , fig. 3 *a-b.*
(2) Pl. 8 , fig. 3 *c.*
(3) Pl. 8 , fig. 3 *f.*
(4) Pl. 8 , fig. 3 *g.*
(5) Pl. 8 , fig. 3 *h.*
(6) Page 25.
(7) Pl. 8 , fig. 1 *e* et fig. 2.

D'après cette conformation, il paraît évident que les pattes de la première paire doivent plutôt servir d'organes tactiles que d'appendices locomoteurs. Les autres ne diffèrent entres elles que par la longueur un peu plus considérab'e des postérieures; elles sont du reste parfaitement construites sur le même plan (1).

Le trochanter (2) est presque cylindrique avec son extrémité assez fortement entaillée en dessus, de façon à permettre à la cuisse de se redresser. La cuisse (3) est comprimée et très-faiblement carénée en dessous. La jambe (4) est très-courte, amincie et cambrée à son origine, de manière à pouvoir se replier complétement sur la cuisse. Le tarse (5) est bien différent de celui des Scorpions. Il est presque aussi long que la cuisse et la jambe pris ensemble, avec le premier article aussi grand que les autres réunis, le second court, à peu près de la même épaisseur, les suivants au contraire beaucoup plus grêles, le troisième allongé, le quatrième très-petit, et le cinquième seulement un peu plus court que le troisième, muni en dessous, à son extrémité, d'une très-petite pointe conique et terminé par deux crochets mobiles, courbés, aigus au bout, et dépourvus de dentelures intérieures.

Les pattes du Thélyphone sont finement tuberculées et parsemées de poils roides; ces poils, plus serrés au bord inférieur, forment alors une série longitudinale; les premiers articles des tarses portent en outre à leur extrémité une épine mobile, qui doit contribuer à rendre le tact plus parfait.

D'après la conformation des appendices locomoteurs on reconnaît : que la marche ne s'exécute qu'avec trois paires de pattes; que les pattes antérieures, au gré de l'animal, se portent en avant ou se rabattent en arrière, la cuisse, par suite de l'échancrure du trochanter, ayant la faculté de se replier de la sorte; que les pattes de la seconde paire se dirigent tout à fait en avant, celles de la troisième paire plus ou moins dans la même direction et celles de la quatrième paire en arrière, et que seuls les derniers articles des tarses appuient sur le sol.

Abdomen. — Au contraire de ce qui se voit chez les Scorpions, l'abdomen dans les Thélyphones est très-nettement séparé du thorax; on y reconnaît également deux portions, l'une élargie, l'autre étroite, caudiforme, mais cette dernière extrêmement réduite.

Considérée en dessus, la portion élargie nous présente neuf arceaux ou sclérodermites (6); le premier, uni au céphalothorax par une portion membraneuse, est très-rétréci antérieurement, échancré au milieu, avec un petit point d'ossification sur la membrane qui remplit l'échancrure. Les autres vont en augmentant graduellement un peu de longueur jusqu'au dernier; celui-ci est beaucoup plus court que le précédent, plus étroit et légèrement échancré à son bord postérieur.

Ces sclérodermites ont du reste presque tous leurs bords antérieur et postérieur coupés droit, et leurs bords latéraux légèrement cintrés; le deuxième seul présente en avant une petite échancrure de chaque côté. Les arceaux supérieurs de l'abdomen tendent très-peu à chevaucher l'un sur l'autre; leur surface est finement granulée, et chacun d'eux présente très-près de son bord postérieur une ligne régulière de tubercules fort petits; en outre, ils ont, à l'exception du premier et du dernier,

(1) Pl. 8, fig. 1 et 2.
(2) Pl. 8, fig. 1 et 2 *i*.
(3) Pl. 8, fig. 1 et 2 *k*.
(4) Pl. 8, fig. 1 et 2 *l*.
(5) Pl. 8, fig. 1 et 2 *m*.
(6) Pl. 8, fig. 1 *g*.

deux impressions ponctiformes bien marquées, dues, comme on le sait, aux attaches des piliers musculaires.

Considérée en dessous, la portion élargie de l'abdomen ne présente au premier abord que huit sclérodermites (1); mais si l'on distend les zoonites, on remarque une petite pièce articulée avec le sternite postérieur, qui n'est autre chose qu'un premier segment abdominal. A la suite de ce sclérodermite rudimentaire, on trouve un premier arceau plus grand que les autres, un peu échancré en avant, avec ses angles arrondis, et son bord postérieur taillé un peu obliquement de chaque côté; le second segment est quelque peu plus large et deux fois plus court avec son bord postérieur, coupé de la même façon que celui du précédent. Le troisième sclérodermite est également très-court, mais son bord est droit. Les quatre suivants, beaucoup plus longs, ont le même développement et la même forme générale; leurs bords antérieur et postérieur sont droits et leurs bords latéraux légèrement cintrés. Enfin le dernier segment est de dimension moindre, arrondi sur les côtés et un peu échancré en arrière, surtout chez les mâles. Toutes ces pièces ventrales sont parfaitement lisses, et montrent simplement à un faible degré les impressions des attaches des piliers musculaires.

De chaque côté des deux premiers arceaux et sous leur rebord postérieur se trouvent les orifices respiratoires, ou, comme on les appelle souvent, les stigmates. On en compte donc ici seulement deux paires. Chez le Scorpion, ils sont taillés dans l'épaisseur des sclérodermites; au contraire, dans le Thélyphone, ils s'ouvrent dans la portion membraneuse qui unit ces pièces l'une à l'autre, de telle sorte que les sclérodermites les recouvrent et les protègent, si l'abdomen ne vient pas à être distendu d'une manière exceptionnnelle. Ces orifices respiratoires, en forme de boutonnière, ont un bord coriace en avant et en arrière : le premier est large et offre des lames longitudinales plus épaisses correspondant aux feuillets pulmonaires ; le bord postérieur est simple et très-étroit.

La portion rétrécie ou caudiforme de l'abdomen ne se compose ici que de trois anneaux très-petits, dont les arceaux supérieur et inférieur sont entièrement confondus, sans qu'il soit possible d'apercevoir aucune trace de soudure (2). Les deux premiers anneaux surtout sont fort courts et coupés presque carrément; le dernier est un peu plus long et ses contours latéraux décrivent une courbe bien sensible. C'est à son extrémité que s'ouvrent l'orifice anal et deux pores latéraux dont nous aurons à parler au sujet des organes de sécrétion.

Le Thélyphone a une véritable queue et cette queue, grêle dès son origine, s'amincit encore graduellement jusqu'à l'extrémité. Aussi longue que le corps entier de l'animal, elle est très-flexible, étant formée par un grand nombre de zoonites. On en compte d'ordinaire de trente à quarante ; il y a à cet égard des différences suivant les individus, ce qui se voit très-habituellement pour les tiges ou les appendices composés d'une longue suite d'articles à peu près semblables les uns aux autres. Chez notre Arachnide, le premier zoonite de la queue est plus court et plus large que les suivants; ceux-ci diffèrent peu entre eux sous le rapport de la longueur. Tous présentent quelques poils : sur les premiers, ils sont roides et assez rares; sur les derniers, ils deviennent plus courts, plus fins et plus serrés (3).

Il nous paraît difficile de voir dans la queue du Thélyphone autre chose qu'un organe de tact, la sensibilité générale du corps devant être assez émoussée par suite de la consistance des téguments.

Si nous comparons maintenant, dans son ensemble, l'abdomen du Thélyphone à celui du Scorpion, nous devons en résumer ainsi les principales différences. Il y a, chez l'un et l'autre type, douze

(1) Pl. 8, fig. 2 n.
(2) Pl. 8, fig. 1, 2 h.
(3) Pl. 8, fig. 1 i, 2 i.

zoonites à l'abdomen. Dans le Scorpion, sept d'entre eux en constituent la portion élargie, et cinq la portion caudiforme. Dans le Thélyphone, il y en a, au contraire, neuf pour la portion large et trois seulement pour la partie caudiforme. Le développement proportionnel des deux portions est tout à fait dissemblable entre ces deux types d'Arachnides; la partie caudiforme a des dimensions considérables chez le Scorpion; elle est rudimentaire chez le Thélyphone. En outre, dans le premier, la queue, d'une conformation particulière, est constituée par un seul zoonite; dans le second, elle est composée d'une longue suite d'articles formant une tige mince et flexible.

*

Parties membraneuses du squelette tégumentaire. — Les pièces solides dans le Thélyphone sont unies les unes aux autres par des parties membraneuses, exactement comme chez le Scorpion. La structure de ce tissu membraneux a paru aussi être à peu près la même, mais nous n'avons pas cru pouvoir pousser plus loin une recherche d'histologie sur des animaux conservés dans la liqueur; néanmoins, nous avons constaté dans le Thélyphone une plus grande épaisseur de la couche épidermique que chez le Scorpion.

SYSTÈME MUSCULAIRE.

Les muscles du Thélyphone diffèrent peu, en général, de ceux des Scorpions. Ils occupent les mêmes situations, prennent leurs points d'attache d'une façon entièrement semblable, et sont composés de fibres aplaties et striées qui ont absolument le même aspect. Il y a donc simplement à dire ici les particularités offertes par chacun de ces muscles sous le rapport du volume et de quelques détails de médiocre importance.

*

Muscles des antennes-pinces. — On a vu quelle était la conformation des antennes-pinces ou chélicères (1). La portion basilaire, très-allongée, sert de point d'attache aux muscles. Un rétracteur ou fléchisseur, dirigé obliquement vers les côtés de la paroi dorsale du céphalothorax à laquelle il est fixé, offre une certaine puissance; en se contractant, il ramène l'appendice sous le bord du céphalothorax et l'oblige à s'incliner vers celui du côté opposé.

Le muscle extenseur présente un développement considérable; prenant ses points d'attache, d'une part à la face supérieure de la portion basilaire de l'antenne-pince, et d'autre part, vers la région moyenne de la paroi du bouclier céphalothoracique, il s'étend dans la direction de l'axe longitudinal du corps de l'animal. Formé de plusieurs faisceaux de fibres, les uns parfaitement droits, les autres obliques, ce muscle, qui a pour usage principal de placer l'appendice dans une direction rectiligne, sert en même temps à lui imprimer quelques mouvements latéraux, suivant que ce sont les fibres droites ou les fibres obliques qui viennent plus particulièrement à se contracter (2).

*

Muscles des pattes-mâchoires et des pattes ambulatoires. — Les pattes-mâchoires, on l'a vu, l'emportent

(1) Page 140.

(2) Pl. 8, fig. 4. Du côté droit, on voit ce muscle dans sa position naturelle. Il a été enlevé du côté gauche, où la portion basilaire de l'antenne-pince se montre à découvert.

en puissance sur celles des Scorpions, bien que leur tarse soit proportionnellement moins élargi. Leurs muscles rétracteurs ont un volume considérable, mais leur longueur n'est pas aussi grande que chez le Scorpion; à n'en pas douter, les pattes-mâchoires du Thélyphone ont des mouvements beaucoup plus bornés. Ces muscles, fixés par leur extrémité à l'origine du trochanter ou basipodite, s'attachent en arrière à la paroi du bouclier céphalothoracique après s'être divisés en plusieurs faisceaux, de façon à permettre à l'appendice de se porter, plus ou moins, soit en dedans, soit en dehors, suivant le point où la contraction a lieu spécialement. L'un de ces faisceaux, plus court que les autres, et prenant son point d'attache vers le bord latéral antérieur du céphalothorax, agit surtout comme élévateur de la patte-mâchoire. Le muscle antagoniste, l'extenseur, très-faible comparativement, s'étend de la base du trochanter à la cloison thoracique formée par les coxopodites.

Les muscles des différentes portions des pattes-mâchoires prennent leurs attaches comme chez le Scorpion, les mouvements étant tout à fait de la même nature; seulement, dans le Thélyphone, où le doigt n'est pas aussi mobile, leur division dans le tarse est poussée moins loin. Il y a un extenseur puissant et un fléchisseur également volumineux pour le crochet, celui-ci fixé au bord interne de l'article que sa contraction force à se replier, celui-là à son bord externe.

Les muscles qui mettent en jeu les pattes ambulatoires ont un développement tout autre que dans les Scorpionides; aussi, malgré l'absence de renseignements précis de la part des voyageurs, ne pouvons-nous douter que les Thélyphones soient doués d'une agilité beaucoup plus grande. Pour chacune des pattes, on distingue au moins deux élévateurs ou rétracteurs, prenant leur insertion au bord supérieur du trochanter et attachés au bouclier céphalothoracique, de manière à porter l'appendice plus en avant ou plus en arrière, suivant que c'est l'un ou l'autre de ces muscles qui entre particulièrement en action. S'il y a division, comme cela se voit surtout pour les muscles des pattes postérieures, on pourra en compter quatre dont les points d'attache sont distincts. On observe, en outre, de petits muscles ayant une direction absolument verticale de l'origine des pattes aux côtés du bouclier céphalothoracique, qui paraissent agir comme élévateurs et servir, au moins dans certains cas, à resserrer la cavité thoracique en déprimant sa paroi dorsale. Selon toute apparence, il y a là une disposition propre à exercer une influence sur la marche du sang veineux.

Les muscles extenseurs des pattes s'étendent de la partie inférieure du trochanter aux cloisons de la cavité thoracique. De même que pour leurs antagonistes, on en compte plusieurs à chaque patte. Suivant leur point d'attache, ils portent l'appendice plus en avant ou plus en arrière, en même temps qu'ils le ramènent sur un plan horizontal (1).

Dans chaque article des organes de locomotion se trouvent l'extenseur et le fléchisseur de l'article suivant. Nous ne nous y arrêterons pas, n'ayant à cet égard rien de particulier à mentionner.

*

Outre les muscles du système appendiculaire, nous trouvons encore, dans la cavité thoracique, des muscles aplatis qui ont pour usage, les uns de faire relever l'abdomen, les autres de l'étendre horizontalement. Les premiers occupent la région dorsale, les autres la région ventrale, en prenant leur point d'attache à l'origine de l'abdomen.

Nous avons décrit chez le Scorpion une lame aponévrotique formant une sorte de plancher sur lequel

(1) Nous n'avons consacré aucune figure à la représentation spéciale des muscles du Thélyphone; néanmoins, pl. 8, fig. 4 et pl. 10. fig. 4, on voit en place, du côté droit, les muscles rétracteurs et élévateurs des pattes et du côté gauche, où ceux-ci ont été enlevés pour mettre à découvert, soit les nerfs soit les artères des membres locomoteurs, les muscles extenseurs.

repose l'estomac et l'empêche de peser sur le grand centre médullaire thoracique. Dans le Thélyphone, cette lame a des proportions plus considérables. Étendue d'une extrémité du céphalothorax à l'autre, elle est à peu près cordiforme en arrière ; étranglée au devant de cette portion postérieure, elle se partage en deux branches, d'abord arquées, ensuite à peu près droites et reliées l'une à l'autre vers le milieu de leur longueur par une bande transversale (1). Ce plancher de l'estomac est maintenu de chaque côté par des muscles (2) qui prennent leurs attaches sur les cloisons de la cavité thoracique. Venant à se contracter ou à se relâcher, ils doivent nécessairement imprimer à la lame aponévrotique des secousses plus ou moins brusques, de nature à être transmises à l'estomac. Par sa face supérieure ce plancher est encore retenu par une paire de petits muscles passant entre les lobes des glandes stomacales (3), et prenant leur point d'adhérence au bouclier céphalothoracique.

Muscles abdominaux. — Les muscles abdominaux de la partie dorsale consistent, comme chez le Scorpion, en longues bandelettes couvrant, à l'exception de l'espace occupé par le cœur, toute l'étendue de chacune des pièces tergales, pour venir s'attacher au bord antérieur de la pièce suivante.

Les muscles ventraux ont ici une extrême simplicité (4). Ce sont d'abord des bandelettes longitudinales, minces, régulières, régnant sur toute la paroi ventrale de l'abdomen et ne constituant pas nettement de faisceaux analogues à ceux que nous avons signalés chez le Scorpion. Ces bandelettes prennent du reste leurs attaches comme dans ce dernier type et agissent également à la manière de rétracteur du premier anneau sur le second, du second sur le troisième, etc. Elles ont une faiblesse qui est en rapport avec le peu de mobilité des zoonites abdominaux du Thélyphone. Les deux premiers anneaux cependant sont occupés par une paire de muscles plus puissants qui, fixés par leur extrémité sur les bords des orifices respiratoires, en déterminent l'ouverture ou l'occlusion.

Les muscles latéraux ont tous la même direction ; ce sont des fibres transversales régulièrement disposées, ne se rassemblant en faisceaux sur aucun point.

Il y a chez le Thélyphone, comme dans le Scorpion, des piliers musculaires descendant verticalement de la paroi dorsale à la paroi ventrale de l'abdomen. Nous en comptons ici sept paires. Les piliers musculaires des deux premières paires ont leurs attaches d'une part aux deuxième et troisième pièces tergales et de l'autre au côté interne des poches respiratoires ; les suivants s'insèrent dans chacun des zoonites vers sa région moyenne (5). Ce que nous avons dit, en traitant du Scorpion, du rôle de ces colonnes charnues nous dispense d'entrer ici dans aucun détail à cet égard.

La portion caudiforme de l'abdomen a, de même que dans le Scorpion, ses muscles rétracteurs et extenseurs ; seulement chez le Thélyphone ils sont fort réduits. Naissant du bord de l'anneau basilaire de la partie caudiforme, ils s'attachent aux parois du dernier zoonite de la portion élargie ; pour les premiers, à la face dorsale et sur les côtés ; pour les seconds, à la face ventrale.

Les mouvements particuliers de chacun des anneaux de cette partie caudiforme, comme ceux des

---

(1) Pl. 9, fig. 3 *a a*. Cette lame est représentée vue par sa face inférieure de façon à montrer comment elle sert de soutien à l'estomac et aux glandes qui l'accompagnent.

(2) Pl. 8, fig. 3 *b b*.

(3) Pl. 9, fig. 1. Du côté droit l'on voit un de ces petits muscles en position ; il a été enlevé du côté gauche.

(4) Pl. 8, fig. 4.

(5) Pl. 8, fig. 4 et pl. 9, fig. 1. Dans cette dernière figure on voit en position les chefs des piliers musculaires qui s'attachent à la paroi dorsale.

articles de la queue sont déterminés par des faisceaux musculaires droits, allant d'un zoonite au bord de celui sur lequel ils doivent agir; ces muscles occupant la région dorsale, les côtés et la région ventrale, on conçoit comment le mouvement s'effectue dans un sens ou dans un autre, selon le point où vient à s'exercer la contraction musculaire.

*

Si nous jetons un coup d'œil comparatif sur l'ensemble du système musculaire du Thélyphone et du Scorpion, nous remarquons à l'égard du premier : une plus grande puissance des muscles rétracteurs des antennes-pinces et une disposition moins favorable à l'étendue et à la variété des mouvements de ces appendices; un développement beaucoup plus considérable des muscles des organes locomoteurs et au contraire un amoindrissement et une simplification de la portion du système musculaire dévolue à l'abdomen. Particularités de nature à indiquer pour le Thélyphone : une supériorité d'agilité à la course relativement au Scorpion et une infériorité sous le rapport de la mobilité des zoonites qui composent la partie postérieure du corps.

SYSTÈME NERVEUX.

Le système nerveux du Thélyphone, quant à sa structure, ne diffère pas sensiblement de celui du Scorpion. Quant à sa disposition, c'est le même plan général avec un plus haut degré de centralisation. Cette différence de centralisation de l'appareil de la sensibilité se manifeste à l'égard des centres médullaires abdominaux.

*

Ganglions cérébroïdes ou cerveau. — Les nerfs naissant des ganglions cérébroïdes. — Les ganglions cérébroïdes constituent une seule masse, le cerveau; mais ce cerveau affecte une forme autre que chez le Scorpion. Au lieu d'être ramassé, plus large que long, comme dans tous les représentants de la famille des Scorpionides, il a ses deux lobes bien prononcés par suite d'une dépression longitudinale assez profonde, allongés, amincis en avant et en quelque sorte avancés en pointe. On remarque ainsi, à l'extrémité antérieure de la masse cérébroïde, une petite échancrure résultant de la saillie de chacun des lobes (1).

Avant de décrire les différents nerfs qui naissent directement des lobes cérébroïdes, nous n'avons nul besoin de les énumérer. Il suffit de l'avoir fait en traitant du premier type de la classe des Arachnides que nous avons étudié (2). Rien n'est plus constant que l'origine des nerfs, non-seulement dans tous les représentants d'un ordre, mais d'une classe entière, d'un embranchement même. Chez les animaux articulés il n'y a pas moins de fixité sous ce rapport que chez les animaux vertébrés. En présence de tous les faits connus aujourd'hui, il serait superflu d'insister sur ce point, si des naturalistes auxquels la science est redevable de travaux importants n'étaient parfois tombés dans de graves erreurs en donnant une trop faible attention à l'origine des nerfs qui vont animer les différents appendices.

(1) Pl. 8, fig. 4 a 5 a, 6 a.
(2) Page 11.

Dans le Thélyphone, nous n'avons observé qu'une seule paire de nerfs pharyngiens. Ils prennent naissance à l'extrémité et un peu vers le côté interne des lobes cérébroïdes (1). Très-grêles et séparés l'un de l'autre dans toute leur étendue, ils se dirigent en avant et fournissent sur leur trajet des branches à la portion antérieure de la paroi de l'œsophage et aux petits muscles du pharynx ; ces branches ont du reste une telle finesse qu'on les aperçoit seulement à l'aide d'un pouvoir amplifiant d'une certaine force.

Viennent ensuite les nerfs optiques. En traitant du Scorpion nous avons dû les distinguer en nerfs optiques médians et en nerfs optiques latéraux. À l'égard du Thélyphone, on ne saurait faire absolument la même distinction. Il y a bien aussi des yeux situés sur la ligne médiane et des yeux rejetés sur les côtés, mais les nerfs de ces derniers ne sont qu'une branche des nerfs optiques médians. Ceux-ci naissent de l'extrémité des lobes cérébroïdes, comme s'ils en étaient une continuation et se portent directement aux deux grands yeux qui occupent la région antérieure du céphalothorax (2). Leur longueur est considérable par suite de la distance comprise entre le cerveau et le point où se trouvent placés les yeux.

À peu près vers les deux tiers de leur longueur, ces nerfs émettent latéralement une forte branche qui traverse les muscles antennaires en leur donnant quelques rameaux et se porte ainsi vers les côtés du céphalothorax pour se recourber et venir atteindre les yeux latéraux, après s'être trifurquée (3).

Les nerfs antennaires naissent en dehors des nerfs optiques et sur un plan un tant soit peu inférieur (4). Ils sont volumineux et fournissent, presque dès leur origine, une branche puissante, ramifiée dans les muscles rétracteurs des antennes-pinces ou chélicères et dans les grands muscles des pattes-mâchoires ; au-delà quelques branches plus faibles se distribuent dans les mêmes muscles. Parvenu dans le corps de l'appendice, le nerf antennaire se divise presque aussitôt en deux branches à peu près égales, émettant de nombreux rameaux le long de leur trajet. La branche interne s'étend jusqu'à l'extrémité du corps de l'antenne-pince, l'externe est spécialement dévolue au doigt mobile.

Outre les nerfs pharyngiens, les nerfs optiques et les nerfs antennaires, les centres médullaires cérébroïdes donnent encore une ou deux paires de filets-nerfs qui se distribuent aux muscles de la lame aponévrotique sur laquelle reposent l'œsophage et l'estomac ; mais ici nous n'avons pu les mettre aussi parfaitement en évidence que chez le Scorpion ; ce qui s'explique aisément ; nous avons observé des Thélyphones conservés dans la liqueur et nous avons étudié des Scorpions vivants en quantité aussi considérable qu'il a été nécessaire.

∗

Système nerveux de la vie organique. — Cette portion du système nerveux est constituée absolument comme chez le Scorpion. Les différences ne portent que sur de légers détails. Ainsi, dans le Thélyphone, les deux paires de petits noyaux, les ganglions angéiens et les ganglions gastriques sont un peu plus isolés des lobes cérébroïdes auxquels ils sont reliés par des cordons. Les ganglions angéiens, d'une dimension très-exiguë, sont rapprochés sur l'aorte et envoient sur ce vaisseau un nerf qui descend jusque sur le cœur ; mais faute d'un nombre suffisant d'individus, il n'a pas été possible de

(1) Pl. 8, fig. 5 b.
(2) Pl. 8, fig. 4 a, 5 c, d.
(3) Pl. 8, fig. 4. Les yeux latéraux et les nerfs qui viennent les animer se trouvent représentés seulement du côté droit.
(4) Pl. 8, fig. 4 b, 5 e, f.

l'étudier en détail (1). Les ganglions gastriques, presque aussi petits que les précédents, reposent sur les côtés de l'œsophage et se trouvent en connexion avec les ganglions angéiens au moyen d'un court cordon transversal, une sorte de commissure. Ils émettent un nerf qui rampe sur les parties latérales du canal intestinal (2).

*

Centre nerveux céphalothoracique. — Les nerfs qui en dérivent. — La masse médullaire céphalothoracique, aussi étroitement rapprochée des ganglions cérébroïdes que chez le Scorpion, est un peu oblongue ou plutôt amincie graduellement d'avant en arrière. La fusion des différents noyaux qui la composent est complète; nous n'avons pu observer sur nos animaux conservés dans la liqueur aucune trace de leur union les uns avec les autres, aucune de ces dépressions transversales apparentes dans beaucoup de cas analogues.

De la portion antérieure de la masse céphalothoracique, formant une sorte de lobe plus ou moins distinct, proviennent les nerfs qui se rendent à l'appendice buccal. Des angles latéro-antérieurs de cette même masse naissent les nerfs des pattes-mâchoires (3). Ceux-ci, par suite de l'ampleur des appendices auxquels ils sont dévolus, ont, proportionnellement aux nerfs des pattes ambulatoires, un plus gros volume que chez le Scorpion. Ils se dirigent de la même façon que dans ce dernier type, et fournissent des branches plus ou moins puissantes aux mêmes muscles. Nous n'insisterons pas sur ces détails; nos figures, où les diramations de ces nerfs sont représentées avec la plus scrupuleuse exactitude, donnent d'ailleurs mieux qu'une description trop minutieuse une idée juste de ces divisions secondaires.

En arrière des pédio-maxillaires part un nerf de très-médiocre grosseur, qui se divise dans les muscles du coxopodite et du basipodite ou trochanter des pattes-mâchoires; puis viennent les quatre paires de nerfs des pattes ambulatoires naissant des côtés de la masse médullaire céphalothoracique (4). Les deux paires postérieures se dirigent très en arrière, comparativement à ce qui se voit chez le Scorpion, le thorax étant très-allongé. Ces nerfs envoient des branches aux muscles des mouvements généraux des pattes, et, parvenus dans l'appendice qu'ils doivent animer, ils donnent des branches et des rameaux déliés aux muscles extenseurs et fléchisseurs de chacune des parties de la patte. Nous ne trouvons là rien méritant d'être mentionné spécialement.

Entre les origines des nerfs pédieux, il existe toujours une branche provenant directement du grand centre médullaire céphalothoracique, ainsi qu'on l'a vu dans le Scorpion. En arrière de ceux de la quatrième paire et dérivant ici du même tronc, on remarque un nerf d'un certain volume qui descend parallèlement à la chaîne médiane, se contourne un peu en dehors à la base du thorax, et fournit des rameaux aux muscles extenseurs des pattes postérieures, ainsi qu'aux muscles du premier zoonite de l'abdomen (5).

*

Ganglions abdominaux. — Les nerfs qui en dérivent. — Chez le Thélyphone, la chaîne ganglionnaire

(1) Pl. 8, fig. 6 b, c.
(2) Pl. 8, fig. 6 d.
(3) Pl. 8, fig. 4 d.
(4) Pl. 8, fig. 4 e e.
(5) Pl. 8, fig. 4. Ce nerf se voit en entier du côté gauche. Du côté droit, où les muscles élévateurs et rétracteurs des pattes ont été laissés en place, il est en partie masqué par ceux-ci.

abdominale semble être réduite à peu de chose. Il n'existe en effet qu'un petit noyau à la base même de l'abdomen, et un ganglion assez volumineux dans l'avant-dernier zoonite de la portion élargie. Les ganglions abdominaux ont dû nécessairement s'unir, pour la plupart, à la masse médullaire céphalothoracique. Nous n'avons pas dans le cas actuel la faculté de l'établir au moyen d'une preuve directe, mais, après tous les faits déjà connus touchant le système nerveux des animaux articulés, aucun doute ne peut subsister à cet égard. Lorsqu'il sera possible de suivre le développement du Thélyphone, on trouvera pendant les premières phases de la vie les ganglions de l'abdomen bien distincts, sinon tout à fait séparés les uns des autres. L'origine des nerfs donne la certitude entière que c'est par suite d'une centralisation poussée à un haut degré, par suite d'une fusion complète avec les centres médullaires thoraciques que la plupart des ganglions de l'abdomen paraissent manquer. Nous avons été conduit ainsi à reconnaître que, chez le Scorpion, deux paires de ganglions abdominaux étaient confondus avec les noyaux thoraciques; chez le Thélyphone, il y en a un plus grand nombre. Au reste, examinons cette chaîne ganglionnaire abdominale; nous jugerons ensuite plus aisément de sa disposition fondamentale.

De l'extrémité postérieure de la masse céphalothoracique part un cordon simple en apparence qui, descendant sur toute la ligne moyenne de l'abdomen, vient atteindre un centre nerveux placé vers le milieu de l'avant-dernier zoonite; en s'unissant à ce noyau médullaire, le cordon se dédouble (1).

Les nerfs des deux premiers anneaux, nous ne comptons pas ici le vestige de segment existant à la base de l'abdomen, naissent de chaque côté du cordon médian et de sa portion contenue dans le thorax par un tronc commun, bientôt partagé en deux nerfs, l'un pour le premier zoonite, l'autre pour le second. Parvenu dans l'anneau qu'il doit animer, chacun se divise en deux branches prenant leur direction en dehors. La branche supérieure donne des filets aux longs muscles ventraux, passe sur le gros vaisseau par lequel le sang veineux arrive aux organes respiratoires, puis remonte sur le côté et vers la voûte tergale, en envoyant de nombreux rameaux aux muscles latéraux et dorsaux. La branche inférieure descend jusqu'au niveau de la poche respiratoire, fournit un rameau au pilier musculaire, un autre à la tunique constituant la poche pulmonaire, un autre encore, qui pénétrant plus profondément, se distribue dans les muscles de l'orifice respiratoire. On voit que c'est exactement le mode de distribution signalé à l'égard du Scorpion.

A la base de l'abdomen on remarque, avons-nous dit, un très-petit renflement ganglionnaire. Il est si petit, en effet, qu'on pourrait le prendre pour un simple élargissement du cordon; mais par l'examen microscopique, nous nous sommes assuré de la présence d'un vestige de ganglion comparable à ceux que l'on observe sur le trajet de certains nerfs : ce n'est pas un véritable ganglion abdominal. Les nerfs des troisième et quatrième zoonites se détachent de ce point par un tronc commun; ils se courbent vers le milieu de leur anneau propre et ne se partagent point comme les précédents; ils émettent seulement sur leur trajet des rameaux pour les différents muscles, pilier, muscles ventraux, latéraux et dorsaux.

Les nerfs des cinquième et sixième zoonites partent encore du même tronc; ils se dirigent et se divisent de la même manière que les autres; mais le segment auquel ils se rendent étant très-éloigné de leur point de départ, leur longueur devient beaucoup plus considérable. Le nerf du sixième zoonite offre une branche assez forte qui s'étend le long de son bord postérieur.

Le septième zoonite, avons-nous vu, est occupé par un centre nerveux assez gros. Ce ganglion double primordialement, formant néanmoins une masse unique dans le Thélyphone adulte, fournit

(1) Pl. X, fig. 4 g.

les nerfs des anneaux postérieurs de l'abdomen; il en émet trois paires latéralement. Ceux de la première remontent vers le haut et parcourent le septième ou avant-dernier zoonite; ceux de la seconde paire, plus grêles, envoient leurs diramations vers le bord postérieur du même anneau; ceux de la troisième paire se distribuent dans le dernier zoonite de la portion élargie de l'abdomen. Les nerfs postérieurs naissent par deux troncs bientôt bifurqués; ce sont donc quatre nerfs qui traversent la portion caudiforme de l'abdomen (1), et s'étendent dans toute la longueur de la queue en devenant extrêmement déliés. Ils donnent sur leur trajet des branches et des rameaux aux muscles rétracteurs et extenseurs de la portion caudiforme, et ensuite à chacun de ses zoonites, ainsi qu'à chacun des articles de la queue.

Après avoir observé attentivement la chaîne nerveuse abdominale du Thélyphone, on doit demeurer convaincu que six ganglions au moins, sept peut-être, car il ne faut pas oublier l'existence d'un anneau rudimentaire, se sont unis et confondus avec les centres médullaires thoraciques. Les nerfs des différents zoonites de l'abdomen dérivent toujours d'un centre propre. Souvent, chez les animaux articulés, dans le cas où les ganglions abdominaux se trouvent agglomérés avec les ganglions thoraciques, les nerfs proviennent directement de la masse médullaire formée par la réunion de ces noyaux; dans le Thélyphone, ils semblent se détacher du cordon médian, mais c'est par suite d'un accolement des faisceaux de fibres nerveuses sur une longueur plus ou moins considérable.

*

Nous avons fait connaître, chez le Scorpion, un plexus nerveux régnant sur les organes respiratoires, et dérivant de la branche des nerfs abdominaux spécialement dévolue à ces organes; un plexus analogue existe à la surface des feuillets pulmonaires du Thélyphone; mais la condition des individus que nous avons disséqués, et le nombre restreint des sujets dont nous avons pu disposer, ne nous ont pas permis de le suivre en détail. Il en est de même pour les filets du ganglion abdominal postérieur qui se rendent au rectum et aux glandes qui s'ouvrent sur les côtés de l'orifice anal.

*

En établissant une comparaison de toutes les parties du système nerveux du Thélyphone et du Scorpion, on reconnaît entre les deux types une série de différences assez notables. Ces différences apparaissent surtout dans la forme des lobes cérébroïdes (cerveau); dans la brièveté des nerfs optiques médians chez le Scorpion, dans leur longueur chez le Thélyphone; dans l'indépendance des nerfs optiques latéraux chez le premier, dans leur dépendance des nerfs médians chez le second; dans la fusion avec les centres nerveux thoraciques de la plupart des ganglions abdominaux chez le Thélyphone, dans la fusion limitée aux premiers ganglions chez le Scorpion; dans la réunion en un seul centre, chez le Thélyphone, de tous les noyaux médullaires de la partie postérieure de l'abdomen qui demeurent séparés et espacés chez le Scorpion.

ORGANES DES SENS.

Nous n'avons rien de particulier à mentionner dans le Thélyphone à l'égard des organes des sens. La vision s'exerce au moyen de deux yeux médians placés sur la région antérieure du céphalo-

______
(1) Pl. 8, fig. 4 h.

20

thorax et de trois paires situées vers ses bords latéraux. La forme extérieure de ces organes a été décrite précédemment (1); et quant à leur structure, nos investigations, qui ont dû ici être assez limitées, ne nous ont conduit à la constatation d'aucune différence avec la structure des yeux des Scorpionides. Pour ce qui est de l'ouïe, de l'odorat et du goût, nous manquons de toute donnée.

A l'égard du tact, après avoir reconnu combien la sensibilité générale du corps devait être émoussée par suite de la résistance des téguments, on a vu que ce défaut était compensé par la présence de la queue. La queue, en effet, douée d'une grande flexibilité, garnie de poils plus ou moins roides et serrés, pouvant être ramenée aisément au-dessus du corps et portée dans toutes les directions au gré de l'animal, paraît avoir les qualités nécessaires pour que notre Arachnide puisse acquérir une notion des objets qui l'environnent.

Comme chez les Scorpions, les pattes sont conformées pour rendre le toucher assez sensible. Le tissu souple qui revêt le tarse en dessous, les crochets qui le terminent, les épines mobiles qui garnissent chacun de ses articles, les poils qui se trouvent sur les jambes et les cuisses, sont autant d'instruments propres à l'exercice de ce sens. En outre, les tarses antérieurs, d'une conformation particulière dans notre Thélyphone, étant devenus de véritables tiges multi-articulées très-flexibles, augmentent encore nécessairement la faculté du tact.

APPAREIL DIGESTIF.

Le tube digestif du Thélyphone est un tube parfaitement droit, depuis la bouche jusqu'à l'orifice anal, dont les différentes parties sont marquées par des étranglements et des dilatations bien prononcées. Un appareil glanduleux enveloppe l'estomac. Le foie remplit presque tout l'abdomen et entoure entièrement l'intestin.

*

Bouche. — *Œsophage.* — L'orifice buccal est semblable à celui du Scorpion; caché au-dessous des antennes-pinces, il consiste en une simple petite fente ayant des bords flexibles, située au-dessus de l'appendice buccal impair.

L'œsophage, qui débute par un pharynx un peu dilaté en arrière, est un tube grêle assez long, d'abord cylindrique, élargi postérieurement et d'une manière un peu brusque en un jabot assez renflé (2). Celui-ci offre de chaque côté une dilatation anguleuse, produite par un ligament attaché aux branches antérieures du plancher sternal, qui exerce une certaine traction. L'œsophage lui-même, près de son origine, est maintenu latéralement par un faisceau de fibres musculaires. De la sorte, la portion antérieure du tube digestif se trouve tendue et empêchée de subir aucun déplacement durant le passage des substances alimentaires. Ces ligaments, à n'en pas douter, aident au travail de la déglutition par les mouvements qu'ils doivent imprimer à l'œsophage, comme déjà nous l'avons fait remarquer à l'égard du Scorpion pour des dispositions analogues.

Les parois de l'œsophage sont fort minces, et ne présentent à l'intérieur que quelques plissures plus ou moins apparentes dans l'état de vacuité du canal.

(1) Pag. 140.
(2) Pl. 9, fig. 1, 2 et 3 *a.*

Estomac. — *Glandes stomacales.* — L'estomac succède à la portion élargie de l'œsophage, c'est-à-dire au jabot. Il occupe la moitié postérieure de la cavité céphalothoracique, ce qui montre que son développement est considérable. Dilaté presque dès son origine, il se rétrécit d'une manière très-sensible à sa jonction avec l'intestin. Il présente de chaque côté quatre cœcums ou *diverticulum* d'une ampleur toujours remarquable, mais variable, néanmoins, suivant leur état de plénitude ou de vacuité (1). D'ordinaire, l'extrémité de ces cœcums atteint les parois latérales de la cavité thoracique; le premier d'entre eux est dirigé en avant et remonte quelquefois jusque sur les côtés de l'œsophage; souvent aussi on le trouve plus ou moins recourbé et ramassé sur lui-même. Le second arrive par le bout entre l'origine des pattes de la première et de la deuxième paires; le troisième, au-dessus de l'origine des pattes de la troisième paire, et le quatrième vers la base des pattes postérieures. Ces cœcums s'écartent donc les uns des autres de la base au sommet. Ils sont presque cylindriques et arrondis à l'extrémité, mais on ne saurait décrire leur forme bien rigoureusement; dans certains cas, on les voit très-dilatés; au contraire, chez les individus qui ont subi un long jeûne, ils sont plus ou moins flasques et aplatis (2).

En ouvrant l'estomac, on reconnaît que les cœcums communiquent librement avec sa cavité, sans qu'il y ait aucun rétrécissement marqué à leur origine. Les matières ingérées dans l'estomac entrent donc dans les *diverticulum*, dès que celui-ci vient à se remplir.

Les parois de l'estomac ont très-peu d'épaisseur; néanmoins, les tuniques qui le constituent deviennent distinctes sous un grossissement d'environ 300 diamètres. La tunique interne semble composée de granules extrêmement fins et se trouve tapissée par un mince épithélium; la tunique externe est fibreuse; ce sont surtout des fibres transversales que nous avons nettement distinguées (3). Cette tunique est revêtue extérieurement par une membrane de la plus grande délicatesse, dans laquelle nous n'apercevons aucune structure. Les parois des cœcums offrent une disposition semblable; seulement, le tissu fibreux, bien reconnaissable près de leur origine, ne se montre plus vers leur extrémité.

Nous n'avons du reste pu songer à approfondir notre étude de la structure des parois des différentes parties du tube digestif dans le Thélyphone, avec des individus conservés dans la liqueur et encore en nombre insuffisant.

Les glandes stomacales, dans cet Arachnide, ressemblent à certains égards beaucoup plus à celles des Aranéides qu'à celles du Scorpion. Comme dans ce dernier type, cependant, ces glandes sont de deux sortes bien faciles à reconnaître à la première inspection. Les unes revêtues d'une enveloppe fibreuse, assez épaisse, dont la surface est lisse, entourent les côtés de l'estomac et embrassent étroitement les cœcums ou *diverticulum* aussi bien en dessus qu'en dessous. L'enveloppe détachée, on découvre un tissu très-dense, circonscrivant une multitude de petites cavités ou plutôt d'utricules assez régulières dont les parois sont granuleuses; mais, faute de matériaux en quantité suffisante, nous n'avons pu poursuivre l'examen de ces parties délicates. Dans les Aranéides, il existe des glandes de

(1) Pl. 9, fig. 1, 2 c, c, et 3.

(2) Dans notre figure 1, l'estomac est représenté en position, vu en dessus. Dans les figures 2 et 3, il est plus grossi et représenté en dessous. Ces figures ont été faites d'après deux individus différents; et comme on s'est attaché à reproduire tous les détails avec une entière exactitude, il est permis, d'après ces exemples, de juger des petits changements de forme ou de direction que peuvent subir les *diverticulum* de l'estomac.

(3) Pl. 8, fig. 1 b, 2 b, et 3.

même structure : on en trouvera une description détaillée dans les chapitres relatifs à ces animaux. Toujours est-il que cette portion de l'appareil glandulaire stomacal correspond aux trois masses reposant sur l'estomac et l'œsophage, que nous avons fait connaître chez le Scorpion.

Il y a aussi des glandes constituées par de longs tubes bien reconnaissables même à la vue simple. Elles couvrent l'estomac en dessus, laissant seulement sur la ligne médiane un espace libre, simulant une sorte de rigole. En arrière, elles se terminent à l'origine de l'intestin ; de chaque côté, elles forment quatre lobes qui s'avancent jusque sur les cœcums, à l'exception du dernier, plus rejeté vers la base de l'abdomen ; en avant, celles de l'un et l'autre côté se réunissent pour se séparer bientôt en deux lobes fort allongés masquant l'œsophage sur une grande étendue (1). En dessous, le jabot se trouve embrassé sur les côtés par ces glandes qui recouvrent encore l'estomac en dessous, dans toute la portion comprise entre les glandes utriculaires qui étreignent ses parties latérales ainsi que la base des cœcums. Elles sont, de la sorte, unies de chaque côté à ces dernières, sur une grande longueur (2).

Les glandes utriculaires ne nous ont pas offert dans le Thélyphone ces conduits à parois membraneuses que nous avons reconnus chez le Scorpion. De toutes parts, elles adhèrent fortement à la paroi stomacale. Cette dernière présente, disséminées sur une infinité de points, de presque imperceptibles ouvertures, qui évidemment donnent passage au liquide sécrété par les glandes. Nous aurions désiré donner une démonstration complète de ce fait, mais ici encore nous avons été arrêté dans nos recherches de détail par le défaut d'un nombre plus considérable d'individus, et surtout par le défaut d'individus vivants.

Il nous paraît certain qu'une première sécrétion s'opère dans les glandes tubuleuses, et que cette sécrétion est modifiée et enrichie de nouveaux matériaux par les glandes utriculaires qui versent directement leur produit, le suc gastrique, dans l'estomac, absolument comme cela a lieu chez le Scorpion.

*

Intestins. — Foie. — Canaux urinaires. — L'intestin grêle qui succède à l'estomac débute à la base de la cavité thoracique, et s'étend en ligne parfaitement droite jusqu'à l'origine du sixième segment ventral de l'abdomen. A son entrée dans cette partie du corps, il s'élargit d'une manière très-notable, et acquiert même d'ordinaire une grande ampleur ; il se rétrécit ensuite et devient assez grêle dans sa moitié postérieure (3). On croirait de la sorte pouvoir distinguer un duodénum et un jéjunum, si l'on ne savait combien chez les animaux articulés ces dilatations et ces rétrécissements de l'intestin sont variables suivant les types. Cette extrême variabilité témoigne de leur peu d'importance. D'ailleurs, lorsque les matières digérées se sont amassées en certaine abondance dans quelques parties de l'intestin, il se produit, par suite de la grande extensibilité des parois de ce tube, des dilatations qui s'effacent plus ou moins dans l'état de vacuité.

Le gros intestin est habituellement très-renflé ; il devient étroit seulement dans la portion caudiforme de l'abdomen. C'est là qu'est le véritable rectum (4). L'anus situé à l'extrémité du dernier zoonite abdominal, au-devant du premier article de la queue, est une petite fente transversale dont les bords membraneux sont légèrement plissés.

(1) Pl. 9, fig. 1 *b*, et pl. 10, fig. 2 *b*, *b*.
(2) Pl. 9, fig. 2 et 3 *a*.
(3) Pl. 9, fig. 1 *c*.
(4) Pl. 9, fig. 1 *d*.

Dans le Thélyphone, ainsi que chez les Scorpionides, ainsi que chez tous les Arachnides les plus élevés sous le rapport du perfectionnement de leur organisme, le foie a un très-grand développement. Il remplit entièrement l'abdomen et enveloppe tout l'intestin, à l'exception seule du rectum logé dans la portion abdominale caudiforme. Les pièces tergales détachées, sa surface apparaît comme dans le premier type que nous avons étudié, c'est-à-dire, avec une sorte de gouttière sur la ligne médiane qui est l'espace occupé par le cœur, une certaine convexité des parties latérales et des impressions transversales déterminées par les séparations des sclérodermites dorsaux. La continuité de la surface du foie n'est interrompue que par les piliers musculaires qui traversent la masse hépatique (1).

Nous ne nous arrêterons pas à décrire la structure de cet organe, en tout semblable à celle que nous avons fait connaître chez le Scorpion. La tunique dont il est enveloppé présente également des prolongements latéraux qui servent de ligaments propres à le maintenir. Les utricules ont la même forme et à peu près le même volume. Les canaux biliaires sont aussi au nombre de cinq paires, les premiers plus faibles que les autres, mais ceux de la dernière paire n'ayant pas toutefois un volume proportionnel aussi considérable (2).

Les canaux urinaires s'ouvrent à l'origine du gros intestin. Nous n'avons pas réussi à les isoler convenablement sur les individus du Thélyphone des Antilles dont nous avons pu disposer ; nous avons renoncé à les représenter sur notre figure, montrant l'ensemble de l'appareil digestif ; nous renonçons également à les décrire.

*

En comparant l'appareil digestif entre le Thélyphone et le Scorpion, on constate d'assez nombreuses différences. Chez le premier, l'œsophage est long et élargi en arrière en forme de jabot ; chez le second, il est court et moins dilaté postérieurement. Dans le Thélyphone, l'estomac est vaste et présente latéralement des *diverticulum* ou cœcums d'une grande ampleur ; dans le Scorpion il est petit et dépourvu de prolongements. Ses glandes celluleuses ou utriculaires l'embrassent sur les côtés et ses glandes tubuleuses le recouvrent en dessus et sur les côtés chez le Thélyphone ; chez le Scorpion, les glandes tubuleuses sont contenues dans deux capsules isolées, et les glandes utriculaires forment trois masses reposant sur sa face supérieure. Les différences offertes par l'intestin sont surtout en rapport avec celles de la configuration de l'abdomen dans les deux types.

ORGANES DE LA RESPIRATION.

Les organes respiratoires sont très-localisés chez le Thélyphone. Les poumons, seulement au nombre de deux paires, sont logés dans les deux premiers zoonites de l'abdomen ; le second arceau ventral étant fort court, ceux de la seconde paire se trouvent être presque contigus à ceux de la première (3). Ces organes s'ouvrent extérieurement par des orifices en forme de boutonnière (4), connus sous le nom de stigmates et quelquefois désignés aussi sous celui de *pneumostomes*. Nous avons décrit la situation et les particularités de ces orifices (5) ; nous n'avons pas à y revenir.

(1) Pl. 10, fig. 1.
(2) Pl. 9, fig. 1 c, d.
(3) Pl. 8, fig. 4 f, et pl. 9, fig. 6 a, a.
(4) Pl. 9, fig. 5 a, a*.
(5) Page 145.

Nous n'avons pas non plus à insister ici sur la conformation générale des organes respiratoires ; cette conformation étant identique à celle des poumons des Scorpionides. Ils sont également enveloppés par une tunique mince, transparente, constituant pour chacun d'eux une sorte de poche, et continuée en avant et en arrière en un vaisseau destiné à amener le sang veineux aux organes de la respiration. Au côté interne de chaque poche pulmonaire, on remarque un petit cercle de consistance coriace sur lequel le pilier musculaire prend son point d'attache. Les poumons du Thélyphone sont de dimension inégale ; ceux de la seconde paire l'emportent dans le sens de la largeur d'environ un tiers sur ceux de la première paire (1) ; leur forme, du reste, est à peu près semblable. Les uns et les autres sont oblongs dans le sens horizontal, et sous ce rapport ils diffèrent d'une manière sensible de ceux des Scorpions. Les lamelles ou les feuillets qui les composent sont aussi en quantité beaucoup plus considérable, particulièrement dans les poumons de la seconde paire ; en sorte que dans les deux types, le nombre des lamelles de tout l'appareil respiratoire paraît être à peu près équivalent. Il résulte de là que chez le Thélyphone, où il existe seulement deux paires de poumons au lieu de quatre comme dans le Scorpion, il n'y a pas amoindrissement des organes respiratoires, mais une localisation plus étroite, une centralisation plus prononcée. Les lamelles pulmonaires, véritables petits sacs aplatis, présentant absolument la même disposition et la même structure que chez le Scorpion, offrent néanmoins une forme particulière. Elles ont leur bord supérieur faiblement arqué, leur bord inférieur presque droit et leur sommet large, comme tronqué (2).

Le mécanisme de la respiration est ici, à n'en pas douter, entièrement semblable à celui que nous avons fait connaître chez le Scorpion.

APPAREIL CIRCULATOIRE.

Malgré la difficulté bien constatée par les anatomistes d'étudier le trajet des vaisseaux chez des animaux ayant séjourné dans la liqueur, nous avons été assez heureux pour y réussir passablement à l'égard du Thélyphone, en consacrant, il est vrai, à cette recherche les individus les mieux conservés dont nous disposions. Nous sommes parvenu à remplir d'une injection colorée toutes les artères à peu de chose près, de façon à permettre d'en donner une représentation fidèle. Il a fallu renoncer à un examen complet du système veineux ; mais là encore il a été possible de suivre les principaux canaux, et de se former une idée nette de leur disposition. Tout en regrettant d'avoir manqué de sujets vivants, toujours indispensables pour l'observation entière de l'appareil de la circulation du sang, nous avons cependant la satisfaction d'être en mesure de donner pour le Thélyphone une description de cet appareil suffisante pour en faire saisir les particularités et pour rendre les comparaisons faciles avec les autres types de la classe des Arachnides.

*

Cœur. — Le cœur, situé sur la ligne médiane de l'abdomen et occupant la plus grande partie de la longueur de cette portion du corps, est maintenu étroitement entre les longs muscles dorsaux, et, en outre, attaché à chacune des pièces tergales par des muscles propres, les ailes du cœur, absolument

---

(1) Pl. 8, fig. 7 et 8. Ils sont représentés au même grossissement.
(2) Pl. 8, fig. 9.

comme chez le Scorpion. L'organe d'impulsion du sang a la même conformation, la même structure que
chez ce dernier type. Enveloppé par un péricarde assez résistant, en continuité de tissu avec les
vaisseaux pneumocardiaques, il présente également à sa surface trois bandelettes musculaires longitudinales, l'une médiane, les autres presque latérales (1). Les divisions ou les chambres du cœur sont
de même marquées par de légers étranglements et surtout par la présence des orifices auriculo-ventriculaires. Ces orifices sont plus droits, et les duplicatures de la paroi, qui constituent à l'intérieur les
valvules s'opposant au retour du sang, ont une courbure moindre que chez le Scorpion; mais ce sont
là des détails auxquels nous ne nous arrêterons pas. Dans l'état actuel de nos connaissances, on ne
parvient point à reconnaître la signification de différences aussi légères.

*

Système artériel. — La distinction faite à l'égard du Scorpion, 1° de l'aorte avec les artères qui en
dérivent, 2° des artères partant des côtés de chacune des chambres du cœur, et 3° de l'artère qui fait
suite à la chambre postérieure, trouve encore une application exacte pour le Thélyphone.

*

L'aorte et les artères qui en dérivent. — L'aorte, en continuité directe avec la portion antérieure du
cœur, a dans notre Arachnide une grande longueur. Elle traverse le céphalothorax s'appuyant
sur l'estomac dans cette sorte de rigole limitée par les glandes stomacales, et dont il a été question plus
haut (2), envoyant à ces glandes ainsi qu'à l'estomac des branches assez grêles (3). Passant ensuite
sous les lobes antérieurs des glandes stomacales (4), l'aorte parvient à la base du cerveau et se partage
en deux troncs qui entourent le collier œsophagien et reposent sur la masse médullaire céphalothoracique, où ils s'élargissent de façon à former un petit sinus presque circulaire (5). De ce sinus s'échappent
les artères pédieuses et pédio-maxillaires.

Les artères antennaires, ou artères des chélicères, naissent, comme chez le Scorpion, de la portion antérieure du vaisseau circulaire formé par les deux branches de l'aorte. D'abord un peu rejetées en dehors, elles se portent bientôt en avant, pour pénétrer dans les appendices auxquels elles sont dévolues
et se diviser dans leurs muscles en branches nombreuses et en rameaux très-déliés (6). Avant de pénétrer
dans les chélicères, ces artères envoient vers leur côté interne deux branches dont l'une assez volumineuse, aux grands muscles rétracteurs de ces appendices, et vers leur côté extérieur, des branches
qui vont se distribuer dans les muscles des pattes-mâchoires. Plusieurs rameaux se détachant de ces
dernières branches se portent aux yeux latéraux. Comme chez le Scorpion, les artères antennaires
donnent dès leur origine de fines artérioles qui se ramifient sur le cerveau, et qu'à raison de leur
ténuité nous n'avons pas réussi à injecter d'une manière parfaite chez nos Thélyphones conservés
dans la liqueur. Mais ce que, dans ces Arachnides, les artères antennaires nous ont offert de plus
particulier, est l'émission en arrière d'une très-forte branche qui descend jusqu'à la base du thorax et

(1) Pl. 10, fig. 1.
(2) Page 156.
(3) Pl. 10, fig. 2 *a.*
(4) Pl. 10, fig. 2 *b.*
(5) Pl. 10, fig. 8.
(6) Pl. 10, fig. 1 *b.*

donne tout le long de son trajet des rameaux se distribuant dans les muscles rétracteurs et élévateurs des appendices de la locomotion (1).

Les artères ophthalmiques naissent encore ici, comme chez le Scorpion, de l'origine du tronc des artères antennaires, elles vont directement aux yeux médians, en demeurant accolées aux nerfs optiques et donnant à ces nerfs de nombreuses artérioles.

L'artère buccale naît ici également de la portion moyenne du vaisseau circulaire, dans l'espace compris entre les origines des artères ophthalmiques et antennaires. Pour la mettre à découvert il faut enlever les yeux, ainsi que leurs nerfs et leurs artères.

Les artères des appendices inférieurs dérivent, comme nous l'avons dit, de cette sorte de sinus qui repose sur la masse médullaire céphalothoracique. Ce sont d'abord deux artères grêles se portant vers la bouche (2); puis les artères pédio-maxillaires, d'un volume considérable, en rapport naturellement avec la dimension des pattes-mâchoires (3). Dirigées un peu en dehors, elles demeurent accolées aux nerfs et ne s'en séparent qu'à la base du doigt mobile, où elles se partagent en deux branches, de même que chez le Scorpion. Nous ne jugeons pas utile de décrire leurs diramations nombreuses, dont il est aisé de se faire une idée exacte à l'aide de la figure qui les représente.

Les artères pédieuses, ou artères des pattes ambulatoires, partent à peu près à égale distance les unes des autres et accompagnent toujours le nerf pédieux (4). Elles fournissent des branches aux muscles extenseurs des pattes et restent simples jusqu'à l'extrémité du tarse, où elles se divisent en deux petites branches se rendant aux crochets.

Enfin l'artère spinale émerge, comme chez le Scorpion, dans l'intervalle compris entre les origines des artères pédieuses postérieures et descend en arrière, appuyée sur la chaîne nerveuse abdominale (5). Elle se comporte de même que dans notre premier type étudié de la classe des Arachnides, fournissant des branches aux muscles ventraux et aux organes de la génération. Relativement à cette portion du système artériel, il est des détails que nous n'avons pas réussi à mettre en évidence.

*

Artères hépatiques.—Les artères qui ont leur origine sur les parties latérales et inférieures de chacune des chambres du cœur, sont les artères hépatiques (6). Tout ce que nous avons dit de ces vaisseaux en traitant du Scorpion s'applique entièrement au Thélyphone. Une description serait donc tout à fait superflue dans le cas actuel.

*

Artère uroïdale. — Nous avons désigné l'artère postérieure qui fait suite à la dernière chambre du cœur sous le nom d'artère uroïdale. Ce vaisseau commençant vers l'extrémité de la portion élargie de l'abdomen, traverse la portion caudiforme, appuyé sur le rectum, et s'étend dans toute la longueur de

---

(1) Pl. 10, fig. 1. Du côté droit, on a représenté fidèlement toutes les branches de l'artère antennaire. Du côté gauche, on a coupé le tronc duquel dérivent ces branches, de façon à permettre de suivre l'artère dans le corps du chélicère et à mettre à nu les artères pédieuses et pédio-maxillaires.

(2) Pl. 10, fig. 3 *a*.

(3) Pl. 10, fig. 1 *f* et fig. 3 *b*.

(4) Pl. 10, fig. 3 *c*, *c* et fig. 1, côté gauche.

(5) Pl. 10, fig. 3 *d*.

(6) Pl. 10, fig. 1, côté droit.

la queue. L'artère uroïdale, d'un faible volume chez le Thélyphone, ne nous a paru fournir aucune branche allant s'anastomoser avec l'artère spinale; ce qui s'explique par l'étendue médiocre de celle-ci, dont la longueur au contraire est très-considérable chez le Scorpion. L'artère postérieure ou uroïdale du Thélyphone envoie des branches un peu fortes seulement aux muscles de la portion caudiforme de l'abdomen, et ensuite de très-petites aux muscles de chacun des zoonites de la queue.

En comparant d'une façon rigoureuse le système artériel dans le Thélyphone et dans le Scorpion, on constate entre les deux types une véritable similitude dans le mode de distribution des artères; toutes les principales divisions de ces vaisseaux sont les mêmes. Cependant certaines différences, généralement en rapport, il est vrai, avec la forme ou plutôt avec le développement relatif des parties où vont se ramifier les artères, doivent être notées. Résumons-les : Chez le Scorpion, où le céphalothorax est court, l'aorte a une grande brièveté ; chez le Thélyphone, dont le céphalothorax a des proportions beaucoup plus considérables, elle devient fort longue. Par suite de la position différente des yeux dans les deux types, les artères ophthalmiques, courtes dans le Scorpion, ont une grande longueur dans le Thélyphone; une différence semblable existe et a dû être constatée à l'égard des nerfs. Les artères antennaires offrent chez le Thélyphone une branche postérieure considérable pour les muscles rétracteurs et élévateurs des pattes; cette branche est rudimentaire chez le Scorpion, où les mêmes muscles ont un faible développement. Le tronc circulaire entourant le collier œsophagien, peu élargi sur la masse médullaire céphalothoracique chez le Scorpion, se dilate au contraire chez le Thélyphone d'une façon remarquable. Enfin l'artère postérieure ou uroïdale, d'une ampleur énorme dans le premier de ces deux types, est comparativement presque rudimentaire dans le second.

*

Système veineux. — On conçoit que si, chez nos Thélyphones, il a été possible de suivre d'une manière à peu près complète les différentes branches du système artériel, il n'a pu en être tout à fait de même pour le système veineux, cette portion de l'appareil circulatoire étant dépourvue de véritables parois, et simplement endiguée par les tissus environnants. Comme on ne saurait parvenir, chez des Arachnides conservés dans l'alcool, à observer ces canaux à l'aide d'injections, c'est simplement au moyen d'une dissection délicate qu'on réussit à reconnaître les principaux. Mais dans la circonstance actuelle la constatation seule des plus grands canaux a un intérêt médiocre; les ressemblances entre les organes du Thélyphone et ceux du Scorpion sont portées assez loin dans la plupart des cas pour qu'il devienne nécessaire d'arriver jusqu'aux détails.

Plusieurs fois, en détachant avec précaution le bouclier céphalothoracique, l'alcool ayant fait perdre aux muscles leur adhérence, nous avons distingué nettement une partie de ces réseaux capillaires formés d'un tissu d'apparence spongieuse, tels que nous les avons décrits chez le Scorpion (1). Ces capillaires sont également en continuité avec des trajets veineux qui rampent entre les faisceaux musculaires du céphalothorax et aboutissent à deux larges canaux profonds tout à fait analogues à ceux du Scorpion. Les principaux troncs veineux des pattes-mâchoires et des pattes occupent de même le côté externe de l'appendice, où ils se trouvent constitués surtout par une large saillie du tégument; se

(1) Pages 84-85.

rapprochant du nerf vers l'extrémité du trochanter, ils viennent déboucher dans les grands canaux céphalothoraciques.

Des canaux veineux de l'abdomen, comme dans notre premier type, les uns suivent une direction transverse, les autres une direction longitudinale, et aboutissent aux vaisseaux pulmonaires. Nous ne sommes pas en mesure de les décrire d'une manière suffisamment précise. Il nous est impossible encore de signaler aucun fait particulier à l'égard des canaux veineux hépatiques.

Les vaisseaux pulmonaires sont formés, de même que chez le Scorpion, par des prolongements de la tunique qui revêt les poumons. Ce sont toujours deux tubes prolongés en avant jusqu'à la base de l'abdomen, où ils reçoivent le sang des canaux thoraciques pour le conduire aux organes respiratoires, et étendus en arrière, où leur est amené tout le sang qui revient des différents organes logés dans cette partie du corps. La paroi des vaisseaux pulmonaires s'amincit en s'éloignant des poumons; l'état des Thélyphones dont nous avons disposé ne nous a pas permis de reconnaître d'un façon bien positive le point où cette paroi disparaît entièrement.

*

Vaisseaux pneumocardiaques. — Les vaisseaux pneumocardiaques ne diffèrent en aucune manière de ceux des Scorpions, soit sous le rapport de leur constitution, soit sous le rapport de leur nombre. Il y en a donc sept paires qui rampent contre les parois dorsale et latérales de l'abdomen, appliquées sur le foie assez exactement pour y imprimer autant de gouttières (1). Cependant, entre le Scorpion et le Thélyphone, il y a ici à noter une dissemblance caractéristique. Chez le premier les poumons étant espacés, et en quelque sorte disséminés dans presque toute la longueur de l'abdomen, les vaisseaux pneumocardiaques arrivent successivement au-devant de chacun d'eux; au contraire, chez le Thélyphone, où les poumons, seulement au nombre de deux paires, sont ramassés à la base de l'abdomen, les vaisseaux pneumocardiaques devraient se recourber pour se porter vers les organes respiratoires, s'il n'existait pas une disposition particulière. Mais sans dévier de leur direction transversale, ils s'abouchent avec un vaisseau latéral dans lequel est versé le sang qui a passé dans les parois des lamelles pulmonaires, c'est-à-dire le sang qui a respiré. Ce vaisseau, pourvu de parois très-délicates, règne parallèlement au vaisseau pulmonaire, dont le rôle est de charrier vers les poumons le sang veineux de l'abdomen; seulement celui-ci occupe la ligne conduisant à la base des organes respiratoires, tandis que le premier, rejeté en dehors, se trouve exactement sur la ligne correspondant au sommet des poches pulmonaires.

*

Mécanisme de la circulation. — Après la description que nous venons de donner de l'appareil circulatoire du Thélyphone, on comprend que la marche du sang ne peut ici s'effectuer autrement que chez le Scorpion. Néanmoins la puissance des agents d'impulsion n'est sans doute pas partout identique dans les deux types. Le céphalothorax, très-court chez les Scorpions, a une étendue assez considérable dans les Thélyphones : de là une longueur plus grande des artères de la portion antérieure du corps, de nature à nécessiter des contractions du cœur plus énergiques; mais à cet égard l'observation nous fait défaut. Dans les conditions où nous avons étudié les parois du cœur du Thélyphone, il nous a été impossible de déterminer si leur résistance est supérieure à celle des parois du cœur du Scorpion. Ce

(1) Pl. 10, fig. 4, côté gauche de l'abdomen.

qui est sensible, c'est la différence de volume proportionnel des piliers musculaires de l'abdomen. Ces piliers, plus puissants chez le Thélyphone, dénotent ici l'énergie que peuvent atteindre les mouvements de l'abdomen, dont le but est de faciliter le retour du sang des organes de la respiration vers le centre de l'appareil circulatoire.

ORGANE DE SÉCRÉTION SPÉCIALE.

Comme dans les Scorpions, il existe un seul appareil de sécrétion spéciale chez le Thélyphone, mais le produit est d'une nature un peu différente. Ce n'est plus un venin pouvant être introduit au moyen d'une piqûre, c'est un liquide odorant, doué peut-être de quelque propriété corrosive, que, dans certaines circonstances, l'animal chasse brusquement au dehors, dans l'intention, suivant toute apparence, d'effrayer un ennemi.

Les voyageurs, en effet, rapportent que les Thélyphones lancent, par l'extrémité de leur corps, dès qu'ils sont inquiétés, un liquide volatile exhalant une odeur de vinaigre très-prononcée. Aussi ces Arachnides sont-ils désignés partout, aux Antilles, sous le nom de *Vinaigriers*.

L'appareil sécréteur consiste en deux glandes volumineuses logées dans l'abdomen, et reposant dans toute leur étendue sur la paroi ventrale, à laquelle elles adhèrent par leur extrémité supérieure, au moyen d'un mince ligament. Ces glandes, souvent un peu rejetées vers les côtés de l'abdomen, allongées et tout à fait amincies à leur sommet, se rapprochent l'une de l'autre en arrière et s'élargissent ordinairement de façon à se trouver contiguës. Chacune d'elles se rétrécit ensuite sous la forme d'un canal qui traverse la portion caudiforme de l'abdomen, et vient s'ouvrir à l'extrémité inférieure du dernier zoonite par un très-petit orifice situé sur le côté de l'anus. Au-dessus de leur portion élargie, ces organes présentent un *diverticulum* ayant l'aspect d'un petit tube étroit, cylindrique et plus ou moins recourbé (1).

Les glandes sécrétoires, observées à la vue simple, paraissent striées dans le sens de leur longueur. En se livrant à l'examen de leur structure, on se rend compte aisément de cette apparence. Chaque glande est une sorte de poche fermée, dont les parois ont une médiocre épaisseur ; à l'aide de grossissements d'environ 150 à 200 diamètres, on reconnaît que ces parois sont constituées par deux tuniques minces, entre lesquelles se trouvent interposés des faisceaux de fibres longitudinales assez réguliers et presque également espacés, formant ainsi de véritables colonnes charnues. Ces faisceaux s'amincissent vers l'origine de la portion élargie de la glande, et bientôt disparaissent entièrement. L'espace compris entre les deux tuniques est alors rempli de petites utricules accumulées en quantité considérable : ce sont évidemment les organes de la sécrétion. Nous ne voulons pas nous arrêter davantage sur la structure intime des glandes du Thélyphone ; malgré des recherches minutieuses, nous restons toujours en défiance à l'égard des observations microscopiques poursuivies sur des tissus qui peuvent avoir été altérés par leur séjour dans la liqueur.

Les dimensions des organes sécréteurs attestent que les Thélyphones sont en état de fournir d'abondantes éjaculations. Il n'est pas difficile de comprendre comment le liquide peut être chassé brusquement au dehors. L'animal étant inquiété, une contraction subite de tous les muscles abdominaux, et notamment des grands piliers, doit s'effectuer : de là une pression exercée sur les glandes, qui tend à pousser en arrière la liqueur qu'elles contiennent. Ces organes, étant attachés à la paroi ventrale de

(1) Pl. 10, fig. 6 *f*.

l'abdomen, sont nécessairement soulevés avec elle, et pressés de la sorte contre les viscères placés au-dessus, dès l'instant où un mouvement de contraction tant soit peu énergique vient à se manifester. Vers leur extrémité, les brides qui les assujettissent aux derniers sclédodermites de l'abdomen sont disposées encore de façon à produire une action efficace en déterminant des pressions, et les parois des glandes elles-mêmes, pourvues de colonnes fibreuses, sont certainement susceptibles de fortes con-tractions. Ce fait sera facile à constater pour ceux qui observeront des Thélyphones vivants.

Le canal éjaculateur est entouré, près de son orifice, par un petit muscle en sphincter dont le rôle évident est d'empêcher l'écoulement continuel de la liqueur; d'autres petits muscles paraissent agir les uns comme rétracteurs, les autres comme extenseurs, mais sur ce point notre étude est demeurée incomplète.

Les glandes sécrétoires du Thélyphone représentent les glandes vénénifiques du Scorpion; il est impossible de s'y méprendre; mais ces organes ne sont pas étroitement localisés chez le Thély-phone comme ils le sont chez le Scorpion. Dans les deux types, ils ont une structure particulière et un rôle qui est propre à chacun d'eux.

ORGANES DE LA GÉNÉRATION.

En considérant l'appareil de la génération dans le Scorpion, on ne peut manquer d'être frappé de la ressemblance qui existe entre les organes du mâle et ceux de la femelle. Il n'en est pas ainsi chez le Thélyphone. Entre les deux sexes, on ne remarque à l'extérieur aucune différence bien sen-sible dans les formes. Dans l'état ordinaire, rien n'est apparent au dehors chez le mâle, si ce n'est un orifice transversal presque identique avec celui de la femelle. L'appareil génital de ces Arachnides, en grande partie enveloppé par le foie, règne sur presque toute la surface ventrale de l'abdomen. Nous ignorons encore si les Thélyphones sont vivipares, comme les Scorpionides, ou ovipares, comme les Aranéides.

*

Appareil mâle. — Les testicules consistent en deux grosses glandes allongées, tubuliformes, arrondies à leur extrémité postérieure et complètement indépendantes (1). Ces organes, assez rap-prochés l'un de l'autre sur la ligne médiane de l'abdomen, sont cylindriques, les légers renflements irréguliers qu'ils peuvent présenter en certains endroits étant dus simplement à leur contenu, qui par intervalles en distend un peu les parois, s'il se trouve accumulé sur un point en plus grande masse que sur un autre. Les parois des testicules ont beaucoup d'épaisseur; formées par un tissu spongieux rempli d'utricules, elles sont revêtues extérieurement d'une tunique fibreuse mince et néanmoins assez résistante.

Chaque testicule est en continuité, par son extrémité supérieure, avec le canal déférent (2), qui va s'ouvrir en dessous, dans le canal de la verge. Ce conduit, d'abord assez grêle, s'élargit d'une manière très-notable avant d'avoir atteint la moitié de son trajet.

Il existe aussi deux glandes séminales situées sur les côtés, en arrière des verges; elles sont con-

(1) Pl. 10, fig. 6 *a.*
(2) Pl. 10, fig. 6 *b* et 7 *b.*

tournées et accompagnées d'un appendice tubuleux, simple à son origine, bifurqué à une faible distance de sa base (1).

Les organes copulateurs, dont le volume est très-considérable, ne sont pas sans analogie avec ceux des Scorpions, tout en présentant de grandes différences. Il y a deux verges placées sur les côtés de l'abdomen, contenues dans un fourreau de forme oblongue qui n'est séparé des glandes séminales que par un étranglement. En ouvrant les fourreaux, on trouve les verges elles-mêmes, soutenues par une tige solide, de consistance coriace, ayant ses bords relevés, de façon à constituer une sorte de gouttière. Cette tige se recourbe en avant et s'unit alors intimement à une pièce résistante en forme de cône renversé, une sorte d'armure génitale (2). Cette pièce est massive et revêtue d'une membrane en continuité de tissu avec les fourreaux des verges; elle se trouve ainsi solidement fixée à la paroi abdominale, au-devant de l'orifice extérieur.

Une autre partie singulière de l'appareil génital mâle du Thélyphone est une espèce de poche volumineuse adhérente à la portion antérieure et externe des fourreaux des verges. Cette poche, repliée en dessous, offre l'aspect d'un disque (3); elle offre dans son intérieur une lame de consistance coriace, large et coupée en demi-cercle. Nous n'avons pas réussi à découvrir l'usage de cet organe, et même nous ne sommes pas parvenu à reconnaître bien positivement par quel mécanisme les verges peuvent exécuter leurs mouvements de protraction et ensuite de rétraction dans leurs fourreaux. Après des dissections faites avec soin, il nous a été possible de donner la figure exacte des différentes parties de l'appareil génital mâle du Thélyphone, mais il a été difficile d'aller beaucoup au delà; malgré toutes les précautions imaginables, les tentatives pour en pénétrer la structure ont été loin de fournir le résultat désirable; les tissus des organes étant altérés par leur séjour prolongé dans l'alcool, il suffisait de les toucher pour les voir se rompre dans tous les sens (4).

L'orifice génital du Thélyphone mâle, situé à la base du premier large sclérodermite ventral de l'abdomen, entre les ouvertures des poumons de la première paire, consiste simplement dans une fente transversale garnie d'un bourrelet. Cet orifice paraît susceptible d'une certaine dilatation lorsque les verges viennent à saillir au dehors.

*

Appareil femelle. — Les organes générateurs de la femelle sont très-simples. Ils se composent essentiellement de deux paires de tubes ovariques, n'ayant entre eux aucune de ces communications transversales analogues à celles qui existent chez les Scorpionides. Ces tubes sont très-longs, surtout l'interne, qui s'étend presque jusqu'à l'extrémité de l'abdomen (5); le tube externe est toujours plus court, et dans plusieurs individus nous l'avons vu très-réduit. Dans les Thélyphones employés pour nos recherches, tous recueillis à la même époque de l'année, les tubes ovariques se sont trouvés absolument vides; il avait fallu désespérer de pouvoir les observer dans une meilleure condition. Cependant, ayant eu plus tard l'occasion d'examiner un individu de la même espèce, mais d'une autre provenance, nous avons rencontré des œufs en grand nombre, disposés aux deux côtés de chacun des tubes ovariques dans de petites ampoules ou loges semblables à celles des ovaires du Scorpion.

(1) Pl. 10, fig. 6 c.
(2) Pl. 10, fig. 6 d et 7 d.
(3) Pl. 10, fig. 6 e et 7 e.
(4) Dans chaque circonstance où nos efforts pour élucider les questions n'ont pas eu un plein succès, nous nous faisons une loi de renseigner complétement notre lecteur à cet égard.
(5) Pl. 10, fig. 8 a.

L'état peu avancé de ces œufs ne nous a pas permis malheureusement de reconnaître si les embryons se développaient dans le corps de leur mère.

Les oviductes sont larges et d'une assez grande longueur (1); en continuité directe avec le tube ovarique externe, ils reçoivent sur leur côté intérieur le tube interne. Vers leur sommet, ils se recourbent et s'unissent l'un à l'autre, de manière à former un large vestibule, une sorte de vagin, dont l'ouverture est très-extensible (2). L'orifice génital de la femelle est placé au même point que celui du mâle.

Il suffit de considérer un instant les figures que nous avons données des organes de la génération du Thélyphone et du Scorpion, pour saisir les différences remarquables qui se manifestent ici entre ces deux Arachnides. Les organes mâles, surtout, sont profondément caractérisés dans les deux types. On retrouve, à la vérité, dans la disposition des testicules et des verges, une conformité de plan réelle, mais il est besoin de s'y arrêter pour la saisir, tant il y a de dissemblance dans la configuration des parties. Les organes femelles du Scorpion et du Thélyphone semblent moins modifiés; la différence la plus frappante se fait remarquer dans l'absence, chez le Thélyphone, de communications transversales entre les tubes ovariques.

Accouplement. — Fécondation. — La position des orifices génitaux ne permet pas de supposer que le mâle et la femelle puissent s'accoupler autrement qu'en s'appliquant l'un contre l'autre par la face ventrale. Les deux individus se renversent nécessairement de côté pour parvenir à se réunir. Suivant toute apparence, ils se maintiennent rapprochés à l'aide de leurs pattes-mâchoires et de leurs premières pattes ambulatoires, dont le tarse a une grande longueur et une extrême flexibilité. Au moment où les verges sont projetées, elles doivent, s'engageant d'abord dans la vulve, pénétrer chacune dans l'un des oviductes; la largeur de ces conduits comparée à celle des tubes ovariques, et leur courbure dans le même sens que les verges, font de cette supposition à peu près une certitude. La liqueur séminale, étant versée dans les oviductes, s'écoule naturellement dans les oviductes, et tout doit nécessairement se passer, quant à la fécondation, absolument comme chez le Scorpion.

Maintenant, résumons rapidement les rapports et les dissemblances que présente le type Thélyphone comparé au type Scorpion. C'est tout à fait le même plan général, mais le même plan sensiblement modifié dans les détails. A l'égard du squelette tégumentaire apparaissent à la première inspection des différences prononcées, qui toutefois ne portent guère que sur les formes : les proportions des parties du corps sont très-modifiées; la position et le mode de groupement des yeux sont caractéristiques dans chaque type; les chélicères, avec la même conformation générale, offrent de part et d'autre certaines particularités; les pièces sternales ont chez le Thélyphone un développement qui n'existe pas chez le Scorpion; les pattes-mâchoires et les pattes ambulatoires de la première paire ne sont pas conformées d'une manière identique dans ces deux Arachnides, et les proportions des diverses parties de l'abdomen diffèrent d'une façon remarquable. Pour les muscles, ce sont principalement des modifications

(1) Pl. 10, fig. 8 *b*.
(2) Pl. 10, fig. 8 *c*.

dans le volume proportionnel. Pour le système nerveux, c'est un degré de centralisation plus élevé chez le Thélyphone que chez le Scorpion. L'appareil digestif offre des différences plus prononcées; la plus considérable est fournie par la configuration de l'estomac. Sous le rapport des organes de la respiration, chaque type est parfaitement caractérisé; les poumons sont en plus grand nombre dans le Scorpion que dans le Thélyphone, et ici leur localisation est plus étroite. En ce qui concerne l'appareil circulatoire, on constate les plus grands rapports avec d'infinies différences de détail. L'organe de sécrétion spéciale est notablement modifié; sa forme est particulière à chacun des deux types, et son produit n'est employé ni de la même façon ni pour le même usage. Enfin, les organes de la génération, tout en montrant un plan général semblable, présentent des différences très-grandes dans les formes, et ces différences sont surtout considérables pour les organes mâles.

Nous n'avons rien à dire touchant les modifications du type dans la famille des Thélyphonides. Sous le rapport des formes extérieures, les espèces peu nombreuses qui composent cette division zoologique ne présentent aucune différence tant soit peu importante. Cette ressemblance suffit, pour ainsi dire, à donner la certitude que l'organisation intérieure de ces Arachnides est partout la même, sauf de bien légères nuances dans les formes. Nous ne nous en serions pas néanmoins tenu à une supposition, toute fondée qu'elle puisse être, si nous avions eu ces espèces en état d'être disséquées, mais il n'en a pas été ainsi. Nous avons examiné seulement un individu défectueux du Thélyphone de Java; ses principaux viscères, comparés à ceux du Thélyphone des Antilles, ne nous ont offert aucune particularité digne d'être rapportée.

Famille des PHRYNÉIDES. (*PHRYNEIDÆ*.)

Les caractères zoologiques qui distinguent les Phrynéides soit des Thélyphonides, soit des Scorpionides, sont des plus manifestes. Les Phrynéides ont le corps large, assez court, déprimé ; des yeux au nombre de huit, deux principaux placés sur un mamelon occupant la ligne médiane près le bord antérieur du céphalothorax, les autres plus petits, situés sur les régions latérales et disposés de chaque côté en un groupe de trois ; des antennes ou chélicères ne formant point la pince et terminées par un crochet mobile ; des pattes-mâchoires très-développées, en forme de griffe à leur extrémité, c'est-à-dire portant un simple crochet mobile ; des pattes antérieures pourvues d'un tarse extrêmement long, composé d'un nombre considérable d'articles, et aminci graduellement jusqu'à l'extrémité, à la manière d'une antenne filiforme ; un abdomen rétréci à sa jonction avec le thorax, sans portion caudiforme, et totalement privé de queue.

Entre tous les Pédipalpes, les Phrynéides se font encore remarquer par la présence d'une tige mobile insérée au-devant du sternum, décrite par les naturalistes comme une languette. De même que les Thélyphonides, ils sont dépourvus de lamelles à la base de la région ventrale, et de crochet caudal destiné à servir de passage à un liquide venimeux.

*

La famille des Phrynéides est représentée par un assez petit nombre d'espèces disséminées, comme les Thélyphones, particulièrement dans les régions chaudes de l'Amérique et de l'Asie. Ces espèces, qui se rattachent à un seul genre, le genre Phryne (*Phrynus*), n'ayant été de la part d'aucun auteur l'objet d'une étude comparative, sont demeurées assez imparfaitement déterminées, bien que l'on connaisse ce type d'Arachnides depuis près de deux siècles. Dès le temps où l'on commença à rechercher les animaux des contrées lointaines, on vit paraître des Phrynes dans les musées d'Europe.

Selon toute apparence, ce type étrange fut pour la première fois décrit et figuré, d'une manière très-grossière à la vérité, par un naturaliste hollandais, Steph. Blankaart (1). Plus tard le voyageur anglais J. Petiver donna l'image d'un Phryne de l'île de la Barbabe (2). Éléazar Albin signala également une espèce de ce genre, sans en mentionner l'origine, dans un livre spécial sur les Arachnides (3) ; l'auteur bien connu d'une *Histoire de la Jamaïque*, Patrick Brown, dans l'énumération des animaux qui habitent cette île, donna la description et la figure d'un Phryne qui, suivant toute probabilité, ne diffère pas spécifiquement de celui de Petiver (*Phr. reniformis* Latr.) (4). Au siècle dernier, les productions naturelles de l'Inde, de la Malaisie, de la Guyane, étaient surtout apportées en Hollande, aussi les recueils publiés par les savants de ce pays offrent-ils des figures de Phrynes : le vaste ouvrage de

(1) *Schou-burg der Rupsen, Wormsen, Maden en Vligende Dierkens*, bl. 131-132. Tab. xvii, fig. B (esp. de Surinam), 8° : Amsterdam (1688).

(2) *Pterigraphia americana*, tab. xx, fig. 12 (sous le nom de *Cancellus barbadensis aranævides*) (1702).

(3) *Natural History of Spiders, illustrated with 53 copper plates*, p. 55, pl. 36, n° 178. Lond. (1736).

(4) *Civil and natural History of Jamaica* (*Tarantula, — the Scorpion-Spider*), p. 419, tab. 44, fig. 3. London (1756). Autre édition (1789).

Seba (1), l'Atlas de Gronovius (2), l'*Histoire naturelle* de Martin Houttuijn, composée d'après le système de Linné (3).

Linné décrivit un seul Phryne provenant de l'Inde, et le plaça dans son genre *Phalangium* (*Ph. reniforme*) (4). Après lui Pallas en fit connaître une seconde espèce (5); seulement il appliqua à celle-ci, qui est propre aux Antilles, le nom attribué par Linné à l'espèce de l'Inde la plus répandue, et cette dernière reçut une autre dénomination (*Ph. lunatum*), qui est restée employée par les entomologistes, bien que l'erreur du célèbre zoologiste allemand ait été signalée par Latreille (6). Fabricius, dans ses premiers écrits, à l'exemple de ses devanciers, classa les Phrynes avec les *Phalangium* (7), mais plus tard il en forma, avec le Thélyphone, son genre *Tarantula* (8), qui n'a pas été adopté. Herbst, qui connut quatre espèces différentes de Phrynes, continua à ranger ces Arachnides dans le genre *Phalangium* (9).

Le genre Phryne (*Phrynus*) a été établi par Latreille en 1802 (10), en lui donnant pour auteur Olivier, cité depuis de confiance dans tous les ouvrages traitant des Arachnides. Un savant distingué de la Hollande seul, M. Van der Hoeven, déclare, dans une intéressante notice sur les Phrynes (11), n'avoir pu apprendre dans quel écrit Olivier a mentionné ce genre. A cela il y a une excellente raison, Olivier ne l'a mentionné nulle part.

Peu de temps après la publication de Latreille parut le mémoire posthume de J. Fr. Herman, dans lequel cet auteur, faisant remarquer combien est défectueux le genre *Phalangium* de Linné, propose un genre *Rhax* comprenant les Phrynes et les Galéodes (12); l'association de ces deux types n'était certes pas heureuse.

Les entomologistes modernes ont fait connaître plusieurs nouvelles espèces de Phrynes; Perty en cite une de la région de l'Amérique du Sud que traverse l'Amazone (13); M. Koch en décrit dix espèces, soit de l'Amérique, soit des Indes orientales, ajoutant ainsi cinq espèces à la liste de celles déjà enregistrées par les auteurs précédents (14). De son côté, M. P. Gervais en signale quatre encore, qu'il regarde comme inédites, l'une provenant des îles Séchelles, et peut-être aussi de l'île Maurice, les autres de l'Inde ou de l'Amérique méridionale (15).

<hr>

(1) *Locupletissimi rerum naturalium Thesauri descriptio*, t. IV, p. 100-101, tab. 99, fig. 43 (1765).

(2) *Zoophylacii Gronoviani fasciculus secundus*, p. 216 (Phalangium), in-fol. Lugduni Batavorum (1764).

(3) *Natuurlijke Historie volgens het samenstel von Linnæus*, pl. 1, fig. 1. Amsterdam (1769).

(4) *Systema naturæ*, edit. 12ª, p. 1020. Holmiæ (1767).

(5) *Spicilegia zoologica*, fasc. IX, p. 33-37, tab. 3, fig. 3-6. Berolini (1772).

(6) *Genera Crustaceorum et Insectorum*, t. 1, p. 129 (1806).

(7) *Systema entomologiæ*, p. 444 (1775), et *Species Insectorum*, t. I, p. 548 (1781).

(8) *Entomologia systematica*, t. II, p. 432. Hafniæ (1793).

(9) *Natursystem der Ungeflügelten Insecten; Erstes Heft. — Naturgeschichte der Insecten Gattungen* Solpuga *und* Phalangium (*Ph. lunatum* Pall., *Ph. medium* Herbst, *Ph. reniforme* Pall., et *Ph. palmatum* Herbst), in-4°. Berlin (1797).

(10) *Histoire naturelle des Crustacés et des Insectes*, t. III, p. 48 (an X — 1802).

(11) *Bijdragen tot de kennis van het geslacht* Phrynus, Oliv. — *Tijdschrift voor Natuurlijke geschiedenis en Physiologie*, deel IX, bl. 68 (p. 80, note 4). Leiden (1842).

(12) *Mémoire aptérologique*, p. 96. in-fol. Strasbourg (1804).

(13) *Delectus Animalium articulatorum quæ collegerunt* Dr J. B. de Spix et Dr C. F. Ph. de Martius (Phrynus variegatus), p. 200, tab. 39, fig. 10. Monachii (1830-1834).

(14) *Die Arachniden* Bd VIII (Phr. marginemaculatus et Phr. pumilio) (1841), Bd X (Phr. ceylonicus) (1843), et Bd XV (Phr. fuscimanus et Phr. nigrimanus) (1848).

(15) *Bulletin de la Société philomatique;* — journal *l'Institut*, p. 72 (1842), et *Histoire naturelle des Insectes aptères*, t. III, p. 3, etc. (Phr. scaber, des îles Séchelles; Phr. choiracanthus, de la Guyane anglaise; Phr. Grayi, de Manille; et Phr. Whitei. du Bengale).

22

Les espèces connues du genre Phryne sont toutes conformées bien exactement sur le même plan. Sous le rapport des caractères extérieurs, elles ne diffèrent entre elles d'une manière un peu notable que par les proportions de leurs pattes-mâchoires. Elles forment ainsi un genre unique composant à lui seul la famille des Phrynéides (*Phryneidæ*). Dans le chapitre précédent (1), on a vu déjà comment les affinités naturelles de ce type avaient été appréciées par les principaux auteurs qui se sont occupés des Arachnides; nous ajouterons seulement que les Phrynes ont été considérés comme appartenant à la même famille que les Thélyphones par les auteurs célèbres de l'*Introduction à l'Entomologie*, Kirby et Spence (*Phrynidea* (2), et par un zoologiste suédois auquel on doit une classification des Arachnides, M. Sundevall (*Phrynides*) (3).

LE PHRYNE DE PALLAS (*PHRYNUS PALLASII*).

PHALANGIUM RENIFORME, Pallas. *Spicilegia zoologica*. Fasc. IX, p. 34, tab. III, fig. 3-4 (1772).

TARANTULA RENIFORMIS, Fabricius. *Entomologia systematica*. T. II, p. 432 (1793).

PHALANGIUM RENIFORME, Herbst. *Natursystem der ungeflügelten Insecten* (*Gattungen* Solpuga und Phalangium), p. 79, Tab. IV, fig. 1, (1779).

PHRYNE RENIFORME, Latreille. *Histoire naturelle des Crustacés et des Insectes*. T. VII, p. 136 (1804).

PHRYNUS REFORMIS, Latreille. *Genera Crustaceorum et Insectorum*. T. I, p. 129 (1806).

　　—　　—　　Koch. *Die Arachniden*. Band VII, seite 12, Tab. 256, fig. 600 (1844).

　　—　　—　　Gervais. *Histoire naturelle des Insectes aptères*. T. III, p. 5, pl. 23, fig. 1 (1843).

Le Phryne de Pallas a une longueur variant de 18 à 25 millimètres du bord antérieur du céphalothorax à l'extrémité de l'abdomen. D'un brun rouge foncé en dessus avec les extrémités des pattes plus pâles, ainsi que tout le dessous du corps, il a le céphalothorax très-peu convexe, d'environ un tiers plus large que long, avec son bord postérieur notablement échancré, son bord antérieur garni de petites dents aiguës, et sa surface, finement granuleuse, marquée d'une forte impression au milieu; les pattes-mâchoires d'un brun noirâtre, à peine plus longues que le corps, ayant les cuisses garnies intérieurement de deux séries d'épines au nombre de cinq ou six, les jambes un peu élargies, armées de plusieurs pointes aiguës, dont trois beaucoup plus grandes que les autres, et les tarses, plus rougeâtres, munis de deux fortes épines à leur bord supérieur et d'une seule à leur bord inférieur; l'abdomen finement tuberculeux en dessus, ayant sur la région médiane deux rangées de taches jaunâtres plus ou moins nettement dessinées, sur les côtés une petite ligne de même couleur au bord de chaque segment, et, en outre, des points épars également jaunâtres.

Cet Arachnide se trouve assez communément aux Antilles, notamment à Saint-Domingue, à la Guadeloupe et à la Martinique. Il habite ainsi les mêmes régions que le Thélyphone, dont nous avons fait connaître l'organisation, et, comme ce dernier, il se tient habituellement sous des bois pourris ou sous des écorces de vieux troncs. La forme aplatie de toutes les espèces de ce genre indique du reste leur manière de vivre.

Le Phryne de Pallas est bien certainement l'espèce signalée par les anciens auteurs qui ont décrit les productions naturelles des Antilles et, plus sûrement encore, l'espèce enregistrée par la plupart des entomologistes sous le nom de *Phalangium reniforme* ou de *Phrynus reniformis*; mais nous n'avons pu conserver cette dénomination par le motif qu'elle a été employée par Linné, avant tout autre naturaliste, pour désigner un Phryne de l'Inde ou de Java, fort différent de celui des Antilles.

(1) Pages 137-138.

(2) *Introduction to Entomology*, t. IV, p. 89 (1828).

(3) *Conspectus Arachnidum*, p. 29. — In-8°, Londini Gothorum (1833).

Jusqu'ici un seul auteur, M. Van der Hoeven, s'est quelque peu occupé de l'anatomie des Phrynes;
il a étudié avec soin la conformation extérieure de ce type d'Arachnides, et présenté quelques
remarques sur les poumons et la portion centrale du système nerveux (1). Ces observations, extrêmement limitées, n'ont pas fait connaître l'organisation des Phrynes : le sujet restait donc entièrement
à traiter.

Nous avons choisi comme type du groupe l'espèce dont il était possible de se procurer le plus facilement un certain nombre d'individus. Nous avons dû nous résigner ici encore à poursuivre nos
recherches sur des exemplaires conservés dans la liqueur. Cependant, plus heureux en cette circonstance que nous ne l'avions été pour les Thélyphones, nous avons eu à notre disposition un Phryne
vivant qui s'était trouvé par hasard dans une caisse de plantes envoyée de la Martinique.

SYSTÈME TÉGUMENTAIRE.

Les téguments du Phryne, coriaces et d'une consistance déjà très-solide, ressemblent tout à fait,
sous le rapport de la structure intime, à ceux du Scorpion et du Thélyphone ; cependant, ayant réussi
à préparer quelques pièces favorables pour l'observation de cette structure, nous nous y arrêterons
un instant.

En coupant des tranches minces du tégument, de façon à l'observer dans le sens de son épaisseur,
les deux couches principales qui le constituent se dessinent avec une netteté absolue par suite de la
coloration intense de l'épiderme (2). La couche superficielle, ou l'épiderme, a une épaisseur très-variable suivant les différentes parties du corps. Assez mince dans les pièces thoraciques, plus mince
encore dans les sclérodermites de l'abdomen, elle est déjà d'une force remarquable dans les pattes-
mâchoires et beaucoup plus encore dans les chélicères, c'est-à-dire dans les appendices qui ont besoin
d'avoir une solidité considérable. L'épiderme, examiné dans le sens de son épaisseur, paraît strié irrégulièrement et présente à des intervalles un peu inégaux des canalicules perpendiculaires qui établissent des communications avec le derme (3). Des canaux de cette nature existent dans le tégument de tous les animaux articulés, mais, chez le Phryne, ils n'ont pas la régularité, la direction
parfaitement déterminée que M. Quekett leur a attribuées pour le tégument de la Scolopendre par
exemple (4).

La couche profonde du tégument, ou le derme, a la même épaisseur à peu près sur toutes les parties du corps. De même que chez le Scorpion, on y distingue deux portions : l'une, sous-jacente à
l'épiderme, la plus dense et la plus considérable, est formée essentiellement d'un tissu fibreux parcouru par des canalicules irréguliers en général très-ondulés, souvent anastomosés sur divers points de
manière à présenter l'aspect de réseaux (5). Le derme offre aussi des granules épars, nombreux en
certains endroits, et, au contraire, rares en d'autres. La portion profonde du derme, d'une consistance
molle et partout assez mince, ne montre que des fibres extrêmement serrées (6).

On ne saurait se rendre compte d'une manière complète de la structure du tégument, si l'on n'en

---

1) *Bijdragen tot de kennis van het geslacht* Phrynus, Oliv. — *Tijdschrift voor Natuurlijke Geschiedenis en Physiologie.* Deel IX,
bl. 68, pl. 1-2. Leiden (1842).

(2) Pl. 10 *bis*, fig. 3.

(3) Pl. 10 *bis*, fig. 3 *a*.

(4) *Lectures on Histology*, vol. II, p. 383. — London (1854).

(5) Pl. 10 *bis*, fig. 3 *b*.

(6) Pl. 10 *bis*, fig. 3 *c*.

étudiait pas les couches sous leurs différents aspects. Il est donc nécessaire d'isoler le derme de l'épiderme et d'examiner par leur surface des portions assez minces pour avoir la transparence indispensable à l'observation. Nous avons réussi à détacher sans difficulté des lambeaux d'épiderme après avoir employé la macération dans l'eau pendant un temps plus ou moins prolongé. L'épiderme offre entièrement la structure que nous lui avons reconnue chez le Scorpion, toute sa surface montre des aréoles ou cellules pressées les unes contre les autres, qui, ici, sont des plus distinctes, et, de distance en distance, de petits cercles nettement circonscrits (1) ; ce sont les canaux dont nous avons parlé et dont le trajet ne peut être reconnu que sur des coupes verticales. Dans les endroits où s'élèvent des poils, il y a, comme chez tous les autres types d'Arachnides, de petites cavités à rebord saillant, dans lesquelles sont implantés les tubercules qui supportent les poils.

Le derme séparé de l'épiderme et considéré du côté de sa surface montre toujours un tissu fibreux et des granules épars ; mais chez le Phryne nous avons constaté la présence de petits tuyaux faisant saillie en manière de pointes coniques (2). Ces tuyaux proéminents se trouvent de la sorte pénétrer dans l'épiderme. Est-ce un moyen de maintenir l'adhérence plus intime entre les deux couches qui composent le tégument ? Est-ce, au contraire, un moyen de communication pour un fluide traversant ces tissus ? C'est ce que nous ne pouvons éclaircir actuellement.

*

Céphalothorax. — Région supérieure. — Les proportions entre le céphalothorax et l'abdomen sont fort différentes encore de celles qui existent chez le Thélyphone et surtout chez le Scorpion. Le céphalothorax n'a pas d'ordinaire beaucoup moins de longueur que l'abdomen et sa largeur est plus considérable. Dans ce fait, on aperçoit déjà un rapport avec les formes des Aranéides. Le bouclier céphalothoracique de notre espèce est d'environ un tiers plus large que long, avec les bords latéraux légèrement rabattus, la portion antérieure un peu étranglée et le bord postérieur assez fortement échancré (3). En avant et en partie sur les côtés, il présente de petites épines inégales (4) ; sur la ligne médiane, très-près du bord antérieur, une éminence globuleuse portant les deux yeux principaux (5) ; plus en arrière, et de chaque côté, une faible saillie occupée par un groupe de trois yeux (6). Exactement derrière les yeux médians se trouve un sillon longitudinal assez profond (7), qui va rejoindre une dépression très-prononcée située à peu près vers le milieu du bouclier. De cette dépression partent des deux côtés quatre sillons s'étendant jusqu'aux bords latéraux (8). Le premier semble indiquer la limite entre la région céphalique et la région thoracique ; car, ainsi que nous l'avons exposé en traitant du Scorpion (9), nous voyons dans ces impressions l'indice de sclérodermites soudés, ou, plutôt, réunis par *ossification confuse*. Leurs intervalles correspondent aux pattesmâchoires et aux pattes ambulatoires. Outre les sillons qui viennent d'être mentionnés, il existe encore en arrière, sur la ligne moyenne, une forte dépression longitudinale bientôt effacée par une

(1) Pl. 10 *bis*, fig. 4 *a*.
(2) Pl. 10 *bis*, fig. 4 *b*.
(3) Pl. 10 *bis*, fig. 1 *a* et fig. 5.
(4) Pl. 10 *bis*, fig. 5 *a*.
(5) Pl. 10 *bis*, fig. 5 *b*.
(6) Pl. 10 *bis*, fig. 5 *c*.
(7) Pl. 10 *bis*, fig. 5 *d*.
(8) Pl. 10 *bis*, fig. 5 *e, e*.
(9) Page 17.

saillie du tégument (1). Toute la surface du bouclier céphalothoracique offre une fine granulation plus apparente en général chez les individus de petite taille que chez les autres, mais il n'y a aucune de ces arêtes dont il a été question à l'égard des premiers types d'Arachnides que nous avons étudiés.

*

Yeux. — La distinction des yeux, suivant qu'ils sont médians ou latéraux, établie à l'égard des Scorpions et des Thélyphones, doit être maintenue pour le Phryne. Les yeux médians, au nombre de deux, sont placés sur l'éminence globuleuse qui a été signalée précédemment. Ils en occupent la portion antérieure et en partie les côtés (2). Les yeux latéraux, assez rejetés en arrière, mais non pas sur les bords, comme chez nos premiers types, sont très-rapprochés et composent un petit groupe presque triangulaire. Le premier de ces yeux, ou l'interne, qui est assez grand, affecte une forme ovoïde (3). Sa position est rectiligne par rapport à l'axe du corps. Les deux autres, plus ovalaires et beaucoup plus petits, sont placés en dehors sur une même ligne, l'antérieur offrant une direction oblique externe (4), et le postérieur une direction opposée (5). Les cornées des yeux, brillantes et d'un ton jaune pâle qui tranche avec la teinte sombre du tégument, sont très-apparentes malgré leur petitesse.

*

Antennes-pinces ou chélicères. — Les chélicères (6), placés au-dessous du bouclier céphalothoracique et implantés dans une partie membraneuse comme dans les types que nous avons déjà étudiés, sont contigus, très-rétractiles, capables de se fléchir d'une manière assez prononcée de haut en bas, et incapables de s'écarter notablement l'un de l'autre. Ces pièces, comprimées latéralement et concaves en dessus, sont pourvues d'un crochet mobile et privées de prolongement digitiforme opposable, analogue à celui de l'antenne-pince du Thélyphone ou du Scorpion, dont la pince est constituée d'une manière plus parfaite encore. Il y a ici dans le Phryne un point de ressemblance manifeste avec ce que nous verrons bientôt chez les Aranéides. Le corps du chélicère est formé de deux pièces. Un article basilaire très-petit forme une sorte de prolongement supérieur (7). La pièce principale constitue ainsi presque tout le corps de l'antenne-pince (8); coupée un peu obliquement de haut en bas à son extrémité, de manière à faciliter la flexion du crochet mobile, elle porte sur son sommet, dans notre espèce, une dent conique (9), à son extrémité inférieure une rangée de pointes aiguës (10), et tout le long de son bord une brosse de poils fins et serrés. Le crochet mobile inséré au bout du corps de l'antenne-pince, tout à fait à sa partie supérieure, est assez long, arqué, aigu à l'extrémité, armé de plusieurs dents et en grande partie garni de poils (11). En se repliant sur la pièce principale du chélicère, il passe contre les pointes dont celui-ci est pourvu, et se trouve de la sorte constituer une espèce

(1) Pl. 10 *bis*, fig. 5 *f.*
(2) Pl. 10 *bis*, fig. 5 *b.*
(3) Pl. 10 *bis*, fig. 5 *c.*
(4) Pl. 10 *bis*, fig. 5 *c*.*
(5) Pl. 10 *bis*, fig. 5 *c'*.*
(6) Pl. 10 *bis*, fig. 6.
(7) Pl. 10 *bis*, fig. 6 *a.*
(8) Pl. 10 *bis*, fig. 6 *b.*
(9) Pl. 10 *bis*, fig. 6 *b'.*
(10) Pl. 10 *bis*, fig. 6 *b".*
(11) Pl. 10 *bis*, fig. 6 *c.*

de tenaille. On voit que l'organe est conformé pour saisir une proie, de même que l'antenne-pince du Thélyphone ou du Scorpion, mais, comparativement, il demeure imparfait : ce sont des pointes qui remplacent d'une façon incomplète le prolongement digitiforme des chélicères des deux autres types de l'ordre des Pédipalpes.

Bouche. — L'orifice buccal est situé, comme dans les types précédents, au-dessous des antennes-pinces; la pièce impaire qui le surmonte, plus rudimentaire encore que chez le Scorpion, consiste dans une sorte de tubercule conique flexible, revêtu d'un tégument mince et très-peu coloré (1).

Pièces sternales. — La portion inférieure du thorax chez le Phryne, de même que dans nos types précédents, est constituée encore en grande partie, et à un degré moindre seulement, par les articles basilaires des appendices qui ne jouissent que d'une mobilité fort restreinte. Cependant, ici, les pièces sternales ont un développement tel que les coxopodites des deux côtés du corps se trouvent fort écartés. Un nouveau point de ressemblance avec les Aranéides est manifeste à cet égard; néanmoins, le sternum des Phrynes a des caractères particuliers; nous ne les rencontrerons chez aucun autre type. Les auteurs qui se sont occupés de ces Arachnides n'ont vu dans cette partie du corps qu'une pièce presque quadrilatère, pourvue en avant d'une tige longue et mince qu'ils ont qualifiée de *lèvre* ou de *langue sternale*. Cependant la partie sternale qui maintient les coxopodites des deux côtés du corps écartés, à l'exception de ceux des pattes-mâchoires, ne présente pas une surface égale; il suffit d'un examen quelque peu attentif pour y reconnaître des lignes de soudure bien apparentes, indiquant l'existence primordiale de plusieurs sclérodermites (2). Si nous faisons d'abord abstraction de la tige antérieure ou *languette sternale*, nous comptons une série de trois petites pièces impaires (3) : une première plus grande que les autres, oblongue, avec un angle latéral assez marqué; une seconde de la même forme générale, mais un peu plus courte, et une troisième aussi petite. Ce sont là évidemment les véritables pièces sternales. A la dernière pièce succède en arrière un double sclérodermite interposé entre les coxopodites de la dernière pièce des pattes (4), qui semble bien encore être un vrai sternite; pourtant cette partie étant composée de deux sclérodermites, nous conservons quelque doute touchant sa détermination.

La pièce sternale antérieure supporte la tige déjà mentionnée (5). C'est un appendice articulé, doué d'une certaine mobilité, épais, arrondi, s'amincissant graduellement de la base à l'extrémité, et s'avançant entre les coxopodites des pattes-mâchoires jusqu'au-devant de la bouche. Cette languette sternale est très-dure, creuse dans son intérieur, garnie à sa surface de rangées de très-petites pointes et terminée par une ou deux fines épines. Au point de vue purement anatomique, nous ne pouvons voir dans cet appendice autre chose que le sternite des pattes-mâchoires; mais, envisagé au point de vue physiologique, c'est un organe destiné à retenir les aliments pendant l'acte de la man-

(1) Pl. 40 *bis*, fig. 10 *a*.
(2) Pl. 40 *bis*, fig. 7.
(3) Pl. 40 *bis*, fig. 7 *a*, *b*, *c*.
(4) Pl. 40 *bis*, fig. 7 *d*.
(5) Pl. 40 *bis*, fig. 7 *e*.

ducation, et ce rôle justifie le nom de *lèvre* ou de *langue*, attribué à cette pièce par la plupart des auteurs.

De chaque côté des trois sternites impairs nous trouvons une série de quatre pièces, séparées les unes des autres, comme des sternites, par des lignes de soudure bien prononcées (1). Ce sont certainement des pièces épisternales, des épisternites. Ces sclérodermites touchent par leur extrémité les coxopodites des pattes ambulatoires, étant toutefois assez échancrés pour ne pas priver de leur mobilité les articles basilaires des appendices locomoteurs. Entre les hanches des pattes de la dernière paire, c'est-à-dire de chaque côté du sternite double que nous avons décrit précédemment, on remarque encore une pièce épisternale épaisse et étroite (2).

Nous avons donc chez le Phryne un appareil sternal, encore peu développé il est vrai, qui offre néanmoins dans sa composition une grande analogie avec celui des Crustacés décapodes. Si rudimentaires que soient les pièces sternales du Phryne, leur existence ne saurait être méconnue. Nous avons la certitude de ne pas nous être laissé égarer par des dépressions sans importance, car nous avons réussi, à l'aide de la potasse caustique, à séparer les sternites des épisternites. Il est ainsi très-probable que, lorsqu'on aura l'occasion d'observer des embryons ou de très-jeunes individus, on verra toutes ces petites pièces isolées les unes des autres.

*

Pattes-mâchoires. — Les pattes-mâchoires médiocrement volumineuses, si nous les comparons à celles des Scorpions et des Thélyphones, conservent presque partout la même épaisseur de la base à l'extrémité (3). Dans notre Phryne de Pallas, leur longueur ne dépasse que de peu celle du corps, mais on verra par la suite que les proportions de ces appendices varient suivant les espèces dans une très-large mesure.

Les hanches ou coxopodites des pattes-mâchoires entrent pour une part fort limitée dans la constitution de la cage céphalothoracique, leur portion terminale demeurant tout à fait libre. Considérés en dessous, les coxopodites contigus à leur origine ont la forme d'un cône renversé, dont le sommet est arrondi, offrant à l'extrémité du côté interne une saillie qui se porte au-devant du trochanter (4). En dessus, ces pièces sont très-échancrées, et l'échancrure est naturellement remplie par le tissu membraneux, ce qui permet le redressement presque complet du trochanter sur la hanche. Les coxopodites se font surtout remarquer par une sorte de lobe interne, allongé, légèrement arqué, et dont on aperçoit en dessous seulement la saillie terminale. Cette partie est garnie en dedans d'une brosse de poils courts et serrés qui dénote son usage (5). Les surfaces internes des articles basilaires des pattes-mâchoires agissent évidemment à la façon d'une paire de mâchoires.

Le trochanter est court, surtout du côté extérieur, étant taillé obliquement de dedans en dehors, de telle sorte que les cuisses puissent prendre une direction latérale (6). Sa portion interne est large et offre deux bords garnis de dents, l'un supérieur, l'autre inférieur. Son bord terminal est pourvu d'un bourrelet assez saillant.

(1) Pl. 10 *bis*, fig. 8 *f*, *g*, *h*.
(2) Pl. 10 *bis*, fig. 7 *i*.
(3) Pl. 10 *bis*, fig. 1 et 2.
(4) Pl. 10 *bis*, fig. 2 *b*.
(5) Pl. 10 *bis*, fig. 10 *b*.
(6) Pl. 10 *bis*, fig. 1 et 2 *c*.

La cuisse, le méropodite, suivant la nomenclature de M. Milne-Edwards, est assez longue et prolongée extérieurement à sa base, de manière à atteindre des deux côtés l'extrémité du trochanter (1). Sa face externe est arrondie, et vers le bout légèrement courbée. Sa face interne, qui est plane, présente à son extrémité une profonde échancrure permettant à la jambe de se replier complétement sur la cuisse; cette face plane a son bord supérieur et son bord inférieur armés de cinq grandes pointes et d'un certain nombre de petites dents. La surface des cuisses est partout granuleuse, à l'exception du côté interne.

La jambe n'est guère plus longue que la cuisse (2). Un peu arquée et assez grêle à son origine, elle s'élargit graduellement jusqu'à son extrémité. Sa partie extérieure, légèrement cintrée, offre une carène inférieurement; sa face interne, large, un peu concave et faiblement échancrée au sommet, a son bord supérieur garni de sept pointes, dont trois très-grandes, et son bord inférieur pourvu également de plusieurs dents très-robustes encore, mais cependant à un degré moindre que les autres.

Le tarse n'a pas la moitié de la longueur de la jambe (3); arrondi en dehors, plat ou même un peu concave en dedans, il porte à sa partie supérieure ou interne deux pointes, dont une très-grande, une à sa partie inférieure ou externe, et en outre plusieurs petites dents (4). Le tarse des pattes-mâchoires n'offre aucun prolongement digitiforme; terminé par un article ou doigt mobile, il ressemble à une griffe : ce n'est plus la pince préhensible du Thélyphone ou du Scorpion. Le doigt mobile, presque aussi long que le tarse lui-même, est un peu arqué, terminé en pointe aiguë et garni de poils fins et serrés. Il se fléchit sur le tarse de dehors en dedans, mais l'amplitude de son mouvement est assez limitée.

Le tarse peut se replier vers la face interne de la jambe, à peu près jusqu'au point de former un angle droit avec cette dernière. Lorsque la flexion de la jambe sur la cuisse est complète, le tarse vient s'appuyer sur le trochanter et sur la hanche. D'après cette conformation, il est de toute évidence que le Phryne, après avoir saisi une proie, la retient entre la cuisse et la jambe de ses pattes-mâchoires si puissamment armées, et que le tarse ferme complétement l'espace dans lequel la victime se trouve enserrée.

*

Pattes ambulatoires. — Portion basilaire. — Les articles basilaires des pattes entrent encore chez le Phryne pour une part considérable dans la constitution de la partie inférieure de la cage céphalothoracique, dont la largeur proportionnelle est très-supérieure à celle que nous lui avons vue dans les autres types de l'ordre des Pédipalpes. Bien plus ici que chez les Thélyphones, l'écartement des coxopodites des deux côtés du corps est considérable, à cause de la dimension acquise par l'appareil sternal (5). Les hanches des pattes antérieures sont fort minces et refoulées au-dessus des articles basilaires des pattes de la seconde paire (6), de sorte que ces derniers se trouvent être contigus aux coxopodites des pattes-mâchoires. Les hanches des trois dernières paires de

(1) Pl. 10 *bis*, fig. 1 et 2 *d*.
(2) Pl. 10 *bis*, fig. 1, 2 *e*.
(3) Pl. 10 *bis*, fig. 1, 2 *f*.
(4) Pl. 10 *bis*, fig. 8.
(5) Pl. 10 *bis*, fig. 2 et fig. 7 *l, m, n, o*.
(6) Pl. 10 *bis*, fig. 2 et fig. 10 *c*.

pattes sont longues, étroites et épaissies graduellement de leur origine à leur extrémité (1). Observées en dessous, elles paraissent comme tronquées à leur sommet; en dessus, leur portion libre, qui est très-courte, est assez fortement échancrée pour rendre facile le redressement du trochanter (2).

*

Pièces épimériennes ou *épimérites.* — Ce qu'on peut considérer comme des épimérites est réduit ici à l'état de vestiges. Seulement au-dessus des coxopodites des pattes-mâchoires, sous le bouclier céphalothoracique, il existe dans le tissu membraneux une petite plaque, qui est sans aucun doute un rudiment de pièce épimérienne (3). Les pattes ambulatoires n'offrent aucune trace de ce sclérodermite.

*

Cavité thoracique. — La partie intérieure de la cage thoracique est assez simple (4). Les coxopodites des pattes-mâchoires et des pattes ambulatoires, à l'exception de ceux de la première paire, ont leurs parois latérales élevées à peu près également; ce sont autant de lames rabattues d'avant en arrière qui forment des cloisons transversales, assez flexibles vers leur origine pour être rapprochées ou écartées par le jeu des muscles (5). Ces cloisons, constituées uniquement par les parties latérales des coxopodites, ne s'étendent pas jusqu'au milieu de la cavité thoracique, occupé par les pièces sternales. Il y a un espace plan, les sternites et épisternites postérieurs seuls envoyant à l'intérieur de petites lames verticales disposées dans le sens de la longueur du corps, et toutefois un peu obliquement de dedans en dehors (6). On verra bientôt que ces lames, situées à la base du céphalothorax, au-devant de l'abdomen, remplissent un rôle utile dans la circulation du sang.

*

Pattes ambulatoires. — *Portion libre.* — Les pattes antérieures semblent être en quelque sorte séparées des autres; leur portion basilaire, par suite de sa ténuité, étant refoulée au-dessus des coxopodites des pattes de la seconde paire (7). Ces pattes antérieures du Phryne, bien plus encore que celles du Thélyphone, se distinguent des suivantes par leurs particularités de conformation. Elles sont extrêmement grêles et d'une prodigieuse longueur, avec un tarse multiarticulé (8). Leur trochanter est un article court, un peu élargi et tronqué obliquement au sommet; leur cuisse, une longue tige mince, très-légèrement arquée et quelque peu renflée à son extrémité; leur jambe, une très-petite pièce courbée en dedans, et leur tarse, une baguette effilée d'une énorme longueur, composée de deux séries d'articles; la première série, qui en offre vingt-sept, tous cylindriques, à l'exception du dernier, qui est échancré au bout, représente le premier article du tarse des autres pattes; la seconde série, formée de quarante-

(1) Pl. 40 *bis*, fig. 2.
(2) Pl. 40 *bis*, fig. 1 et fig. 40 *d, d', d''*.
(3) Pl. 40 *bis*, fig. 40 *e*.
(4) Pl. 40 *bis*, fig 40.
(5) Pl. 40 *bis*, fig. 40 *f, f*.
(6) Pl. 40 *bis*, fig. 40 *g, g'*.
(7) Pl. 40 *bis*, fig. 1 et 2, et fig. 40 *c*.
(8) Pl. 40 *bis*, fig. 1 et 2.

cinq à cinquante articles plus grêles, représente les quatre derniers articles tarsiens des pattes demeurées affectées à la locomotion. Ce tarse d'une si grande dimension se termine par un article oblong, presque pointu, finement cilié et sans aucun vestige de crochets (1).

Les pattes de la première paire, élevées dès leur origine au-dessus des autres et ne pouvant ainsi toucher le sol, ne sont évidemment d'aucun secours pour la marche. Ces appendices, extrêmement mobiles, capables de se rabattre en arrière et de se porter pour ainsi dire dans toutes les directions, sont, à un bien plus haut degré encore que les pattes antérieures du Thélyphone, des organes tactiles.

Les trois autres paires de pattes remplissent seules le rôle d'organes locomoteurs; elles ne diffèrent entre elles que par la longueur un peu moindre des postérieures; leur conformation du reste est absolument la même.

Le trochanter est très-court et coupé tout à fait obliquement d'avant en arrière, de telle sorte que sa partie postérieure est d'une extrême brièveté (2), ce qui permet à la cuisse de se rabattre en arrière. La cuisse, qui s'appuie sur le trochanter par une simple saillie médiane, est assez longue, comprimée, un peu étranglée vers son point d'insertion et légèrement arquée vers le bout, avec son extrémité fortement entaillée en dessous (3); toute sa surface est couverte d'aspérités et sur les bords de petites dents surmontées d'un poil. La jambe est un très-petit article, aminci et cambré à son origine, de façon à pouvoir se plier totalement sur la cuisse (4). Le tarse, qui est très-grêle, l'emporte en longueur sur la totalité des autres parties de l'appendice locomoteur (5); son premier article seul est aussi long que la cuisse; aux pattes de la dernière paire il offre deux divisions qui le partagent en trois parties : la première est la plus grande et la seconde la plus petite. Le deuxième article du tarse est à peu près une fois plus court que le premier, et les trois derniers sont comparativement très-petits, surtout l'intermédiaire; l'article terminal est muni de deux crochets courbés, aigus et dépourvus de dents sur leur bord intérieur (6). Dans toute sa longueur et principalement en dessous, le tarse est garni de poils roides et d'épines d'une grande finesse; au bout de chacun des derniers articles seulement, il existe au moins deux épines plus fortes que les autres.

*

Les appendices affectés à la locomotion se fléchissent tous dans le même sens; les pattes de derrière ne peuvent se porter dans une direction opposée à celle des pattes antérieures, comme chez le Scorpion et le Thélyphone. Les cuisses de la première paire se renversent médiocrement en arrière; les jambes, qui constituent une sorte de coude, tendent à se plier sur les cuisses, et les tarses qui leur font suite se trouvent ainsi dirigés en avant. Les cuisses de la seconde paire se rabattent en arrière plus que les précédentes, mais la flexion des jambes étant identique pour les deux paires d'appendices, les tarses sont entraînés dans une direction semblable. Les cuisses de la dernière paire se rapprochent extrêmement des côtés de l'abdomen,

(1) Pl. 10 *bis*, fig. 1 et 2.
(2) Pl. 10 *bis*, fig. 1 et 2 *i*.
(3) Pl. 10 *bis*, fig. 1 et 2 *k*.
(4) Pl. 10 *bis*, fig. 1 et 2 *l*.
(5) Pl. 10 *bis*, fig. 1 et 2 *m*.
(6) Pl. 10 *bis*, fig. 9 *b*.

et néanmoins, les jambes étant toujours courbées dans le même sens que les autres, les tarses sont portés en avant; les divisions de leur premier article ont pour but évident de leur permettre de se ployer davantage vers le corps.

Les cuisses, avons-nous vu, sont articulées de façon à se rabattre en arrière et très-imparfaitement, pour se redresser sur le trochanter. Or, avec cette conformation, elles doivent effleurer le sol pendant la marche; le corps ne se trouve donc pas soulevé comme cela a lieu pour les Scorpions et les Thélyphones. Tout indique que les mouvements de progression du Phryne doivent être rapides et peu variés, et que l'animal le plus souvent se dirige de côté à la manière des Crabes et de certaines Aranéides dont le corps est court et large. N'eussions-nous jamais observé aucun Phryne vivant, que nous ne pourrions pas le moins du monde douter de la nature des mouvements habituels de locomotion particuliers à ce type d'Arachnides.

Abdomen. — L'abdomen du Phryne est très-nettement séparé du thorax; il n'a point de portion caudiforme; il n'a point de queue.

Cette partie du corps est courte et large, moins large toutefois que le céphalothorax; ses proportions varient un peu suivant le sexe, et chez les femelles suivant l'état de leurs ovaires, le tissu membraneux qui unit les sclérodermites étant extensible à un degré assez prononcé. L'abdomen de la femelle en général est un peu plus ovalaire que celui du mâle, mais il s'agit d'une nuance, et il faut y porter une véritable attention pour la constater.

De même que dans nos types précédents, les pièces dorsales et ventrales sont fort loin de se toucher par leurs côtés, les parties latérales demeurent entièrement membraneuses, ce qui permet aux parois abdominales de s'étendre dans certaines circonstances à un point vraiment remarquable.

Considéré en dessus, l'abdomen du Phryne présente douze sclérodermites; le premier est une pièce rudimentaire, convexe, presque conique (1), cachée d'ordinaire sous le céphalothorax et implantée dans le tissu membraneux qui unit l'abdomen à cette portion du corps : c'est l'analogue du point d'*ossification* que nous avons signalé à l'abdomen du Thélyphone (2); le second est une lame étroite. Les six sclérodermites suivants sont des arceaux larges, très-unis entre eux, à peu près tous de même longueur, marqués chacun de deux impressions ponctiformes, dues aux attaches des grands piliers musculaires (3), ayant leurs bords antérieur et postérieur presque droits et leurs bords latéraux légèrement cintrés (4). Le neuvième sclérodermite, plus étroit que les précédents, est très-court; le dixième est fort petit; le onzième, au moins aussi réduit, a son bord postérieur arrondi extérieurement, et le douzième, en forme de carré large, est une sorte d'opercule qui se rabat sur l'extrémité de l'abdomen.

Les segments dorsaux, couverts de granulosités éparses, ont près de leur bord postérieur une rangée régulière de très-petits tubercules.

En dessous, nous comptons dix arceaux à l'abdomen du Phryne (5); il n'y a aucun segment

(1) Pl. 10 *bis*, fig. 10 *h'*.
(2) Page 144.
(3) M. Vander Hœven (loc. cit. p. 70-71) a parfaitement reconnu la nature de ces impressions, considérées naguère comme des stigmates et ensuite appelées du nom de faux stigmates. C'est ce que nous avons déjà rappelé en traitant du Scorpion.
(4) Pl. 10 *bis*, fig. 1.
(5) Pl. 10 *bis*, fig. 2.

rudimentaire sur le pédicule membraneux qui unit l'abdomen au céphalothorax. Le premier sclérodermite, très-développé, est un peu rétréci en avant, arrondi en demi-cercle postérieurement et sur les côtés légèrement échancré. Le second sclérodermite, fort court sur la ligne médiane du corps, est plus long sur les côtés, où il remplit l'espace limité latéralement par la coupe du premier segment. Le troisième est aussi d'une grande brièveté avec son bord postérieur presque droit; les quatrième, cinquième, sixième et septième arceaux ont la forme et le développement des segments dorsaux auxquels ils correspondent. Il en est de même pour les trois derniers, seulement chez ceux-ci le bord postérieur est arqué intérieurement d'une manière sensible.

Les sclérodermites ventraux sont lisses; sur le quatrième et les trois suivants seuls les impressions ponctiformes dues aux attaches des piliers musculaires sont fortement marquées. Sous les bords du premier et du dernier arceau, un peu vers les côtés, on remarque les stigmates, c'est-à-dire les orifices des organes respiratoires, qui sont taillés en forme de boutonnière, absolument comme chez le Thélyphone; dans l'espace compris entre les deux stigmates de la première paire, s'ouvre l'orifice des organes de la génération.

Chez le Phryne, nous comptons dix zoonites à l'abdomen, le dernier sclérodermite dorsal, qui n'a pas de pièce correspondante en dessous, ne pouvant être regardé que comme un vestige de queue. Dans le Scorpion et le Thélyphone, nous avons compté douze zoonites, mais pour le premier il y en a cinq et pour le second trois qui constituent une portion caudiforme; dans le Phryne, où il n'existe pas de partie caudiforme, sa portion principale ne se trouve donc pas augmentée de tous les zoonites qui dans les deux autres types prolongent l'abdomen.

*

Parties membraneuses du squelette tégumentaire. — Le tissu membraneux qui se trouve dans les articulations des appendices, ou qui unit les uns aux autres les divers sclérodermites de céphalothorax et de l'abdomen, est semblable, sous le rapport de sa structure, à celui du Scorpion. N'ayant rien de particulier à signaler ici, nous ne voulons pas répéter ce qui a été dit ailleurs (1).

*

Maintenant que nous avons décrit avec détail toutes les parties du squelette tégumentaire du Phryne, il n'est pas inutile de montrer dans quelle mesure ce squelette tégumentaire diffère de celui du Scorpion et du Thélyphone.

Chez le Phryne, la forme générale du corps, toute particulière, frappe à l'inspection la plus superficielle; le corps, court, large, ramassé, n'a aucun prolongement postérieur; dans le Scorpion, au contraire, le corps se distingue par sa forme allongée et surtout par la partie grêle de l'abdomen, qui a des proportions tout à fait spéciales; chez le Thélyphone le corps est encore allongé, mais la partie grêle de l'abdomen est déjà très-réduite, seulement elle se continue sous la forme d'une queue effilée dont il n'y a pas même un vestige chez le Phryne.

Le bouclier céphalothoracique ne diffère d'une manière notable entre les trois types de l'ordre des Pédipalpes que par ses proportions; mais la partie inférieure du thorax a une conformation propre à chacun des trois types. Chez le Phryne, un assemblage de pièces sternales et épisternales en occupe

(1) Page 30.

le centre et constitue de la sorte une portion importante de la paroi thoracique ; chez le Thélyphone, deux sternites, l'un antérieur, l'autre postérieur, entrent pour une part dans la constitution de la cage thoracique; néanmoins les coxopodites de l'avant-dernière paire sont contigus à leur origine et forment ainsi seuls, sur une certaine étendue, la paroi thoracique inférieure ; chez le Scorpion, tous les coxopodites des pattes sont rapprochés sur la ligne médiane du corps et limitent entièrement la cage thoracique en dessous; les pièces sternales n'existent qu'en arrière. Chez le Phryne comme chez le Thélyphone, il n'y a à la base du thorax aucun vestige des appendices pectiniformes dont est pourvu le Scorpion.

Les chélicères du Phryne se terminent par une simple griffe ; ceux du Thélyphone, dont les mouvements de protraction et de rétraction sont très-étendus et le mouvement latéral fort restreint, se terminent par une pince, et ceux du Scorpion, susceptibles de mouvements plus variés, ont une pince très-parfaite.

Les pattes-mâchoires, dans chacun des trois types d'Arachnides de l'ordre des Pédipalpes, ont aussi des caractères propres. Dans le Phryne, ces appendices, qui ne peuvent guère que s'étendre en avant ou se plier en dedans, ont leur portion basilaire conformée de façon à remplir l'office d'une mâchoire, leurs divers articles pourvus d'une puissante armature et leur tarse terminé en griffe comme les chélicères, c'est-à-dire par un crochet simple ; dans les Thélyphones, les pattes-mâchoires, qui ont de même des mouvements assez limités, se distinguent par leur force et par leur tarse terminé en pince ; dans le Scorpion, avec un développement considérable et sans armature analogue à celle du Phryne, elles se font remarquer par l'amplitude des mouvements qu'elles peuvent exécuter et par la conformation très-parfaite de leur tarse, élargi comme une main et terminé par une longue pince admirablement disposée pour saisir.

Les pattes de la première paire sans usage pour la locomotion, chez le Phryne, ont acquis une longueur énorme et sont devenues des organes tactiles; elles sont articulées de manière à pouvoir se porter dans toutes les directions ; bien moins allongées chez le Thélyphone, elles remplissent néanmoins le même rôle, tandis que chez le Scorpion ces appendices, affectés uniquement à la marche, ne diffèrent point par leur conformation des autres pattes ambulatoires. Les pattes de la deuxième, de la troisième et de la quatrième paire sont articulées, dans le Phryne, de façon à raser le sol et à se plier en avant, la jambe très-courte n'étant qu'une sorte de coude intermédiaire entre la jambe et le tarse, et celui-ci étant une longue tige mince formée de cinq articles et même de sept aux pattes postérieures si l'on tient compte de deux divisions secondaires; dans le Thélyphone, ces appendices, articulés de manière à pouvoir se dresser et à soulever ainsi le corps, ont la jambe plus longue, le tarse moins effilé et composé de cinq articles à toutes les pattes, et dans les Scorpions ils ont des articulations qui leur permettent des mouvements plus variés, mais moins rapides, une jambe plus allongée et un tarse court divisé seulement en trois articles à toutes les pattes.

L'abdomen du Phryne ne présente que dix zoonites; l'abdomen du Thélyphone, aussi bien que celui du Scorpion, en a douze; chez le premier les trois derniers zoonites, et chez le second les cinq derniers, constituent une partie grêle, une portion caudiforme.

*

Si nous résumons ces ressemblances et ces différences du système tégumentaire entre les trois types d'Arachnides de l'ordre des Pédipalpes, nous voyons : que les Scorpions et les Thélyphones offrent des traits de ressemblance dans l'allongement du corps et dans l'existence d'un prolongement abdominal avec des différences de formes très-prononcées ; que, sous ces divers rapports, les Phrynes s'éloignent considérablement des deux autres types ; que les antennes-pinces et les pattes-mâchoires du Scorpion et du Thélyphone se ressemblent jusqu'à un certain point par la manière dont elles se terminent, et diffèrent beaucoup à cet égard de ces mêmes appendices chez le Phryne ; que la partie inférieure du thorax diffère à un degré à peu près équivalent entre le Phryne, le Thélyphone et le Scorpion; que le Scorpion se distingue par la présence d'appendices pectiniformes dont le Phryne et le Thélyphone sont également dépourvus ; que les premières pattes ambulatoires, détournées de leur usage habituel chez le Phryne et le Thélyphone, ont la même conformation générale, tandis que chez le Scorpion ces appendices ont la même forme et remplissent le même rôle que les autres pattes; que les pattes ambulatoires, avec des caractères particuliers dans chacun des trois types, ont des traits de ressemblance plus marqués entre le Phryne et le Thélyphone qu'entre le Scorpion et l'un ou l'autre de ces derniers.

SYSTÈME MUSCULAIRE.

Les muscles du Phryne sont, comme dans les autres Arachnides de l'ordre des Pédipalpes, des faisceaux de fibres aplaties et striées, d'ordinaire revêtus d'une gaîne fibreuse extrêmement délicate.

*

Muscles des chélicères ou antennes-pinces. — Les chélicères du Phryne, conformés d'une manière assez différente de ceux du Scorpion et du Thélyphone, exécutent des mouvements d'une nature particulière. Il y a ici, de même que dans nos types précédents, un muscle rétracteur et un extenseur, mais il y a, en outre, un muscle élévateur et un fléchisseur.

Le muscle élévateur, fixé à la face supérieure de la portion basilaire du chélicère et attaché d'autre part au bord antérieur du bouclier céphalothoracique, consiste en une rangée transversale de faisceaux qui, par leur contraction, élèvent l'appendice (1), ce qui a lieu au moment où l'animal approche une proie de sa bouche.

Le rétracteur s'insère au bord externe de l'antenne-pince et prend en arrière son point d'attache vers la région moyenne du bouclier céphalothoracique. Ce muscle, large et aplati (2), a pour usage de ramener l'appendice sous le bouclier, en même temps que, par suite de la direction oblique de ses fibres, il l'oblige à s'écarter de celui du côté opposé.

L'extenseur est étendu depuis le bord supérieur du chélicère jusque vers le milieu du thorax (3). Il ne diffère guère de son homologue dans le Scorpion que par un moindre volume.

Le fléchisseur prend naissance au bord inférieur et un peu vers le côté externe de l'appendice, et a son point fixe contigu à celui du muscle extenseur, de telle sorte que les deux muscles sembleraient se confondre en arrière, si l'on n'avait soin, pour les observer, de les isoler par leur partie latérale. On conçoit aisément, d'après les insertions du fléchisseur, comment l'action de ce muscle amène le chélicère à s'abaisser au-devant de la bouche.

Les muscles du crochet, logés en entier dans le corps de l'antenne-pince, consistent, comme dans les types précédents, en un fléchisseur et un extenseur. Le premier, qui occupe la portion inférieure de l'appendice, s'insère aussi au bord inférieur de la pièce qu'il est destiné à mouvoir ; le second naît de

(1) Pl. 10 *bis*, fig. 11 *a*.
(2) Pl. 10 *bis*, fig. 11 *b*.
(3) Pl. 10 *bis*, fig. 11 *c*.

l'apodème du bord supérieur du crochet et s'attache à la paroi dorsale du chélicère recouvrant ainsi entièrement le muscle fléchisseur.

*

Muscles buccaux. — Les muscles buccaux ont chez le Phryne un développement plus considérable que dans le Scorpion ou le Thélyphone ; par leur volume, comme par leur disposition, ils ressemblent beaucoup à ceux des Aranéides. Ces muscles s'insèrent à la fois au bord de l'appendice buccal et au côté interne des coxopodites des pattes-mâchoires, et, dirigés obliquement, ils s'étendent au-devant du cerveau et s'attachent un peu en arrière sur la ligne médiane du bouclier céphalothoracique. Ils ont pour usage d'élever l'appendice buccal, et d'entraîner dans le même mouvement la portion basilaire des pattes-mâchoires, conformée, ainsi qu'on l'a vu précédemment, pour remplir l'office d'une paire de mâchoires.

*

Muscles des pattes-mâchoires et des pattes ambulatoires. — Les pattes-mâchoires, qui n'ont ni les proportions de celles des types précédents, ni la faculté d'exécuter des mouvements aussi variés que celles des Scorpions, ont naturellement des muscles plus simples et moins puissants.

Les rétracteurs sont plus courts encore que chez les Thélyphones, mais comme eux formés de plusieurs faisceaux qui s'attachent plus ou moins en arrière au bouclier céphalothoracique (1). Le muscle antagoniste, l'extenseur, inséré, comme dans les autres Pédipalpes, au bord inférieur du trochanter, remplit la cavité du coxopodite fixé contre ses parois, qui s'élèvent en manière de cloisons dans l'intérieur de la cage thoracique.

Un muscle élévateur s'étend de l'origine du trochanter au bord latéral du bouclier céphalothoracique (2); celui-ci est assez faible.

Dans chacun des articles des pattes-mâchoires, on trouve deux muscles : un extenseur, inséré à l'angle externe de la pièce sur laquelle il doit agir, et un fléchisseur, fixé à l'angle interne ; les deux mouvements d'extension et de flexion étant les seuls qu'exécutent, par rapport les unes aux autres, les différentes pièces qui constituent les pattes-mâchoires du Phryne. Le crochet du tarse, qui simplement se replie ou se redresse, n'est mis en jeu également que par deux muscles antagonistes.

Les muscles qui déterminent les mouvements généraux des pattes ambulatoires ont un développement plus considérable que chez le Thélyphone, et ressemblent beaucoup à ceux que nous verrons bientôt dans les Aranéides. Des rétracteurs, attachés d'une part sur les lames apodémiques des hanches ou coxopodites, jusqu'à l'origine du trochanter, et, d'autre part, au bouclier céphalothoracique, ont pour usage de ramener les pattes contre le corps ; aussi leurs fibres, pour le plus grand nombre, sont-elles dirigées de dehors en dedans (3). Les rétracteurs des pattes ambulatoires de la première paire sont minces et fort longs (4), ce qui donne à ces appendices plus qu'aux autres la faculté d'exécuter des mouvements étendus. En outre, il y a, de même que chez le Thélyphone, des élévateurs fixés à l'origine du trochanter et aux côtés du céphalothorax, qui ont ici un volume assez considérable (5).

(1) Pl. 10 *bis*, fig. 11 *d*.
(2) Pl. 10 *bis*, fig. 11 *e*.
(3) Pl. 10 *bis*, fig. 11 *g, g*.
(4) Pl. 10 *bis*, fig. 11 *f*.
(5) Pl. 10 *bis*, fig. 11 *h, h*.

Les extenseurs occupent la même position que dans les autres Pédipalpes (1) ; leurs faisceaux de fibres prenant leurs attaches sur divers points des cloisons thoraciques, l'appendice se trouve porté plus en avant ou plus en arrière selon que quelques-uns de ces faisceaux entrent plus particulièrement en action.

Les muscles propres de la cuisse logés dans le trochanter sont au nombre de trois; outre un fléchisseur et un extenseur, on distingue un élévateur. Le premier, étendu à la partie postérieure du trochanter et inséré à l'origine de la cuisse, ramène en se contractant cette portion de l'appendice locomoteur contre le corps. L'extenseur occupe la partie antérieure de l'article, et l'élévateur, qui pourrait sans doute en être considéré comme une portion simplement un peu détachée, est très-volumineux. Il a son point fixe sur une large surface contre la paroi antérieure du trochanter, et son point mobile à l'angle inférieur de la cuisse, de telle sorte que son action produit un redressement de la pièce, tout en l'obligeant à s'écarter du corps.

On l'a vu plus haut (2), la jambe des pattes ambulatoires est un article presque rudimentaire, un petit coude interposé entre la cuisse et le tarse; aussi les muscles logés dans la cuisse exercent-ils leur action sur le tarse lui-même. Le fléchisseur occupant le côté interne de la cuisse est peu volumineux, et offre un long tendon d'origine, qui traverse la jambe et s'insère à la base du premier article tarsien. Le muscle antagoniste, l'extenseur, remplit la plus grande partie de la cuisse, traverse également la jambe pour agir directement sur le tarse; ses points d'attache, du reste, s'étendent sur ces deux pièces de telle manière que le tarse et la jambe ne peuvent avoir aucun mouvement indépendant.

Chacun des articles du tarse a sur le précédent une certaine mobilité qu'il reçoit aussi de deux muscles ; mais ces muscles sont extrêmement faibles ; ceux qui agissent sur les crochets sont pourvus d'un tendon d'une assez grande longueur.

*

Plancher de l'estomac. — La grande lame coriace servant de plancher à l'estomac, que nous avons décrite chez le Scorpion et chez le Thélyphone, a dans le Phryne une forme différente très-approchée de celle que nous lui trouverons dans les Aranéides. Cette lame est courte et assez large, avec des échancrures latérales correspondant aux intervalles compris entre les *diverticulum* de l'estomac (3). Des muscles partant de chacun de ses angles, les uns à la face ventrale, les autres à la face dorsale, la maintiennent en position et servent, à n'en pas douter, à lui imprimer quelques mouvements; les premiers de ces muscles prennent leurs attaches sur les côtés du sternum, les autres sur le bouclier céphalothoracique en s'élevant entre les diverticulum de l'estomac.

*

Muscles rétracteurs et extenseurs de l'abdomen. — Deux muscles assez faibles, insérés à la partie postérieure du bouclier céphalothoracique, de chaque côté du sillon médian, passant ainsi entre les rétracteurs des pattes ambulatoires, traversent le pédicule de l'abdomen et s'attachent au bord antérieur du premier sclérodermite dorsal. Ces muscles sont destinés à tirer l'abdomen vers le thorax et à l'élever au-dessus du sol. Leurs antagonistes, s'étendant du sternum à l'origine du premier sclérodermite ventral, ramènent par leur action l'abdomen sur un plan tout à fait horizontal.

(1) Pl. 10 *bis*, fig. 11 *i*.
(2) Page 178.
(3) Pl. 11, fig. 7 *b*.

*

Muscles abdominaux. — Les muscles propres de l'abdomen ressemblent tout à fait à ceux du Thélyphone, avec un degré de simplification de plus toutefois, car le Phryne, manquant de queue et de
portion caudiforme, se trouve dépourvu de ces muscles puissants qu'on observe à la partie postérieure du corps des deux autres types de l'ordre des Pédipalpes.

Les muscles abdominaux de la partie dorsale, disposés en bandelettes longitudinales, couvrent
toutes les pièces tergales; les muscles ventraux consistent, comme chez le Thélyphone, en bandelettes
minces, plus ou moins isolées, occupant la région moyenne de l'abdomen, et les muscles latéraux ne
sont aussi que des bandelettes transversales aplaties, disposées avec assez de régularité (1).

Il y a ici des piliers musculaires analogues à ceux des types précédents. Ils sont un peu plus
minces, ce qui s'explique par le développement plus faible de l'abdomen et par une plus grande
flexibilité de ses parois. Ces piliers, au nombre de six paires, sont insérés d'une part aux six premiers arceaux de la région dorsale, et d'autre part, aux segments de la région ventrale qui leur
correspondent. Les deux premières paires de piliers s'élèvent ainsi au côté interne des poches respiratoires, absolument comme dans le Thélyphone.

*

Quant au nombre et à la disposition, les muscles du Phryne ne présentent pas de différences fort
importantes soit avec ceux du Scorpion, soit avec ceux du Thélyphone. C'est principalement le
volume relatif de plusieurs d'entre eux qui détermine dans chacun des trois types de l'ordre des
Pédipalpes les traits particuliers les plus frappants. On a remarqué entre ces divers Arachnides que
les mouvements sont loin d'être semblables; le fait est déjà démontré par la nature des articulations
des appendices. Pour changer la direction des appendices, ou seulement de quelques-uns de leurs
articles, il n'est besoin que de bien légères modifications; par exemple, l'absence ou la présence
d'une faible saillie formant un point d'arrêt, l'étendue ou la situation d'une échancrure. Pour que
l'action des muscles se trouve en rapport avec le mode d'articulation, l'étendue de la surface des
attaches ou le moindre déplacement suffit pour que le résultat soit obtenu. Si les mouvements
doivent être plus variés, les muscles deviennent plus nombreux; mais ici on observe d'ordinaire que
l'accroissement dans le nombre est dû à une simple division; les fibres se partagent en deux ou trois
faisceaux, au lieu d'être réunies en un seul. On ne cesse enfin de voir, au milieu de diversités parfois
assez grandes en apparence, un fond commun dont les éléments tantôt se séparent ou se rapprochent
plus ou moins, tantôt prennent un développement considérable ou s'amoindrissent à l'extrême.

C'est ainsi que les muscles, qui produisent les mouvements généraux des pattes, acquièrent chez le
Phryne des dimensions qu'on ne leur trouve pas dans le Scorpion, tandis que les muscles abdominaux demeurent relativement fort affaiblis et très-simplifiés. C'est ainsi qu'en raison des mouvements propres que doivent exécuter les chélicères dans chacun des trois types de l'ordre des
Pédipalpes, les muscles de ces appendices offrent certaines particularités dans la situation de leurs
attaches comme dans leur volume proportionnel. C'est ainsi encore que les muscles des pattes-
mâchoires, notamment ceux du tarse et du crochet, très-simples chez le Phryne et même chez le
Thélyphone, ont une complication assez remarquable dans le Scorpion; cette complication est

______

(1) Pl. 10 *bis*, fig. 11.

évidemment le résultat d'une division du fléchisseur et de l'extenseur en plusieurs muscles, modification suffisante pour produire une plus grande diversité de mouvements.

SYSTÈME NERVEUX.

Nous n'avons rien à signaler touchant la structure du système nerveux; la condition des individus que nous avons disséqués nous a empêché de tenter aucune recherche approfondie sur ce sujet. Quant à la disposition générale de l'appareil de la sensibilité, c'est tout à fait, chez le Phryne, le plan général reconnu chez les autres types de Pédipalpes, mais avec un degré de centralisation plus élevé.

*

Ganglions cérébroïdes ou cerveau. — Les nerfs naissant des ganglions cérébroïdes. — Les ganglions cérébroïdes consistent en deux lobes presque sphériques, entièrement réunis sur la ligne médiane, de manière à former une seule masse, le cerveau, en conservant toutefois une impression assez profonde pour qu'il soit aisé de reconnaître à la première inspection l'existence de deux noyaux (1). Le cerveau du Phryne ressemble donc par sa configuration beaucoup plus à celui du Scorpion qu'à celui du Thélyphone; il en diffère néanmoins un peu par la saillie plus prononcée de chacun de ses lobes, et aussi par un volume sensiblement supérieur, par rapport à la dimension du corps.

Les nerfs de la première paire, c'est-à-dire les nerfs pharyngiens, naissent tout à fait au-devant des ganglions cérébroïdes; ils sont grêles comme dans les types précédents, et suivent le même trajet que chez le Thélyphone.

Les nerfs optiques présentent à leur origine un renflement bien prononcé; par suite de la largeur du cerveau, ils se trouvent d'abord assez écartés l'un de l'autre; mais, décrivant une légère courbe vers la ligne médiane du corps, ils se rapprochent suffisamment pour se porter ensuite en ligne droite aux deux yeux médians (2). La longueur de ces nerfs est beaucoup moindre que chez le Thélyphone, et plus grande que chez le Scorpion. Cette longueur, on l'a vu précédemment, est toujours déterminée par la distance comprise entre le cerveau et la position occupée par les yeux; seulement, jusqu'ici, nous n'apercevons pas d'une façon bien claire le but d'un écartement, plus ou moins considérable, des yeux par rapport au cerveau, et d'un allongement ou d'un raccourcissement des nerfs optiques; nous ne pouvons reconnaître si une telle différence amène une modification dans la nature de la vision.

Les nerfs optiques donnent des filets très-déliés aux muscles buccaux, ainsi qu'aux extenseurs des chélicères, et parvenus environ aux trois quarts de leur trajet, ils envoient une branche externe qui, se portant vers les côtés du céphalothorax, traverse les muscles antennaires, et se recourbe ensuite un peu en arrière pour venir atteindre les yeux latéraux, après s'être trifurquée. Il y a donc ici, sous les rapports, une ressemblance extrême avec le Thélyphone.

Les nerfs antennaires naissent, comme dans les autres Pédipalpes, en dehors des nerfs optiques et sur un plan un peu inférieur; ils fournissent aussi des branches, dont une assez volumineuse, aux muscles des antennes-pinces et aux grands rétracteurs des pattes-mâchoires, en se portant directement aux chélicères (3). Dès leur entrée dans ces appendices, ils se partagent, de même que chez le Thélyphone, en deux branches : l'une supérieure, distribuant ses rameaux dans le muscle extenseur

(1) Pl. 40 *bis*, fig. 11.
(2) Pl. 40 *bis*, fig. 11 *k*.
(3) Pl. 40 *bis*, fig. 11 *l*.

du crochet; l'autre inférieure, qui, après avoir donné ses diramations au muscle fléchisseur, pénètre dans le crochet mobile, et le parcourt jusqu'à l'extrémité.

Comme dans les types précédents, les centres médullaires cérébroïdes émettent encore sur les côtés deux paires de nerfs d'une extrême ténuité, qui se distribuent aux muscles antennaires et aux muscles du plancher stomacal.

*

Système nerveux de la vie organique. — Nous n'avons rien de particulier à signaler ici relativement à cette portion du système nerveux. Exactement comme chez le Thélyphone, elle consiste en deux petits noyaux presque accolés au cerveau, l'une envoyant ses filets nerveux à l'aorte et au cœur, l'autre à l'appareil digestif. Nous n'avons pu observer dans tous leurs détails ces minces filets; nous n'avons pas réussi à les suivre sur l'estomac et ses *diverticulum,* ce que l'on comprendra aisément, si l'on fait attention que nous n'avons eu à notre disposition pour cette recherche qu'un fort petit nombre de Phrynes conservés dans la liqueur.

*

Centre nerveux céphalothoracique. — *Les nerfs qui en dérivent.* — La centralisation du système nerveux est poussée à un beaucoup plus haut degré chez le Phryne que dans les autres types de l'ordre des Pédipalpes; il n'y a plus qu'une seule masse médullaire sous-intestinale. Au centre nerveux céphalothoracique, tel que nous l'observons dans le Scorpion, sont venus se réunir absolument tous les ganglions abdominaux. On a vu que chez le Thélyphone il existe une agglomération de ce genre, mais là l'agglomération n'est point complète comme chez le Phryne.

Dans ce dernier type, la masse médullaire placée au-dessous de l'œsophage se trouve ainsi être très-volumineuse. Elle n'est séparée du cerveau que par l'épaisseur de l'œsophage, et sauf sur l'étroit espace médian que traverse ce tube, elle est unie aux lobes cérébroïdes. La masse médullaire céphalothoracique, très-large proportionnellement à sa longueur, s'amincit assez brusquement en arrière; du reste les nerfs qui en dérivent sont tellement semblables à tous égards à ceux du Scorpion, et surtout du Thélyphone, qu'il est à peine besoin de les indiquer. En avant, il y a les deux nerfs buccaux, toujours grêles, et ici extrêmement ramifiés dès leur origine; puis, sur les côtés, les nerfs des pattes-mâchoires (1) et des pattes ambulatoires (2). Les premiers, sans avoir la dimension qu'on leur trouve dans le Thélyphone, l'emportent néanmoins en volume sur les autres; les nerfs de la première paire des pattes ambulatoires, au contraire, sont un peu plus grêles que les suivants, la grosseur du nerf étant en rapport avec les proportions de l'appendice auquel il est dévolu, comme c'est le cas le plus ordinaire. Entre chaque paire de nerfs pédieux, le centre nerveux céphalothoracique donne encore naissance à un nerf assez mince qui se ramifie dans les muscles rétracteurs et élévateurs des pattes; les muscles occupant la région supérieure du céphalothorax reçoivent leurs nerfs directement du centre médullaire, tandis que les muscles profonds n'ont que des branches des nerfs pédieux. La branche qui se détache en arrière, à l'origine du nerf de la quatrième paire de pattes, est volumineuse, et vient animer les muscles rétracteurs de l'abdomen, après avoir donné des rameaux aux muscles des pattes postérieures.

(1) Pl. 10 *bis,* fig. 11, *m.*
(2) Pl. 10 *bis,* fig. 11 *n, n.*

En arrière de l'origine des nerfs pédieux, la masse médullaire se rétrécit en forme de cône renversé, et il est aisé de reconnaître que cette portion, quoique entièrement confondue avec celle qui la précède, appartient à l'abdomen.

*

Les nerfs abdominaux. — De la partie postérieure de la masse médullaire logée dans le céphalothorax, descend, jusqu'à l'extrémité de l'abdomen, un cordon simple en apparence qui fournit le long de son trajet autant de paires de nerfs qu'il y a de zoonites à l'abdomen (1). Les nerfs des trois premiers anneaux naissent à l'origine du grand cordon abdominal par un tronc commun, qui, traversant une partie du céphalothorax, pénètre dans l'abdomen, où il se bifurque bientôt. A partir de la bifurcation, le tronc antérieur se partage à son tour en deux nerfs : l'un pour le premier zoonite, l'autre pour le second; alors, comme chez le Scorpion, et plus encore comme chez le Thélyphone, chacun des nerfs se portant vers les côtés du corps se divise en deux branches; la branche supérieure donne des rameaux aux muscles extenseurs de l'abdomen, et remonte le long de la paroi latérale pour atteindre la voûte tergale, en fournissant sur son trajet de nombreuses diramations aux muscles latéraux et dorsaux; la branche inférieure descend jusqu'au niveau de la portion basilaire de la poche respiratoire, et envoie, de même que dans les types précédents, des rameaux au sac pulmonaire et au pilier musculaire, et en outre quelques filets très-grêles au testicule chez le mâle, au tube ovarique chez la femelle. Le nerf postérieur, dérivant du même tronc que ceux dont il vient d'être question, se rend au troisième anneau de l'abdomen sans se bifurquer, émettant simplement sur son trajet des rameaux du reste extrêmement minces, pour les muscles ventraux, latéraux et dorsaux.

Les nerfs destinés à animer les zoonites suivants se séparent par paires du grand cordon abdominal; il y en a ainsi dès cette séparation une paire distincte pour chaque zoonite (2). Ces nerfs se détachent du cordon à peu près à la hauteur de la jonction de l'anneau, auquel ils vont se distribuer avec celui qui le précède; ils descendent obliquement jusque vers le bord postérieur du zoonite, et se dirigent ensuite parallèlement à ce bord pour atteindre les côtés du corps, et remonter à la voûte dorsale en donnant sur leur trajet des diramations plus ou moins délicates aux muscles de l'abdomen, et en particulier une branche au pilier musculaire. On voit que c'est absolument le même mode de distribution que chez les Scorpionides et les Thélyphonides; seulement, lorsque les ganglions de l'abdomen sont refoulés dans le thorax, les cordons acquièrent plus de longueur, et il peut y avoir sur une partie du trajet soit accolement, soit séparation de certains faisceaux de fibres; de là ces différences, fort peu importantes dans le fond, qui frappent tout d'abord l'œil de l'observateur.

Dans les trois derniers zoonites de l'abdomen, dépourvus de piliers et très-petits comparativement aux autres, les nerfs deviennent extrêmement grêles, et le cordon médian lui-même semble à son extrémité ne plus être qu'un simple filet.

Outre les nerfs spécialement dévolus à chacun des anneaux, le grand cordon abdominal en fournit encore une paire aux organes de la génération. Ceux-ci se détachent un peu au-dessus du point de séparation des nerfs du quatrième zoonite, et se portent en avant vers l'orifice génital; leur volume est toujours plus faible chez la femelle que chez le mâle, où ils donnent des branches aux muscles des verges.

(1) Pl. 10 *bis*, fig. 41 *o*.
(2) Pl. 10 *bis*, fig. 41 *o*.

Si l'on compare le système nerveux du Phryne à celui des types précédents, les différences apparaissent tout d'abord; les points de ressemblance, bien plus nombreux cependant, réclament un examen plus attentif. La forme des lobes cérébroïdes a quelque chose de particulier dans le Scorpion, le Thélyphone et le Phryne; mais entre le premier et le dernier la différence est faible. Les nerfs optiques ont une longueur qui leur est propre dans chacun des trois types; la dépendance des nerfs optiques latéraux, chez le Phryne, établit un rapport entre celui-ci et le Thélyphone et une dissemblance avec le Scorpion, où il y a indépendance entre les nerfs optiques médians et latéraux. La différence la plus frappante qui existe dans le système nerveux des trois types de l'ordre des Pédipalpes se manifeste dans le degré de centralisation des noyaux médullaires, thoraciques et abdominaux; chez le Phryne, il y a réunion complète, en une seule masse, de tous les ganglions thoraciques et abdominaux; chez le Thélyphone, réunion partielle des ganglions abdominaux aux ganglions thoraciques, et, d'autre part, fusion des derniers noyaux médullaires de l'abdomen; chez le Scorpion, réunion aux centres nerveux thoraciques des premiers ganglions seuls de l'abdomen, et isolement au contraire de la plupart des noyaux constituant la chaîne qui s'étend jusqu'à l'extrémité du corps. Ainsi dans le degré de centralisation du système nerveux, il y a presque autant de différence entre les Phrynes et les Thélyphones qu'entre ces derniers et les Scorpions. Du reste, dans les trois types, le mode de distribution des nerfs est le même, et l'on constate simplement dans leur volume relatif ou dans celui de quelques-unes de leurs branches quelques variations en rapport avec le développement des muscles et des appendices dans lesquels ils se distribuent.

ORGANES DES SENS.

La position et la forme des yeux ont été indiquées plus haut (1); nous n'avons rien à ajouter ici touchant ces organes; nous ne nous sommes pas trouvé en mesure d'étudier leur conformation d'une manière assez minutieuse pour établir si cette conformation, comparée à celle des yeux du Scorpion, est entièrement semblable, ou présente au contraire quelques traits particuliers de nature à faire soupçonner une différence dans la vision.

On a vu que le Thélyphone possède dans sa queue un organe très-propre à l'exercice du toucher; le Phryne est dépourvu de cet appendice, mais une certaine compensation lui est donnée par l'extrême allongement et la grande flexibilité des pattes antérieures. Quant à la sensibilité des pattes ambulatoires, elle est obtenue par les mêmes moyens que chez les autres Pédipalpes, c'est-à-dire par des poils et des épines mobiles.

APPAREIL DIGESTIF.

Le tube digestif du Phryne est parfaitement droit, depuis la bouche jusqu'à l'orifice anal; l'estomac, pourvu de très-grands *diverticulum*, est accompagné sur les côtés de glandes médiocrement volumineuses, et l'intestin n'offre ni étranglements ni dilatations bien prononcés. Le foie, comme dans les types précédents, remplit presque tout l'abdomen.

(1) Page 173.

*

Bouche. — *OEsophage*. — L'orifice buccal ne présente encore ici rien de particulier; caché au-dessous des antennes-pinces et au-dessus de l'insertion des pattes-mâchoires, il est masqué par l'appendice impair qui le surmonte (1). Il est donc nécessaire de détacher cette languette pour distinguer nettement la bouche, consistant simplement en une très-petite ouverture ovalaire, circonscrite par un cadre résistant et de nature coriace (2), dont le bord est garni d'une membrane en continuité de tissu avec la pièce impaire.

L'appendice buccal a, comme dans les types précédents, l'apparence d'un tubercule, beaucoup plus petit toutefois que chez le Scorpion. Il est un peu conique, flexible et hérissé de poils qui doivent lui donner une grande sensibilité (3).

L'œsophage est un tube grêle assez long, à peine élargi en arrière, reposant en partie sur le grand centre médullaire céphalothoracique (4). La portion antérieure de ce tube est maintenue de chaque côté par une sorte d'*aile* musculaire, qui prend son point d'attache sur le bord de la cloison intérieure formée par le coxopodite de la patte-mâchoire (5). La partie pharyngienne de l'œsophage se trouve ainsi dilatée ou rétrécie par le jeu des muscles, de manière à faciliter la déglutition.

Dans le reste de son étendue, c'est-à-dire jusqu'à l'estomac, l'œsophage n'offre point de ces brides latérales analogues à celles que nous avons observées chez le Scorpion et chez le Thélyphone, mais il présente dans sa structure une disposition tout aussi propre à empêcher un déplacement que l'existence de brides musculaires ou de ligaments. Dans l'épaisseur de ses délicates parois membraneuses se trouve une lame de consistance coriace, qui revêt le tube en dessus et sur les côtés de façon à lui donner une résistance considérable. Cette lame, simple en avant, se partage en arrière en deux branches finissant en pointe très-près de l'origine de l'estomac (6). Il nous paraît évident que la séparation de la lame coriace, dans une grande partie de sa longueur, a pour but de permettre à l'œsophage de se dilater dans une assez large mesure pendant le passage des aliments.

*

Estomac. — *Glandes stomacales*. — Chez le Phryne, l'œsophage n'ayant point en arrière de renflement en forme de jabot, l'estomac lui succède brusquement. Ce viscère est une poche assez large, à parois minces, boursoufllée en dessus de chaque côté, et pourvue de quatre paires de cœcums ou *diverticulum* (7). L'estomac occupe presque le centre de la cavité céphalothoracique; les cœcums, un peu abaissés à leur point de départ, sont logés dans les coxopodites des pattes ambulatoires, et atteignent leur extrémité. Le premier, plus court que les autres, se porte d'abord en avant, et s'incline ensuite latéralement (8); le second, le troisième et le quatrième, tout à fait semblables entre eux, suivent une ligne droite (9); ils sont presque cylindriques, ayant seulement de légères bour-

(1) Pl. 11, fig. 2 *a*.
(2) Pl. 11, fig. 3.
(3) Pl. 11, fig. 2 *a* et fig. 4.
(4) Pl. 11, fig. 4 *a*.
(5) Pl. 11, fig. 5 *a*.
(6) Pl. 11, fig. 5 *c*.
(7) Pl. 11, fig. 1 *b*, fig. 6 et 7.
(8) Pl. 11, fig. 6 et 7 *c*.
(9) Pl. 11, fig. 1 *b*, fig. 6 et 7 *c'*, *c''*, *c'''*.

souflures qui doivent s'effacer lorsque ces tubes se trouvent très-remplis. Leur longueur dépassant un peu l'étendue de la cavité cépalothoracique, leur extrémité se trouve ordinairement repliée en dessus. Les communications des *diverticulum* avec l'estomac sont aussi complètes que chez le Thélyphone, et quant à la structure des parois, tout ce que nous avons dit de ce dernier type s'applique au Phryne.

Les glandes stomacales sont disposées comme dans les Aranéides, à la partie inférieure et sur les côtés de l'estomac, qu'elles ne débordent pas très-sensiblement. Elles forment deux masses, séparées l'une de l'autre par un intervalle bien prononcé, offrant dans chaque espace compris entre deux *diverticulum* une dilatation en pointe déterminée par un ligament qui s'attache à l'une des cloisons de la cavité céphalothoracique (1). Ces deux masses, ainsi élargies de distance en distance, montrent seulement à la surface une enveloppe, une gaîne fibreuse. La gaîne déchirée, on met à nu un long tube grêle, contourné et replié sur lui-même, qui s'ouvre, pour chaque côté, dans la portion antérieure de l'estomac (2). Il n'y aurait ainsi chez le Phryne qu'une sorte de glandes, des glandes tubuleuses; les glandes utriculaires n'existeraient pas dans le type que nous étudions en ce moment. Des dissections faites avec tout le soin imaginable nous autorisent à penser que nous avons reconnu exactement la nature des glandes stomacales du Phryne; cependant, n'ayant eu à notre disposition pour cette recherche délicate qu'un très-petit nombre d'individus conservés dans la liqueur, nous regardons comme chose désirable une vérification des faits sur des animaux vivants.

*

Intestins. — Foie. — Canaux urinaires. — L'intestin grêle commence dans la cavité céphalothoracique, et s'étend en ligne droite à peu près jusqu'à l'extrémité du sixième zoonite abdominal, sans offrir sur son trajet aucune dilatation, aucun étranglement tant soit peu prononcé; c'est un tube presque cylindrique (3). Le gros intestin qui lui succède a sa limite indiquée par un très-faible rétrécissement (4); cette portion du tube digestif, de forme ovalaire, se termine tout à fait à l'extrémité du corps, l'anus étant ouvert en arrière du dernier sclérodermite ventral, dans la partie membraneuse qui unit cette pièce à l'espèce d'opercule qui termine l'abdomen en dessus, et dont nous avons parlé en décrivant le squelette tégumentaire (5).

Le foie remplit ici, de même que dans les types précédents, la plus grande portion de l'abdomen, entourant et enveloppant l'intestin dans toute sa longueur (6). Il offre une telle similitude avec celui du Scorpion et du Thélyphone, que toute description devient inutile dans le cas actuel. Nous ferons remarquer seulement que les utricules hépatiques nous ont paru être un peu plus grosses que dans les autres Pédipalpes, et qu'au lieu de cinq paires de conduits biliaires, nous en avons trouvé quatre seulement, comme chez les Aranéides; mais ici encore, à cause de l'état défectueux des individus observés, le fait ne peut être énoncé qu'avec une certaine réserve.

Les canaux urinaires s'ouvrent à l'origine du gros intestin; il n'y en a pas plus de deux, c'est-à-dire un de chaque côté, replié d'abord sur le rectum, et ensuite très-ramifié entre les grappes

(1) Pl. 11, fig. 6 et 7 *d*.
(2) Pl. 11, fig. 7 *d'*.
(3) Pl. 11, fig. 1 *c*.
(4) Pl. 11, fig. 1 *d*.
(5) Page 179.
(6) Pl. 11, fig. 1 *d*. et pl. 11 *bis*, fig. 1. — Dans cette dernière figure le foie est représenté du côté gauche, revêtu de la tunique qui l'enveloppe en entier.

utriculaires du foie (1). Ce sont des tubes grêles fortement ondulés, qu'on distingue aisément des conduits biliaires par leur aspect mamelonné.

*

Lorsqu'on vient à comparer l'appareil digestif du Phryne à celui des deux autres types de l'ordre des Pédipalpes, on reconnaît plusieurs différences notables. Chez le Scorpion et le Thélyphone, l'œsophage, plus ou moins élargi en arrière en forme de jabot, se trouve maintenu par des ligaments, tandis que chez le Phryne il se renfle à peine en s'unissant à l'estomac, et doit de conserver sa rigidité à la présence d'une lame coriace qui consolide sa paroi. L'estomac du Thélyphone, comparé à celui du Scorpion, en diffère considérablement, ainsi qu'on l'a vu, par son ampleur et par l'existence de ses prolongements latéraux; l'estomac du Phryne, construit d'une manière générale comme dans le Thélyphone, a une capacité plus vaste et des *diverticulum* plus développés, et en même temps des glandes beaucoup moins volumineuses et d'une structure plus simple. L'intestin du Phryne offre peu de particularités qui méritent d'être mentionnées; nous avons fait remarquer précédemment combien est faible l'importance de certaines dilatations et de certains étranglements.

*

Déglutition. — *Digestion.* — Il ne nous a pas été donné d'observer les habitudes des Phrynes ni de faire aucune expérience propre à éclairer la physiologie de ces Arachnides; mais il est beaucoup de circonstances où l'étude comparative des conformations organiques et la considération de quelques détails peuvent suffire à montrer quel est le rôle de certains organes dans les phénomènes de la vie. Nous en aurons ici un exemple. En examinant l'appareil digestif du Phryne, on voit dans l'œsophage un tube incapable de donner passage à une nourriture composée de fragments tant soit peu volumineux, ce qui n'est pas le cas pour le Scorpion; dans la présence des *ailes* musculaires qui maintiennent sa portion pharyngienne, on reconnaît les instruments d'une action propre à faire cheminer des matières fluides; en considérant ensuite les parois de l'estomac, très-minces, très-délicates, si on les compare à celles de l'estomac du Scorpion, et rapprochant de ces faits positifs ce détail d'observation : que l'estomac, dans tous les individus soumis aux recherches, ne s'est jamais trouvé contenir aucun fragment, on demeure convaincu que les Phrynes hument seulement les parties fluides des insectes dont ils se nourrissent, et n'avalent presque aucune portion de leurs parties solides.

Les Scorpions au contraire, on le sait (2), mangent parfaitement toutes les parties du corps d'un insecte qui n'ont pas une très-grande dureté; aussi leur œsophage est-il plus extensible, et même dilaté postérieurement en manière de jabot. D'un autre côté, leur estomac a des parois assez résistantes pour supporter le poids d'aliments d'une certaine consistance, et il n'a pas ces expansions, ces *diverticulum,* qui apparaissent chez le Thélyphone, qui existent chez le Phryne avec un plus grand développement, et qui se montrent dans d'autres Arachnides avec des proportions énormes.

Quel est donc le rôle de ces appendices de l'estomac? Pourquoi leur présence dans un type, leur absence dans un autre type, lorsque entre les deux il y a la plus grande ressemblance dans la

(1) Pl. 44, fig. 1 *d.*
(2) Voyez pages 65-66.

plupart des parties de l'organisme et dans les habitudes carnassières? Ces questions se présentent naturellement à l'esprit, mais aussi leur solution semble être trouvée, quand on a étudié et comparé sous tous les rapports; dans la classe des Arachnides, les divers représentants de l'ordre des Pédipalpes. Nous avons ici encore un excellent exemple pour montrer que l'examen des conditions biologiques et la considération des particularités organiques, poursuivis simultanément, conduisent nécessairement à l'appréciation juste de fonctions physiologiques qui ne sauraient être reconnues à l'aide d'aucune expérience de laboratoire.

Ainsi étant constaté : que le Scorpion, pourvu d'un œsophage susceptible de se dilater notablement, d'un estomac de faible capacité, sans prolongements latéraux, et de glandes destinées à sécréter le suc gastrique d'un volume énorme, mange des aliments solides; que le Thélyphone, pourvu d'un œsophage plus étroit, d'un estomac plus large dont la capacité est singulièrement augmentée par des appendices ou *diverticulum* et des glandes moins volumineuses, hume surtout des matières fluides, et ne mange que des parties assez molles et très-divisées; que le Phryne, pourvu d'un œsophage très-grêle, fort peu susceptible d'expansion, d'un estomac d'une ampleur plus considérable encore, avec de très-grands prolongements latéraux et des glandes comparativement fort réduites, ne prend guère pour aliments que des matières fluides; on ne peut plus hésiter à voir dans la présence des *diverticulum* de l'estomac une conformation organique rendue nécessaire par la nature du régime.

Lorsque des aliments solides sont introduits dans l'estomac, ils doivent y séjourner et y subir, avec plus ou moins de lenteur, l'action du suc propre à les rendre assimilables : c'est le cas pour le Scorpion comme pour le plus grand nombre des animaux; mais que l'alimentation consiste exclusivement en une matière fluide, cette matière sera sans doute peu retenue dans l'estomac, s'il n'existe une disposition particulière capable de ne pas la laisser s'écouler trop rapidement par l'intestin, et passer de la sorte sans emploi suffisant pour la nutrition. Les appendices de l'estomac, chez le Thélyphone, plus encore chez le Phryne, ont donc évidemment pour objet de retenir les matières bientôt digérées, de les faire circuler dans des cavités dont les parois sont partout en contact avec le sang veineux, et de permettre ainsi, dans un espace de temps très-court, le passage des parties assimilables dans le liquide nourricier. Le volume variable des glandes destinées à la sécrétion du suc gastrique donne encore l'explication de ces différences dans les fonctions digestives; elles acquièrent des dimensions considérables là où des aliments solides ont besoin d'être réduits en pulpe, elles s'amoindrissent là où la réduction est en grande partie opérée dès l'introduction dans l'estomac.

Un auteur anglais, M. Tulk, a déjà fait observer que l'existence de prolongements ou *diverticulum* intestinaux se voit particulièrement chez les animaux qui se nourrissent de fluides contenus dans le corps d'autres animaux (1), mais la remarque est toute générale. D'ailleurs le rôle physiologique de ces appendices ne pouvait guère être déterminé sans l'étude anatomique des types voisins, qui, également carnassiers, ne prennent pas les mêmes parties des animaux dont ils se nourrissent. Les faits constatés à l'égard des divers représentants de l'ordre des Pédipalpes nous semblent avoir mis ce point entièrement hors de doute.

ORGANES DE LA RESPIRATION.

Les organes respiratoires sont localisés chez le Phryne au même degré que chez le Thélyphone. Les poumons, au nombre de deux paires, sont logés également dans les deux premiers zoonites de

______
(1) *On the Anatomy of* Phalangium opilio. — *Annals and Magazine of natural History*, vol. XII, p. 248 (1843).

l'abdomen. Leurs orifices, très-semblables à ceux du Thélyphone, sont deux paires de fentes transversales placées vers les côtés, l'une sous le bord du premier zoonite ventral, l'autre sous le bord du second; ces fentes sont si étroites, qu'il est besoin de distendre assez fortement les anneaux de l'abdomen pour les distinguer d'une manière bien nette (1). La conformation des sacs pulmonaires est identique avec celle qu'on trouve avec ces organes dans les types précédents. Ils sont de même enveloppés par une tunique fibreuse, mince, resserrée entre les deux poumons, et continuée en avant ainsi qu'en arrière, de façon à constituer le grand vaisseau par lequel le sang veineux arrive aux organes respiratoires (2). Chaque poche est pourvue d'un ligament qui s'élève verticalement, et s'attache à la face inférieure du péricarde, absolument comme chez le Scorpion. Les poumons du Phryne sont de dimension inégale (3), mais la différence est moindre que dans le Thélyphone; ceux de la seconde paire l'emportent néanmoins très-notablement en volume sur ceux de la première. Nous n'avons pu déterminer au juste le nombre des lamelles; il est considérable, et sans doute peu éloigné de celui qui existe chez le Thélyphone. Les lamelles pulmonaires sont toujours ces petits sacs aplatis dont nous avons décrit l'arrangement dans notre étude du Scorpion. Un fait assez remarquable, c'est qu'elles ont une forme un peu particulière dans chacun des types de l'ordre des Pédipalpes; chez le Phryne, elles ont leur bord supérieur légèrement arqué, leur bord inférieur presque droit et leur sommet arrondi (4); leurs parois offrent entre les deux tuniques dont elles sont formées une quantité prodigieuse de granules solides et, en outre, des arêtes extrêmement fines plus ou moins anastomosées, de façon à présenter l'aspect d'aréoles peu régulières (5).

D'après la conformation des parties, on ne saurait avoir aucun doute à cet égard, le mécanisme de la respiration ne peut être autre que chez le Scorpion. Il y a toujours un pilier musculaire contre le bord interne de chaque sac pulmonaire, et ici les muscles longs de l'abdomen, très-puissants dans les deux premiers zoonites, sont disposés pour rapprocher ou écarter les sclérodermites ventraux, et de la sorte, exercer des pressions et des relâchements propres à déterminer successivement l'entrée et la sortie de l'air.

APPAREIL CIRCULATOIRE.

Le système sanguin du Phryne est constitué comme celui des autres Pédipalpes. Il ne nous a pas été possible de l'étudier d'une manière tout à fait complète. Nous n'avons eu de ce type qu'un seul individu vivant, qui a été employé à l'examen du système artériel, mais l'injection n'a pas parfaitement réussi, et avec les individus conservés dans la liqueur, il était difficile d'observer tout ce qui manquait dans la première préparation.

Cependant, si nous ne sommes pas en mesure de décrire les artères du Phryne dans leurs moindres détails, nous pouvons faire connaître encore non-seulement les gros troncs, mais même la plupart des branches. A l'égard du système veineux, nous avons été ici dans les mêmes conditions que pour le Thélyphone.

*

Cœur. — La situation, la conformation générale et la structure du cœur ne nous offrent rien de

(1) Pl. 11, fig. 8 *a, b.*
(2) Pl. 11, fig. 9 *a, b, c.*
(3) Pl. 11, fig. 12.
(4) Pl. 11, fig. 12.
(5) Pl. 11, fig. 13.

particulier à noter, non plus que la disposition de ses attaches. Sa forme mérite au contraire qu'on s'y arrête. Le cœur du Phryne, qui s'étend de l'origine de l'abdomen à l'extrémité du sixième zoonite, n'a pas les côtés à peu près parallèles comme celui du Scorpion ou du Thélyphone; il est, toute proportion gardée, plus large en avant, puis rétréci d'une manière graduelle et très-prononcée jusqu'à son extrémité (1); il n'a que six chambres, par conséquent que six paires d'orifices auriculo-ventriculaires.

*

Système artériel. — Nous distinguons encore ici : 1° l'aorte et les artères qui en dérivent, 2° les artères naissant des côtés de chacune des chambres du cœur, et 3° l'artère postérieure ou uroïdale.

L'aorte fait suite à la chambre antérieure du cœur, comme toujours dans les Arachnides se porte en avant, traverse la portion rétrécie de l'abdomen, que souvent on appelle le pédicule, pénètre dans le céphalothorax, appuyée sur l'intestin et sur l'estomac, auxquels elle fournit de très-petites branches, ainsi qu'aux muscles de la grande lame aponévrotique, et se partage en deux branches à une assez grande distance en arrière du cerveau (2). Les deux artères, s'écartant l'une de l'autre à partir du point de bifurcation du tronc aortique, arrivent sur les côtés du cerveau, et plongeant alors davantage, elles se trouvent ramper sur le centre nerveux céphalothoracique. Une communication transversale de l'une à l'autre de ces deux artères forme en arrière du cerveau un vaisseau semi-circulaire très-semblable à celui que nous avons décrit chez le Scorpion.

De la portion antérieure et supérieure du vaisseau circulaire naissent les artères ophthalmiques et les artères antennaires, ainsi que les artérioles du cerveau. Les premières, accolées aux nerfs optiques médians, se rendent directement aux deux yeux principaux (3). Les artères antennaires, beaucoup plus volumineuses, s'éloignant un peu de la ligne moyenne du corps, vont se ramifier dans les chélicères (4); mais avant de parvenir à la base de ces appendices, elles donnent plusieurs branches. Celles qui partent du côté interne se distribuent aux muscles des antennes-pinces, et l'une d'elles, plus forte que les autres, étend ses ramifications dans toute l'étendue du grand muscle extenseur. Celles qui naissent du côté interne se rendent particulièrement aux muscles élévateurs et rétracteurs des pattes-mâchoires; il y en a une assez grêle pour les yeux latéraux. Ici, comme chez le Thélyphone, les artères antennaires émettent à peu de distance de leur origine une très-forte branche qui, se dirigeant en arrière, descend presque jusqu'à la base du céphalothorax, et envoie sur son trajet de nombreuses diramations aux muscles rétracteurs et élévateurs des pattes (5).

L'artère buccale, de même que dans les types précédents, naît de la portion moyenne du vaisseau circulaire, chemine sur le grand centre médullaire céphalothoracique, passant ainsi sous l'œsophage, pour aller se ramifier alentour de la bouche et dans les muscles circonvoisins.

Les artères des pattes-mâchoires et des pattes ambulatoires partent latéralement des deux troncs qui entourent le cerveau; elles sont presque contiguës à leur origine, mais s'écartent bientôt d'une manière sensible; elles accompagnent les nerfs pédio-maxillaires et pédieux, absolument comme chez les autres Pédipalpes.

(1) Pl. 11 *bis*, fig. 1.
(2) Pl. 11 *bis*, fig. 1.
(3) Pl. 11 *bis*, fig. 1 *a*.
(4) Pl. 11 *bis*, fig. 1 *b*.
(5) Pl. 11 *bis*, fig. 1. Du côté droit, les muscles sont représentés intacts pour montrer le trajet des artères qui s'y distribuent; du côté gauche, on a mis en évidence les artères des pattes-mâchoires et des pattes ambulatoires.

L'artère spinale, naissant entre les artères pédieuses, descend sur le grand cordon abdominal, mais nous n'avons pu la suivre d'une façon assez complète pour dire comment ses branches se distribuent dans les différents zoonites de l'abdomen.

Les artères hépatiques ne sont naturellement qu'au nombre de six, puisque le cœur n'a pas plus de six chambres (1). Du reste, leur origine et leur mode de distribution dans les grappes utriculaires du foie sont tellement semblables à ce qui existe chez le Scorpion et chez le Thélyphone, que la description serait superflue; la figure où elles sont représentées en donne d'ailleurs la meilleure idée possible.

L'artère postérieure ou uroïdale est en continuité parfaite avec la dernière chambre du cœur (2); elle traverse les trois derniers zoonites de l'abdomen appuyée sur le rectum, et vient se terminer en rameaux extrêmement déliés sous la petite pièce operculaire terminale qui semble bien être un vestige de la queue du Thélyphone et du Scorpion, car de petits muscles lui donnent une mobilité propre. L'artère uroïdale est très-réduite, si nous la comparons à celle des autres Pédipalpes, mais cet amoindrissement est en rapport avec l'absence de prolongement abdominal.

*

Système veineux. — Nos observations sur le système veineux ne nous fournissent presque rien de particulier à signaler après ce que nous avons dit de cet appareil chez le Scorpion et le Thélyphone. Tous les canaux sont constitués de la même façon chez le Phryne; ils sont plus nombreux dans le céphalothorax, ce qui est indiqué par le développement des muscles, et, sous le bord latéral du bouclier, il existe un canal circulaire nettement délimité. Sur les individus conservés dans la liqueur, le tissu granuleux qui circonscrit les trajets sanguins est souvent assez solidifié pour permettre de suivre, au moins en partie, les voies que parcourt le sang veineux. Dans les appendices, on reconnaît aisément le canal principal, qui se comporte, comme dans nos types précédents, ainsi que les grands canaux thoraciques et abdominaux.

Les vaisseaux pulmonaires ne se distinguent pas non plus de ceux du Thélyphone (3); formés de même par des prolongements de la tunique qui revêt les poumons, leur paroi s'affaiblit extrêmement à la base et à l'extrémité de l'abdomen, et ne diffère plus alors bien sensiblement de celle de la plupart des trajets veineux.

*

Vaisseaux pneumocardiaques. — Nous n'avons rien à noter encore touchant les vaisseaux pneumocardiaques, si ce n'est qu'on en compte seulement six paires (4). Ils s'abouchent, de même que chez le Thélyphone, avec un vaisseau latéral (5) recevant le sang qui a traversé les organes respiratoires.

*

En comparant avec une scrupuleuse attention l'appareil circulatoire du Phryne à celui des deux autres types de l'ordre des Pédipalpes, on remarque fort peu de différences importantes. Les plus notables sont offertes par la forme du cœur et par la bifurcation de l'aorte. Chez le Phryne, le cœur,

(1) Pl. 11 *bis*, fig. 1, côté droit.
(2) Pl. 11 *bis*, fig. 1 *e.*
(3) Pl. 11, fig. 9 c.
(4) Pl. 11 *bis*, fig. 1, côté gauche.
(5) Pl. 11, fig. 9 *d, d.*

sensiblement plus large dans sa portion antérieure et rétréci en arrière, est relativement plus court, n'ayant que six chambres peu allongées, au lieu de sept; ce qui détermine le nombre des artères hépatiques et des vaisseaux pneumocardiaques. D'un autre côté, l'aorte, qui chez le Scorpion et le Thélyphone se divise seulement lorsqu'elle a atteint le cerveau, se bifurque dans le Phryne à une grande distance en arrière de cet organe. Le vaisseau semi-circulaire entourant les lobes cérébroïdes ressemble tout à fait à celui du Scorpion, et les artères du céphalothorax se ramifient presque exactement comme dans le Thélyphone. Il n'y a pas lieu d'insister sur de légères modifications dans la longueur et le volume de certaines branches artérielles; ce sont des différences en rapport avec les proportions des parties auxquelles les vaisseaux apportent le fluide nourricier.

Quant au système veineux, tout en voulant garder une certaine réserve, à cause de nos observations incomplètes à l'égard du Phryne et du Thélyphone, nous pouvons affirmer néanmoins que les grands canaux sont presque identiques dans les trois types de l'ordre des Pédipalpes, et que les trajets secondaires sont multipliés en raison du développement des muscles, comme la quantité des ramifications artérielles dérivant d'une même branche.

*

Mouvements du fluide nourricier dans les vaisseaux. — Mécanisme de la circulation. — Entre le Phryne, le Thélyphone et le Scorpion, existe-t-il quelque différence dans la manière dont le fluide nourricier se meut dans les vaisseaux? L'observation directe nous fait défaut pour répondre à la question, puisque, pour les deux premiers types, nos recherches n'ont pu être faites sur des animaux vivants; cependant, d'après certaines modifications organiques, on peut être assuré que l'énergie du mouvement circulatoire n'est pas absolument la même dans ces différents Arachnides. Lorsque chez le Phryne on voit le cœur tendre à la centralisation à un degré plus prononcé que dans le Scorpion, et prendre un peu la forme d'un cône allongé dont le sommet se trouve dirigé en arrière, il est impossible de ne pas reconnaître là une conformation de nature à rendre l'organe d'impulsion propre à chasser le sang dans l'aorte avec plus de force que chez le Scorpion, et au contraire à ne le laisser écouler que faiblement dans l'artère postérieure devenue presque rudimentaire.

La bifurcation de l'aorte à une certaine distance en arrière du cerveau, de façon à faire diverger très-graduellement les deux troncs, est bien évidemment aussi une disposition favorable pour conduire le sang dans les appendices avec plus de rapidité que chez l'animal où la bifurcation a lieu dans un point où se produit nécessairement une brusque déviation latérale. Il nous paraît difficile de ne pas conclure de ces faits que la marche du fluide nourricier doit être plus rapide chez le Phryne que chez le Scorpion. Or, le premier de ces deux types est certainement doué d'une agilité très-supérieure à celle de l'autre; nous en avons jugé d'après sa conformation générale et d'après le grand développement des muscles de ses appendices locomoteurs (1). L'énergie du mouvement circulatoire se trouverait ainsi rendue nécessaire par le degré d'activité de l'animal, et obtenue par la nature, comme c'est le cas ordinaire, au moyen de modifications organiques fort légères.

Le Thélyphone, sous tous les rapports, représente un terme intermédiaire entre le Phryne et le Scorpion.

Le mécanisme général de la circulation ne peut du reste rien offrir de particulier chez le Phryne, puisque les instruments sont semblables à ceux des autres Pédipalpes; leur force relative seule n'est

(1) Voyez au reste à ce sujet quelques remarques d'un observateur anglais, M. Templeton, sur les mouvements d'un Phryne de l'île de Ceylan. — *Annals and Magazine of natural History.* Vol. XVII, p. 66 (1846).

sans doute pas absolument identique. Par exemple, les piliers musculaires abdominaux, relativement aux proportions du corps, nous ont paru avoir une puissance quelque peu plus considérable; cet accroissement de puissance semble naturel pour satisfaire aux besoins d'un mouvement circulatoire plus énergique, mais il y a là des appréciations si délicates à faire, que nous ne voulons pas beaucoup insister sur ce point.

Nous devons cependant indiquer encore un fait très-palpable. Les canaux veineux céphalothoraciques l'emportent par leur étendue sur ceux du Scorpion et du Thélyphone; le sang qu'ils contiennent est empêché de retomber dans les appendices par une disposition analogue à celle que nous avons fait connaître chez le Scorpion, mais la masse du liquide étant plus considérable, la résistance est augmentée par la force des muscles et par la dimension des cloisons du thorax, dont la flexibilité demeure très-grande. Ces lames, constituées par les parois latérales des coxopodites, tendent toujours à s'abaisser sur les canaux veineux des pattes, sous la pression du sang contenu dans la cavité thoracique.

*

Il n'existe chez le Phryne aucun organe de sécrétion spéciale, aucun vestige de l'appareil vénénifique du Scorpion, aucune trace des glandes éjaculatoires du Thélyphone. Le Phryne ne possède donc pour l'attaque que les griffes et les pointes de ses chélicères et de ses pattes-mâchoires. Il se sert sans doute aussi de ces armes pour la défense; mais, suivant toute probabilité, il cherche surtout sa sûreté dans une fuite rapide.

ORGANES DE LA GÉNÉRATION.

Les organes de la génération sont étendus à la partie ventrale de l'abdomen, enveloppés par le foie, de même que dans nos types précédents. L'orifice situé sur la ligne médiane du corps, sous le bord postérieur du premier zoonite, n'offre pas de différence vraiment appréciable d'un sexe à l'autre; il est ainsi à peu près impossible de distinguer les mâles et les femelles, les formes extérieures ne fournissant d'ailleurs aucun indice certain pour une semblable détermination. Nous n'avons pu nous assurer si le Phryne est vivipare ou ovipare; tous les individus femelles que nous avons examinés n'avaient que des œufs dont le développement était peu avancé.

*

Appareil mâle. — Les testicules consistent en deux tubes allongés, assez minces et fort ondulés, qui descendent jusqu'à l'extrémité de l'abdomen, en demeurant tout à fait rapprochés l'un de l'autre sur la ligne médiane du corps (1). Ces organes sont simples dans la plus grande partie de leur longueur, mais à partir du point où ils s'élèvent sur l'armure copulatrice, c'est-à-dire à une distance encore notable de l'endroit où commence le conduit déférent, ils présentent des deux côtés, le long de leur trajet, de nombreux *diverticulum*: ce sont de très-petits cœcums se séparant du tube principal en formant à peu près un angle droit (2). Les parois des testicules ont une certaine épaisseur, et leur structure ne paraît pas différer de celle qu'on observe chez les autres Pédipalpes. Nous devons rappeler du reste que nous avons manqué de sujets pour pouvoir pousser bien loin l'étude de cette structure.

(1) Pl. 11 *bis*, fig. 2 *a*.
(2) Pl. 11 *bis*, fig. 2 *a*, et fig. 3.

Chaque testicule est en continuité avec un très-court conduit déférent (1), qui se recourbe au sommet de la verge, et s'ouvre dans le canal de cet organe. Une glande séminale, composée de plusieurs petits tubes aveugles disposés en arbuscule, est placée de côté (2); ses branches aboutissent à un conduit commun qui débouche avec le testicule à l'origine du canal déférent.

Les organes copulateurs du Phryne sont rapprochés, et même tout à fait contigus sur la ligne moyenne du corps; logés dans le premier zoonite de l'abdomen, ils sont maintenus et complétement enveloppés par une tunique fibreuse adhérente au sclérodermite ventral (3). Les deux verges ont donc peu de longueur et une situation particulière. Leurs fourreaux, dont le bord externe est notablement arqué, se rétrécissent vers l'extrémité et finissent presque en pointe. Ces fourreaux, constitués par une membrane fibreuse et très-résistante, sont renforcés en dessus par une lame, ou plutôt par une tige mince de consistance coriace, qui, partant de leur sommet, se courbe légèrement, et se termine au côté interne avant d'avoir atteint leur extrémité (4). En ouvrant les fourreaux, on trouve les verges elles-mêmes. Ces organes, à parois musculeuses, entièrement retirées à l'intérieur de leur gaîne, dans l'état ordinaire, se projettent au dehors au moment de la copulation, et alors font saillie en arrière du premier sclérodermite ventral de l'abdomen, sous la forme de deux cônes (5). De petits muscles disposés en sens inverse les uns des autres, et fixés d'une part à la verge, et de l'autre à la face interne du fourreau, déterminent la rétraction ou la protraction de la verge; les lames coriaces paraissent avoir pour objet non-seulement de donner plus de rigidité aux parties, mais aussi de fournir des points d'attache solides aux muscles rétracteurs et protracteurs.

*

Appareil femelle. — Les organes de la femelle sont fort simples; ils consistent en deux larges tubes ovariques descendant jusqu'à l'extrémité du sixième zoonite de l'abdomen. Ces tubes, presque contigus sur la ligne médiane du corps, de même que les testicules, présentent tout le long de leur côté extérieur une multitude de petites ampoules ou vésicules contenant chacune une œuf (6). Ces loges ovariques sont semblables à celles des autres Pédipalpes et à celles de beaucoup d'Arachnides dont il nous reste à traiter. Chaque grand tube ovarique, parvenu vers le milieu du premier zoonite de l'abdomen, se rétrécit en se contournant en dehors, et se continue de la sorte sous la forme d'un oviducte (7). Celui-ci passe d'abord sur le muscle extenseur de l'abdomen, remonte le long de son bord externe, s'engage ensuite sous ce même muscle (8), puis se replie en arrière, se dirigeant vers l'orifice génital; à une petite distance de cette ouverture, les oviductes des deux tubes ovariques se confondent, et constituent un large vestibule commun, un véritable vagin (9).

*

D'après la description des organes génitaux, et d'après les figures qui les représentent, on doit voir

(1) Pl. 11 *bis*, fig. 2 *b*.
(2) Pl. 11 *bis*, fig. 2 *c*.
(3) Pl. 11 *bis*, fig. 2 *d*.
(4) Pl. 11, fig. 2 *d*, et fig. 5 *b*.
(5) Pl. 11 *bis*, fig. 6 *a*.
(6) Pl. 11 *bis*, fig. 7 *a*, et fig. 8.
(7) Pl. 11 *bis*, fig. 7 *b*.
(8) Pl. 11 *bis*, fig. 7 *c*.
(9) Pl. 11 *bis*, fig. 7 *d*, et 9 *b*.

combien ici sont grandes les différences du Phryne au Thélyphone ou au Scorpion. Chez le Phryne, à la vérité, les testicules ont une apparence autre que chez le Thélyphone, à cause de leur volume plus faible, à cause surtout de leur allongement considérable et de leurs sinuosités, mais dans cet allongement, on aperçoit un rapport avec une conformation ordinaire chez les Aranéides. Ce sont du reste les organes copulateurs qui présentent entre les trois types de l'ordre des Pédipalpes les dissemblances les plus frappantes, dissemblances dans la situation et dans les proportions aussi bien que dans la configuration générale et dans la structure des parties.

L'appareil femelle du Phryne, comparé à celui des autres Pédipalpes, a également ses caractères propres. Il n'y a plus que deux tubes ovariques au lieu de quatre, et ces deux tubes, indépendants l'un de l'autre, affectent une ressemblance manifeste avec les parties homologues des Aranéides.

*

Accouplement. — Fécondation. — Il est de toute évidence, d'après la situation des orifices génitaux, que le mâle et la femelle ne peuvent s'accoupler qu'en se rapprochant par la face ventrale; seulement, à défaut de l'observation directe, il est difficile de savoir d'une manière sûre quelle situation respective prennent les deux individus. Dans leur état de protraction, les verges sont assez peu saillantes au dehors pour rendre nécessaire un rapprochement très-intime entre le mâle et la femelle, et comme elles sont dirigées en arrière, il semble que l'intromission ne saurait avoir lieu si les deux individus ne se placent en sens inverse. D'après la conformation de l'appareil femelle, il est impossible que la fécondation ne s'opère pas de même que chez le Scorpion, la liqueur séminale entrant dans les oviductes pour pénétrer ensuite dans les tubes ovariques. Il est donc fort probable que les modifications considérables que nous constatons dans les organes copulateurs du Phryne, du Thélyphone et du Scorpion, ont tout particulièrement pour objet une adaptation au mode d'accouplement.

*

Les modifications du type dans la famille des Phrynéides. — Nous avons fort peu de chose à mentionner touchant les modifications qui existent entre les espèces de la famille des Phrynéides ou du genre Phryne. Les variations dans les formes extérieures n'offrent pour la plupart rien d'essentiel à noter; il faudrait s'arrêter à des détails purement spécifiques sans intérêt pour notre sujet. D'après cette fixité dans les caractères extérieurs, on peut être assuré, malgré l'absence d'observations directes, que les variations organiques entre les représentants du groupe des Phrynes sont absolument insignifiantes. Chez ces Arachnides, les pattes-mâchoires seules se modifient d'une manière un peu remarquable. Dans les espèces américaines, ces appendices, tout en s'allongeant plus ou moins, conservent la même forme générale; au contraire, chez des espèces de l'Inde, comme le *Phrynus reniformis* (1) par exemple, les pattes-mâchoires sont non-seulement très-longues, mais encore très-grêles comparativement, et les jambes ont leurs grandes épines situées tout à fait à l'extrémité. Les variations dans les pattes-mâchoires, qui paraissent ne coïncider avec aucune autre modification tant soit peu notable, ont certainement pour but de répondre à certaines conditions biologiques.

(1) *Phalangium reniforme*, Linné, *Museum Ludovicæ Ulricæ Reginæ*, p. 427. — Tarentula lunata, Fabricius, *Entomologia systematica*, t. II, p. 433. — Phalangium lunatum, Herbst, *Naturgeschichte der Ungeflügelten Insecten.* Phalang. Tab. 3. — Le Phrynus scaber, Gervais (*Histoire nat. des Insectes aptères*, t. III, p. 3), des îles Séchelles, a les pattes-mâchoires conformées comme chez l'espèce précédente, ainsi que le Phrynus ceylonicus, Koch, *Die Arachniden*, p. 336, fig. 776.

Un Phryne fossile a été découvert par M. Marcel de Serres dans les gypses d'Aix, en Provence (1). Malheureusement, cet Arachnide n'a pas été étudié d'une manière comparative avec les espèces vivantes.

*

Résumons brièvement les différences que présente le type Phryne comparé au type Thélyphone et au type Scorpion. C'est le même plan général pour chaque système organique, mais avec des modifications secondaires très-sensibles. Dans le système tégumentaire, ce sont d'abord des différences dans les proportions relatives; c'est chez le Phryne, par rapport aux deux autres types, une simplification dans la conformation des chélicères et des pattes-mâchoires, et une adaptation plus complète que chez le Thélyphone des pattes de la première paire à un usage spécial. La nature du développement des pièces sternales, les proportions relatives des articles des appendices locomoteurs, les particularités offertes par l'abdomen, sont caractéristiques à peu près au même degré dans les trois types. A l'égard des muscles, les différences apparaissent surtout dans le volume et ensuite dans la division de quelques-uns d'entre eux. Pour le système nerveux, c'est chez le Phryne un degré de centralisation porté beaucoup plus loin que dans les autres Pédipalpes. Pour l'appareil digestif, ce sont principalement des différences dans la configuration de l'estomac, dans le développement et dans le degré de complication des glandes stomacales. En ce qui concerne l'appareil respiratoire, on constate une très-grande ressemblance entre le Phryne et le Thélyphone, et une égale différence avec le Scorpion. A l'égard de l'appareil circulatoire, c'est chez le Phryne une modification très-sensible dans les caractères du cœur et de l'aorte. C'est ensuite l'absence de tout organe de sécrétion spéciale, et enfin, pour les organes de la génération, ce sont des modifications à peu près équivalentes entre les trois types.

De la comparaison de ces Arachnides il résulte clairement que les ressemblances et les différences sont presque également partagées entre eux, que les Thélyphones constituent un terme moyen entre les Scorpions et les Phrynes, et que ces derniers présentent le type des Pédipalpes modifié de façon à être rapproché du type des Aranéides. Les auteurs qui ont groupé les Thélyphones avec les Scorpions, en en séparant les Phrynes, n'étaient donc pas mieux fondés que ceux qui ont placé dans la même division les Phrynes et les Thélyphones, à l'exclusion des Scorpions. Ce sont certainement trois types liés entre eux par des rapports d'organisation très-réels, mais véritablement des types bien distincts chacun à peu près au même degré, en un mot, des types de famille naturelle.

(1) *Géographie physique*, dans l'*Encyclopédie méthodique.*—Terrains de sédiment supérieur, p. 45.

26

Ordre des ARANÉIDES *(ARANEIDES)* [1].

Ce sont les Arachnides qui ont le corps revêtu ordinairement d'un tégument assez flexible, toute la partie supérieure du céphalothorax d'une seule pièce, et l'abdomen pédicellé, sans annulations, portant dans le voisinage de l'orifice anal des mamelons cylindriques ou coniques, percés d'une infinité de petits trous pour le passage de fils soyeux; qui, en outre, ont des yeux, au nombre de six ou de huit, diversement groupés suivant les genres, mais toujours situés sur le devant du céphalothorax; des antennes-pinces pourvues d'un crochet ou doigt mobile replié en dessous, ayant près de son extrémité inférieure une très-petite fente destinée à livrer passage à un venin; des pattes-mâchoires en forme de petites pattes, ne se terminant jamais ni en pince ni en griffe, mais ayant dans les mâles leur dernier article conformé pour servir d'organe copulateur.

A ces caractères extérieurs, il faut ajouter que ce sont des Arachnides pourvus d'organes affectés à la sécrétion d'un matière soyeuse, dont les chélicères ou antennes-pinces renferment des glandes destinées à la sécrétion d'un venin, dont la respiration s'effectue tantôt au moyen exclusif de sacs pulmonaires, au nombre soit de deux, soit de quatre, tantôt au moyen à la fois de sacs pulmonaires et de trachées.

*

L'ordre des Aranéides peut être cité comme l'une des divisions les plus naturelles et les mieux caractérisées du règne animal tout entier. Cette division est si parfaitement circonscrite, qu'à aucune époque on ne s'est trompé sur ses limites, et si homogène, que de tout temps ses divers représentants ont été infailliblement qualifiés du même nom (*Aranea*). Jusqu'au commencement de notre siècle, les naturalistes eux-mêmes, Linné, Lister, Fabricius, Herbst et tous les autres, n'avaient reconnu qu'un seul type générique (*Aranea*) dans les animaux dont on a formé depuis l'ordre des Aranéides. Cependant, les espèces de ce groupe zoologique étant devenues fort nombreuses dans les collections, par suite des recherches que l'on poursuivait en Europe, comme par suite des explorations entreprises dans les différentes régions du monde pour en recueillir les productions naturelles, on sentit la nécessité d'établir des subdivisions parmi ces Arachnides, et de donner plus d'attention à leurs caractères qu'on ne l'avait fait auparavant. L'œuvre fut commencée par notre célèbre entomologiste Latreille (2); mais il fallait aussi classer ces animaux d'après une certaine méthode pour rendre faciles les déterminations spécifiques, et ce fut Walckenaer, dont le nom est justement estimé par les entomologistes comme par les érudits et les géographes, qui, séduit par l'intérêt bien réel qu'offrent les habitudes curieuses et l'industrie souvent remarquable des Araignées, étudia le premier avec soin la conformation extérieure de ces êtres et trouva dans la disposition de leurs yeux et dans la nature de leurs toiles le moyen d'établir des divisions secondaires, pour la plupart assez naturelles (3).

(1) Walckenaer, *Tableau des Aranéides*. — Paris (1805). — Latreille, *Genera Crustaceorum et Insectorum*, t. I, p. 82. (*Familia prima*) (1806).

(2) *Histoire naturelle des Crustacés et des Insectes*, t. III (1802). — *Nouveau Dictionnaire d'histoire naturelle*, t. II, p. 31 (1803).

(3) *Tableau des Aranéides* (1805).

Dans la classification de Walckenaer, l'ensemble des représentants du genre *Aranea* des anciens auteurs forma un grand groupe qu'il désigna sous le nom d'Aranéides, adopté depuis dans tous les ouvrages de zoologie. Ce groupe devint pour Latreille la première famille d'un ordre des Chélodontes (*Chelodonta*), de la légion des Acères (*Acera*), qui correspond exactement à la classe des Arachnides (1), et conserva le même rang dans les derniers ouvrages de cet auteur, lorsqu'il eut l'idée de partager la classe des Arachnides en deux ordres, d'après la conformation alors très-imparfaitement connue des organes respiratoires : les Pulmonaires (*Pulmonariæ*) et les Trachéennes (*Trachcariæ*) (2).

Plus tard, Dugès proposa un ordre (Dactylognathes ou Aranéens) devant comprendre à la fois les Aranéides et les Phrynes (3), rapprochement fâcheux, comme l'auteur l'a reconnu plus tard (4), et qui naturellement a été repoussé. De notre temps, les entomologistes ont généralement considéré les Aranéides ou l'ancien genre *Aranea* de Linné comme constituant un ordre à l'exclusion de tout autre type (5); l'étude comparative de l'organisation des Arachnides montre que cette opinion est la seule qui soit admissible.

On connaît aujourd'hui un très-grand nombre d'espèces d'Aranéides (6), mais ces espèces n'offrent dans presque tous leurs organes que des modifications assez légères; en les répartissant dans plusieurs familles, on s'aperçoit bientôt que les familles ne sont ici ni caractérisées au même degré, ni circonscrites d'une manière aussi parfaite que celles de l'ordre des Pédipalpes. Cependant cette répartition est inévitable; le nom de tribus, qu'on emploie d'ordinaire pour désigner les premières divisions dans les familles, convient à des groupes d'une importance trop faible pour trouver ici une application juste, et, d'un autre côté, l'introduction d'un nouveau terme, dont il serait toujours à peu près impossible de préciser complétement la valeur, présenterait sans doute plus d'inconvénients que d'avantages.

En présence de la grande conformité de structure existant entre les nombreux Aranéides connus, nous avons pensé qu'en exposant successivement l'organisation des divers types de cet ordre, il fallait éviter des répétitions sans objet, tout en s'efforçant de ne laisser inaperçue aucune particularité digne d'intérêt. Ce but nous a paru devoir être atteint en nous arrêtant d'une manière spéciale sur les types des deux premières familles que nous avons à étudier, et en signalant ensuite simplement chez les autres les modifications qu'ils présentent dans leurs organes. Notre premier type étant représenté par une espèce des régions tropicales, dont la taille est considérable, il nous a été possible d'observer beaucoup de détails qui peut-être nous auraient toujours échappé sur des espèces de petite dimension. Notre second type nous étant fourni par un Aranéide assez abondant dans notre pays, nous avons pu nous attacher à l'examen de la structure intime des organes, ce qui n'était pas praticable avec une espèce exotique dont on ne pouvait se procurer beaucoup d'individus, et surtout d'individus vivants.

(1) *Genera Crustaceorum et Insectorum*, t. I, p. 84 et 82 (1806). — Dans cet ouvrage, l'ordre des Chélodontes est partagé en quatre familles, les *Scorpionides*, les *Aranéides*, les *Phalangiens* et les *Acaridies*.

(2) *Règne animal*, première édition, t. III, p. 74 (1817); deuxième édition, t. IV (1829).

(3) *Recherches sur l'ordre des Acariens.* — *Annales des sciences naturelles*, t. I, p. 40 (1834).

(4) *Observations sur les Aranéides.* — *Annales des sciences naturelles*, deuxième série, t. IX, p. 459 (1836).

(5) Walckenaer, *Histoire nat. des Insectes aptères* (suite à Buffon), t. I, p. 60 (1837); Sundevall, *Conspectus Arachnidum*, p. 11 (1833), etc.

(6) Leurs descriptions ont été faites par divers auteurs, et parmi les ouvrages les plus considérables sur ce sujet, on doit citer tout particulièrement ceux de Walckenaer (*Histoire nat. des Insectes aptères*); de Hahn et Koch (*Die Arachniden*); de M. Lucas (*Exploration scientifique de l'Algérie*); de M. Nicolet (*Historia de Chile*, por Cl. Gay.-Zoologia, t. II); de M. Blackwall (*Transactions of the Linnean Society*, vol. XVIII; *Annals and Magazine of natural History*, passim, etc.); *Ray Society* (1861).

Famille des MYGALIDES (*MYGALIDÆ*).

Les Mygalides se reconnaissent assez aisément parmi les autres Aranéides, à leurs formes robustes et à leurs pattes épaisses, mais néanmoins les caractères extérieurs qui les distinguent n'ont rien de frappant et surtout rien d'absolument exclusif.

Ces Arachnides ont les yeux, au nombre de huit, rassemblés sur une éminence occupant la partie tout à fait antérieure du céphalothorax (deux plus grands que les autres, placés sur une ligne transversale, et trois de chaque côté); leurs chélicères, maintenus sur un plan horizontal, avec leur crochet se repliant exactement en dessous, le long d'une carène; leurs orifices respiratoires au nombre de deux paires; leurs filières au nombre de quatre.

A ces particularités extérieures, il faut ajouter un caractère organique d'une importance plus considérable. Les Mygalides ont leurs organes respiratoires localisés; ils ont seulement des sacs pulmonaires, et il y a deux paires de ces organes, comme l'indique la présence d'autant d'ouvertures stigmatiques.

Dans l'état actuel de nos connaissances, la famille des Mygalides est représentée par près d'une centaine d'espèces décrites pour la plupart dans les ouvrages que nous avons mentionnés plus haut, et dans divers mémoires particuliers. Ces Arachnides, disséminés, comme les Scorpionides, dans toutes les régions chaudes des deux hémisphères, composent le genre Mygale (*Mygale*), qui réunit le plus grand nombre des espèces connues, et quelques autres genres dont les caractères très-appréciables seront pour nous l'objet d'une étude comparative.

Les Mygalides ont été distingués des autres Aranéides, dès l'année 1805, par Walckenaer (1). Ils formaient, pour ce savant, une *tribu* qu'il désigna sous le nom de Théraphoses (*Theraphosa*), groupe pour lequel, en lui donnant une extension fâcheuse, M. Léon Dufour proposa plus tard la dénomination de *Quadripulmonaires* et Latreille celle de *Tétrapneumones* (2), c'est-à-dire d'Araignées à quatre poumons. Ces naturalistes, s'étant contentés d'un examen trop superficiel, rapprochèrent des Mygales non-seulement des espèces qui, pourvues de quatre orifices respiratoires, n'ont cependant que deux poumons (genre *Dysdera*), les deux orifices postérieurs étant en communication avec des trachées qui se ramifient dans les différentes parties du corps, mais encore des araignées ne possédant pas plus de deux ouvertures stigmatiques (genre *Filistata*); du reste, la famille des Mygalides a été bientôt ramenée à ses véritables limites par plusieurs des zoologistes qui se sont occupés des Arachnides : M. Sundevall, en s'attachant à la considération de l'ensemble des caractères extérieurs (3); Dugès, en se fondant sur la connaissance qu'il avait acquise de l'organisation de ces animaux (4).

Le genre Mygale (*Mygale*), établi par Latreille en 1802 (5), renferme les plus grandes espèces d'Aranéides, les plus favorables par conséquent pour les études anatomiques; aussi les investigations sur sur ce type sont-elles loin d'avoir fait défaut. M. Straus-Durckheim avait poursuivi des recherches sur

---

(1) *Tableau des Aranéides.*

(2) *Annales générales des sciences physiques*, t. VI (1820). — Voy. aussi Latreille, *Cours d'Entomologie*, p. 502 (1831).

(3) *Conspectus Arachnidum*, p. 23 et 28 (*Mygalides*) (1833).

(4) *Observations sur les Aranéides.* — *Annales des sciences naturelles*, deuxième série, t. VI, p. 159-162 (*Mygalées*) (1836).

(5) *Histoire naturelle des Crustacés et des Insectes*, t. III, p. 49 (1802). — Chose fâcheuse, le nom de *Mygale*, si connu comme désignant les Aranéides dont nous nous occupons en ce moment, devrait être changé, car il a été appliqué par Cuvier, dès l'année 1800, à un genre remarquable de la classe des Mammifères, le Desman.

une Mygale de la Guyane (*Aranea avicularia*, Linné), et promettait sur ce sujet un travail spécial qui, malheureusement, n'a jamais vu le jour; l'auteur a mentionné seulement diverses particularités relatives au système musculaire dans le bel ouvrage qui a pour objet essentiel l'anatomie du Hanneton (1). Plus récemment, Dugès a fait connaître, au moyen d'excellentes figures, une grande partie de l'organisation de la Mygale du midi de la France (*Mygale cœmentaria*, Latreille) (2), et un auteur allemand, Wasmann, a publié sur la Mygale aviculaire une étude anatomique fort incomplète sans doute, mais cependant déjà très-détaillée pour certaines parties de l'organisme (3). Néanmoins, malgré les travaux recommandables de ces savants et quelques observations détachées que nous aurons l'occasion de rappeler, le type des Mygalides réclamait encore bien des recherches minutieuses; on sait, par exemple, que, si la conformation générale du cœur avait été observée dans ces Arachnides, aucune notion précise touchant l'appareil de la circulation du sang n'était du reste acquise à la science.

L'espèce qui doit ici nous servir de type est la plus grande que l'on ait rencontrée dans l'Amérique du Sud.

LA MYGALE DE LEBLOND (*MYGALE BLONDII*).

Mygale de Leblond, Latreille. *Histoire naturelle des Crustacés et des Insectes*, t. VII, p. 159.
Mygale blondienne, Walckenaer. *Tableau des Aranéides*, p. 4 (1805).
Mygale Blondii, Latreille. *Genera Crustaceorum et Insectorum*, t. I, p. 83, tab. 5, fig. 1 (1806).
Hahn. *Die Arachniden*, Bd. 1, s. 25, tab. 7 (1833).
Lucas. *Histoire naturelle des Crustacés, des Arachnides et des Myriapodes*, p. 335 (1837).
Walckenaer. *Histoire naturelle des Insectes aptères*, t. I, p. 210 (1807).

Cet Arachnide a une longueur de 50 à 75 millimètres du bord antérieur du céphalothorax à l'extrémité de l'abdomen; il est en dessus d'un brun uniforme très-foncé et revêtu de poils roussâtres ou même rougeâtres, particulièrement sur l'abdomen, et, en dessous, d'un noir velouté, avec les tubes-filières supérieurs très-longs et les articles copulateurs des pattes-mâchoires du mâle épais, un peu coniques, terminés par une partie grêle, légèrement arquée. Il est répandu à la Guyane et au Brésil.

Les Mygales qui ont été employées pour nos recherches, les unes vivantes, les autres conservées dans la liqueur, provenaient du Brésil, principalement de la province de Bahia. Comparées aux exemplaires de la Guyane rapportés par le médecin-naturaliste Leblond, c'est-à-dire aux exemplaires qui ont servi à Latreille pour sa description de la *Mygale Blondii*, les femelles ont paru bien positivement appartenir à la même espèce; il est resté plus d'incertitude à l'égard des mâles, à défaut de renseignements précis touchant leur origine.

La réserve que nous montrons ici à propos d'une détermination spécifique sera aisément comprise des zoologistes qui ont un peu porté leur attention sur les grandes Mygales des Antilles et de l'Amérique du Sud. Ces Arachnides appartiennent à plusieurs espèces extrêmement voisines, dont les caractères n'ont jamais été précisés d'une manière comparative par les nomenclateurs. Les individus mâles étant toujours rares, relativement aux femelles, et, dans la plupart des cas, les descriptions étant tracées d'après ces dernières, il en résulte souvent une véritable difficulté pour reporter tel mâle à l'une plutôt qu'à l'autre. Le secours précieux que donne une indication exacte de la région du

---

(1) *Considérations générales sur l'anatomie comparée des animaux articulés, auxquelles on a joint l'anatomie du Melolontha vulgaris (Hanneton)* (1828).

(2) *Règne animal*, de Cuvier, édition illustrée. — Arachnides, pl. 1, 2 et 3 (1836).

(3) *Beiträge zur Anatomie der Spinnen. — Abhandlungen aus dem Gebiete des Naturwissenschaften-Vereins zu Hamburg*, Bd. I, s. 131 (1846).

monde où l'on a rencontré chaque espèce ne nous est pas fourni en maintes circonstances par les ouvrages descriptifs. Parfois, les localités y sont mentionnées d'une façon vague ; parfois certaines espèces sont présentées comme habitant indifféremment des contrées qui possèdent des faunes assez dissemblables pour qu'on ne puisse guère croire à l'identité spécifique des Mygales recueillies sur divers points d'une étendue comprenant au delà de 40° de latitude. C'est ainsi que, selon Walckenaer et de Hahn, la *Mygale Blondii* se trouve également au Brésil, à Cayenne et dans plusieurs îles de l'archipel des Antilles, comme Saint-Domingue, la Martinique, Saint-Vincent. Or, nous en avons la certitude, l'espèce du continent ne se rencontre pas aux Antilles ; la grande Mygale que les voyageurs rapportent de Saint-Domingue en est parfaitement distincte, c'est la *Mygale can_cerides* de plusieurs entomologistes (1).

Il n'est pas nécessaire d'entrer ici dans plus de détails sur ce sujet, car l'organisation du type qui nous occupe en ce moment ne se modifie pas d'une manière appréciable pour ainsi dire, entre ces espèces qu'on n'a pas encore su déterminer bien rigoureusement. Nous avons jugé utile cependant d'appeler l'attention sur une lacune regrettable dans les ouvrages ayant pour objet l'énumération des Aranéides. Les grandes Mygales se ressemblent entre elles au plus haut degré, mais néanmoins, par l'examen comparatif de toutes leurs particularités extérieures, on parvient à les distinguer, surtout si l'on ne néglige pas, comme on l'a fait trop souvent, de tenir grand compte des localités qu'elles habitent. Il serait donc à désirer qu'un entomologiste entreprît la monographie de ces Arachnides.

SYSTÈME TÉGUMENTAIRE.

Le système tégumentaire de la Mygale, comme celui de la plupart des Aranéides, n'offre point le même degré de consistance sur toutes les parties du corps ; les pièces qui constituent la cage thoracique et les appendices sont de nature coriace, tandis que l'enveloppe de l'abdomen est presque molle. Les parties coriaces n'ont pas, du reste, la résistance qu'on leur trouve chez les différents types de l'ordre des Pédipalpes ; elles sont plus minces, à l'exception toutefois des téguments des chélicères, et, à cause de leur peu d'épaisseur, elles conservent une certaine flexibilité. A en juger seulement d'après l'aspect, on penserait volontiers que le tégument solide de la Mygale diffère, quant à sa structure, de celui du Scorpion ou du Phryne ; mais par un examen attentif on s'aperçoit bientôt que c'est la présence des poils et d'une fine villosité dont le corps est revêtu qui donne une apparence particulière aux pièces les plus solides du squelette tégumentaire de l'Aranéide. En réalité, la structure du tégument des Aranéides et des Pédipalpes est au fond absolument la même ; nous n'avons donc pas intérêt à la décrire minutieusement chez la Mygale, et nous le ferons d'autant moins que nous avons eu plus de facilité à étudier cette structure de l'enveloppe extérieure des Aranéides chez un type propre à notre pays (2). La possibilité d'avoir des individus vivants en nombre considérable étant toujours la meilleure condition dans les recherches pour obtenir des résultats précis, nous nous bornerons ici à indiquer brièvement les faits, en vue d'avoir par la suite un terme de comparaison.

Le tégument est le plus facile à observer sur les points où il a le plus d'épaisseur, comme le céphalothorax et les chélicères. On y reconnaît les trois couches (3) que nous avons signalées dans la peau des Pédipalpes ; la couche superficielle ou épidermique offre cette structure aréolaire, à peu près

---

(1) Latreille, *Genera Crustaceorum et Insectorum*, t. I, p. 83. — Palissot de Beauvois, *Insectes recueillis en Afrique et en Amérique*, p. 135, pl. 3, fig. 4. — Walckenaer, *Histoire naturelle des Insectes aptères*, t. I, p. 214-245.
(2) Voyez plus loin le chapitre relatif à la famille des Ségestriides.
(3) Pl. 12, fig. 4.

hexagonale (1) que nous avons fait connaître chez le Scorpion (2), que M. Quekett a observée ensuite chez des Mygales (3), et que plus récemment M. Franz Leidig a constatée à son tour chez divers Arachnides (4). En certains endroits, les cellules s'effacent, et on aperçoit nettement alors des granules plus ou moins pressés les uns contre les autres. La couche sous-jacente, moins colorée que la couche épidermique, examinée par sa surface, paraît striée par intervalles et montre en grande quantité des granules de forme assez irrégulière (5); ce sont ces corpuscules sans doute que M. Leidig considère comme étant de nature calcaire (6). Dans les coupes verticales du tégument, on distingue clairement une structure fibreuse ou plutôt lamelleuse, et les canalicules ascendants dont nous avons déjà parlé ailleurs (7). La couche molle et profonde de la peau, qui ne contient pas de chitine, nous a paru également formée de lamelles superposées; elle est traversée aussi par les canaux simples et droits qui montent jusqu'à la couche superficielle, et en général à la base des poils.

La peau de l'abdomen ressemble, sous le rapport de sa texture, aux parties molles qui unissent les différentes pièces solides. C'est un tissu extrêmement granuleux, parcouru dans le sens de sa surface par des canaux très-ramifiés et présentant sur beaucoup de points l'apparence d'herborisations. On voit qu'il y a ici la plus grande ressemblance avec ce que nous avons décrit chez le Scorpion (8).

Les poils sont toujours implantés dans de petites cavités pourvues d'un rebord saillant; les uns sont simples (9); les autres, ceux des pattes principalement, sont barbelés ou ciliés, offrant ainsi une apparence des plus élégantes lorsqu'on les observe sous des grossissements un peu considérables (10).

*

Chez la Mygale, ainsi que chez tous les autres Aranéides, les sclérodermites, qui entrent dans la constitution de l'enveloppe tégumentaire du corps, sont limités à la région céphalothoracique; l'abdomen est dépourvu de cette double série de pièces solides, les unes dorsales, les autres ventrales, qui existent chez les Pédipalpes.

*

Céphalothorax. — Toute la paroi supérieure du corps jusqu'à l'origine de l'abdomen est formée d'une seule pièce, le bouclier céphalothoracique; c'est le cas, on le sait, pour le très-grand nombre des représentants de la classe des Arachnides, mais ici cette pièce est fort grande relativement aux proportions de l'animal (11). Large surtout dans sa portion moyenne, elle se rétrécit graduellement vers ses deux extrémités, devient assez étroite en avant, et se rabat au-dessus de l'insertion des chélicères

(1) Pl. 12, fig. 4.

(2) Page 15.

(3) *Lectures on Histology*, vol. II, p. 415 (1854).

(4) *Zum Feineren Bau der Arthropoden.* — Muller's, *Archiv für Anatomie, Physiologie*, etc. Jahrg. 1855, p. 376-383.

(5) Pl. 12, fig. 5.

(6) *Loc. cit.*, p. 384. M. Leidig voit dans la présence d'une matière calcaire l'indice d'une parenté zoologique étroite entre les Arachnides et les Crustacés. D'après d'autres rapports organiques, nous avons insisté sur cette parenté il y a plus de quinze ans. — Voyez notre Mémoire intitulé *Observations sur l'organisation d'un type de la classe des Arachnides, le genre Galéode.* — *Comptes rendus de l'Académie des sciences*, t. XXI, p. 1383 (1845), et *Annales des sciences naturelles*, troisième série, t. VII, p. 227 (1847).

(7) Page 171.

(8) Page 30.

(9) Pl. 12, fig. 6.

(10) Pl. 12 *bis*, fig. 1.

(11) Pl. 12, fig. 1 *a*.

pour former une sorte de bord frontal. Sur les côtés, le bouclier dorsal est également rabattu de manière à constituer une carène marginale, et en arrière il est sensiblement échancré au-dessus de l'insertion du pédicule de l'abdomen, de façon à laisser à la partie postérieure du corps la faculté de se redresser. A sa surface, le bouclier céphalothoracique présente, très-près de son bord antérieur, une éminence arrondie, assez élevée, sur laquelle sont groupés les yeux, et presque dans sa région moyenne, à une distance moins grande toutefois de l'extrémité postérieure que de l'extrémité antérieure, une très-forte dépression déterminée par des attaches musculaires. De chaque côté, quatre sillons assez marqués partent de ce point central, et s'étendent jusqu'aux bords latéraux. Ces sillons correspondent aux régions des appendices comme chez les Scorpionides, et tout ce que nous en avons dit en traitant de ce dernier type (1) s'applique à la Mygale aussi bien qu'aux autres Aranéides. Le bouclier céphalothoracique n'offre ni carènes, ni tubercules; il est partout revêtu de poils, les uns fins et serrés, les autres, au contraire, plus ou moins longs et un peu disséminés.

*

Yeux. — Les yeux, au nombre de huit ou de quatre paires, tous placés sur l'éminence antérieure du céphalothorax dont il vient d'être question, sont par conséquent très-rapprochés les uns des autres (2). Les cornéules enchâssées dans le tégument se distinguent sans difficulté à leur teinte pâle, à leur surface parfaitement lisse et polie, à leur brillant. En considérant les organes de la vision de la Mygale, on découvre de suite l'utilité de l'espèce de mamelon sur lequel ils occupent différentes positions; à l'aide de cette saillie du tégument, ils se trouvent être orientés dans diverses directions. Les yeux n'ont pas tous la même grosseur ni la même forme (3). Il y en a deux médians, deux principaux, de même que chez les Pédipalpes, sensiblement plus gros que les autres et presque arrondis; ceux-ci occupent le sommet du mamelon. Les autres sont rejetés sur les parties latérales; ceux de la première paire sont assez écartés et situés sur le devant et vers les côtés, c'est-à-dire sur la portion déclive de l'éminence céphalothoracique; leurs cornéules s'étendent dans le sens transversal; ceux de la seconde paire, les plus petits de tous, placés en arrière des yeux médians, plus écartés, et, de la sorte, sur un plan inférieur, ont une forme ovalaire. Enfin les yeux de la troisième paire sont situés en arrière sur les flancs du mamelon.

On verra par la suite l'importance qu'offre la disposition des yeux chez les Arachnides, et notamment chez les Aranéides. Latreille, Walckenaer, et tous les entomologistes en général, n'ont guère aperçu dans les variations de position de ces organes qu'un moyen commode pour classer les espèces; nous y reconnaîtrons autre chose; nous constaterons dans chaque disposition particulière un but de la nature, une merveilleuse adaptation à des mœurs, à des habitudes spéciales, à un genre de vie propre.

*

Antennes-pinces ou chélicères. — Les chélicères de la Mygale ont un développement considérable, tel que nous n'en trouverons guère d'autre exemple parmi les divers types des Arachnides. Ce sont deux appendices insérés au-dessous du rebord frontal du bouclier céphalothoracique (4); ils sont maintenus à l'extérieur par un tissu membraneux résistant, mais très-souple, qui se prête à tous leurs

(1) Pages 16-17.
(2) Pl. 12, fig. 4.
(3) Pl. 12, fig. 7.
(4) Pl. 12, fig. 4 *b*, 2 *a* et fig. 9 *a*.

mouvements avec une entière facilité; implantés assez près l'un de l'autre pour demeurer contigus dans l'état de repos et avancés sur un plan horizontal. Ils sont formés d'un corps et d'un puissant crochet mobile; le corps paraît être d'une seule pièce. Dans les Pédipalpes, nous avons constaté la présence d'un article basilaire et d'un article principal susceptibles d'être séparés; chez la Mygale, il y a réunion intime de ces deux éléments, soit par suite d'une fusion s'opérant avec les progrès de l'âge, soit par *ossification* confuse. Les chélicères ont leur face supérieure convexe (1), leur face interne aplatie, leur face externe arrondie, et leur partie inférieure amincie, formant une sorte de gouttière; la gouttière est limitée du côté interne par une rangée de dents fortes et aiguës (2) masquées par de longs poils roides, et du côté externe par une bordure de poils semblables mais plus touffus. A son extrémité, le corps du chélicère, très-sensiblement abaissé, se termine en dessus par un bord concave, offre en dessous une échancrure qui s'étend beaucoup en arrière, de façon à permettre au crochet de se fléchir complétement, et présente sur les côtés une petite tête faisant saillie, surtout en dedans. Cette saillie sert à l'articulation du crochet, et se trouve reçue dans une petite cavité en demi-cercle, dont celui-ci est pourvu des deux côtés. Le crochet se trouve de la sorte très-solidement maintenu, et articulé de manière que ses mouvements d'extension et de flexion s'opèrent avec une extrême facilité, et de manière aussi à ne pouvoir subir aucun déplacement latéral. Cette partie de l'antenne-pince est d'une remarquable solidité, assez fortement courbée et terminée en pointe aiguë; elle est, en outre, un peu creusée en dessous, ayant une fine arête dans le milieu, circonscrivant, avec les bords latéraux qui sont en saillie, deux rigoles assez larges. Le crochet offre également en dessous, et très-près de l'extrémité de sa pointe, une fente presque imperceptible destinée à livrer passage au venin. Les chélicères ont des mouvements énergiques mais assez bornés; ils ont la faculté de se dresser un peu, de s'incliner et de s'écarter l'un de l'autre dans une mesure assez étroite.

Ces appendices, doués d'une force vraiment prodigieuse pour la dimension de l'animal et n'ayant cependant que des mouvements très-bornés, nous montrent une heureuse adaptation au genre de vie de notre Aranéide. Les Scorpions ont des chélicères d'une assez grande mobilité qui leur permettent de saisir une proie en se portant dans diverses directions, et comme leurs pattes-mâchoires sont conformées pour agir dans le même but avec plus d'efficacité encore, ils s'emparent de leurs victimes à l'aide seule des mouvements brusques et rapides de leurs appendices, sans pour cela changer de place. Les Thélyphones ont également cette faculté, à un degré moindre seulement; mais cette faculté est très-diminuée pour les Phrynes, dont l'agilité est plus grande. Les Mygales, par la rapidité de leur course, pouvant aisément poursuivre leur proie, ont des pattes-mâchoires adaptées à un autre usage, et des chélicères disposés pour n'agir que dans une direction et avec une sûreté complète. Les crochets en se dressant atteignent la proie, y enfoncent fortement leur pointe aiguë, et par l'éjaculation du venin l'engourdissent ou la tuent. Ces appendices, en se repliant de façon à reprendre leur situation la plus ordinaire, amènent nécessairement au-devant de la bouche l'animal destiné à servir de nourriture. On voit ainsi l'utilité évidente d'une disposition qui, arrêtant toute déviation latérale du crochet et même du corps de l'antenne-pince, ne permet pas à la victime une fois saisie de s'échapper, malgré les mouvements les plus énergiques et les plus désordonnés. Le grand développement des antennes-pinces de la Mygale, comparé à celui qu'on leur trouve dans les autres Aranéides, est expliqué par la nature des animaux qu'elles doivent retenir. Tandis que les Araignées, en général, s'emparent d'insectes assez faibles, les Mygales, comme le rapportent tous les voyageurs, s'attaquent à

(1) Pl. 42, fig. 8. On a représenté ces organes dénudés de leurs poils, afin de montrer nettement leurs contours ainsi que l'insertion du crochet et les dents qui en garnissent le bord interne.

(2) Pl. 42, fig. 8.

27

des oiseaux, à des lézards, à des animaux enfin qui échapperaient aux efforts d'armes moins robustes.

Par leur forme générale, les antennes-pinces ou chélicères de la Mygale, comme de toutes les Aranéides, paraissent au premier abord offrir plus de ressemblance que ceux des Scorpions et des autres Pédipalpes avec les mandibules de certains insectes. Les zoologistes qui avaient cru reconnaître des parties homologues dans ces deux sortes d'appendices, s'étaient donc attachés plus spécialement à la considération des Aranéides. Cependant, la ressemblance signalée par plusieurs auteurs ne soutient en aucune façon un examen sérieux. Les chélicères peuvent agir indépendamment l'un de l'autre, ce qui n'est pas le cas pour les mandibules. Au lieu de se mouvoir latéralement comme ces dernières, ils ont seulement la faculté de s'élever et de s'abaisser. Ils portent un crochet mobile articulé, et rien de pareil n'existe dans la conformation des mandibules. Autant de particularités appréciées exactement par Latreille, qui n'hésita pas à voir dans les chélicères des Arachnides, les antennes des crustacés et des insectes profondément modifiées, sous le rapport de leur forme et de leurs fonctions; ce qu'il indiqua par la qualification caractéristique de *chélicères* ou d'*antennes-pinces* (1). Savigny, observateur cependant plein de sagacité, repoussa la comparaison établie entre les appendices de la région frontale des Aranéides et les mandibules des insectes; mais ne reconnaissant pas non plus dans les chélicères des pièces anatomiquement comparables aux antennes, il fut conduit à les considérer comme des organes exclusivement propres aux Arachnides et à les désigner par un nom particulier, celui de *forcipules* (2). Du reste, aujourd'hui que la question est tout à fait résolue, ainsi qu'on l'a vu précédemment (3), quelles que soient les modifications offertes par les antennes-pinces dans les différents types de la classe des Arachnides, des analogies de forme un peu plus ou un peu moins prononcées, mais toujours assez vagues entre les chélicères et les pièces buccales, présentent un médiocre intérêt.

*

Appendice de la bouche. — De même que chez les Pédipalpes, il n'existe dans notre Aranéide qu'une seule pièce buccale proprement dite; mais cet appendice a dans la Mygale un développement qu'on ne rencontre pas dans nos types précédents. Il occupe toujours la même situation au-dessus de l'orifice de la bouche et exactement au-dessous des chélicères (4). Cette pièce, que Latreille a désignée sous le nom de *camérostome* (5), est en continuité de tissu avec le tégument membraneux de la région antérieure du céphalothorax; elle débute par une lame coriace formant une sorte de chaperon, et s'avance de façon à faire saillie au-devant de la *languette* sternale. L'appendice buccal, d'un tissu flexible et garni de poils simples, assez longs et extrêmement serrés, a sa face supérieure revêtue de deux lames juxtaposées, lisses et de consistance coriace. L'extrémité, au contraire, est membraneuse, tout à fait molle, pouvant de la sorte se plisser ou s'étendre avec une entière facilité.

En traitant du Scorpion (6), nous avons fait remarquer que l'appendice buccal impair des Arachnides paraissait devoir être considéré comme le représentant anatomique des mandibules et des mâchoires des autres articulés, comme un exemple de réunion confuse de ces appendices. L'observation de la Mygale apporte un nouvel appui à cette interprétation. A la face supérieure de la pièce, la partie coriace étant divisée sur la ligne moyenne, il est impossible de ne pas voir dans ce fait l'indice

(1) *Règne animal*, t. IV, p. 207 (1829).
(2) *Mémoires sur les Animaux sans vertèbres*, p. 57, etc. (1816).
(3) Pages 7 et 19.

(4) Pl. 12, fig. 8 *b*.
(5) *Cours d'Entomologie*, p. 486 (1831).
(6) Page 20.

de deux éléments distincts primordialement, et de ne pas être conduit d'après leur situation à les regarder comme des mandibules arrêtées dans leur développement. Alors, les portions latérales et inférieure de l'appendice buccal, qui ont une consistance plus faible, semblent être formées par les rudiments des mâchoires et peut-être aussi de la lèvre inférieure. Cette interprétation de la constitution de la pièce buccale impaire des Aranéides ne doit pas être regardée comme une simple hypothèse; elle est justifiée, ainsi qu'on l'a vu déjà pour le Scorpion, par l'origine des nerfs qui animent cet appendice; justifiée encore par l'existence de mandibules et de mâchoires parfaitement reconnaissables chez les Galéodes, et par le fait constaté de la *soudure* des pièces de la bouche dans plusieurs types d'insectes de l'ordre des Diptères.

Ce qui a été dit pour le Scorpion (1), de l'usage de l'appendice buccal, s'applique aussi à la Mygale; seulement, chez l'Aranéide, l'organe ayant un développement plus considérable et une extrémité tout à fait molle, doit être doué d'un tact plus délicat et posséder à un plus haut degré la faculté d'exprimer par la pression les parties fluides du corps de la victime et de les diriger vers la bouche. On s'explique aisément cette différence; l'Arachnide pédipalpe étant pourvu de chélicères conformés en pinces qui lui permettent de diviser sa proie, l'Aranéide n'ayant que des crochets capables d'y pratiquer une plaie.

*

Sternum. — Les coxopodites des appendices locomoteurs contribuent ici, comme chez les Pédipalpes, pour une part très-notable à former la paroi de la cage céphalothoracique; cependant le sternum a dans la Mygale une assez grande étendue. Il y a deux pièces sternales : l'une principale, occupant un espace considérable entre les hanches des pattes; l'autre petite relativement, articulée par sa base avec la première, et du reste entièrement libre. La pièce principale, le sternum proprement dit (2), paraît presque carrée, bien que sa longueur soit sensiblement supérieure à sa largeur. Très-légèrement convexe extérieurement avec sa face interne un peu concave (3), elle est échancrée en avant et présente sur les côtés des saillies coniques au nombre de quatre, qui se portent entre les articles basilaires des appendices locomoteurs. De chacune de ces pointes s'élève un apodème en forme de tige flexible, ayant pour usage de maintenir le sternum solidement uni aux coxopodites des pattes.

La petite pièce sternale, courte, épaisse, presque carrée, garnie de poils de différentes longueurs et un peu creusée en forme de cuiller à sa face interne, est reçue dans l'échancrure de la pièce principale avec laquelle elle est articulée (4). Libre sur les côtés, elle s'avance au-dessous des coxopodites des pattes-mâchoires et au-dessous de l'orifice buccal, servant ainsi à retenir les aliments jusqu'à ce qu'ils aient pu être introduits dans la bouche. La pièce sternale antérieure se trouve, d'après son usage, désignée dans les ouvrages d'entomologie sous les noms de *lèvre extérieure,* de *langue* ou *languette sternale.*

Chez les Pédipalpes, nous avons reconnu la présence de sternites nettement séparés les uns des autres; dans notre Aranéide, au contraire, il n'y a entre les articles basilaires des appendices locomoteurs qu'une seule pièce, un sternum, ne présentant aucune division, mais ayant entre les saillies latérales que nous avons mentionnées, de légères dépressions qui semblent indiquer l'existence primordiale de quatre sclérodermites intimement unis chez l'animal adulte; il doit y avoir, en effet, à

<table>
<tr><td>(1) Page 20.</td><td>(3) Pl. 12, fig. 9.</td></tr>
<tr><td>(2) Pl. 12, fig. 2.</td><td>(4) Pl. 12, fig. 2 et fig. 8c.</td></tr>
</table>

moins d'avortement, un sclérodermite particulier entre chaque paire de pattes. On ne découvre chez la Mygale aucune trace de pièces épisternales, et il serait difficile de décider si leur absence provient d'un avortement complet ou de leur coalescence avec le sternum; l'étude de l'embryon seule pourrait peut-être permettre de résoudre ce point.

Entre les types de l'ordre des Pédipalpes, nous avons eu à constater des différences très-notables dans le développement des pièces sternales. Très-réduites chez les Scorpions, elles le sont un peu moins chez les Thélyphones, et elles atteignent des proportions assez considérables chez les Phrynes. Dans les Aranéides, elles sont plus développées encore et unies de façon à constituer une seule lame solide; or, plus les sternites concourent dans une large mesure à former la portion inférieure de la cage thoracique, plus les articles basilaires des appendices locomoteurs se trouvent dégagés; ce qui donne aux pattes une plus grande liberté de mouvements. De là, l'agilité des Arachnides dont le sternum est large, et la lenteur relative des espèces chez lesquelles il est rudimentaire et les coxopodites rapprochés sur la ligne médiane du corps.

La pièce sternale antérieure, *lèvre* ou *languette* des auteurs, doit être considérée comme le sternite des pattes-mâchoires devenu libre de manière à servir à un usage particulier. Pour le besoin spécial, un organe nouveau n'est pas créé, mais une partie modifiée à certains égards se trouve adaptée au rôle qui est à remplir. C'est le procédé ordinaire de la nature, dont tous les groupes du Règne animal fournissent de nombreux exemples.

*

Appendices thoraciques. — Les appendices thoraciques, au nombre de cinq paires, se distinguent toujours en pattes-mâchoires et en pattes ambulatoires; mais au lieu de présenter des formes tout à fait dissemblables, comme chez les Pédipalpes, ces deux sortes d'appendices offrent la même conformation générale.

*

Pattes-mâchoires. — Celles-ci sont les moins volumineuses, au contraire de ce que nous avons vu chez les types précédents; elles ont, du reste, la même situation avancée sur les côtés de la bouche (1). Leurs divisions, la hanche ou coxopodite, le trochanter ou basipodite, la cuisse ou méropodite, la jambe et le tarse, sont semblables à celles des pattes ambulatoires.

Le coxopodite contribue à former la portion antérieure et inférieure de la cage céphalothoracique, de telle sorte qu'il ne dépasse le bouclier dorsal que d'environ un tiers de sa longueur. Il est massif, avec sa face antérieure lisse, presque plane, seulement un peu projetée en pointe à son extrémité, et son bord inférieur garni d'une brosse de poils longs et serrés.

Le trochanter inséré à la suite de la hanche est très-court, étranglé à son origine et légèrement échancré en dessus à son extrémité. Cet article a une mobilité très-restreinte; il se redresse dans une certaine mesure sur le coxopodite et s'étend sur le même plan horizontal, se trouvant retenu dans son mouvement d'abaissement par la saillie terminale de cette dernière pièce.

La cuisse emboîtée à son origine par le trochanter est assez allongée, fortement cintrée en avant, courbée en arrière et très-échancrée en dessous à l'extrémité. Elle est articulée de façon à s'étendre sur une ligne horizontale et à se dresser verticalement par suite de l'échancrure supérieure du trochanter et en même temps à ne pouvoir presque subir aucun déplacement latéral.

(1) Pl. 12, fig. 2c, 8 et 9c.

La jambe n'a guère plus de la moitié de la longueur de la cuisse; amincie à son insertion avec cette dernière, elle devient épaisse et presque arrondie vers le bout. Cet article est susceptible de s'étendre et de se fléchir sur la cuisse; l'extrémité supérieure de celle-ci étant coupée un peu obliquement d'avant en arrière, la jambe se trouve portée sensiblement en avant dans son mouvement de flexion et plus en dehors dans son mouvement d'extension.

Le tarse est formé de deux articles; le premier, assez long chez le mâle, plus court chez la femelle, est à peu près cylindrique et échancré à son extrémité inférieure; le second, plus aplati, moins long, est également échancré en dessous, mais à son origine, de manière à pouvoir se fléchir complétement sur le précédent. Le tarse du mâle se termine par un crochet qui offre un développement fort considérable et se trouve converti en un organe de copulation; celui de la femelle, au contraire, porte seulement deux petits crochets simples et rétractiles, tout à fait semblables à ceux des pattes ambulatoires.

Les pattes-mâchoires sont couvertes de poils, les uns courts et assez fins, les autres longs et plus roides, très-propres à leur donner un tact assez délicat; nous constatons, en effet, qu'il suffit d'effleurer ces poils pour que l'animal manifeste le sentiment d'un contact.

*

Les pattes-mâchoires de la Mygale, au moins pour la femelle, ne sont que des pattes un peu plus petites que les autres (1); elles n'en diffèrent guère que par leur tarse partagé seulement en deux articles au lieu de trois, et par la présence d'une brosse de poils au bord inférieur de leur coxopodite. Servant aussi à la locomotion, elles ont un emploi très-limité dans l'acte de la manducation; leur article basilaire n'a point ici, comme chez beaucoup d'autres Aranéides, de lobe en forme de mâchoire, et la brosse seule peut venir en aide pour retenir les aliments. Les pattes-mâchoires, par leur situation en avant du corps, servent à l'animal à saisir et à maintenir sa proie; mais on sait que les Aranéides, en général, font usage dans le même but de leurs véritables pattes; les premières n'étant point converties, comme chez les Pédipalpes, en instruments affectés d'une manière spéciale à la préhension.

En traitant du Scorpion (2), nous nous sommes attaché à établir que les pattes-mâchoires étaient de véritables pattes un peu refoulées vers la bouche et un peu détournées de leur usage ordinaire; la démonstration devient complète lorsqu'on examine comparativement la conformation de ces appendices chez la Mygale, où ils conservent presque entièrement l'usage ordinaire des pattes.

*

Pattes ambulatoires. — Portion basilaire. — Malgré le développement du sternum, les hanches ou coxopodites des quatre paires de pattes ambulatoires forment encore une grande partie de la région inférieure de la cage thoracique (3). Elles se trouvent ainsi, au moins dans les deux tiers de leur longueur, au-dessous du bouclier dorsal; leur extrémité seule fait saillie sur les côtés du corps (4), absolument comme pour la pièce basilaire des pattes-mâchoires. Les trois premières paires de coxopodites sont également séparées par le sternum; ceux de la quatrième paire, articulés en arrière de la pièce sternale, sont au contraire presque contigus (5). Tous les articles basilaires des appendices

(1) Pl. 13 et 15.
(2) Page 23.
(3) Pl. 12, fig. 2 d, d, et fig. 9 d, e, f, g.
(4) Pl. 12, fig. 1 et fig. 9*.
(5) Pl. 12, fig. 2 et 9.

locomoteurs ont les mêmes proportions et les mêmes formes, à part de bien légères nuances. Un peu élargis graduellement de la base à l'extrémité, ils forment un anneau complet dans la portion saillante au delà du bouclier dorsal, et présentent en dessus, dans la portion comprise dans la cavité thoracique, une troncature oblique dont les bords circonscrivent une ouverture oblongue (1) donnant passage aux muscles, aux nerfs et aux vaisseaux. Les coxopodites se touchent latéralement et sont maintenus les uns aux autres, ainsi qu'au sternum et au bouclier dorsal, par une lame membraneuse très-résistante qui s'élève de leurs bords supérieurs; ils demeurent libres en dessous, si ce n'est au point où ils se trouvent unis à la pièce sternale. Les coxopodites des trois premières paires sont très-légèrement arqués d'arrière en avant; ceux de la dernière paire ont une direction opposée et un peu plus de largeur à leur origine. Ces pièces du dermo-squelette ont une mobilité assez restreinte; cependant, comme la membrane qui les unit entre elles et aux parties du thorax est très-souple, elles peuvent être sensiblement élevées par l'action des muscles ou subir un certain déplacement latéral.

Il n'y a chez notre Aranéide aucun vestige de pièces épimériennes.

Cavité thoracique. — La cavité thoracique est extrêmement simple (2); le sternum n'envoie point à l'intérieur de ces lames solides que nous désignons sous le nom d'*endosternaux;* les surfaces pour les attaches des muscles sont fournies principalement par les parois latérales des articles basilaires des pattes-mâchoires et des pattes ambulatoires qui s'élèvent verticalement et avec une parfaite régularité, sans former de ces lames apodémiques plus ou moins détachées, ainsi que les Pédipalpes nous en offrent des exemples. Chez ces derniers, en effet, les coxopodites se soudent par leurs parois montantes, tandis que dans la Mygale et les autres Aranéides ils restent séparés.

Pattes ambulatoires. — *Portion libre.* — Les quatre paires d'appendices locomoteurs ont exactement la même conformation et ne diffèrent qu'un peu sous le rapport de la longueur (3); ceux de la troisième paire sont les plus courts.

La forme générale et le mode d'articulation des articles qui se succèdent sont semblables à ce que nous avons vu pour les pattes-mâchoires.

Le trochanter (4) étranglé à son origine, de manière à être apte à se mouvoir dans son articulation avec la hanche, suivant presque toutes les directions, est fort court et échancré en dessus.

La cuisse (5), le méropodite dans la nomenclature de M. Milne Edwards, est très-échancrée en dessous à son extrémité, assez allongée, un peu cambrée vers le bout, et emboîtée dans le trochanter par deux saillies latérales. Cet article ainsi maintenu, s'abaisse et s'élève avec une entière facilité, mais ne peut être porté en avant ou en arrière sans que le trochanter soit entraîné dans son mouvement.

La jambe (6), de la même forme que celle des pattes-mâchoires, constitue une sorte de genou en se repliant sur la cuisse.

Le tarse (7) est fort long et composé de trois articles : le premier, articulé avec la jambe, est

(1) Pl. 12, fig. 9 *d, e, f, g.*
(2) Pl. 12, fig. 9.
(3) Pl. 13 et 15.
(4) Pl. 12, fig. 11 *b.*

(5) Pl. 12, fig. 11 *c.*
(6) Pl. 12, fig. 11 *d.*
(7) Pl. 12, fig. 11 *e.*

cylindrique et échancré inférieurement à son extrémité ; le second, aussi grand et seulement un peu plus mince, est au bout en forme d'anneau, et le troisième, beaucoup plus court, sensiblement élargi sur les côtés, est presque ovalaire ; entièrement emboîté à son origine par l'article précédent, il porte à son extrémité deux crochets rétractiles (1) parfaitement égaux, courbés vers le bout et pourvus dans la portion moyenne de leur bord inférieur d'une série de très-petites dents (2).

Le premier article du tarse peut se mouvoir latéralement, et dans une certaine limite se fléchir sur la jambe ; mais il est incapable de s'élever par suite de la saillie que présente l'extrémité supérieure de cette dernière pièce ; le second article n'est apte qu'à exécuter un mouvement de flexion, l'article précédent n'ayant d'échancrure qu'en dessous ; le troisième article, au contraire, aminci et comme étranglé à son articulation, tourne assez facilement dans tous les sens, le contact avec la pièce dans laquelle il est emboîté à son origine n'étant absolument intime sur aucun point.

Toutes les pattes ont la même sorte de villosité que les pattes-mâchoires ; partout des poils fins et serrés, et des poils très-longs et assez roides, épars ou disposés en séries longitudinales. A la face inférieure du dernier article du tarse seulement se trouvent des poils ciliés comme des plumules, et tellement serrés qu'ils constituent un véritable feutrage, une espèce de velours ; quelques poils simples, en outre, forment à l'extrémité une brosse au-dessous des crochets.

*

On a souvent désigné les divers articles entrant dans la constitution des pattes des Aranéides, sous des noms qui n'ont jamais été employés pour les mêmes parties dans les autres animaux articulés, et l'homologie de quelques articles n'a pas été exactement appréciée par tous les auteurs. Il est donc nécessaire de s'arrêter sur ce point.

Savigny, auquel la science est redevable des premières connaissances sérieuses acquises touchant la nature des modifications que présente le système appendiculaire des Articulés, s'exprime ainsi au sujet des Aranéides : « Les pieds se divisent, comme ceux des autres Insectes, en quatre parties princi- » pales, savoir : la hanche, formée d'un article *radical*, suivi d'un ou deux articles, l'*exinguinal* et » le *fémoral* ; la jambe, également de deux articles, le *génual* et le *tibial* ; et le tarse, qui se divise » ordinairement en plusieurs phalanges (3). » Les déterminations et les noms proposés par Savigny ont été très-généralement adoptés sans discussion d'après l'autorité seule de cet habile naturaliste ; cependant on y trouve une part d'erreur. L'article *radical* est la hanche ou coxopodite, l'*exinguinal* est le trochanter ou basipodite ; le *fémoral*, qu'il n'y a pas lieu de regarder comme formant avec la pièce précédente un même groupe, est la cuisse ou méropodite ; mais la jambe est toujours d'un seul article et non pas de deux, ainsi que le dit Savigny ; son *génual* seul, quelle que soit sa brièveté, constitue en totalité la jambe, et le *tibial* n'est autre chose que le premier article du tarse. Dugès s'est appliqué à rétablir la vérité. « Il est bien évident pour nous, dit-il, que c'est à tort qu'il (Savigny) veut donner » aux Aranéides et aux Crustacés une jambe composée de deux pièces, et pourtant analogue à celle » des Insectes. Ceux-ci n'en ont jamais qu'une, et elle est représentée chez les Araignées par l'article, » ordinairement assez court, il est vrai, qui suit la cuisse ; le reste du membre, composé de trois » articles, appartient au tarse ; chez les Scorpions, où la jambe reprend la même longueur propor-

(1) Pl. 12, fig. 11 *f*.
(2) Pl. 12, fig. 12.

(3) *Description de l'Égypte*, t. XXII, p. 294 (1827).

» tionnelle que chez les Insectes, cette vérité apparait dans tout son jour (1). » Rien n'est plus juste que la remarque de Dugès.

Maintenant, si l'on examine les appendices locomoteurs des Thélyphones et des Phrynes, on voit des intermédiaires tels, qu'il devient impossible de se méprendre relativement à la détermination des parties. D'un autre côté, en portant son attention sur l'articulation du premier article du tarse (*tibial* de Savigny), il est aisé de se convaincre que cette pièce n'est pas une division de la jambe, car en se fléchissant elle se porte dans une direction un peu différente. Il est donc démontré que les pattes de la Mygale et des autres Aranéides sont partagées absolument comme celles des Insectes, offrant une pièce basilaire, qui est la hanche ou le coxopodite, puis le trochanter, la cuisse, la jambe, toujours d'une seule pièce, et enfin le tarse, composé de plusieurs articles.

*

Dans la situation ordinaire, les deux paires de pattes antérieures sont dirigées en avant, de même que les pattes-mâchoires; les pattes de la troisième paire s'écartent du corps suivant une ligne horizontale, ou se replient un peu en arrière, mais pendant la marche elles prennent la même direction que les antérieures; celles de la quatrième paire sont, au contraire, toujours plus ou moins étendues en arrière. Cette direction habituelle des appendices est déjà indiquée par la légère incurvation que présentent les coxopodites.

L'animal étant au repos, le corps appuie sur le sol, et alors les pattes peuvent indifféremment s'étendre ou se ramasser, tandis que dans la progression il est soulevé; le dernier article des tarses prenant solidement son point d'appui par toute sa surface, les articles précédents s'élèvent plus ou moins, ainsi que la jambe, qui forme arc-boutant avec la cuisse, celle-ci étant redressée sur le trochanter. Comme la longueur totale de la jambe et des deux premiers articles du tarse est de beaucoup supérieure à celle de la cuisse, le corps peut être facilement élevé au-dessus du sol. Pour que les trois paires de pattes antérieures soient portées très en avant du corps, il est besoin d'un effort musculaire assez considérable; dès que l'effort cesse, les cuisses reprennent plus ou moins brusquement leur position transversale, et le corps, par ce mouvement, se trouve projeté en avant. Avec le grand développement des appendices locomoteurs et la puissance de leurs muscles, tous ces mouvements de progression s'exécutent avec une extrême facilité et une étonnante rapidité.

*

Abdomen. — L'abdomen de la Mygale (2) est en général de forme ovalaire, quelque peu variable cependant par suite de l'extensibilité de ses parois, suivant la condition des organes génitaux, et suivant aussi que l'alimentation a été, depuis un certain temps, plus ou moins abondante.

L'abdomen, attaché au thorax par une portion rétrécie, une sorte de pédicule, a son enveloppe d'un tissu homogène dans toute son étendue; il n'y a point de sclérodermites disposés à la suite les uns des autres, comme chez les Pédipalpes. Le tissu reste membraneux ou ne présente qu'un faible commencement de solidification. Sur les côtés il est plus mince que sur la face dorsale ou la face

______

(1) *Observations sur les Aranéides.* — *Annales des Sciences naturelles*, 2ᵉ série, t. VI, p. 165 (1836).
(2) Pl. 12, fig. 1 e et 2 e.

ventrale et ressemble aux parties molles du dermo-squelette, qui unissent les différentes pièces solides du céphalothorax et des appendices. La couche épidermique présente ces canalicules ramifiés dont il a été question plus haut, et très-peu de granulations solides; les granulations se montrant au contraire en assez grande abondance dans les parties du tégument qui acquièrent plus de consistance, par exemple sur la région dorsale. Sur les points où la solidification est la plus prononcée, on commence à apercevoir des cellules qui se constituent autour des petits noyaux que forment les granulations éparses; mais, là encore, le développement des cellules et des granulations épidermiques est arrêté trop tôt pour que le tégument devienne coriace comme celui du thorax, aussi celui-ci n'acquiert-il qu'une consistance très-médiocre. Il est en entier revêtu de poils, les uns fins et serrés, ordinairement ciliés comme des plumules (1); les autres simples, assez longs et plus ou moins roides, réunissant ainsi toutes les meilleures conditions pour donner à la surface du corps une extrême sensibilité.

L'abdomen de la Mygale présente en dessous, dans sa portion antérieure, deux paires de fentes transversales, garnies d'un mince rebord; ce sont les orifices respiratoires ou stigmates, et entre celles de la première paire, c'est-à-dire sur la ligne médiane du corps, une petite ouverture qui est l'orifice des organes de la génération (2). L'abdomen porte vers l'extrémité deux paires d'appendices articulés, qui ne sont autre chose que de petits tubes à peu près cylindriques, au travers desquels passe la matière soyeuse. Les tubes-filières de la première paire sont d'une extrême brièveté (3); ils ressemblent à des tubercules et se trouvent d'ordinaire cachés par les poils dont ils sont entourés. Ceux de la seconde paire, insérés un peu plus en arrière, font saillie à l'extrémité du corps sous l'apparence de deux tuyaux (4). Ils sont composés de trois articles, le premier court, le deuxième allongé, et le troisième, qui est le plus long, un peu aminci à son extrémité.

Les mamelons cylindriques ou tubes-filières, qui existent dans le voisinage de l'orifice anal, doivent être considérés attentivement dans tous les groupes de l'ordre des Aranéides. La présence de ces appendices constitue dans cette division zoologique un caractère propre, dont on ne trouve pas d'exemple chez les représentants des autres divisions de la classe des Arachnides. Les tubes-filières ensuite, offrent dans chacun des types d'Aranéides des particularités qui coïncident avec des conditions biologiques spéciales.

*

Parties membraneuses du squelette tégumentaire. — Toutes les pièces solides du système tégumentaire sont unies entre elles, comme chez les Pédipalpes, par un tissu flexible, membraneux, plus ou moins extensible, qui permet aux parois du corps de se distendre dans une certaine mesure, et laisse aux différents articles des appendices la faculté de se dresser ou de se plier les uns sur les autres. Le bouclier céphalothoracique est ainsi maintenu aux parties inférieures du céphalothorax par une bandelette molle, et l'articulation de chaque pièce du système appendiculaire est occupée par ce même tissu sur un espace plus ou moins considérable, suivant l'étendue de l'échancrure des portions solides.

La structure de ce tissu membraneux ne diffère guère de celle des parties de consistance coriace. On y reconnaît une lame épidermique et une couche dermique. La première est lisse et contient une assez forte proportion de chitine, de sorte que tout en demeurant flexible elle a encore une certaine résistance, surtout dans les articulations des articles des pattes. Cet épiderme est même plus ou moins

---

(1) Pl. 12 *bis*, fig. 1.   (3) Pl. 17, fig. 2.
(2) Pl. 12, fig. 2, et pl. 17, fig. 8 et 13.   (4) Pl. 12, fig. 1 et 2; pl. 17, fig. 2, etc.

garni de poils ciliés, implantés, comme sur les autres parties du tégument. Dans le derme, on distingue, de même que dans celui des pièces solides, une couche granuleuse dont les granules seulement sont beaucoup plus clairsemés, et enfin une couche lamelleuse traversée par des canalicules.

SYSTÈME MUSCULAIRE.

Le système musculaire offre chez la Mygale un magnifique développement comme on n'en trouve guère d'exemples parmi les différents types du Règne animal. Il suffit d'en considérer l'ensemble (1) pour s'expliquer comment des appendices, massifs tels que les chélicères, ou joignant une grande longueur à un volume assez considérable, peuvent être animés de mouvements d'une précision et d'une vigueur presque incomparables. La vaste cavité céphalothoracique est occupée en grande partie par les muscles du système appendiculaire.

Ces muscles ont du reste absolument les mêmes genres d'attache et la même structure que ceux des Pédipalpes. Ils sont également revêtus d'une gaîne fibreuse très-mince, et composés de fibres ou plutôt de lanières pressées les unes contre les autres, marquées de semblables impressions longitudinales et offrant des stries transversales régulièrement espacées et très-ondulées (2).

*

Muscles des chélicères ou antennes-pinces. — Les chélicères de notre Aranéide, beaucoup plus puissants que ceux des Pédipalpes par rapport à la dimension du corps, ont des mouvements assez variés, mais toujours cependant d'une étendue médiocre. Les muscles qui mettent en jeu ces appendices ont un développement considérable; ils forment un ensemble complexe.

Nous avons vu, dans les chapitres qui précèdent, comment un muscle, se partageant en plusieurs faisceaux, peut déterminer des mouvements gradués et très-précis; comment aussi, suivant le plus léger déplacement du point d'attache et suivant une faible modification de l'articulation de l'appendice, le même muscle agit parfois d'une manière assez différente chez des types plus ou moins voisins. Un rétracteur, par exemple, devient élévateur, si le point d'attache fixe occupe un plan supérieur au point mobile; il devient fléchisseur ou abaisseur, si le point fixe occupe un plan inférieur au point mobile. D'un autre côté, nous voyons tel muscle ordinairement divisé en plusieurs faisceaux, ayant ainsi des chefs plus ou moins séparés, dont les faisceaux, chez certains types, s'isolent complétement et constituent autant de muscles distincts. C'est ce que l'on observe en comparant les muscles antennaires du Phryne à ceux du Scorpion; c'est ce qui se manifeste plus encore quand la comparaison s'étend de la Mygale à ces derniers.

Chez la Mygale, les muscles du chélicère sont très-multipliés. Nous distinguons d'abord un fléchisseur latéral qui revêt toute la portion basilaire et supérieure de l'appendice (3). Ce muscle, large, très-mince, pourvu d'une aponévrose épaisse, est fixé surtout au côté interne de l'antenne-pince, prenant en arrière son point d'attache sur une large étendue du bouclier céphalothoracique. Le fléchisseur latéral s'insère principalement vers le bord de cette pièce, de telle sorte qu'en se contractant il écarte l'appendice par sa portion basilaire de la ligne médiane du corps et l'oblige à s'incliner latéralement par son extrémité vers la pièce correspondante du côté opposé. Ce muscle est l'homologue de celui du Phryne que nous avons désigné sous le nom d'élévateur du chélicère et dont le Scorpion présente à peine un vestige.

(1) Pl. 12 *bis*, fig. 3.   (3) Pl. 12 *bis*, fig. 3*a* et 4*b*.
(2) Pl. 12 *bis*, fig. 2.

Il y a deux extenseurs ou plutôt élévateurs de l'antenne-pince. Ces muscles prennent leur point d'attache par une portion tendineuse sous le bord supérieur de l'appendice et s'insèrent en arrière au bouclier céphalothoracique. L'un d'eux est interne (1) et s'étend presque en ligne droite jusqu'au fond de la fossette céphalothoracique, sous l'apparence d'une lame verticale. L'extenseur ou élévateur externe, masqué par le précédent lorsqu'on vient à considérer le chélicère par sa face interne (2), est plus court et se rapproche vers son point d'attache fixe de l'extenseur interne. De la sorte, les deux muscles vus en dessus présentent une masse volumineuse qui d'abord se porte obliquement de dehors en dedans, puis, qui devenant très-étroite à partir du point où s'arrêtent les fibres du muscle externe, se continue parallèlement à la ligne médiane du corps jusqu'à la fossette céphalothoracique (3).

Ces deux muscles, en se contractant, élèvent l'antenne-pince et la maintiennent sur un plan à peu près horizontal. Si l'extenseur interne agit isolément, l'appendice se trouve sensiblement porté en dedans, c'est-à-dire rapproché de celui du côté opposé. Si c'est, au contraire, l'extenseur ou élévateur externe qui se contracte plus particulièrement, la pièce s'écarte de la ligne médiane du corps; elle est plus ou moins rejetée en dehors. Dans le cas où ces muscles entrent en fonction avec la même intensité, le chélicère est simplement élevé sur le même plan que le céphalothorax, mais alors il est maintenu en ligne droite et ne peut dévier ni à droite ni à gauche.

Deux autres muscles encore produisent des actions très-analogues, seulement la course qu'ils peuvent faire parcourir au chélicère est beaucoup plus limitée. Ces muscles, que nous avons désignés sous le nom d'extenseurs moyens (4), sont fixés par une portion tendineuse sur les bords latéraux de l'appendice, l'un au côté interne l'autre au côté extérieur. Le premier, assez volumineux et dirigé en ligne droite, s'attache au bouclier céphalothoracique sur une assez longue étendue dans l'espace où l'élévateur interne, ne montrant en dessus qu'un bord étroit, permet au muscle placé sur un plan inférieur d'atteindre la voûte thoracique. Le muscle externe, qui est beaucoup plus court que l'autre, s'attache près du bord latéral du bouclier.

Les extenseurs moyens déterminent le redressement du chélicère qui, dans l'état de repos, est fortement infléchi, mais sans l'élever autant, à beaucoup près, que les muscles supérieurs; ce qui se comprend sans peine en portant son attention vers la place des points d'attache à l'appendice sur lequel ils doivent exercer leur action.

En résumé, les extenseurs moyens peuvent élever l'antenne-pince jusqu'à une certaine limite; mais le redressement, aussi complet que le permet le mode d'articulation de la pièce, est effectué par les élévateurs ou extenseurs supérieurs. Par suite de cette multiplicité d'instruments, dont l'effet particulier se manifeste dans un champ très-circonscrit, toute position prise par l'appendice conserve une fixité remarquable.

Enfin, un muscle antagoniste de ceux qui viennent d'être décrits, ayant une dimension considérable, s'insère par une portion tendineuse au bord inférieur du chélicère (5) et s'attache sur une grande longueur au bouclier céphalothoracique en s'étendant jusqu'à la fossette médiane; c'est le rétracteur. Ce muscle est mince et offre ainsi l'aspect d'une lame très-large placée verticalement. Ses fibres s'élèvent obliquement à la suite les unes des autres, de telle sorte que les plus longues qui occupent les plans inférieurs sont aussi celles qui s'éloignent le moins de la ligne horizontale.

(1) Pl. 12 *bis*, fig. 4a.

(2) Comme c'est le cas dans notre figure, pl. 12 *bis*, fig. 4.

(3) Pl. 12 *bis*, fig. 3.

(4) Pl. 12 *bis*, fig. 4c.

(5) Pl. 12 *bis*, fig. 4d.

On comprend de suite d'après ces faits comment s'exerce l'action du rétracteur. En se contractant, il tire le chélicère par son bord inférieur, le fléchit, l'oblige à se replier sous le céphalothorax.

Si l'on compare les muscles qui ici impriment aux antennes-pinces leurs mouvements d'extension, de redressement et de flexion latérale à ceux de ces mêmes appendices chez les Pédipalpes, on voit que la principale différence consiste dans la séparation complète chez la Mygale de plusieurs faisceaux qui sont rapprochés dans les types précédents. Cette séparation a l'avantage de permettre à des pièces volumineuses comme les chélicères de prendre des positions plus variées et plus fixes tout à la fois. A cet égard, le perfectionnement organique est donc plus prononcé chez la Mygale que chez le Scorpion ou le Thélyphone.

Les muscles du crochet qui remplissent tout le corps du chélicère se montrent sous l'apparence de lames verticales plus ou moins épaisses et pressées les unes contre les autres. Pour les considérer dans leur forme générale, chacun isolément, il est ainsi nécessaire de renverser l'appendice sur le côté.

D'après le mode d'articulation du crochet, on a vu précédemment que cette pièce ne peut guère que s'élever et s'abaisser, toute flexion latérale étant à peu près impossible (1). Les muscles qui la mettent en jeu sont donc exclusivement rétracteurs ou fléchisseurs et extenseurs ou élévateurs. On se rendra compte aisément de leur disposition en les prenant successivement dans un ordre déterminé plutôt qu'en les divisant d'après leur mode d'action.

En détachant l'enveloppe tégumentaire sur toute la face latérale interne du chélicère, on met entièrement à nu le rétracteur interne. Celui-ci, qui occupe comme les autres toute la longueur de l'appendice (2), est peu élevé et ses fibres sont dirigées très-obliquement d'avant en arrière et de bas en haut. Il s'attache sur le côté de la voûte formée par le tégument; il est fixé d'autre part au bord inférieur et latéral du crochet par un tendon très-court et massif. On reconnaît de suite que ce muscle en se contractant doit obliger le crochet à se replier sur le corps de l'antenne-pince.

Nous désignons sous le nom de rétracteur supérieur, un muscle plus volumineux que le précédent et appliqué contre la face extérieure de ce dernier. Il remplit toute la hauteur du chélicère (3) et s'insère au crochet par une portion très-tendineuse, un peu au-dessus de l'attache du rétracteur interne, de façon à déterminer une demi-flexion du crochet. Ce muscle est partagé supérieurement (4), présentant ainsi deux chefs qui circonscrivent une assez large gouttière dans laquelle est reçue la glande vénénifique (5).

Un extenseur appliqué par sa face interne contre le muscle qui vient d'être décrit, s'insère au bord supérieur du crochet et s'attache d'autre part, comme les précédents, à la paroi dorsale du chélicère (6). Ses fibres sont de même dirigées très-obliquement, mais ce muscle a beaucoup moins de hauteur que les autres, il ne descend pas plus bas que la région moyenne de l'appendice, et il est limité à son bord inférieur par une forte aponévrose. En se contractant il amène le redressement ou l'extension du crochet, c'est-à-dire un mouvement contraire à celui que déterminent les muscles dont le point d'insertion est au bord inférieur de la pièce mobile.

Enfin, un rétracteur ou fléchisseur externe, qui occupe tout le côté extérieur du chélicère (7), est fixé comme les rétracteurs internes au bord inférieur du crochet; seulement celui-là est partagé en deux faisceaux et même en trois, par suite d'une subdivision. Le premier ou le supérieur est le plus volumineux; il s'attache sur presque toute sa longueur à la paroi dorsale de l'appendice. Le second

(1) Page 209.
(2) Pl. 12 *bis*, fig. 4e, e'.
(3) Pl. 12 *bis*, fig. 4f.
(4) Pl. 12 *bis*, fig. 3e.

(5) Pl. 12 *bis*, fig. 3c.
(6) Pl. 12 *bis*, fig. 3f et 4g.
(7) Pl. 12 *bis*, fig. 3g.

faisceau est partagé à son tour en deux faisceaux secondaires, séparés l'un de l'autre dans leur portion antérieure par une large aponévrose et isolés ensuite, de manière à fournir deux chefs bien distincts; l'un inséré en arrière du faisceau supérieur, dans l'angle que forme la voûte dorsale avec le bord latéral de l'antenne-pince, l'autre, ou l'inférieur, à ce bord latéral lui-même. D'après la position et l'espace restreint qu'occupent les points d'attache fixes des deux dernières portions du muscle rétracteur externe, on conçoit que les fibres qui les constituent, au lieu d'être obliques de bas en haut, comme dans les autres muscles du crochet, doivent suivre un plan à peu près horizontal.

En considérant le nombre et le mode d'action des différents muscles qui mettent en jeu le crochet de l'antenne-pince, on voit que le mouvement de redressement ou d'extension du crochet est déterminé par un seul muscle, tandis que le mouvement de flexion ou de rétraction, qui semble devoir s'effectuer avec moins d'effort, est imprimé à des degrés divers par plusieurs muscles infiniment plus puissants que le premier; deux du côté interne, dont l'un présente un volume très-considérable, un autre du côté externe, décomposé en trois muscles et capable ainsi de faire varier le degré de flexion. Il n'est pas difficile au reste de se rendre compte du but de la nature dans cette inégale répartition des fonctions de ces muscles. Nous constatons, en effet, que l'extension du crochet ne peut jamais être arrêtée par aucun obstacle, au lieu que dans le mouvement contraire, ayant surtout pour objet de retenir une proie vivante, l'article mobile doit pouvoir résister à des efforts souvent très-énergiques.

Le système musculaire des chélicères de la Mygale, que nous retrouverons avec les mêmes caractères anatomiques et physiologiques chez tous les autres Aranéides, diffère de celui des Pédipalpes par une complication plus grande, par un véritable perfectionnement. Il s'agit pourtant d'animaux qui, les uns et les autres, s'emparent également de proie vivante; néanmoins, la raison, outre celle qui déjà a été signalée (1) de la différence dans le perfectionnement organique des antennes-pinces des Aranéides et des Pédipalpes, est manifeste. Les Pédipalpes trouvent, dans la conformation de leurs pattes-mâchoires puissamment armées, un moyen de retenir leurs victimes; ce moyen fait défaut chez les Aranéides.

*

Muscles oculo-moteurs. — Sous le tégument solide, on trouve les yeux enchâssés dans un tissu membraneux. Celui-ci est tapissé par des fibres musculaires adhérentes à la paroi supérieure du céphalothorax, qui sont un peu divergentes de la ligne médiane vers les parties latérales (2). En avant, la membrane est repliée vers la région frontale et également garnie dans cette portion de fibres musculaires qui descendent verticalement, ayant leur point d'attache au bord antéro-inférieur du bouclier céphalothoracique. Ces fibres musculaires très-délicates agissent nécessairement sur la membrane à laquelle elles sont adhérentes, et peuvent ainsi produire d'imperceptibles déplacements des yeux et sans doute amener de la sorte, suivant les circonstances, de légères modifications dans la vision.

*

Muscles de l'appendice buccal. — Les muscles de la pièce buccale consistent en un rétracteur et un élévateur; l'un et l'autre pairs.

Le rétracteur, peu volumineux et composé de fibres parallèles, s'insère à l'angle basilaire de

---

(1) Page 209.   (2) Pl. 12 *bis*, fig. 3*b* et fig. 6*d*.

l'appendice (1); il se porte directement en arrière en suivant la ligne médiane du corps et prend son point d'attache fixe au céphalothorax, en avant de la fossette centrale. Ce muscle est recouvert par les rétracteurs des chélicères, de sorte qu'il est nécessaire d'écarter ceux-ci pour le mettre à découvert.

L'élévateur, fixé un peu en dehors, s'élève perpendiculairement en s'élargissant d'une manière très-sensible par suite de l'écartement de ses fibres de bas en haut (2); il s'appuie contre le rétracteur interne de l'antenne-pince et son attache est contiguë à celle de ce dernier. L'élévateur de la pièce buccale, s'insérant sur le tégument qui entoure le chélicère, entraîne cet appendice dans le mouvement qu'il imprime autour de la bouche.

Il est encore un autre muscle qui agit sur la région buccale sans exercer son action directement sur ce point, c'est l'élévateur antérieur de la grande cloison du céphalothorax (3), qui s'étend de cette lame au bouclier dorsal, exactement sur la ligne médiane.

*

Muscles des pattes-mâchoires. — Chez le Scorpion ainsi que chez les autres types de l'ordre des Pédipalpes où les dimensions des pattes-mâchoires sont très-considérables relativement à celles des pattes ambulatoires, les muscles à l'aide desquels s'exécutent les mouvements généraux de ces appendices, sont énormes. Dans la Mygale, où les pattes-mâchoires ont des proportions inférieures à celles des pattes ambulatoires, leurs muscles n'occupent qu'une portion fort restreinte de la cavité thoracique.

Ces muscles sont nombreux, n'exerçant chacun qu'une action assez limitée qui ne s'étend pas au delà de la hanche. Ils se décomposent de la manière suivante : un élévateur transverse, un rétracteur, un extenseur, un élévateur externe, un prétracteur, un abaisseur, un constricteur, et enfin un petit muscle qui semble avoir pour usage essentiel de maintenir solidement la portion inférieure de l'articulation du coxopodite.

.L'élévateur transverse de la hanche s'insère sur tout le bord supérieur de cette pièce et s'élève perpendiculairement jusqu'au bouclier céphalothoracique (4). Ce muscle mince et assez large est étendu transversalement par rapport à l'axe du corps. Dans son action, malgré le peu de mobilité de la hanche, il oblige nécessairement cette pièce à s'élever d'une façon appréciable, à se rapprocher d'une manière sensible de la paroi dorsale, comme il peut également déprimer celle-ci, dans le cas où la région inférieure du corps se trouve appuyée de façon à être le point fixe plutôt que le point mobile.

Le rétracteur s'attache sous le bord supérieur et vers l'angle externe du coxopodite par une portion étroite et tendineuse. Ce muscle, qui est assez mince, s'insère d'autre part sur toute la longueur du bouclier céphalothoracique, depuis le bord frontal jusqu'à la fossette médiane. De la sorte, les fibres antérieures s'élèvent perpendiculairement; celles qui viennent à la suite, montent, en suivant un plan oblique de plus en plus prononcé, jusqu'aux dernières, dont la longueur alors devient très-considérable.

Le rétracteur a pour fonction d'amener le redressement de l'extrémité de la hanche qui entraîne dans son mouvement le second article de l'appendice, c'est-à-dire le trochanter.

Un autre muscle, inséré également au bord supérieur du coxopodite, au-dessous et un peu en dehors du précédent, est attaché d'autre part à la troncature antérieure de la grande cloison du

<table>
<tr><td>(1) Pl. 12 bis, fig. 5e et fig. 6a.</td><td>(3) Pl. 12 bis, fig. 5h.</td></tr>
<tr><td>(2) Pl. 12 bis, fig. 5c.</td><td>(4) Pl. 12 bis, fig. 6c.</td></tr>
</table>

céphalothorax (1). Ce muscle, médiocrement volumineux, à fibres presque parallèles, n'a que très-peu de longueur. En se contractant, il tend à ramener sur un plan horizontal le coxopodite relevé par le rétracteur. Il agit donc comme extenseur.

L'élévateur externe est un petit muscle vertical qui s'étend du bord latéral et extérieur de la hanche à la paroi dorsale du céphalothorax. Il exerce une action très-semblable à celle de l'élévateur, mais sur un point limité où il peut produire un très-léger renversement de la pièce d'arrière en avant.

Le prétracteur est court, horizontal, fixé par une portion tendineuse à l'angle antéro-latéral de la hanche et attaché à la face supérieure de la grande cloison céphalothoracique, notablement en arrière de l'insertion de l'extenseur. Il suffit de reconnaître les points d'attache de ce muscle pour comprendre son rôle; il dirige en avant la portion basilaire de la patte-mâchoire.

C'est le mouvement opposé que détermine l'abaisseur qui s'étend de l'angle postéro-latéral du coxopodite à la face inférieure de la cloison céphalothoracique, un peu au-dessous de l'insertion de l'extenseur. Lorsque ce muscle vient à faire effort sur la hanche, celle-ci se trouve naturellement tirée en arrière.

Le constricteur, qui est très-petit, ayant son insertion au coxopodite presque contiguë à celle du prétracteur et son autre point d'attache également à la cloison céphalothoracique, mais plus en avant, paraît surtout destiné à resserrer la cavité formée par la paroi de la pièce basilaire de la patte-mâchoire.

Enfin, le dernier des muscles, agissant sur la pièce basilaire des pattes-mâchoires, s'étend du bord inférieur et postérieur du coxopodite à la partie inférieure du premier prolongement de la cloison céphalothoracique. Il est très-court, formé de fibres parallèles, et ne peut avoir qu'une action très-limitée. Il maintient solidement l'articulation de la hanche, et, en se contractant, il force cette pièce à s'appuyer contre le bord du sternum.

Les muscles du trochanter sont entièrement logés dans le coxopodite; on en compte trois : un fléchisseur, un élévateur et un extenseur.

Le fléchisseur occupe toute la portion interne et supérieure de la pièce basilaire des pattes-mâchoires, s'insérant à l'angle interne du trochanter et en arrière à la paroi dorsale de la hanche. Ce muscle est partagé en deux faisceaux dont les chefs, du reste, demeurent contigus. Le fléchisseur a pour usage de porter le trochanter en avant.

L'élévateur est plus volumineux, situé au côté externe du précédent, il s'attache sur la plus grande partie du bord supérieur du trochanter, de telle façon qu'en se contractant, il oblige cette pièce à se redresser sur le coxopodite. L'élévateur est partagé en trois parties intimement rapprochées dans toute leur étendue; néanmoins cette séparation, comme on en voit ailleurs, indique un moyen de graduer le mouvement; la partie moyenne est la plus forte; la partie externe, au contraire, est grêle et rejetée sur la partie latérale la pièce, de sorte que son action isolée ne peut produire qu'un faible redressement du trochanter.

L'extenseur remplit toute la portion profonde ou inférieure du coxopodite. Fixé sur tout le bord inférieur du trochanter, il s'attache en arrière à la pièce basilaire de la hanche. Par son effort, qui est opposé à celui de l'élévateur, il ramène le trochanter sur un plan horizontal. Ce muscle se partage en deux faisceaux; l'un, interne, très-volumineux, s'élargissant d'avant en arrière, pouvant ainsi, lorsqu'il agit seul, porter un peu la patte-mâchoire en avant; l'autre, externe, plus petit, dont les fibres en grande partie obliques, s'attache au côté postérieur du coxopodite, neutralise en grande partie ce dernier mouvement.

(1) Pl. 12 *bis*, fig. 9 et 10.

Les muscles de la cuisse, étant contenus entièrement dans le trochanter, sont fort courts, mais comme par suite de la nature de l'articulation de ces deux pièces, la première entraîne toujours la seconde dans les mouvements qu'elle exécute, on s'explique sans peine la faiblesse des muscles de la cuisse. Ceux-ci, disposés de la même manière que les muscles du trochanter, exercent aussi les mêmes actions. On trouve également un fléchisseur, un élévateur et un extenseur occupant les mêmes positions que dans la pièce précédente. Le fléchisseur, inséré à l'angle interne de la cuisse, dirige cet article en avant. L'élévateur, très-réduit comparativement à celui du trochanter, s'attache au bord supérieur de la cuisse et, d'autre part, à l'extrémité du trochanter. C'est un muscle droit formé de fibres parallèles, qui produit d'une façon très-nette le redressement de la cuisse sur le trochanter. L'extenseur est de beaucoup le plus volumineux des trois; il remplit non-seulement toute la portion profonde du trochanter, mais encore toute la partie externe sur laquelle ne s'étend pas le muscle élévateur. Son attache étant au bord inférieur de la cuisse, il ne peut avoir d'autre usage que d'étendre cette pièce sur le trochanter.

Comme nous l'avons déjà fait remarquer, le mouvement imprimé par un muscle à une pièce articulée peut varier à l'égard de parties parfaitement homologues, non-seulement dans le cas où le point d'attache mobile du muscle est quelque peu déplacé, mais encore par suite de la nature de l'articulation de la pièce. C'est ainsi que le muscle, qui ici est extenseur de la cuisse sur le trochanter, devient fléchisseur là où la pièce est articulée de façon à se replier sur l'article précédent.

Les muscles de la jambe remplissent une grande partie de la longueur de la cuisse. Il y en a deux qui occupent la région supérieure et s'attachent à la paroi dorsale de la cuisse vers les deux tiers de sa longueur; l'un, externe, et le plus volumineux, s'insère au bord supérieur de la jambe et agit comme extenseur, c'est le muscle correspondant à celui qui est élévateur des articles basilaires des pattes-mâchoires; l'autre. interne, prend son insertion à l'angle supéro-interne de la jambe, et contribuant, comme le premier, à étendre cette pièce sur la cuisse, il la fléchit un peu en dedans et la porte ainsi en avant; c'est donc un prétracteur (1).

Deux muscles fléchisseurs sont situés au-dessous des précédents; l'un, très-large, inséré sur tout le bord inférieur de la jambe, s'étend jusqu'à l'origine de la cuisse : il a pour usage de plier la jambe sur la cuisse sans changer sa direction; l'autre, rejeté vers le côté extérieur et recouvrant le précédent en arrière, s'insère à l'angle externe de la jambe par un tendon d'une très-grande longueur. Dans son action, il fléchit aussi la jambe sur la cuisse, mais en même temps il l'oblige à se porter en dehors, c'est-à-dire à s'écarter du corps.

Les muscles du premier article du tarse offrent une répétition de ceux de la jambe; seulement comme les mouvements de ce premier article du tarse sont moins étendus que ceux de la jambe, ses muscles sont plus courts, comme la pièce elle-même qui les loge. Deux extenseurs occupent la portion supérieure de la jambe et prennent insertion au bord correspondant du premier article du tarse; l'un est externe, l'autre interne et le plus volumineux; c'est que le premier, étendant le tarse sur la jambe, le tire un peu en dehors, tandis que le second le rapproche du corps; mouvement qui a besoin d'être plus énergique pendant la progression de l'animal.

Les muscles fléchisseurs, qui ont leur point d'attache au bord inférieur du premier article du tarse, sont droits et très-faibles.

En ouvrant en dessus ce premier article du tarse, on met à nu les muscles qui agissent sur le second article; ce sont encore deux extenseurs occupant la région supérieure et deux fléchisseurs

(1) Les muscles des pattes-mâchoires ressemblant d'une manière presque complète à ceux des pattes ambulatoires, il ne nous a pas paru nécessaire de les représenter. Voyez pl. 12 *bis*, fig. 8.

occupant la portion inférieure, mais qui exercent leur action d'une manière un peu différente. Au lieu de prendre leur insertion à l'origine de l'article sur lequel ils doivent agir, ils se continuent par de longs tendons qui traversent tout l'article et s'attachent à la base des crochets. Ces muscles sont donc essentiellement : les supérieurs, les extenseurs, les inférieurs, les rétracteurs des crochets ; mais en agissant plus particulièrement sur les crochets, ils impriment un mouvement correspondant à la pièce qui les supporte.

Muscles des pattes ambulatoires. — Après la description qui vient d'être tracée des muscles des pattes-mâchoires, il y a peu de chose à dire de ceux des pattes-ambulatoires. Comme on ne trouve pas ici dans la construction générale des appendices les grandes différences qui existent chez les Pédipalpes, les muscles des pattes ambulatoires, avec un volume plus considérable, offrent à part quelques détails, une suite de répétitions de ceux des pattes-mâchoires.

Ainsi, pour les mouvements généraux de chacun de ces appendices, nous trouvons également logés dans la cavité thoracique, un élévateur transverse, des rétracteurs, un élévateur externe ou postérieur, un extenseur, un prétracteur, un abaisseur et un constricteur.

L'élévateur transverse, étendu verticalement du bord antéro-supérieur de la hanche au bouclier céphalothoracique, ne diffère de celui de la patte-mâchoire ni par sa conformation ni par ses usages.

Le rétracteur présente également les mêmes insertions ; d'une part à l'extrémité supérieure du coxopodite et jusqu'à la base du trochanter ou basipodite, et d'autre part au bouclier céphalothoracique depuis le bord externe jusqu'à la fossette centrale. Mais ici, ce muscle cependant assez mince, se partage d'une manière très-nette, dans le sens de sa longueur, en deux faisceaux (1) ; l'un inséré vers le bord antérieur et l'autre vers le bord postérieur de l'appendice. Par suite de ce dédoublement, le rétracteur qui par son effort oblige la portion basilaire de la patte à se redresser, la porte un peu en avant si le faisceau antérieur agit plus particulièrement, un peu en arrière si c'est au contraire le faisceau postérieur qui vient à se contracter davantage.

L'élévateur externe ou postérieur de la hanche, présente aussi tous les caractères de celui des pattes-mâchoires. Inséré par une portion tendineuse au bord latéral et postérieur de la pièce, il s'élève jusqu'à la voûte céphalothoracique, occupant une petite partie du bord extérieur du bouclier. Il opère un léger mouvement d'élévation de la hanche, et lorsque celle-ci est posée de façon à être le point fixe, une sensible dépression de la voûte thoracique. Ce muscle, qui se décompose facilement en deux ou trois faisceaux, est toujours un peu plus fort aux pattes de la quatrième paire qu'aux pattes antérieures (2).

Un muscle antagoniste du rétracteur, un extenseur, prend naissance, comme aux pattes-mâchoires, à l'articulation supérieure du trochanter avec le coxopodite et s'attache d'autre part à la grande cloison thoracique dont une saillie latérale lui constitue une aponévrose. Cet extenseur, d'un assez faible volume, à fibres bien parallèles, se trouve de la sorte situé sur un plan tout à fait horizontal, d'où il suit qu'il détermine, en se contractant, l'abaissement de la portion basilaire de la patte qui a été redressée par l'action du rétracteur.

Les autres muscles participant aux mouvements généraux des appendices de la locomotion, occupent la région profonde du coxopodite et se trouvent ainsi recouverts par les rétracteurs et élévateurs, qui seuls, sont fixés par une surface plus ou moins étendue à la paroi dorsale du céphalothorax.

De même encore que, pour les pattes-mâchoires, nous trouvons deux muscles destinés à imprimer à

(1) Pl. 12 *bis*, fig. 7 *a*.   (2) Pl. 12 *bis*, fig. 7 *a*.

l'appendice un mouvement d'arrière en avant et un mouvement d'avant en arrière, ayant tous les deux leur point d'attache sur le côté et à la face inférieure de la grande cloison aponévrotique du céphalothorax. L'un s'insérant sur la paroi latérale antérieure de la hanche, porte la patte en avant lorsqu'il entre en action, c'est le prétracteur; l'autre, s'attachant à la paroi opposée, la dirige au contraire en arrière, c'est celui que nous avons désigné sous le nom d'abaisseur.

Enfin, deux autres muscles occupant la région tout à fait inférieure, viennent encore concourir aux mouvements généraux des pattes-ambulatoires. L'un de ces muscles que nous avons désigné sous le nom de constricteur offre ici un volume plus considérable qu'aux pattes-mâchoires. Prenant son point d'attache, d'une part, vers l'angle basilaire antéro-latéral du coxopodite, un peu au-dessous de l'insertion du prétracteur, et d'autre part, à l'extrémité de l'un des angles inférieurs de la grande cloison céphalothoracique, ce muscle affecte une forme un peu conique du point mobile au point fixe (1). Il a évidemment pour effet, par son action, de resserrer la cavité de la hanche en tirant sur la paroi, mais surtout de forcer la pièce à tourner sensiblement d'arrière en avant, sur la surface d'insertion avec le sternum.

Le second muscle, étendu de l'angle basilaire de l'autre paroi de la hanche à l'une des lames transversales inférieures de la grande lame aponévrotique du céphalothorax, agit surtout comme rotateur du coxopodite, mais dans le sens opposé à celui du mouvement que détermine le muscle précédent, c'est-à-dire d'avant en arrière.

Le constricteur et le rotateur agissent à peu près comme le prétracteur et l'abaisseur, seulement dans des limites plus étroites, et en obligeant la pièce mobile à s'appuyer davantage contre le sternum; ce qui rend la position que prend l'animal plus ferme.

On a souvent admiré la précision des mouvements chez les Aranéides. Lorsqu'on étudie les instruments qui mettent en jeu les appendices de ces êtres si merveilleusement organisés, on reconnaît que ces instruments, très-multipliés, sont disposés, comme déjà nous l'avons fait remarquer, pour que le même mouvement général puisse être exécuté avec la même sûreté, que son étendue soit plus ou moins considérable.

La description des muscles d'une seule patte-ambulatoire, s'applique avec la même rigueur indifféremment à ceux des quatre paires d'appendices locomoteurs. C'est une quadruple répétition des deux côtés du corps. Bien que les premières pattes, un peu plus libres que les autres, soient dirigées d'ordinaire en avant et les postérieures en arrière par suite de leur mode d'articulation, tous leurs mouvements sont uniformes.

Quant aux muscles des diverses portions des pattes ambulatoires, leur ressemblance avec ceux des pattes-mâchoires est plus grande encore qu'entre ceux qui déterminent les mouvements généraux de ces deux sortes d'appendices.

Ainsi, les muscles du trochanter ou basipodite, logés en entier dans la cavité du coxopodite, sont de même au nombre de trois, un fléchisseur, un élévateur et un extenseur. Les deux premiers occupent la région supérieure; l'un (2), s'insérant à l'angle antérieur du trochanter, de façon à le fléchir un peu avant vers la hanche; l'autre (3), s'attachant sur une grande partie du bord supérieur, de manière à l'obliger à se redresser. Le troisième ou l'extenseur, situé au-dessous des deux précédents, est antagoniste de l'élévateur, son insertion étant au bord inférieur du trochanter.

Les muscles de la cuisse, n'occupant que la longueur du basipodite se trouvent être d'une extrême

---

(1) Pl. 12 *bis*, fig. 9 et 10. — Ce muscle est représenté attaché à la grande cloison céphalothoracique, pour les trois dernières pattes.

(2) Pl. 12 *bis*, fig. 8 *b*.   (3) Pl. 12 *bis*, fig. 8 *a*.

brièveté. Ils sont au nombre de trois, comme ceux de cette dernière pièce, exerçant les mêmes actions (1); seulement ici, le fléchisseur et l'élévateur ne sont pas contigus, l'extenseur se voit dans l'intervalle dès que la portion supérieure du tégument a été enlevée (2).

La cuisse contient les moteurs de la jambe et en outre un muscle qui a pour usage de la maintenir elle-même étendue sur le trochanter. Celui-ci est attaché à la paroi postérieure ou externe de la cuisse, dans les deux tiers au moins de sa longueur et au bord articulaire du basipodite (3). Il vient ajouter son action à celle de l'élévateur qui, à cause de son extrême brièveté, ne suffirait sans doute pas à soutenir d'une manière ferme le redressement de la cuisse ou méropodite sur le trochanter. Les mouvements de la jambe, ainsi qu'on l'a vu précédemment pour les pattes-mâchoires (4), s'exécutent au moyen de quatre muscles; deux fixés au bord articulaire supérieur et deux au bord articulaire inférieur. Les premiers produisent l'extension de la jambe sur la cuisse; celui qui est situé au côté externe ou postérieur (5) plus volumineux que l'autre, détermine l'extension de la jambe exactement en ligne droite; celui qui occupe la partie interne ou antérieure (6), tout en imprimant le même mouvement général, amène la flexion de la jambe sur le méropodite. Ces muscles s'amincissent graduellement jusque vers l'origine de la cuisse; leurs fibres en partie dirigées un peu obliquement, s'attachent d'une manière successive à la paroi supérieure de la pièce qui les contient. Les deux muscles inférieurs, en tout semblables à ceux des pattes-mâchoires (7), agissent exactement de la même façon. Ces fléchisseurs de la jambe, sont anatomiquement homologues de l'extenseur des articles basilaires des appendices. Le rôle de ces moteurs subit une modification en rapport avec la nature des articulations des différentes pièces.

Les muscles du premier article du tarse consistent aussi, comme dans les pattes-mâchoires, en deux extenseurs et deux fléchisseurs. Les premiers sont massifs, avec leurs fibres les plus courtes, très-sensiblement ascendantes vers le milieu de la paroi supérieure de la jambe, de telle sorte, qu'en enlevant cette paroi, les chefs des extenseurs présentent en partie leur surface (8). L'extenseur interne, de même que celui de la jambe, tout en contribuant à élever et à étendre le tarse sur la pièce précédente, l'oblige aussi, d'une manière très-sensible, à plier latéralement.

Les fléchisseurs composés de fibres droites bien parallèles, grêles et aplatis, s'étendent du bord inférieur du premier article du tarse à l'origine de la jambe.

Le tarse des pattes ambulatoires offre, on le sait, une différence notable avec celui des pattes-mâchoires; il est composé de trois articles au lieu de deux. Or, toutes les autres parties de ces appendices étant très-semblables, il n'est pas sans intérêt de déterminer la nature de la modification qui se manifeste dans ce cas particulier. On est conduit à se demander, si le nombre réduit d'articles que présente le tarse de la patte-mâchoire comparé à celui des pattes-ambulatoires est le résultat de la soudure de deux articles entre eux, ou, s'il dépend d'un avortement et alors, quel est celui des trois articles du tarse de la patte-ambulatoire manquant à la patte-mâchoire.

L'étude du système musculaire fait reconnaître d'une façon évidente que c'est le premier qui ne se développe pas; rien n'indique nulle part une réunion des deux pièces. Dans le premier article du tarse des pattes ambulatoires, nous trouvons les muscles qui agissent sur le second article, disposés comme ceux du premier, auxquels les parois de la jambe fournissent les surfaces d'insertion. Ce sont deux extenseurs occupant la région supérieure, dont l'un présente quelques petits faisceaux plus ou

(1) Voyez page 224.
(2) Pl. 12 *bis*, fig. 8 c. d.
(3) Pl. 12 *bis*, fig. 8. — Côté gauche de la cuisse.
(4) Voyez page 225.

(5) Pl. 12 *bis*, fig. 8 e.
(6) Pl. 12 *bis*, fig. 8 f.
(7) Voyez page 225.
(8) Pl. 12 *bis*, fig. 8 g, h.

moins détachés (1), et deux fléchisseurs reposant sur la partie inférieure. Dans le second article, on observe exactement les mêmes muscles que dans le premier article du tarse de la patte-mâchoire (2) : les extenseurs et les rétracteurs des crochets (3), très-amincis vers l'extrémité de la pièce qui les contient et se continuant par de longs tendons qui traversent tout le dernier article (4). Les tendons des muscles extenseurs s'attachent nécessairement au bord supérieur des crochets et ceux des rétracteurs ou fléchisseurs au bord inférieur. On conçoit, comment par ce simple mécanisme, les crochets peuvent si aisément au gré de l'animal être redressés ou retirés en-dessous, d'une manière qui rappelle beaucoup les mouvements des griffes du chat.

*

Mouvements des pattes ambulatoires. — On voit par cette description, combien est remarquable l'uniformité des moteurs des diverses portions des appendices de la locomotion. Lorsque les effets de muscles homologues sont dissemblables, nous avons constaté que la cause en était simplement au mode d'articulation des pièces. Les actions partielles de tous les articles des pattes concourent ainsi, avec l'action générale, à produire des mouvements d'ensemble des plus réguliers.

Tandis que le corps est appuyé sur le sol, l'extrémité de la portion basilaire des appendices locomoteurs se trouvant élevée, le trochanter et la cuisse redressés, la jambe et le tarse étendus, toujours avec une flexion latérale, les pattes sont portées en avant. Par l'action des muscles antagonistes de ceux qui ont déterminé ces premiers mouvements, se manifestent ensuite avec la même régularité, mais d'une manière plus ou moins prononcée, suivant que la marche est lente ou rapide, l'abaissement de l'extrémité de la hanche, l'extension du trochanter et de la cuisse, la flexion de la jambe et du tarse. Ce sont ainsi, deux impulsions qui se succèdent.

Le dernier article du tarse ayant pris fortement appui sur le sol, les deux autres articles sont dans une direction plus ou moins rapprochée de la verticale, ainsi que la jambe, qui forme arc-boutant avec la cuisse, le corps est alors soulevé et entraîné dans le mouvement de progression.

Si la marche est lente, on observe aisément ces alternatives, et l'on reconnaît que le déplacement des pattes s'effectue successivement des premières aux dernières, demeurant presque toujours simultané pour celles des deux côtés, surtout dans le cas le plus ordinaire, où l'animal marche en ligne droite. Si la marche est précipitée, les mouvements de progression ont lieu de la même manière, mais ils sont en général moins étendus, les pattes demeurent plus ramassées contre le corps, de sorte que celui-ci ne pose plus à terre.

Au reste, comme il a été reconnu d'après la disposition des muscles, les mouvements de redressement. d'extension et de flexion, généraux ou partiels des pattes ambulatoires, peuvent être gradués avec une merveilleuse facilité selon la volonté de l'animal.

*

Comparaison des muscles des pattes ambulatoires chez la Mygale et chez les Pédipalpes. — En comparant les muscles des appendices locomoteurs de la Mygale à ceux des mêmes appendices chez les Pédipalpes, on n'observe que des différences de l'ordre le plus secondaire, surtout si la comparaison est établie avec le Phryne. Elles paraissent un peu plus prononcées si l'on considère le muscle chez le Scorpion, mais sans toutefois présenter rien de très-notable.

(1) Pl. 12 *bis*, fig. 8 *g'*.　　　　　　　　(3) Pl. 12 *bis*, fig. 8 *i*, *k*.
(2) Voyez page 225.　　　　　　　　　　(4) Fig. 8 *l*.

Lorsqu'on examine ce dernier type, il faut d'abord tenir compte, plus encore que pour les autres Pédipalpes, d'une certaine inclinaison latérale de la cuisse et de la jambe qui pourrait induire en erreur sur la position de muscles homologues, dont les rapports avec les pièces solides demeurent identiques. Les différences entre les muscles des pattes ambulatoires de la Mygale et du Scorpion, consistent donc dans le volume relatif et dans quelques détails comme dans la réunion ou la séparation de certains faisceaux. Ainsi, chez la Mygale, dont les mouvements, sous le rapport de la rapidité, de la graduation et de la précision, s'exécutent d'une manière plus parfaite que chez le Scorpion, le nombre des muscles se trouve être plus considérable. La cuisse n'a qu'un élévateur, la jambe et les articles du tarse qu'un extenseur et un seul fléchisseur dans le Scorpion, il y en a deux chez la Mygale. C'est là un fait de réunion ou de séparation d'éléments identiques comme nous avons eu déjà l'occasion d'en signaler à l'égard des muscles des Chélicères. Entre les organes des mouvements considérés dans la série des types de l'ordre des Pédipalpes et dans les Aranéides, on observe pour certains muscles, une réunion ou une séparation de faisceaux plus ou moins complète ; ce qui montre l'existence d'un fond commun ne subissant que des modifications d'un ordre très-secondaire.

Il est bien difficile néanmoins de déterminer, lorsqu'un extenseur ou un fléchisseur est simple dans un cas et double dans l'autre, de quel côté est la disposition vraiment typique. Elle ne pourrait guère en effet, être indiquée que par le nombre des représentants qui en fournissent l'exemple, mais à cet égard, il ne se présente rien de très-manifeste. L'étude des phases successives du développement, conduirait sans doute mieux à une appréciation exacte, seulement cette étude n'est pas encore faite.

*

Grande lame aponévrotique ou cloison horizontale du céphalothorax. — Nous avons décrit chez les Pédipalpes, cette lame fibreuse ou cloison horizontale constituant une sorte de plancher sur lequel repose l'estomac. Petite chez le Scorpion, plus grande chez le Télyphone et surtout chez le Phryne, elle atteint des proportions beaucoup plus considérables dans les Aranéides.

Chez la Mygale, cette cloison rétrécie graduellement vers la partie postérieure et profondément échancrée en avant, présente en dessus (1), dans sa portion moyenne, l'aspect d'une selle turcique. Ses côtés sont rabattus, mais au point même où commence l'abaissement, s'élève une arête qui suit régulièrement la légère courbe concave de la partie centrale, de telle façon que si l'on observe la pièce par le profil, elle montre deux grands bords divergents, l'un relevé, l'autre abaissé. Par suite de son échancrure antérieure et médiane, la grande lame aponévrotique forme deux très-grands lobes latéraux, tronqués à leur extrémité; le bord interne de ceux-ci est presque droit, et ne décrit une légère courbure que vers le fond de l'échancrure. Les bords externes et supérieurs de la cloison céphalo-thoracique, ceux appartenant à l'arête qui vient d'être signalée, ont au contraire quelques dentelures assez prononcées, et ils offrent cinq digitations fort larges ; la première au sommet de la troncature antérieure, les quatre autres, tout à fait marginales et presque également espacées. Ces digitations qui s'élargissent et s'amincissent vers le bout, ne sont autre chose que les aponévroses de muscles puissants. Leur union intime avec les fibres musculaires est telle, qu'on ne parvient pas à les isoler d'une manière complète, sans une longue macération.

Les muscles qui appartiennent ainsi en propre à la grande lame aponévrotique, s'élargissent en s'élevant vers la voûte thoracique où ils prennent leur point d'attache entre les muscles élévateurs et

(1) Pl. 42 *bis*, fig. 9.

rétracteurs des appendices (1). Lorsque le bouclier dorsal de l'Aranéide a été détaché, il est nécessaire d'écarter ou même de couper les muscles des appendices pour mettre parfaitement à découvert les muscles de la cloison. La séparation effectuée, ceux-ci semblent sortir de la région stomacale, car on les voit disparaître dans les angles formés par les *diverticulum* de l'estomac, sous lesquels ils passent (2).

Mais ce ne sont pas les seuls muscles qui s'étendent de la grande lame aponévrotique au bouclier dorsal. Du bord inférieur de chacun des lobes antérieurs de la cloison céphalothoracique, s'élève une longue et grêle digitation qui est aussi l'aponévrose d'un muscle. Ce sont donc deux muscles qui, rapprochés l'un de l'autre, se portent au devant et au-dessus de l'estomac (3).

Pour compléter la description de la région supérieure de la grande cloison thoracique, il faut ajouter que cette lame offre au niveau de la dernière paire de digitations latérales, un bourrelet transversal presque droit, qui limite une portion postérieure dont les contours latéraux sont arrondis et l'extrémité prolongée en deux longues lames minces comme des tiges, s'étendant jusqu'à la base du thorax. Ces tiges deviennent les aponévroses des muscles rétracteurs ventraux de l'abdomen.

En dessous (4) la grande lame aponévrotique est concave, et montre nettement ses bords latéraux garnis de dentelures bien prononcées. Elle est partagée dans sa portion moyenne par plusieurs lames ou aponévroses, qui toutes se réunissent en un point central, formant une petite surface en parfaite continuité avec le bord de la grande échancrure antérieure. Ces lames délicates, disposées verticalement, n'atteignent pas à beaucoup près les bords de la grande cloison, bien que leur bord inférieur dépasse leur bord latéral. On compte sept de ces lamelles aponévrotiques, divisant en dessous la cloison horizontale du céphalothorax ; trois paires sont dirigées dans le sens transversal, les postérieures toutefois sensiblement obliques ; la dernière qui est impaire suit la ligne longitudinale. L'extrémité inférieure de chacune de ces aponévroses est en rapport avec un petit muscle s'attachant d'autre part à la paroi thoracique inférieure vers le point d'union du sternum avec les coxopodites.

On a vu précédemment que les muscles extenseurs des appendices prennent leur insertion à la face inférieure de la grande lame aponévrotique, or ces muscles s'unissent en même temps avec les lamelles qui partagent en dessous la grande lame, de sorte que cette dernière se trouve maintenue et tendue dans tous les sens.

L'observation attentive de toutes les particularités offertes par la cloison horizontale qui occupe la cavité du thorax, conduit à déterminer le rôle, les usages de cette pièce. Nous voyons qu'elle fournit des attaches à des muscles exerçant leur action sur des parties mobiles, mais qu'elle a aussi des muscles propres, s'insérant sur les parties les plus immobiles. Cette circonstance est suffisante pour montrer que des mouvements doivent lui être imprimés dans certaines conditions ou sous certaines influences. Comme elle se trouve en contact direct avec l'estomac, il devient évident qu'elle joue un rôle dans l'exercice des fonctions digestives. Nous aurons à examiner ce fait en traitant de l'appareil alimentaire.

D'un autre côté, il est nécessaire encore de reconnaître la nature anatomique véritable de cette lame ou cloison si développée dans les Arachnides et surtout dans les Aranéides, et qu'au premier abord, on pourrait croire totalement absente chez les autres animaux articulés, les insectes par exemple.

---

(1) Dans la figure 9 de la pl. 12 *bis*, plusieurs de ces muscles (les trois derniers) sont représentés en place du côté droit ; ils sont tous enlevés du côté gauche, où l'on voit leurs aponévroses, c'est-à-dire les digitations du bord supérieur de la grande cloison.

(2) Pl. 14, fig. 1.

(3) Chez certains types d'Aranéides, ces muscles traversent la portion annulaire de l'estomac.

(4) Pl. 12 *bis*, fig. 10.

Après une étude comparative du système tégumentaire dans les différents types d'Articulés, on demeure convaincu que ce n'est pas un organe spécial aux Arachnides. La grande lame ou cloison aponévrotique est évidemment la pièce homologue de l'entothorax des Insectes. Chez ces derniers, la pièce a acquis la solidité du tégument, elle est immobile, elle est devenue une portion du squelette tégumentaire ; chez les Arachnides, elle reste fibreuse, élastique, elle conserve une certaine mobilité, elle semble être le résultat de l'union intime des aponévroses d'un grand nombre de muscles, elle demeure une dépendance du système musculaire. Les connexions sont semblables, pour la plupart dans les deux cas. C'est la texture qui diffère, et cette différence dans la texture indique une adaptation à des usages particuliers.

*

Muscles abdominaux. — L'abdomen de la Mygale est pourvu d'un ensemble de muscles d'une complication extrêmement remarquable. Nous devons distinguer, d'abord ceux qui impriment les mouvements généraux de la région postérieure du corps, c'est-à-dire les muscles qui tendent à rapprocher l'abdomen du thorax, l'élèvent ou l'abaissent, le portent soit à droite, soit à gauche. Nous avons ensuite à considérer les muscles abdominaux intrinsèques, ceux de la région dorsale et ceux de la région ventrale. Ces derniers de deux sortes, les uns (les muscles longs) très-volumineux, agissant sur une grande partie de la paroi, et déterminant les mouvements généraux des filières, les autres constitués par des bandelettes de médiocre étendue appliquées exactement contre la paroi, et n'exerçant ainsi que des actions très-limitées. Enfin à ces différentes catégories de muscles s'ajoutent encore les muscles qui étendent leur action de la paroi dorsale à la paroi ventrale; ce sont les piliers musculaires.

Aucun naturaliste jusqu'ici, ne s'était appliqué à reconnaître les différents muscles du système appendiculaire d'un Aranéide quelconque (1). Quant à l'appareil musculaire abdominal, on en trouve, dans le mémoire déjà cité de Wasmann (2), une description et une figure qui ne semblent pas être le résultat d'une étude bien approfondie, mais qui donnent une idée générale des parties les plus importantes.

*

Muscles adducteurs de l'abdomen. — Ces muscles correspondent à ceux que nous avons désignés en traitant du Scorpion sous la dénomination de *muscles thoraciques dorsaux.* Logés en entier dans le thorax, ils en occupent effectivement la région dorsale postérieure chez les Aranéides comme chez les Pédipalpes, mais comme nous l'avons exposé, ils agissent essentiellement sur l'abdomen qu'ils tendent à faire redresser (3).

Chez la Mygale, ils sont contigus l'un à l'autre, occupant un large espace à la partie postérieure et médiane du céphalothorax et remplissant tout l'intervalle compris entre les muscles de la dernière paire de pattes. Insérés au bord supérieur du pédicule de l'abdomen, ils s'élargissent en se portant vers le bouclier dorsal, auquel ils s'attachent sur une large surface. Leurs faisceaux de fibres superficielles

(1) Il faut peut-être en excepter M. Straus-Durckheim, l'auteur du grand ouvrage sur l'anatomie du Hanneton. On a dit que ce savant avait en portefeuille des figures anatomiques relatives à la Mygale, mais elles n'ont jamais vu le jour.

(2) *Beiträge zur Anatomie der Spinnen.* — *Abhandlungen herausgegeben von dem Naturwissenschaftlichen Verein in Hamburg.* Erster Band, s. 133-135, Tab. XII, fig. 6 (1846).

(3) Pl. 12 *bis*, fig. 3 *i*.

étant les plus courts et les plus profonds, les plus longs, les premiers se fixent presque exactement au bord du bouclier céphalothoracique et les autres d'une manière successive, d'autant plus en avant qu'ils sont plus profonds et plus longs.

Ces muscles en se contractant, attirent l'abdomen vers le thorax, et l'obligent à se redresser. La multiplicité des faisceaux contigus qui les composent indique combien leur action peut être facilement graduée. C'est principalement pendant la course ou lorsque l'animal s'élance sur une proie que les adducteurs et rétracteurs de l'abdomen paraissent agir avec le plus d'énergie, car alors l'Aranéide pour conserver toute la liberté de ses allures, a besoin d'empêcher la partie postérieure de son corps de traîner sur le sol.

*

Muscles rétracteurs latéraux de l'abdomen. — Chez la Mygale comme chez tous les Aranéides, l'abdomen pédiculé à son origine, plus ou moins mou et ayant un poids considérable, devait être maintenu au thorax à peu près dans tous les sens par des muscles puissants ; aussi trouvons-nous, chez ces Arachnides, outre les adducteurs ou rétracteurs dorsaux, des adducteurs ou rétracteurs latéraux et ventraux qui chez les Pédipalpes ne se distinguent pas des autres muscles longs, et qui, ici, au contraire, s'isolent nettement et prennent un rôle bien déterminé.

Chez la Mygale, il existe deux paires de ces muscles latéraux placés presque l'un au-dessus de l'autre (1). Ils sont appliqués exactement contre la paroi latérale, insérés à la base du thorax par une portion tendineuse et extrêmement grêles à leur origine, ils traversent le pédicule de l'abdomen et s'élargissent graduellement en suivant la courbe de la paroi. Aplatis et pourtant d'une certaine épaisseur, ils s'attachent à la paroi abdominale au-dessus du tendon qui limite en avant la cavité qui contient la poche respiratoire antérieure. Les fibres inférieures de ces muscles sont sensiblement plus longues que les supérieures, de telle façon que la ligne d'insertion n'est pas tout à fait transversale, mais un peu oblique d'avant en arrière. Entre le muscle latéral supérieur (2) et le muscle latéral inférieur (3), il n'y a pas de différence anatomique bien notable. C'est la même forme générale, à peu près le même volume; la différence consiste surtout dans la situation. De là une même action produite sur deux points, ou, pour exprimer le fait plus exactement, sur un plus large espace.

Ces muscles en se contractant, tirent l'abdomen vers le céphalothorax et le maintiennent dans une position horizontale; mais si ce sont les rétracteurs supérieurs qui agissent plus vigoureusement que les inférieurs, l'abdomen peut être peu redressé, comme il peut être entraîné soit à droite, soit à gauche, si ce sont les muscles d'un seul côté qui viennent à se contracter.

*

Muscles adducteurs ou rétracteurs ventraux. — Ceux-ci naissent des deux tiges aponévrotiques, dérivant de la partie postérieure de la grande cloison céphalothoracique; ils traversent le pédicule de l'abdomen et prennent leurs attaches sur les côtés de la petite cavité au milieu de laquelle s'ouvre l'orifice des organes de la génération (4). Ces muscles, au nombre de deux, contigus l'un à l'autre et composés de fibres droites, bien parallèles dans les trois quarts de leur longueur, s'écartent en arrière de la ligne médiane. Leurs fibres se courbent en dehors, et de la sorte, circonscrivent l'espace circulaire auquel viennent aboutir les organes générateurs (5).

(1) Pl. 12 *bis*, fig. 3 *l* et *m*.
(2) Pl. 12 *bis*, fig. 3 *m*.
(3) Pl. 12 *bis*, fig. 3 *l*.

(4) Pl. 12 *bis*, fig. 9 et 10.
(5) Pl. 12 *bis*, fig. 3 *k*.

Ordre des PÉDIPALPES. *PEDIPALPI.*

Famille des SCORPIONIDES. *SCORPIONIDÆ.*

Genre SCORPION. *SCORPIO.* Linné.

Système tégumentaire. — (Scorpio occitanus. Amoreux. Genre Buthus. Leach.)

Fig. 1. L'animal vu en dessus. Individu de grandeur naturelle de la plus grande taille. — *a*, antennes-pinces. — *b*, pattes-mâchoires.

Fig. 2. Le même vu en dessous. — *a*, appendices pectiniformes.

Fig. 3. Coupe du tégument dans son épaisseur pour montrer les différentes couches. — *a*, épiderme. — *b*, derme.

Fig. 4. Épiderme de la queue vu sous un grossissement de 250 à 300 diamètres.

Fig. 5. Épiderme des pattes-mâchoires vu sous le même grossissement.

Fig. 6. Portion du derme vu sous le même grossissement.

Fig. 7. Arceaux supérieurs de tous les zoonites.

    a, céphalothorax. — *, yeux médians. — **, latéraux. — *b, c, d, e, f, g, h*, la série des arceaux supérieurs des zoonites abdominaux. — *i, k, l, m, n, o*, la série des anneaux de la portion caudiforme de l'abdomen.

Fig. 8. Arceaux inférieurs de la série des zoonites.

    a, pièces du premier zoonite. — 1, sternite. — 2, hanche. — 3, cuisse. — 4, jambe. — 5, tarse. — *b, c, d, e*, les 2ᵉ, 3ᵉ, 4ᵉ et 5ᵉ arceaux, avec les parties indiquées par les mêmes lettres. — *f*, sternite médian. — *g*, sternite supportant les appendices pectiniformes. — *, plaques operculaires de l'orifice sexuel.

Fig. 9. Yeux médians très-grossis.

Fig. 10. Yeux latéraux vus sous le même grossissement.

Fig. 11. Antenne-pince vue en dessus.

Fig. 12. La même vue en dessous.

Fig. 13. Appendice buccal représentant les pièces de la bouche des insectes.

Fig. 14. Portion antérieure du corps vue en dedans, les arceaux supérieurs ayant été enlevés.

    a, antenne-pince. — *b*, appendice buccal. — *c*, patte-mâchoire. — *d*, patte de la première paire. — *d'*, apodème. — *e*, patte de la deuxième paire. — *e'*, apodème. — *f*, patte de la troisième paire. — *g*, patte de la quatrième paire.

Fig. 15. Extrémité d'un tarse très-grossie pour montrer les crochets.

Fig. 16. Extrémité postérieure de l'abdomen vue en dessous. — *a*, l'anus.

Fig. 17. Appendice pectiniforme très-grossi.

Fig. 18. Extrémité caudiforme d'un individu au sortir de l'œuf.

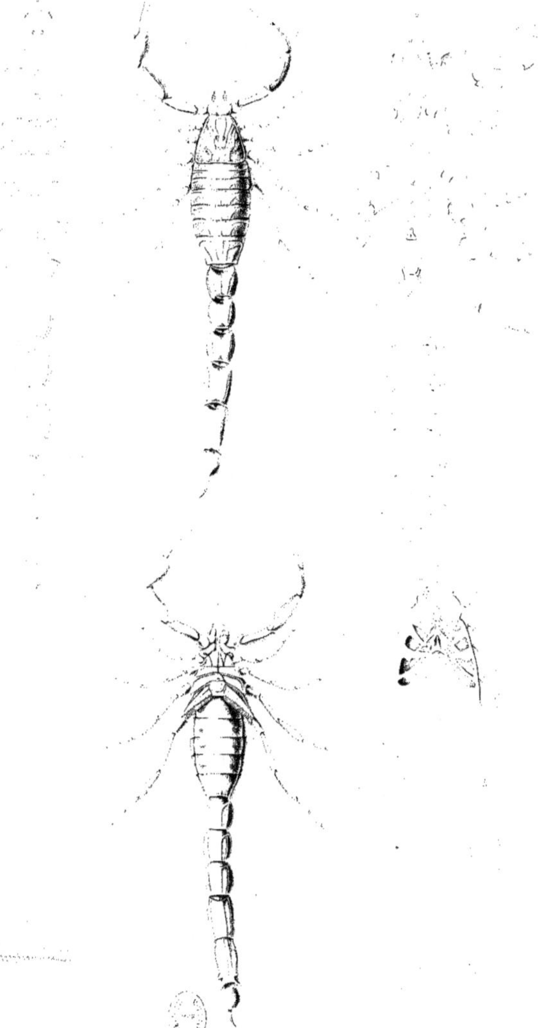

Ordre des **PÉDIPALPES.** *PEDIPALPI.*

Famille des SCORPIONIDES. *SCORPIONIDÆ.*

Genre SCORPION. *SCORPIO.* Linné.

Système musculaire. — (Scorpio occitanus. Amoreux. Genre Buthus. Leach.)

Fig. 1. Portion de la membrane interarticulaire vue sous un grossissement d'environ 300 diamètres.

Fig. 2. Portion de la membrane interannulaire vue sous le même grossissement.

Fig. 3. Fibres musculaires vues sous le même grossissement.

Fig. 4. L'ensemble du système musculaire; l'animal, grossi au moins au double, a été ouvert par la partie dorsale, qui a été rejetée sur le côté gauche, et tous les viscères ont été enlevés.

a, le rétracteur des antennes-pinces. — b, l'extenseur des antennes-pinces. — c, fléchisseur du crochet. — d, extenseur du crochet. — e, élévateur de l'appendice buccal. — f, transverse de l'appendice buccal. — g g, rétracteurs des pattes-mâchoires. — h, fléchisseur interne du trochanter. — i, extenseur, — k, fléchisseur externe, — l, fléchisseur de la cuisse. — m, extenseur, — n, grand fléchisseur de la jambe. — n', fléchisseur inférieur, — n", extenseur, — o, fléchisseur du tarse. — o', élévateur, — o", extenseurs, — p, élévateur du crochet, — p, fléchisseur. — p", extenseur ou rétracteur.

Dans la cavité thoracique, on distingue au-dessous des extenseurs des pattes-mâchoires les muscles élévateurs des pattes ambulatoires fixés aux lames apodémiques, et, au centre, la lame aponévrotique.

Pour les pattes ambulatoires, les mêmes muscles se retrouvant dans toutes, on a mis des lettres à une seule. — s, élévateur du trochanter. — s', abaisseur. — s", extenseur de la cuisse. — s"', fléchisseur. — s"", extenseur de la jambe. — s""', fléchisseur.

Les muscles du tarse et de chacun de ses articles étant les mêmes, on ne les a pas indiqués par des lettres.

Au centre de la cavité abdominale, on distingue les muscles longs; — à droite les quatre poches pulmonaires, à gauche ces organes ayant été enlevés, on voit les espaces qu'ils occupent. Sur les côtés internes les cinq piliers musculaires. — t, la partie dorsale avec ses muscles longs de chaque côté du cœur fixé au milieu. — u, muscles transverses latéraux. — u", muscles transverses. — u"', muscles obliques latéraux. — u"", muscles droits latéraux. — v, extenseurs de la partie caudiforme de l'abdomen. — v', rétracteurs.

Les muscles de chaque zoonite étant les mêmes, on n'a mis des lettres qu'à l'un d'eux. — x, élévateur. — x', fléchisseur. — x", extenseur.

Fig. 5. L'animal ouvert latéralement et représenté de côté, à l'exception de la portion caudiforme de l'abdomen. Les mêmes lettres que sur la figure 6 indiquent les mêmes parties. — r, élévateur de la première patte. — r', de la seconde. — r", de la troisième et de la quatrième. — r"', de la quatrième. — r*, diaphragme. — x, piliers musculaires; entre eux, on voit le cœur le long de la paroi dorsale. — y, élévateur de la portion caudiforme de l'abdomen.

Fig. 6. Portion antérieure du corps très-grossie. — a, muscles élévateurs de l'appendice buccal.

Fig. 7. Portion basilaire d'une patte. — a *, extenseur du trochanter. — *, élévateur. — s", extenseur de la cuisse. — s"', fléchisseur. — s"", extenseur de la jambe. — s""', fléchisseur.

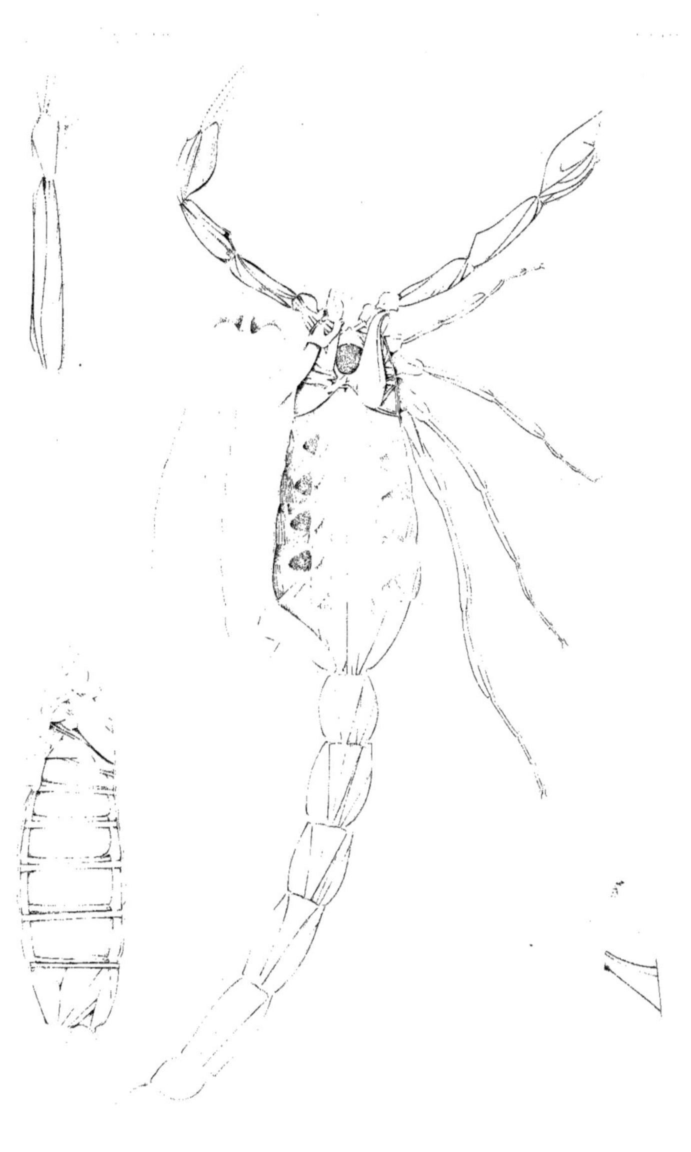

ORDRE DES **PEDIPALPES.** *PEDIPALPI.*

FAMILLE DES SCORPIONIDES. *SCORPIONIDÆ.*

GENRE SCORPION. *SCORPIO.* LINNÉ.

FIG. 1. SYSTÈME NERVEUX. — (SCORPIO OCCITANUS. Amoreux. (Genre BUTHUS. Leach.)

L'animal est grossi au double. Il a été ouvert par la partie dorsale, et tous les viscères ont été enlevés, de manière à mettre à nu toute la chaîne ganglionnaire.

On voit en avant et sur la ligne médiane le cerveau (ou ganglions cérébroïdes) fournissant les nerfs pharyngiens *a*, les nerfs optiques médians, les nerfs optiques latéraux *b*, et les nerfs antennaires *c*. Le cerveau n'est séparé des centres médullaires inférieurs que par des connectifs très-courts, laissant ainsi seulement une très-petite ouverture arrondie pour le passage de l'aorte et de l'œsophage. En arrière du cerveau, on distingue donc une masse médullaire considérable, résultant de la fusion complète du ganglion sous-œsophagien et des ganglions thoraciques. Cette masse donne naissance latéralement aux nerfs des pattes-mâchoires *d* et aux nerfs des quatre paires de pattes *e*.

En arrière de la masse médullaire thoracique, on suit dans toute sa longueur la chaîne abdominale, dont les nerfs se distribuent aux muscles de chacun des anneaux de l'abdomen et aux orifices des quatre paires d'organes respiratoires *f, f.*—*g* indique la partie caudiforme de l'abdomen.

FIG. 2. Portion supérieure du système nerveux, isolée et plus grossie.

a, le cerveau ou les ganglions cérébroïdes. — *b*, les nerfs pharyngiens. — *c*, les nerfs optiques médians. — *d*, les nerfs optiques latéraux. — *e*, les nerfs antennaires. — *f*, l'aorte et le cœur, avec les ganglions et les nerfs qu'ils y distribuent.

FIG. 3. La même portion supérieure du système nerveux.

a, le cerveau. — *b*, l'aorte rejetée de côté pour laisser voir en entier la partie antérieure du tube digestif avec ses ganglions et ses filets nerveux *c*.

FIG. 4. Portion antérieure de la masse médullaire thoracique, représentant le ganglion sous-œsophagien fournissant les nerfs buccaux *a*.

FIG. 5. Portion très-grossie de la chaîne abdominale, pour montrer les deux ordres de fibres.

a, les fibres naissant des ganglions. — *b*, les fibres passant sur les ganglions.

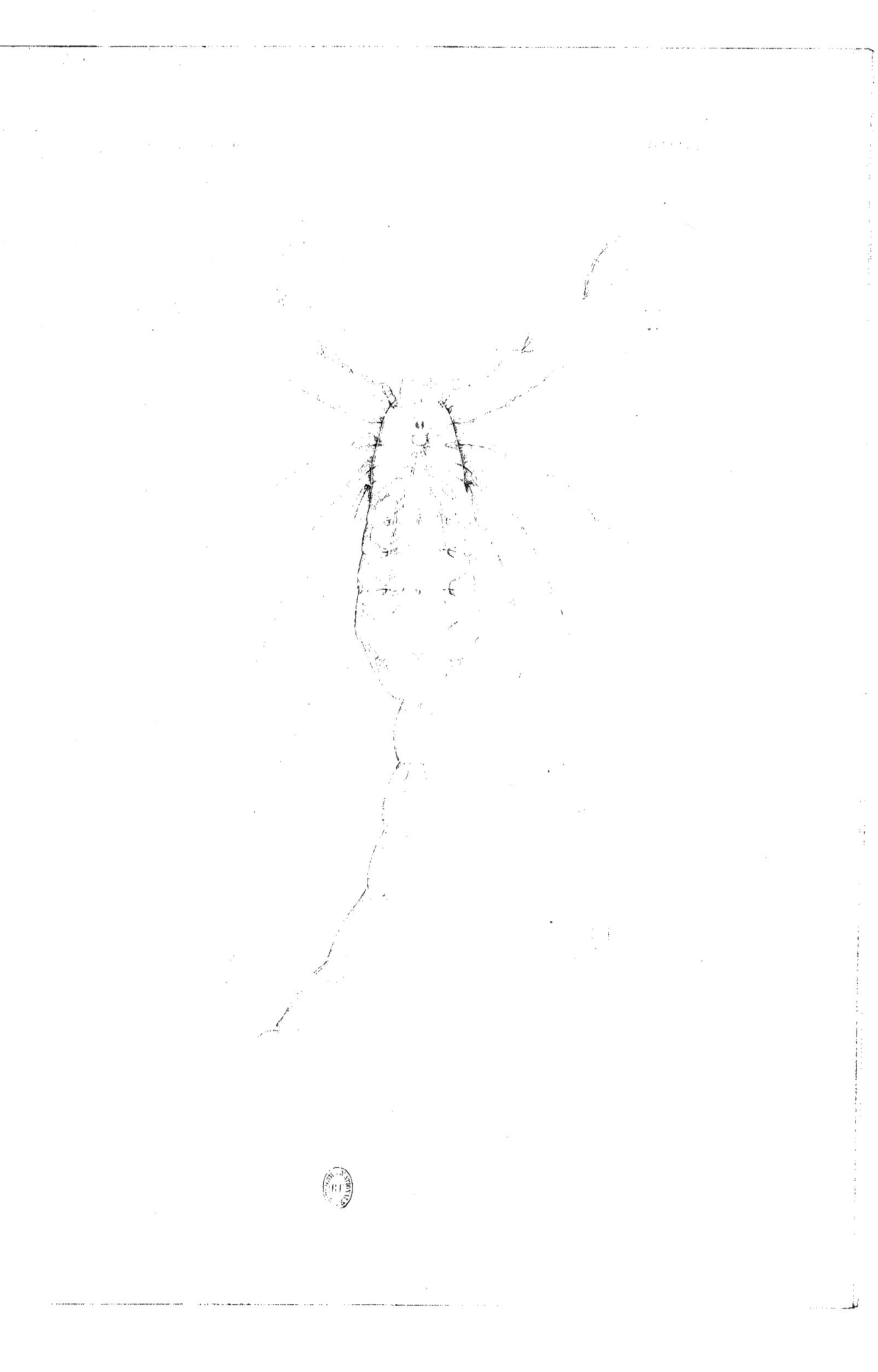

Ordre des PÉDIPALPES. *PEDIPALPI.*

Famille des SCORPIONIDES. *SCORPIONIDÆ.*

Genre SCORPION. *SCORPIO.* Linné.

ORGANES DES SENS ET APPAREIL DIGESTIF. — SCORPIO OCCITANUS Amoreux.

Fig. 1. L'un des yeux médians très-grossi, vu de côté dans son ensemble.

a, la cornée. — *b*, le cristallin. — *c*, corps vitré. — *d*, pigmentum. — *e*, la rétine. — *f*, le nerf optique.

Fig. 2. Sa section transversale, avec les mêmes parties indiquées par les mêmes lettres que pour la figure 1.

Fig. 3. Cristallin isolé.

Fig. 4. Appareil digestif vu dans son ensemble, dans sa position et ses rapports naturels.

L'animal a été ouvert par la partie dorsale, et le tégument de cette portion du corps seul a été enlevé. Les lobes du foie ont été écartés pour mettre à nu dans toute sa longueur le tube intestinal et les canaux hépatiques; les glandes salivaires ont été également un peu rejetées sur les côtés.

a, œsophage. — *b*, glandes salivaires. — *c*, diaphragme séparant la cavité thoracique de la cavité abdominale. — *d*, portion intestinale avec ses canaux hépatiques et les grappes utriculaires qui constituent le foie. — *e*, gros intestin. — *f*, son extrémité.

Fig. 5. Les glandes salivaires très-grossies et représentées dans leur position naturelle, couvrant toute la portion antérieure du tube intestinal.

Fig. 6. Les mêmes glandes détachées et écartées pour en montrer les différentes parties.

a, glande. — *b*, réservoir. — *c*, conduit s'ouvrant en arrière de l'œsophage. — *d*, œsophage.

Fig. 7. Une petite portion du foie détachée et vue sous un grossissement d'environ 100 diamètres.

Fig. 8. Une portion de l'intestin vue intérieurement sous un grossissement de 200 diamètres.

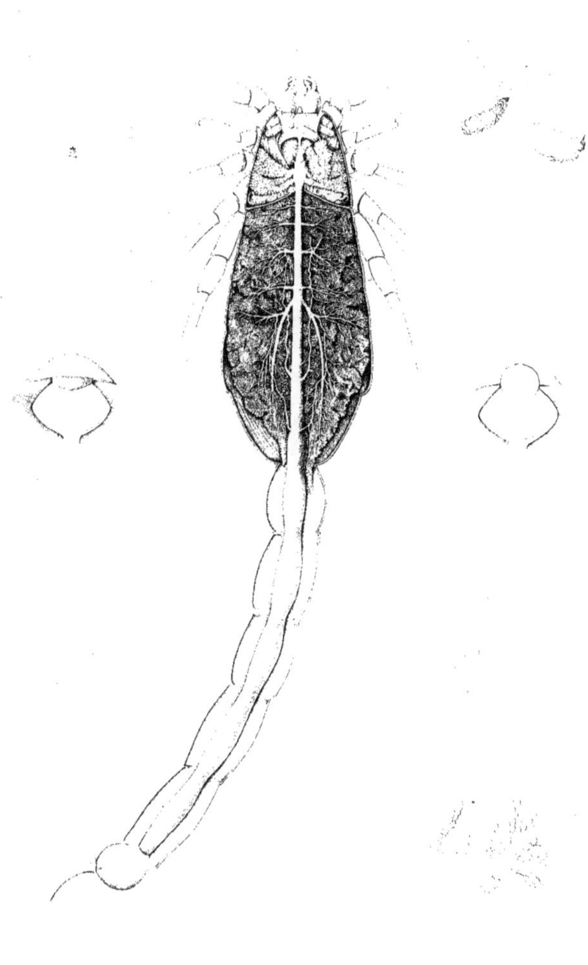

ORDRE DES **PEDIPALPES.** *PEDIPALPI.*

FAMILLE DES SCORPIONIDES. *SCORPIONIDÆ.*

GENRE SCORPION. *SCORPIO.* LINNÉ.

FIG. 1. APPAREIL CIRCULATOIRE. — SYSTÈME ARTÉRIEL. — (SCORPIO OCCITANUS. Amoreux. (Genre BUTHUS. Leach.)

L'animal est grossi au double. Après avoir été injecté par le cœur, il a été ouvert par la partie dorsale, de manière à mettre à nu, dans toute sa longueur, le cœur et toutes les artères de la région supérieure du corps.

Sur la ligne moyenne, on distingue le cœur, divisé en huit chambres nettement indiquées par les muscles d'attache et par les orifices auriculo-ventriculaires. Le péricarde a été coupé en dessus, et il ne reste que son épaisseur le long de chaque côté du cœur.

Dans la partie gauche de l'animal, occupée entièrement par le foie, on a laissé l'organe dans sa position naturelle, et l'on distingue seulement en dessus les extrémités des artères hépatiques. Du côté droit, les grappes d'utricules qui constituent le foie ont été écartées, de manière à mettre en évidence toutes les artères hépatiques qui naissent du cœur au-dessous des muscles d'attache.

En avant, on voit l'aorte en continuité avec la chambre antérieure du cœur, qui passe sous le cerveau pour fournir en avant les deux principales artères ophthalmiques, et sur les côtés les artères antennaires *a*. Ces vaisseaux fournissent les artères ophthalmiques latérales et les artères des muscles élevateurs des pattes-mâchoires *b*.

Dans toute la portion rétrécie de l'abdomen, on suit l'artère abdominale supérieure jusqu'à l'extrémité caudale *d*, fournissant de chaque côté quelques petites branches à l'intestin, et surtout les artères des deux principales couches musculaires, dont les fibres ont été suffisamment séparées pour mettre leurs vaisseaux en évidence. En *e* on distingue l'extrémité de l'intestin.

En *f* on voit les pattes-mâchoires ouvertes dans toute leur longueur pour montrer les ramifications de leur artère; celle-ci se bifurque vers l'extrémité *g*, pour fournir une artère digitale. En arrière des pattes-mâchoires, les quatre paires de pattes sont également ouvertes en dessus pour mettre en évidence leurs artères, dont l'origine est masquée par les viscères qui les recouvrent. (Voir la pl. 6, fig. 1.)

FIG. 2. Portion du cœur isolé et enveloppé de son péricarde.

a, les muscles d'attache. — *b*, l'origine des vaisseaux pulmono-cardiaques.

FIG. 3. Portion du cœur dont le péricarde a été ouvert.

a, le bord du péricarde. — *b*, les orifices auriculo-ventriculaires.

FIG. 4. Portion du cœur ouvert, pour montrer les valvules de chacune des chambres *a*, *a*.

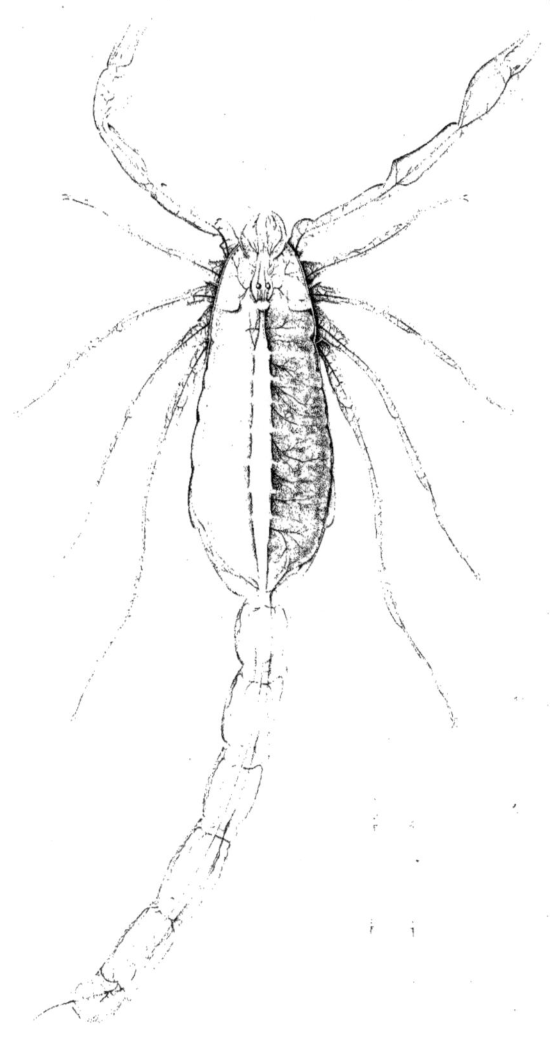

Système nerveux du Trombidion [illegible]

Ordre des **PÉDIPALPES**. *PEDIPALPI.*

Famille des SCORPIONIDES. *SCORPIONIDÆ.*

Genre **SCORPION**. *SCORPIO.* Linné.

Système circulatoire et organes de respiration. — (Scorpio occitanus. Amoreux.)

Fig. 1. Individu femelle vu de profil et ouvert de côté pour montrer l'ensemble du système artériel, coloré en rouge, et du système veineux, coloré en bleu. Le tégument a été coupé du côté dorsal jusqu'auprès du cœur, et du côté ventral jusqu'aux organes respiratoires.

a, le cœur; on voit en dessus et en dessous le bord du péricarde. — *b*, l'aorte plongeant sous le ganglion cérébroïde, se divisant sur les côtés de la masse médullaire céphalothoracique, et fournissant les artères des appendices et de la chaîne nerveuse. — *c*, les yeux et les artères ophthalmiques. — *d*, les glandes salivaires et leurs artères. — *e*, l'une des antennes-pinces et son artère.

Dans la cavité abdominale on distingue l'intestin entouré de la masse du foie, dans laquelle se distribuent les artères partant latéralement de chacune des chambres du cœur; au-dessous, une partie de l'ovaire avec son artère *f;* puis la chaîne nerveuse avec son artère fournissant des branches aux muscles de la portion inférieure de l'abdomen; — *g g,* les poches pulmonaires colorées en bleu, étant remplies de sang veineux : elles sont en continuité, par leur côté extérieur, avec les vaisseaux pneumocardiaques, colorés en rouge pâle, qui s'ouvrent dans le péricarde. — *h h,* aorte postérieure.

Entre les lobes hépatiques, entre les utricules des glandes salivaires, dans les pattes-mâchoires *i*, et les appendices locomoteurs *k k,* on voit colorés en bleu les réseaux capillaires et les trajets veineux; il en est de même dans la portion caudiforme de l'abdomen. — *l*, veine afférente postérieure des organes respiratoires.

Fig. 2. Un individu dont le tégument supérieur de l'abdomen seul a été enlevé pour mettre en évidence le cœur enveloppé de son péricarde et les vaisseaux pneumocardiaques. Ces parties sont colorées en rouge pâle.

Fig. 3. Un individu ouvert par la face dorsale, dont tous les viscères ont été enlevés pour mettre en évidence l'origine des artères des appendices, l'artère de la chaîne nerveuse et ses branches, ainsi que les canaux veineux qui amènent le sang aux organes respiratoires.

a, appendice buccal. — *b*, antenne-pince. — *c*, patte-mâchoire. — *d*, pattes. — *e e*, poches pulmonaires. — *f f*, origine des vaisseaux pneumocardiaques.

Fig. 4. Portion inférieure du thorax pour en montrer les artères et les réseaux capillaires.

a, volets recouvrant l'orifice génital. — *b*, appendice pectiniforme. — *c*, hanche de la troisième paire. — *d*, hanche de la dernière paire. — *e*, trochanter.

Fig. 5. Petite portion de la chaîne nerveuse, très-grossie, avec son artère.

a, ganglion. — *b*, cordon. — *c*, artère. — *d*, corps glanduleux.

Fig. 6. Corpuscules du sang vus sous un grossissement d'environ 300 diamètres.

Fig. 7. Poumon isolé. — *a*, orifice des feuillets dont il est composé.

Fig. 8. Une des séries de poumons, pour montrer les nerfs qui s'y distribuent.

Fig. 9. L'un des poumons isolé et plus grossi, pour mieux mettre en évidence son plexus nerveux.

Fig. 10. Quelques-uns des feuillets du poumon, isolés.

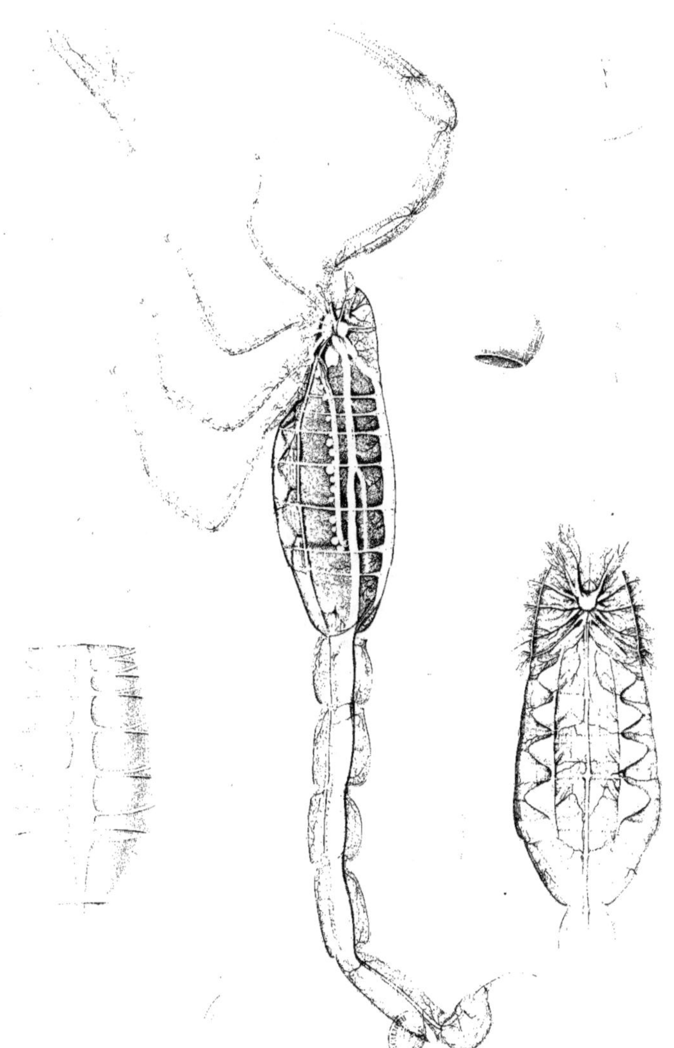

ORDRE DES **PÉDIPALPES.** *PEDIPALPI.*

FAMILLE DES SCORPIONIDES. *SCORPIONIDÆ.*

GENRE SCORPION. *SCORPIO.* LINNÉ.

APPAREIL VÉNÉNIFIQUE ET ORGANES DE LA GÉNÉRATION. — (SCORPIO OCCITANUS Amoreux. Genre BUTHUS. Leach.)

FIG. 1. Le dernier anneau ou l'anneau caudal, grossi, ouvert en dessus pour montrer les glandes vénénifiques dans leur position naturelle.

a, les deux glandes se réunissant en arrière pour former un canal commun. — *b*, l'extrémité antérieure des glandes.

FIG. 2. Le même anneau vu de profil; l'une des glandes a été laissée en place.

a, les fibres musculaires qui la maintiennent; l'autre a été rejetée de côté. — *b*, le corps de la glande. — *c'*, son canal propre. — *d*, le canal commun.

FIG. 3. Appareil génital mâle.

a a, testicules. — *b*, appendices. — *c*, glandes spermatiques. — *d*, verge. — *e*, orifice.

FIG. 4. Armure de la verge.

FIG. 5. Spermatozoïdes.

FIG. 6. Appareil génital femelle.

a, œufs dans les premiers temps de leur formation. — *b*, oviductes. — *c*, orifice vaginal. — *d*, valves recouvrant l'orifice génital.

Cette figure est grossie environ au double.

FIG. 7. Petite portion de l'ovaire très-grossie.

FIG. 8. L'abdomen d'une femelle parvenue vers le dernier temps de la gestation, ouvert en dessous.

On voit en *a* tous les embryons dans leur position naturelle; les lobes hépatiques passent entre toutes les parties des ovaires. — *b*, le premier anneau de la portion caudiforme de l'abdomen. — *c*, les oviductes. — *d*, orifice vaginal. — *e*, valves recouvrant l'orifice génital.

FIG. 9. Le même ovaire complétement isolé.

a, les embryons. — *b*, les oviductes. — *c*, orifice vaginal.

Cette figure est, comme la précédente, grossie au moins au double.

FIG. 10. Portion de la membrane ovarique vue sous un grossissement d'environ 200 diamètres.

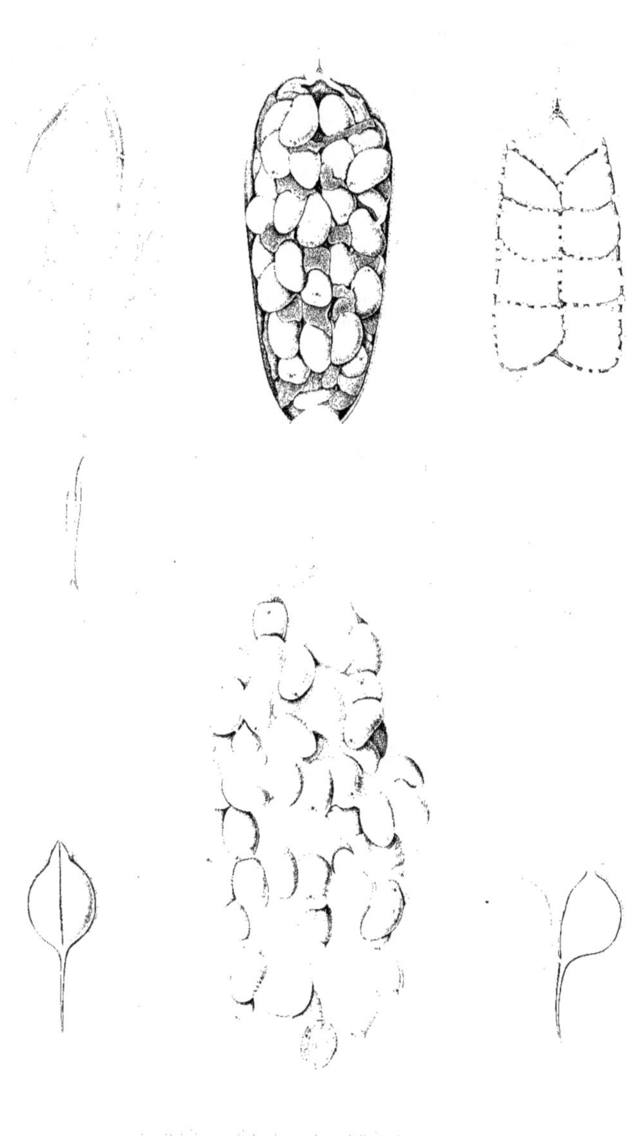

ORDRE DES **PÉDIPALPES.** *PEDIPALPI.*

FAMILLE DES **THÉLYPHONIDES.** *THELYPHONIDÆ.*

GENRE **THÉLYPHONE.** *THELYPHONUS.* LATREILLE.

SYSTÈME MUSCULAIRE ET SYSTÈME NERVEUX. — THELYPHONUS CAUDATUS. (*Phalangium caudatum* Linné.), — de la Martinique.

FIG. 1. Individu mâle de grandeur naturelle, vu en dessus.

f, céphalothorax. — *a*, yeux médians. — *b*, yeux latéraux. — *c*, portion saillante des hanches. — *d*, pattes-mâchoires. — *e e*, les quatre paires de pattes ambulatoires. — *g*, abdomen. — *h*, sa portion caudiforme. — *i*, queue.

FIG. 2. Le même vu en dessous.

a, céphalothorax. — *b*, hanche des pattes-mâchoires. — *c*, trochanter. — *d*, cuisse. — *e*, jambe. *f*, tarse. — *, crochet. — *g*, sternite postérieur. — *h*, hanches des pattes ambulatoires. — *i*, trochanter. — *k*, cuisse. — *l*, jambe. — *m*, tarse. — *n*, abdomen.

FIG. 3. Portion antérieure du corps vue en dedans.

a, appendice buccal. — *b*, base de la patte-mâchoire. — *c*, bord de la hanche. — *d*, patte de la première paire. — *e*, patte de la deuxième paire. — *f*, de la troisième paire. — *g*, de la quatrième paire. — *h*, sternite.

FIG. 4. L'animal est grossi au moins au double. Il a été ouvert par la partie dorsale, et tous les viscères ont été enlevés, de manière à mettre à nu toute la chaîne ganglionnaire.

On voit en avant et sur la ligne médiane le cerveau (ou les ganglions cérébroïdes) fournissant les nerfs pharyngiens, les nerfs optiques médians *a*, les nerfs optiques latéraux, et les nerfs antennaires *b*. Le cerveau n'est séparé des centres médullaires inférieurs que par des connectifs très-courts, laissant ainsi seulement une très-petite ouverture arrondie pour le passage de l'aorte et de l'œsophage. En arrière du cerveau, on distingue donc une masse médullaire considérable, résultant de la fusion complète du ganglion sous-œsophagien et des ganglions thoraciques. Cette masse donne naissance latéralement aux nerfs des pattes-mâchoires *d* et aux nerfs des quatre paires de pattes *e*.

On voit en *c* la partie saillante des hanches.

En arrière de la masse médullaire thoracique, on suit dans toute sa longueur la chaîne abdominale, dont les nerfs se distribuent aux muscles de chacun des anneaux de l'abdomen et aux orifices des quatre paires d'organes respiratoires *f*. — *g*, le ganglion postérieur. — *h* indique la partie caudiforme de l'abdomen. — *i*, la queue.

FIG. 5. Portion supérieure du système nerveux, isolée et plus grossie.

a, le cerveau ou les ganglions cérébroïdes. — *b*, les nerfs pharyngiens. — *c*, les yeux. — *d*, les nerfs optiques médians. — *e*, les nerfs antennaires. — *f*, l'antenne pince ou chélicère.

FIG. 6. La même portion supérieure du système nerveux.

a, le cerveau. — *b*, l'aorte rejetée de côté pour laisser voir la partie antérieure du tube digestif *d*, avec ses ganglions et ses fils nerveux *c*.

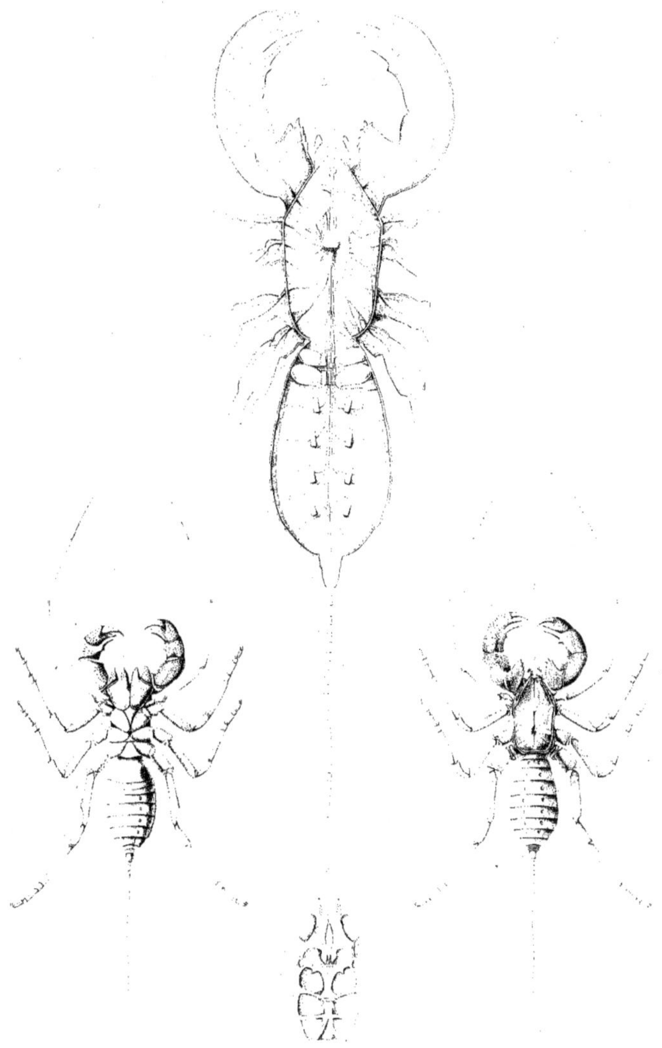

Ordre des **PÉDIPALPES**. *PEDIPALPI.*

Famille des THÉLYPHONIDES. *THELYPHONIDÆ.*

Genre THÉLYPHONE. *THELYPHONUS.* Latreille.

Appareil digestif et organes respiratoires. — Thelyphonus caudatus (*Phalangium caudatum* Linné),
— de la Martinique.

Fig. 1. Appareil digestif vu dans son ensemble, dans sa position et ses rapports naturels.

L'animal a été ouvert par la partie dorsale, et le tégument de cette portion du corps seul a été
enlevé. Les lobes du foie ont été écartés pour mettre à nu dans toute sa longueur le tube intestinal et les canaux hépatiques; les glandes salivaires ont été laissées en place.

a, œsophage. — *b,* estomac et ses *diverticulum* en partie recouverts par les glandes salivaires.
— *c,* portion intestinale avec ses canaux hépatiques et les grappes utriculaires qui constituent le
foie. — *d,* gros intestin. — *e,* son extrémité. — *f,* antennes-pinces. — *g,* pattes-mâchoires. —
h, h, pattes ambulatoires.

Fig. 2. Portion antérieure de l'appareil digestif, très-grossie, vue en dessous et complétement isolée.
a, œsophage. — *b,* estomac entouré par les glandes salivaires qui y adhèrent sur tous les
points. — *c, c,* cœcums ou *diverticulum* de l'estomac. — *d,* origine de l'intestin.

Fig. 3. La même portion antérieure de l'appareil digestif, également vue en dessous, avec la large
aponévrose *a, a,* sur laquelle elle repose et d'où naissent des muscles *b, b,* qui déterminent des
mouvements de l'estomac.

Fig. 4. Petite portion de la membrane stomacale et de la glande, vue sous un fort grossissement.

Fig. 5. Portion antérieure de l'abdomen vu en dessous pour montrer les quatre orifices respiratoires
a, a.

Fig. 6. L'abdomen ouvert en dessus et débarrassé de tous les organes pour montrer en place les quatre
poches pulmonaires *a, a.*

Fig. 7. L'un des poumons de la première paire, isolé et très-grossi. — *a,* orifice.

Fig. 8. L'un des poumons de la seconde paire, isolé et représenté avec le même grossissement que le
précédent.

Fig. 9. Quelques-uns des feuillets pulmonaires isolés.

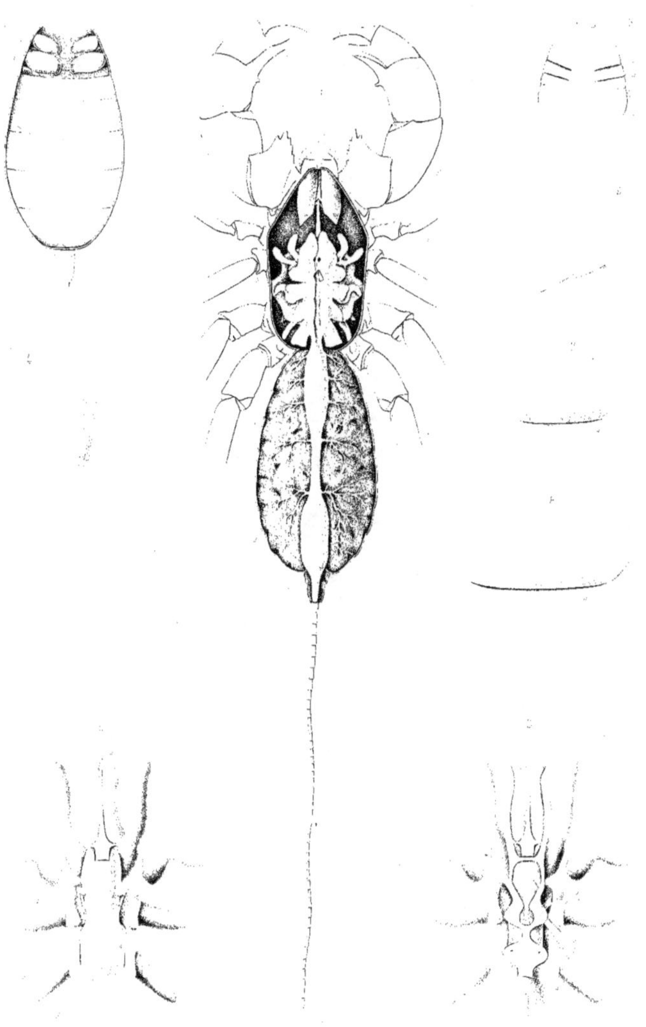

ORDRE DES **PÉDIPALPES.** *PEDIPALPI.*

FAMILLE DES THÉLYPHONIDES. *THELYPHONIDÆ.*

GENRE THÉLYPHONE. *THELYPHONUS.* LATREILLE.

APPAREIL CIRCULATOIRE ET ORGANES DE LA GÉNÉRATION. — THELYPHONUS CAUDATUS (*Phalangium caudatum*
Linné), — de la Martinique.

FIG. 1. SYSTÈME ARTÉRIEL.

L'animal est grossi au moins au double. Après avoir été injecté par le cœur, il a été ouvert de
manière à mettre à nu le cœur et toutes les artères qui en dérivent. — Sur la ligne moyenne de
l'abdomen *d*, on distingue le cœur divisé en une série de chambres nettement indiquées par les
orifices auriculo-ventriculaires et par les vaisseaux pneumocardiaques. Le péricarde a été coupé
en dessus, et il ne reste que son épaisseur le long de chaque côté du cœur.

Dans la partie gauche de l'abdomen, tout a été laissé en place ; le foie est revêtu de sa membrane ; on distingue les vaisseaux pneumocardiaques qui passent au-dessus et le sommet des piliers
musculaires. Du côté droit, les grappes d'utricules qui constituent le foie ont été écartées, de
manière à mettre en évidence toutes les artères hépatiques qui naissent du cœur, au-dessous
des muscles d'attache.

En avant, on voit l'aorte traverser le céphalothorax *c*, et se diviser sous le cerveau pour fournir
les artères ophthalmiques *a*, les artères antennaires *b*. Du côté droit, les muscles des appendices
ont été laissés en place pour montrer les artères qui s'y distribuent. Du côté gauche, les muscles
profonds seuls ont été respectés de façon à mettre à nu les artères des pattes-mâchoires *f* et des
quatre paires de pattes ambulatoires qui viennent à la suite ; l'appareil digestif a été totalement
enlevé.

Dans la partie postérieure de l'abdomen on voit l'artère caudale passant au-dessus de l'extrémité de l'intestin *e*.

FIG. 2. L'aorte, dans sa position naturelle, reposant sur la région stomacale et recouverte en avant
par une portion des glandes salivaires *b*. L'aorte *a* fournit de chaque côté de petites artères à l'estomac et aux glandes et conduits salivaires *b'*. — *c, c*, diverticulum de l'estomac. — *d*, origine
de l'intestin.

FIG. 3. Centre nerveux céphalothoracique au centre duquel on voit un sinus artériel d'où naissent en
avant les artères buccales *a*, sur les côtés, les artères des pattes-mâchoires *b* et des pattes ambulatoires *c, c*, et en arrière l'artère de la chaîne nerveuse. Au milieu du sinus artériel on remarque
un orifice indiquant le point où l'aorte a été coupée.

FIG. 4. Une petite portion du cœur très-grossie pour montrer les orifices auriculo-ventriculaires.

FIG. 5. Une portion semblable ouverte pour montrer les valvules.

FIG. 6. Appareil génital du mâle et organes de sécrétion, vus en dessus dans leur position naturelle.
a, testicules. — *b*, leurs conduits. — *c*, glandes séminales. — *d*, armure génitale. — *e*, disques
d'apparence cornée, enveloppés d'une membrane. — *f*, organes de sécrétion. — *g*, leurs orifices.

FIG. 7. Appareil génital du mâle vu en dessous.
a, testicules. — *b*, leurs conduits. — *c*, glandes séminales. — *d*, armure génitale, recouverte
de sa tunique du côté gauche *e*, et mise à nu du côté droit.

FIG. 8. Appareil génital de la femelle vu en dessus dans sa position naturelle.
a, les tubes ovariques à l'état de vacuité. — *b*, oviducte. — *c*, orifice.

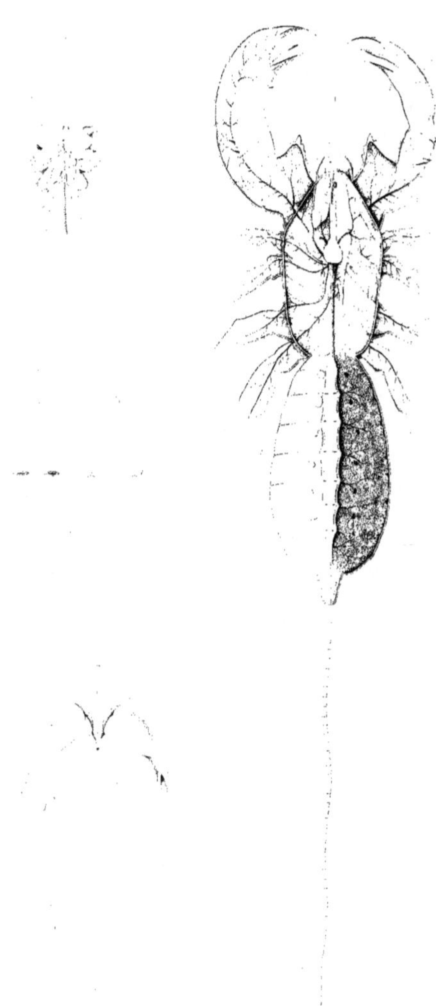

ORDRE DES PÉDIPALPES. *PEDIPALPI.*

FAMILLE DES PHRYNIDES. *PHRYNIDÆ.*

GENRE PHRYNE. *PHRYNUS.* LATREILLE.

SYSTÈME TÉGUMENTAIRE ET SYSTÈME NERVEUX. — PHRYNUS PALLASII. (*Phalangium reniforme* Pallas)—de la Martinique.

FIG. 1. Individu mâle de grandeur naturelle, vu en dessus.

a, céphalothorax.—a*, yeux médians.—b, yeux latéraux.—c, portion saillante des hanches. — d, pattes-mâchoires. — e, e, les quatre paires de pattes ambulatoires. — g, abdomen. — h, pièce operculaire.

FIG. 2. Le même vu en dessous.

a, céphalothorax.— b, hanche des pattes-mâchoires.—c, trochanter. — d, cuisse.—e, jambe. — f, tarse. — *, crochet. — g, sternite postérieur. — h, hanches des pattes ambulatoires. — i, trochanter. — k, cuisse. — l, jambe. — m, tarse. — n, abdomen.

FIG. 3. Coupe verticale d'une petite portion du tégument d'un chélicère.

a, épiderme. — b, couche supérieure du derme. — c, couche inférieure.

FIG. 4. Petite portion du tégument vu par sa surface, sous un grossissement d'environ 300 diamètres.

a, épiderme. — b, derme, l'épiderme ayant été détaché sur une certaine étendue.

FIG. 5. Bouclier céphalothoracique isolé et grossi environ au double.

a, épines marginales. — b, éminence supportant les deux yeux médians. — c, c', c'', yeux latéraux. — d, sillon médian. — e, e, dépressions transversales. — f, sillon postérieur.

FIG. 6. Chélicère très-grossi, vu par le côté interne.

a, article basilaire. — b, corps principal. — b', dents supérieures. — b'', pointes terminales. — c, crochet mobile.

FIG. 7. Portion céphalothoracique inférieure, très-grossie.

a, b, c, série des sternites ou pièces sternales. — d, sternites postérieurs. — e, tige ou languette sternale.—f, g, h, i, épisternites ou pièces épisternales.—k, origine des pattes-mâchoires. — l, m, n, o, origine des pattes ambulatoires.

FIG. 8. Tarse de la patte-mâchoire du côté droit, vu par devant.

a, insertion du tarse.— b, crochet.

FIG. 9. Extrémité du tarse de la seconde patte ambulatoire du côté droit.

a, troisième article. — b, crochets.

FIG. 10. Portion inférieure de la cage céphalothoracique vue intérieurement, grossie environ au double.

a, appendice buccal. — b, coxopodites des pattes-mâchoires. — b', trochanter. — c, coxopodites des premières pattes ambulatoires. — d, d', d'', coxopodites des pattes ambulatoires. — e, épimérites ou pièces épimériennes.—f, f, lames apodémiques des coxopodites.—g, apodèmes des sternites et épisternites postérieurs. — h, origine de l'abdomen.

FIG. 11. Système nerveux. — Du côté gauche, les muscles ont été enlevés à l'exception des muscles extenseurs des pattes; du côté droit, ils ont tous été laissés en position.

a, élévateur du chélicère. — b, rétracteur. — c, extenseur. — d, rétracteur des pattes-mâchoires. — e, élévateur. — f, rétracteur des pattes ambulatoires de la première paire. — g, g, rétracteurs des pattes ambulatoires. — h, h, élévateurs. — i, extenseurs.

On voit en avant et sur la ligne médiane le cerveau fournissant les nerfs pharyngiens, les nerfs optiques k, les nerfs optiques latéraux et les nerfs antennaires l; au-dessous du cerveau, la masse médullaire céphalothoracique donnant naissance aux nerfs des pattes-mâchoires m, et aux nerfs des pattes ambulatoires n, et en arrière le cordon abdominal o.

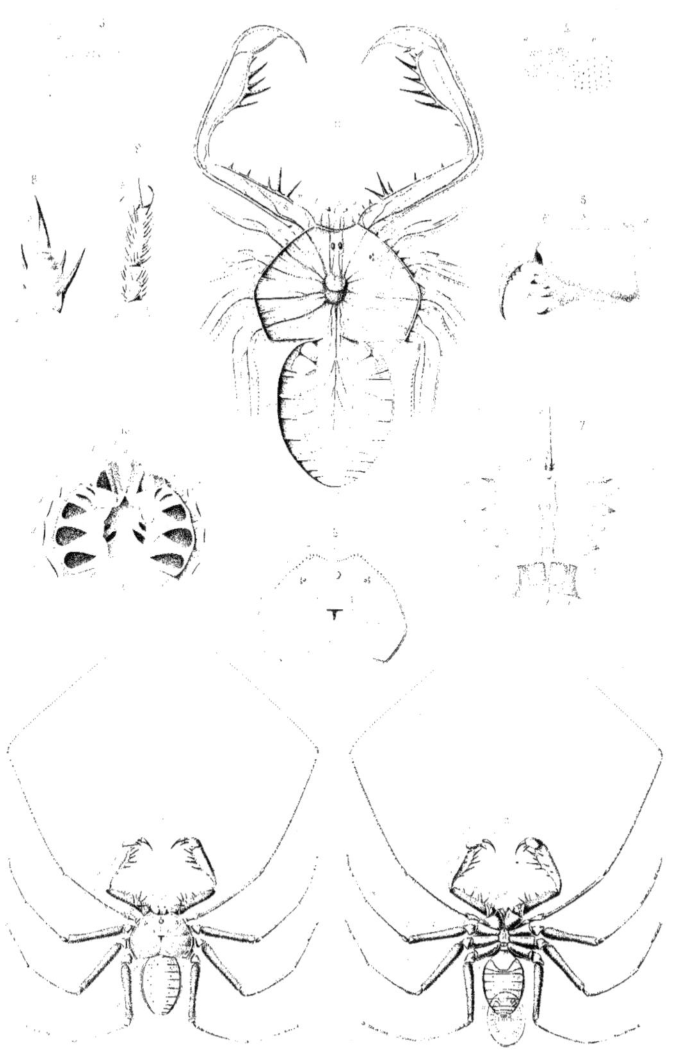

Système digestif et Système nerveux de l'Insecte.

ORDRE DES **PÉDIPALPES.** *PEDIPALPI.*

FAMILLE DES PHRYNIDES. *PHRYNIDÆ.*

GENRE PHRYNE. *PHRYNUS.* LATREILLE.

APPAREIL DIGESTIF ET ORGANES RESPIRATOIRES. — PHRYNUS PALLASII (*Phalangium reniforme* Pallas), — de la Martinique.

FIG. 1. Appareil digestif vu dans son ensemble, dans sa position et ses rapports naturels.

L'animal a été ouvert par la partie dorsale. Les lobes du foie ont été écartés pour mettre à nu dans toute sa longueur le tube intestinal, les canaux hépatiques et les canaux urinaires.

a, œsophage reposant en partie sur le centre médullaire céphalothoracique dont on distingue les deux lobes. — *b,* estomac et ses *diverticulum.* — *c,* portion intestinale avec ses canaux hépatiques et les grappes utriculaires qui constituent le foie. — *d,* gros intestin et canaux urinaires. — *e,* son extrémité. — *f,* antennes-pinces. — *g,* pattes-mâchoires. — *h, h,* pattes ambulatoires.

FIG. 2. Portion du corps vue par devant pour montrer exactement la situation de l'appendice buccal, sous lequel est située la bouche; — les chélicères ont été détachées et les coxopodites des pattes-mâchoires écartés.

a, appendice buccal. — *b,* coxopodites des pattes-mâchoires. — *c,* bord frontal du céphalothorax. — *d,* cadre circonscrivant l'insertion des chélicères.

FIG. 3. Orifice buccal; l'appendice ayant été enlevé.

a, orifice. — *b,* cadre buccal. — *c,* portion basilaire interne des coxopodites des pattes-mâchoires.

FIG. 4. Appendice buccal isolé, très-grossi.

FIG. 5. Œsophage très-grossi, vu en dessus dans sa position naturelle.

a, muscles latéraux. — *b,* bord interne des coxopodites des pattes-mâchoires. — *c,* lames coriaces.

FIG. 6. Portion antérieure de l'appareil digestif, très-grossie, vue en dessous et complétement isolée.

a, œsophage. — *b,* estomac. — *c, c', c'', c''',* ses quatre paires de *diverticulum.* — *d,* glandes. — *e,* origine de l'intestin.

FIG. 7. La même portion antérieure de l'appareil digestif, également vue en dessous, avec la large lame aponévrotique *f, f,* sur laquelle elle repose et d'où naissent des muscles *g, g,* qui déterminent les mouvements de l'estomac.

FIG. 8. Portion antérieure de l'abdomen vue en dessous pour montrer les quatre orifices respiratoires *a, b.* — *c,* orifice génital.

FIG. 9. L'abdomen ouvert en dessus et débarrassé de tous les organes pour montrer en place les quatre poches pulmonaires *a, b.* — *c,* canaux afférents. — *d, d,* canaux efférents.

FIG. 10. L'un des poumons de la première paire, isolé et très-grossi. — *a,* orifice.

FIG. 11. L'un des poumons de la seconde paire, isolé et représenté avec le même grossissement que le précédent.

FIG. 12. Quelques-uns des feuillets pulmonaires isolés.

FIG. 13. Petite portion de la paroi d'un feuillet pulmonaire, grossie environ 300 diamètres.

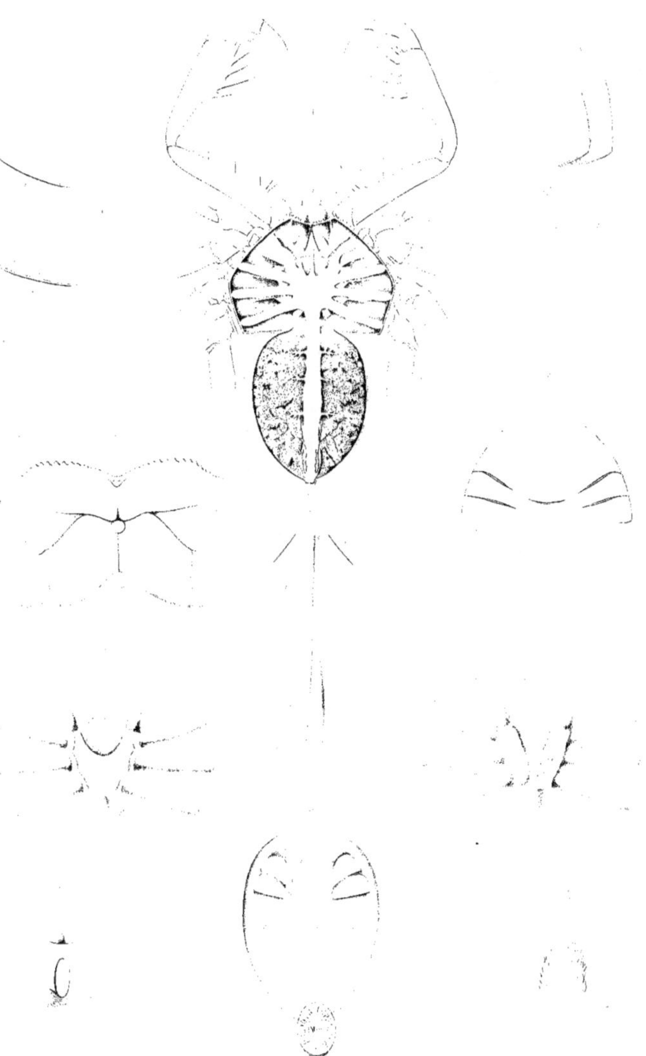

Appareil circulatoire et organes de la respiration du Pholcus

Ordre des **ARANÉIDES.** *ARANEIDES.*

Famille des SÉGESTRIIDES. *SEGESTRIIDÆ.*

Genre SÉGESTRIE. *SEGESTRIA.* Latreille.

Système tégumentaire. — (Segestria florentina. — Aranea florentina Rossi. — Segestria perfida
Walckenaer, — d'Europe).

Fig. 1. Coupe verticale du tégument, portion thoracique.

Fig. 2. Épiderme thoracique vu par sa face supérieure, grossi environ 350 diamètres.
   a, poils.

Fig. 3. Derme vu également par sa face supérieure, sous le même grossissement.

Fig. 4. Tégument de l'abdomen, partie dorsale, grossi 350 diamètres.
   a, épiderme; — *b*, poils; — *c*, derme.

Fig. 5. Bouclier céphalothoracique isolé, pour montrer la position et la direction des trois paires
d'yeux.
   a, yeux médians. — *b*, yeux antéro-latéraux. — *c*, yeux postéro-latéraux.

Fig. 6. Région frontale du bouclier céphalothoracique vue par devant.
   a, yeux médians. — *b*, yeux antéro-latéraux. — *c*, yeux postéro-latéraux.

Fig. 7. Les deux chélicères isolés, vus en dessus, dans leur position naturelle.
   a, pièce basilaire. — *b*, corps de l'antenne-pince. — *c*, crochet.

Fig. 8. L'un des chélicères, vu en dessous, avec les mêmes lettres que sur la figure précédente.

Fig. 9. Région céphalothoracique dont le bouclier dorsal a été enlevé.
   a, pièce buccale. — *b*, pattes-mâchoires. — *c*, sa cuisse ou méropodite. — *c, c*, hanches ou
coxopodites des pattes ambulatoires. — *d, d,* trochanters. — *e, e,* cuisses ou méropodites. —
f, f, bord de la paroi céphalothoracique. — *g,* sternum.

Fig. 10. Patte-mâchoire isolée.
   a, coxopodite converti en véritable mâchoire. — *b*, sa portion basilaire. — *c*, trochanter.
—*d*, cuisse ou méropodite. —*e*, jambe. —*f*, premier article du tarse. —*g*, second article terminé
par deux petits crochets (chez la femelle).

Fig. 11. Extrémité du dernier article du tarse (femelle), très-grossie.
   a, bord de l'article. — *b*, crochets. — *c*, poils.

Fig. 12. Région sternale vue en dessous.
   a, sternum — *b*, sternite antérieur ou languette sternale. — *c*, pattes-mâchoires. — *d, d,* portion basilaire des pattes ambulatoires. — *e*, contour du céphalothorax.

Fig. 13. Extrémité d'une patte ambulatoire vue de profil et très-grossie.
   a, portion terminale du dernier article. — *b*, crochets. — *c*, petit crochet inférieur.

Fig. 14. Poils de la surface du corps, très-grossis.
   a, poils frangés, — *b*, poil lisse.

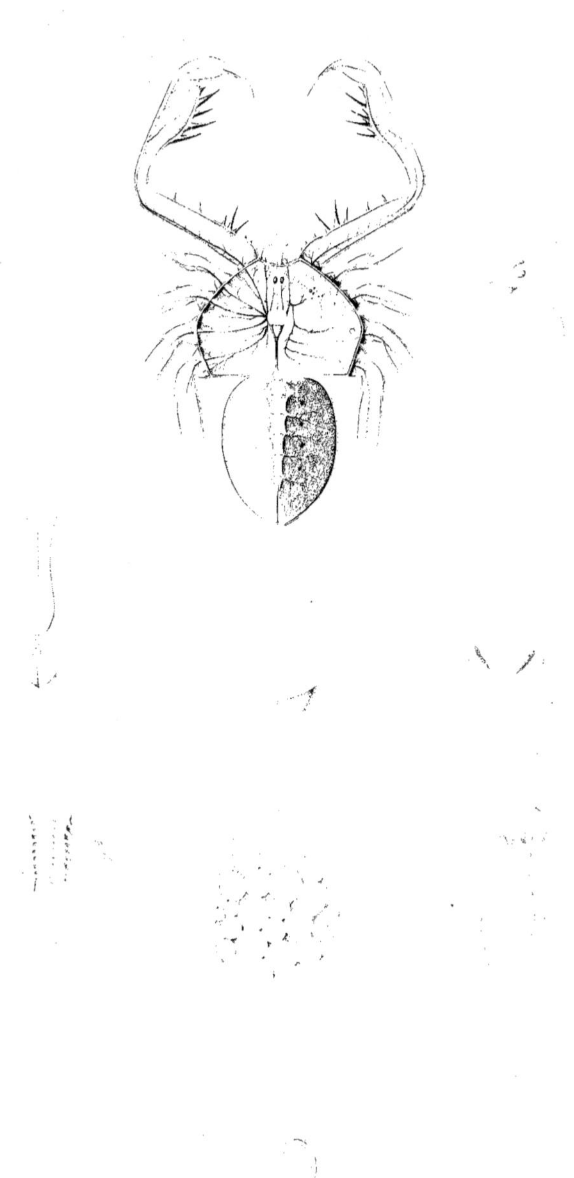

Ordre des **ARANÉIDES**. *ARANEIDES*.

Famille des MYGALIDES. *MYGALIDÆ*.

Genre MYGALE. *MYGALE*. Latreille.

Système tégumentaire. — (Mygale Blondii Latreille.)

Fig. 1. L'animal vu en dessus. Individu de grandeur naturelle de la plus grande taille. — *a*, céphalothorax supportant les yeux — *b*, antennes-pinces. — *c*, pattes-mâchoires. — *d*, *d*, origine des pattes. — *e*, abdomen.

Fig. 2. Le même vu en dessous. — *a*, antennes-pinces. — *b*, sternum. — *c*, pattes-mâchoires. — *d*, *d*, pattes. — *e*, abdomen. — *f*, *f*, orifices des organes respiratoires. — *g*, filières. — *h*, orifice des organes génitaux.

Fig. 3. Coupe du tégument dans son épaisseur pour montrer les différentes couches. — *a*, épiderme. — *b*, derme.

Fig. 4. Épiderme du céphalothorax vu sous un grossissement de 250 à 300 diamètres.

Fig. 5. Portion du derme vu sous le même grossissement.

Fig. 6. Poils très-grossis.

Fig. 7. Yeux très-grossis.

Fig. 8. Antennes-pinces écartées et vues par-devant. — *a*, orifice buccal. — *b*, appendice représentant les mandibules et les mâchoires des Insectes. — *c*, lèvre inférieure.

Fig. 9. Portion antérieure du corps vue en dedans, le céphalothorax ayant été enlevé. *a*, antennes-pinces. — *b*, sternum. — *c*, pattes-mâchoires. — *d*, pattes de la première paire. — *e*, pattes de la deuxième paire. — *f*, pattes de la troisième paire. — *g*, pattes de la quatrième paire. — *, hanche. — **, trochanter. — ***, origine de la cuisse.

Fig. 10. Patte-mâchoire du mâle. — *a*, hanche. — *b*, trochanter. — *c*, cuisse. — *d*, jambe. — *e*, tarse.

Fig. 11. Patte de la première paire. — *a*, hanche. — *b*, trochanter. — *c*, cuisse. — *d*, jambe. — *e*, tarse. — *f*, crochets.

Fig. 12. Extrémité d'un tarse très-grossie pour montrer l'implantation et les dentelures des crochets.

Fig. 13. Extrémité d'une filière très-grossie.

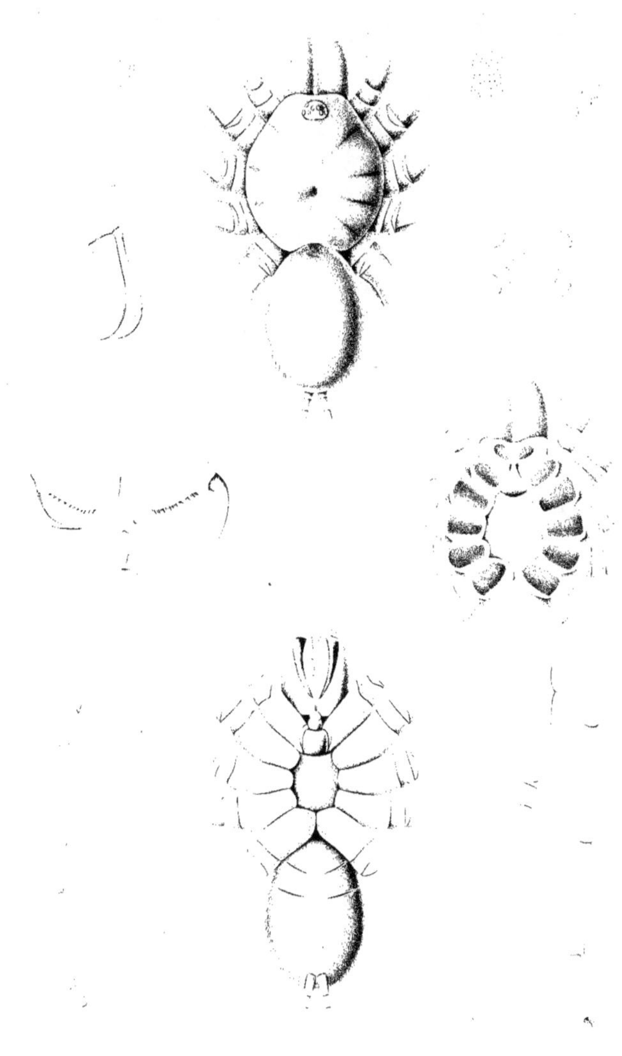

Ordre des **ARANÉIDES**. *ARANEIDES*.

Famille des MYGALIDES. *MYGALIDÆ.*

Genre MYGALE. *MYGALE*. Latreille.

Système nerveux. — (Mygale Blondii Latreille du Brésil.

L'animal est grossi presque au double. Il a été ouvert par la partie dorsale, et tous les viscères ont été enlevés, de manière à mettre à nu l'ensemble du système nerveux.

On voit en avant et sur la ligne médiane le cerveau *a*, fournissant les nerfs optiques *b* et les nerfs antennaires *c*. Le cerveau est séparé de la masse médullaire par des connectifs si courts qu'il n'existe qu'une très-petite ouverture pour le passage de l'œsophage. Au-dessous du cerveau, on distingue donc une masse médullaire considérable, résultant de la fusion complète du ganglion sous-œsophagien et des ganglions thoraciques. Cette masse donne naissance latéralement aux nerfs des pattes-mâchoires *d*, et aux nerfs des quatre paires de pattes *e, e*, et à tous les muscles du thorax. Ces muscles ont tous été conservés du côté droit. Du côté gauche, ils ont été enlevés en partie pour mettre totalement à découvert les nerfs pédieux. En arrière de la masse médullaire thoracique, on suit dans toute sa longueur le cordon abdominal, ainsi que ses branches. — *f*, ganglion très-réduit existant à la base du pédicule. — *g, g,* organes respiratoires auxquels viennent se distribuer les premiers nerfs abdominaux. — *h,* nerfs se distribuant dans les grands muscles longs. — *i*, filières.

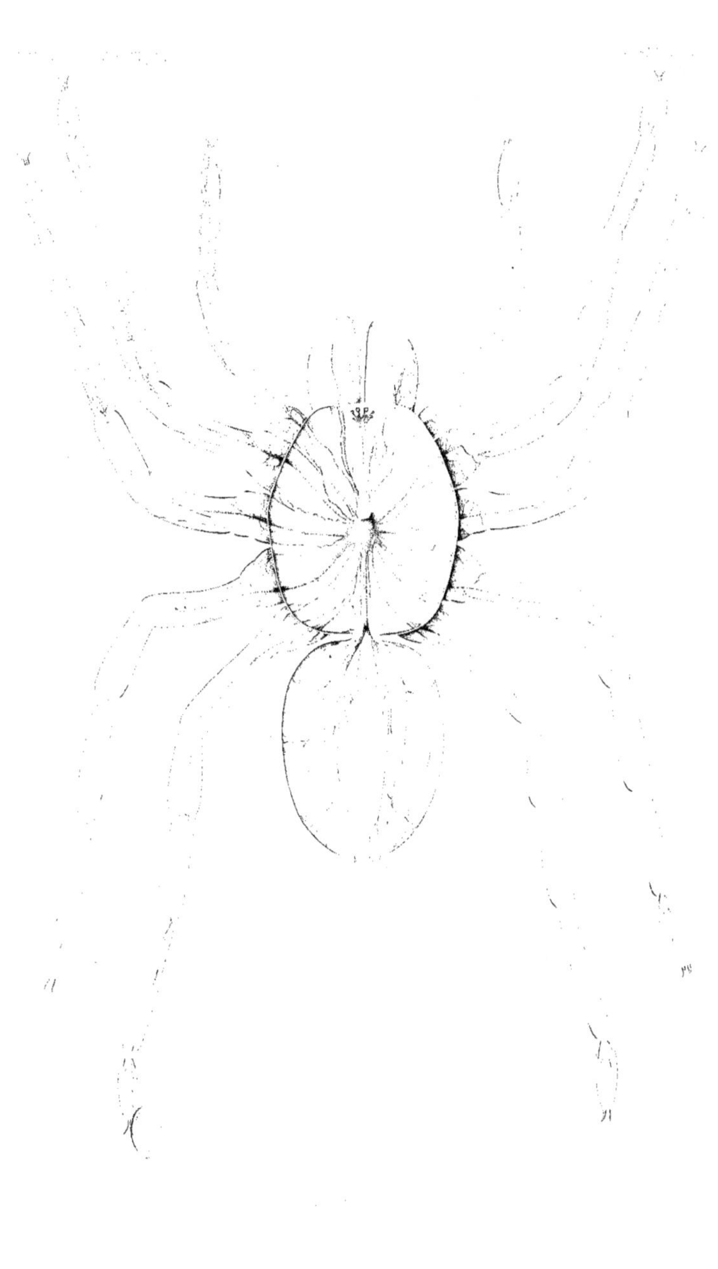

ORDRE DES **ARANÉIDES**. *ARANEIDES.*

FAMILLE DES MYGALIDES. *MYGALIDÆ.*

GENRE MYGALE. *MYGALE.* LATREILLE.

SYSTÈME NERVEUX. — (MYGALE BLONDII Latreille.)

FIG. 1. Portion antérieure du corps grossie et vue de profil pour mettre en évidence la position du cerveau et de la masse médullaire thoracique, la direction des principaux nerfs et la manière dont l'œsophage passe dans l'intervalle compris entre le cerveau et la masse médullaire thoracique.

    a, cerveau. — *b*, masse médullaire thoracique. — *c*, partie solide du pharynx. — *c'*, œsophage. — *d*, nerfs optiques. — *e*, yeux. — *f*, nerf antennaire. — *g*, nerf pédiomaxillaire. — *h*, *h*, nerfs pédieux. — *i*, nerfs abdominaux.

FIG. 2. Cerveau et masse médullaire thoracique isolés et très-grossis.

    a, cerveau. — *b*, origine des nerfs optiques. — *c*, origine des nerfs antennaires. — *d*, masse médullaire thoracique. — *e*, origine des nerfs pédiomaxillaires. — *f*, origine des nerfs pédieux.

FIG. 3. Chélicère ou antenne-pince du côté droit, ouvert et vu par le côté interne pour montrer les nerfs qui se distribuent à chacun de ses muscles.

    a, tronc du nerf antennaire envoyant des branches au muscle extenseur *b*, au fléchisseur latéral *c*, à l'extenseur moyen *d*, à l'élévateur *e*, au rétracteur *f*, au rétracteur interne du crochet *g*, au rétracteur supérieur *h*, à l'extenseur *i*.

FIG. 4. Pharynx et œsophage vus de côté et très-grossis.

    a, pièces cornées du pharynx, — *b*, œsophage. — *c*, filets nerveux pharyngiens.

FIG. 5. Une portion des viscères très-grossie pour montrer les filets nerveux qui s'y distribuent.

    a, cerveau ou ganglions cérébroïdes. — *b*, yeux. — *c*, *c'*, nerfs optiques. — *d*, nerfs antennaires. — *e*, estomac avec ses *diverticulums f*, sur lesquels rampent les noyaux médullaires et les filets nerveux qui naissent du cerveau. — *g*, *h*, cœur. — *i*, aorte. — *k*, les deux branches de l'aorte. — *l*, filets nerveux aortiques. — *m*, filets nerveux cardiaques.

FIG. 6. L'un des poumons de la seconde paire, revêtu de son enveloppe formée d'un tissu feutré parcouru par des filets nerveux.

    a, tronc nerveux. — *b*, muscle long de l'abdomen. — *c*, muscle transverse.

FIG. 7. Portion d'un nerf des pattes ambulatoires très-grossie, montrant que le tronc est formé de l'assemblage de plusieurs nerfs.

FIG. 8. Portion de l'une des grandes branches de l'aorte, très-grossie, montrant le nerf qui la parcourt en donnant des branches sur son trajet.

Ordre des ARANÉIDES. *ARANEIDES.*

Famille des MYGALIDES. *MYGALIDÆ.*

Genre MYGALE. *MYGALE.* Latreille.

Appareil digestif. — (Mygale Blondii Latreille.)

Fig. 1. L'animal est grossi presque au double. Il a été ouvert par la partie dorsale; le tégument de cette portion du corps a été enlevé, ainsi que les muscles, de manière à mettre l'appareil digestif à découvert dans toute son étendue. On voit ainsi le tube intestinal et ses annexes dans leurs positions et leurs rapports naturels. Seulement, dans l'abdomen, les lobes du foie ont été écartés pour mettre à nu l'intestin, les canaux hépatiques et les canaux urinaires.

a, yeux. Sur la ligne médiane, l'œsophage, suivi de l'estomac annulaire, dont les prolongements b, b, s'étendent jusqu'aux parois latérales du céphalothorax. Sur les côtés de l'estomac, entre les prolongements ou *diverticulum*, se montrent les muscles de la grande cloison entocéphalothoracique; au-dessous les glandes stomacales attachées par des ligaments c, c, aux parois du céphalothorax. — d, intestin (côlon) et canaux hépatiques. — e, intestin grêle. — f, rectum. De sa portion antérieure naissent les canaux urinaires g, qui tranchent par leur teinte noirâtre au milieu des grappes utriculaires du foie.

Fig. 2. Région stomacale vue en dessous.

a, sac inférieur. — b, b, prolongements stomacaux. — c, c, glandes stomacales. — d, d, les ligaments qui les maintiennent attachées à la paroi céphalothoracique. — e, e, prolongements stomacaux vus en entier, les glandes stomacales ayant été détachées de ce côté. — f, points d'attache du sac inférieur.

Fig. 3. Estomac vu en dessous.

a, estomac. — b, languette cornée. — c, c, *diverticulum* ou prolongements stomacaux. — d, glande. — e, origine de l'intestin.

Fig. 4. L'un des *diverticulum* de l'estomac isolé vu de profil.

a, portion dorsale. — b, portion ventrale.

Fig. 5. Portion de la paroi interne de l'estomac et de l'origine de l'intestin, vue sous un grossissement d'environ 300 diamètres.

Fig. 6. Portion isolée et très-grossie du canal enroulé qui forme les glandes stomacales.

Fig. 7. Portion intestinale de l'appareil digestif isolée et vue de profil, pour mettre en évidence ses circonvolutions.

a, intestin (côlon). — b, b, origine des canaux hépatiques. — c, intestin grêle. — d, rectum. — e, canaux urinaires. — f, anus.

Fig. 8. Utricules hépatiques très-grossies.

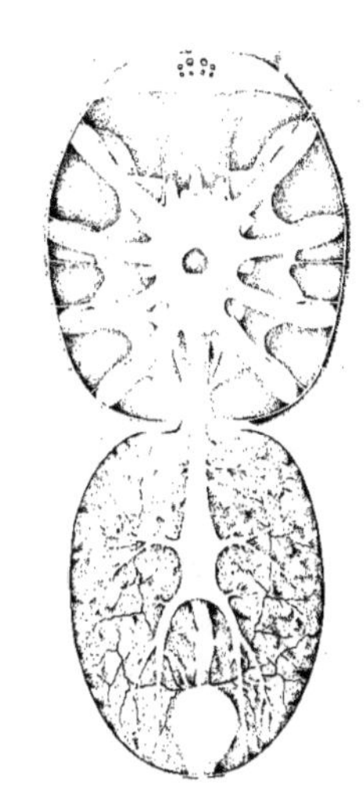

Ordre des ARANÉIDES. *ARANEIDES.*

Famille des MYGALIDES. *MYGALIDÆ.*

Genre MYGALE. *MYGALE.* Latreille.

Appareil circulatoire. — Système artériel. — (Mygale Blondii. Latreille).

L'animal est grossi presque au double. Après avoir été injecté par le cœur, il a été ouvert par la partie dorsale, de manière à mettre à nu le cœur et toutes les artères de la région supérieure du corps, ainsi que celle des pattes [1].

Sur la ligne moyenne, on distingue dans l'abdomen le cœur divisé en cinq chambres, nettement indiquées par les muscles d'attache et par les orifices auriculo-ventriculaires. Le péricarde a été coupé en dessus, et il ne reste que l'épaisseur de sa paroi de chaque côté du cœur.

Dans l'abdomen, occupé en grande partie par le foie, on a laissé, du côté gauche, cet organe dans sa position naturelle, et l'on a représenté les vaisseaux pneumocardiaques *a a* (vaisseaux qui reportent le sang des poumons au cœur), en leur donnant une teinte rouge plus faible que celle des artères. Du côté droit, les grappes d'utricules qui constituent le foie ont été écartées de manière à mettre en évidence toutes les artères hépatiques qui naissent du cœur, au-dessous des muscles d'attache *b*.

En avant, on voit l'aorte en continuité avec la chambre antérieure du cœur; elle traverse le pédicule de l'abdomen, se divise d'abord en deux troncs considérables, fournissant vers la région antérieure les artères ophthalmiques *c* et les artères antennaires *d*; et, de chaque côté, les artères qui règnent au-dessus des *diverticulum* de l'estomac, leur envoient quelques branches, mais se ramifient principalement dans les muscles du céphalothorax.

Les antennes-pinces *d* montrent les branches de leur artère distribuées dans les muscles; en *e*, la glande vénénifique a été laissée en place.

Les deux gros troncs artériels qui dérivent immédiatement de l'aorte, après avoir fourni toutes les artères déjà indiquées, descendent en passant au-dessous de l'estomac, dans la région inférieure du corps (voy. pl. 16, fig. 1), et envoient les artères des pattes-mâchoires *f* et des quatre paires de pattes ambulatoires *g g*.

[1] Cette injection des vaisseaux a été pratiquée sur un individu du Brésil arrivé vivant à Paris.

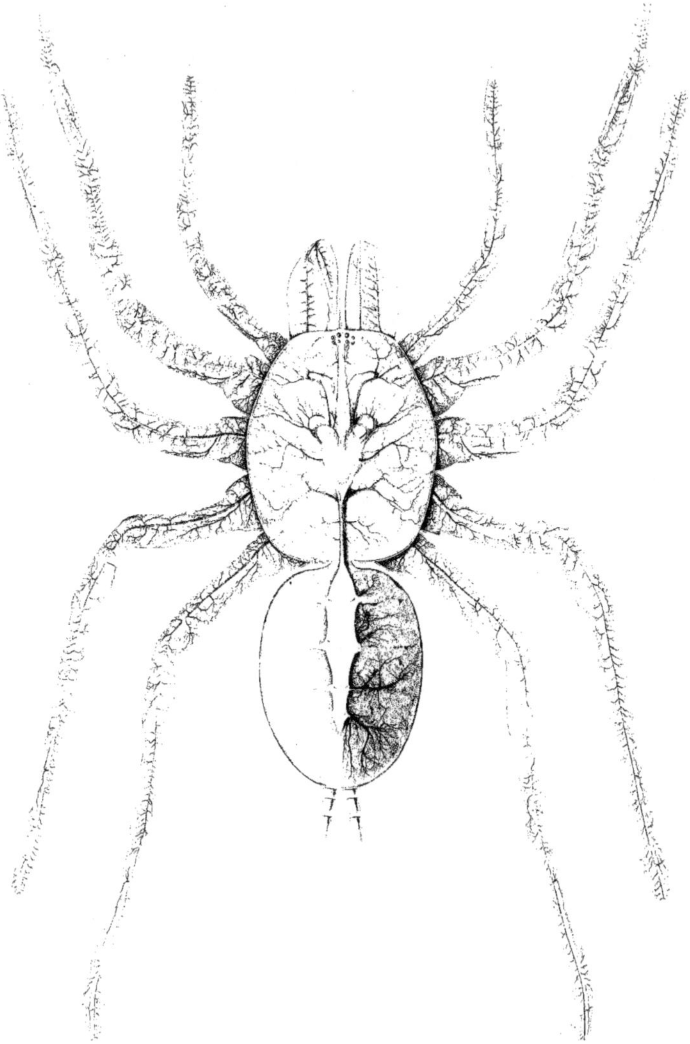

ORDRE DES ARANÉIDES. *ARANEIDES.*

FAMILLE DES MYGALIDES. *MYGALIDÆ.*

GENRE MYGALE. *MYGALE.* LATREILLE.

APPAREIL CIRCULATOIRE. — (MYGALE BLONDII. **Latreille**).

Fig. 1. L'animal est grossi presque au double. Il a été ouvert par la partie dorsale; une portion des muscles, l'appareil digestif en entier, ainsi que les organes de la génération, ont été enlevés, pour mettre en évidence les artères profondes et les principaux canaux veineux. Le cœur et l'origine de l'aorte ont été coupés également pour ne pas masquer les artères abdominales.

Dans le thorax, on voit l'aorte se partageant en deux troncs volumineux, qui se rapprochent sur les côtés et en arrière du cerveau, pour de là se porter dans les chélicères ou antennes pinces, *a*. On reconnaît en *b*, la glande vénénifique qui a été laissée en place dans le chélicère du côté droit. Les artères ophthalmiques naissent de la partie inférieure des artères antennaires et se portent directement aux yeux, *c*.

De chacun des deux troncs dérivant de l'aorte, naissent sur les côtés de la masse médullaire abdominale, par un tronc très-court, les artères des pattes-mâchoires *d*, et des quatre paires de pattes ambulatoires *e, e*. De ces mêmes troncs, rapprochés en arrière du cerveau, dérive encore l'artère abdominale qui descend sur la chaîne nerveuse, pour se partager dans l'abdomen en deux branches qui descendent jusque dans les filières *f*.

On remarque que partout les artères accompagnent les nerfs. Dans les pattes du côté gauche, les muscles ont été laissés en place; les artères sont vues par transparence et les canaux veineux superficiels sont mis à nu. Dans les pattes du côté droit, les artères sont isolées, et de la sorte les principaux canaux veineux se trouvent enlevés.

Dans l'abdomen, on voit en *g, g*, les poches pulmonaires colorées en bleu, étant remplies par le sang veineux; en *h, h*, les poches pulmonaires ouvertes et les poumons à nu; en *i, i*, l'origine des vaisseaux pneumocardiaques.

Fig. 2. Muscle extenseur du chélicère, avec la portion de l'artère antennaire qui lui fournit de nombreux rameaux.

Fig. 3. Céphalothorax dont le tégument dorsal a été enlevé et tous les muscles conservés en position, montrant les réseaux capillaires veineux superficiels.

Fig. 4. Portion du cœur très-grossi, dont le péricarde a été coupé *a*, — *b, b*, portion des vaisseaux pneumocardiaques. — *c, c*, orifices auriculoventriculaires.

Fig. 5. Portion du cœur ouvert pour montrer les valvules *a, a*.

Fig. 6. Les quatre poumons dans leur position naturelle et observés en dessus, l'abdomen étant ouvert par le côté dorsal.

Fig. 7. Le poumon droit de la seconde paire isolé et très-grossi.

Fig. 8. Quelques feuillets pulmonaires isolés et très-grossis.

Fig. 9. Portion de la lame interne des feuillets pulmonaires vue sous un grossissement de 3 à 400 diamètres et montrant le réseau intermembranulaire.

Fig. 10. Fibres de l'orifice respiratoire.

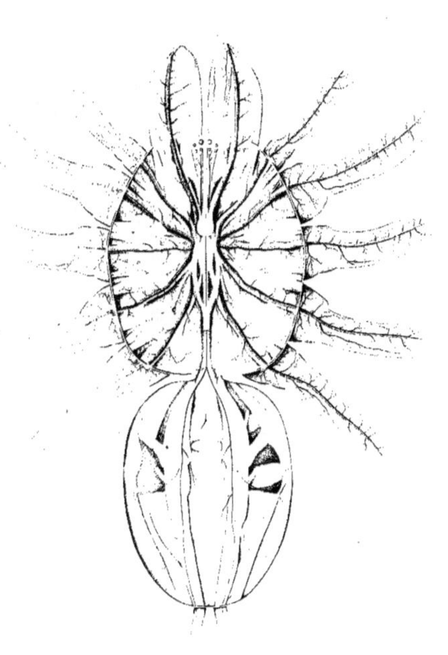
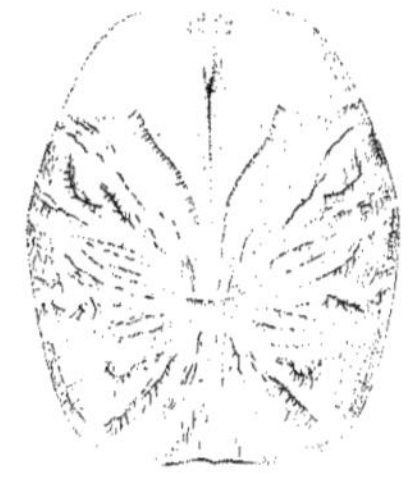

Ordre des ARANÉIDES. *ARANEIDES.*

Famille des MYGALIDES. *MYGALIDÆ.*

Genre MYGALE. *MYGALE.* Latreille.

ORGANES DE SÉCRETION ET ORGANES DE LA GÉNÉRATION. — (Mygale Bloxdii Latreille.)

Fig. 1. Antenne-pince ou chélicère vu de côté et ouvert dans toute sa portion supérieure pour mettre en évidence la glande vénénifique.

a, corps de l'antenne-pince. — *b*, glande vénénifique. — *c*, son conduit dans le crochet de l'antenne-pince. — *d*, ses ligaments suspenseurs.

Fig. 2. Les quatre faisceaux de glandes produisant la soie.

Fig. 3. Une glande isolée et très-grossie.

Fig. 4. Glandes d'une nature différente.

Fig. 5. Extrémité d'une de ces glandes très-grossie.

Fig. 6. Appareil génital mâle vu en dessus et représenté dans sa position naturelle.

a, testicules. — *b*, conduits déférents. — *c, c*, muscles abdominaux.

Fig. 7. Extrémité des conduits déférents.

a, conduits. — *b*, leur point de réunion près de l'orifice extérieur.

Fig. 8. Portion antérieure de l'abdomen vu en dessous, pour montrer l'orifice de l'appareil génital du mâle.

a, orifice. — *b*, ouverture des organes respiratoires de la première paire. — *b'*, ouverture des organes respiratoires de la seconde paire.

Fig. 9. Extrémité de la patte-mâchoire du mâle vue en dessus.

a, le dernier article. — *b*, le crochet.

Fig. 10. La même partie vue en dessous.

a, le dernier article. — *b*, le crochet.

Fig. 11. Appareil génital femelle vu en dessus et représenté dans sa position naturelle.

a, ovaires. — *b*, oviductes. — *c*, muscle rétracteur de l'abdomen.

Fig. 12. Extrémité des oviductes.

a, oviductes. — *b*, leur point de réunion près l'orifice.

Fig. 13. Portion antérieure de l'abdomen vu en dessous, pour montrer l'orifice de l'appareil génital de la femelle.

a, orifice. — *b*, ouverture des organes respiratoires de la première paire. — *b'*, ouverture des organes respiratoires de la seconde paire.

Fig. 14. Ovaires isolés vus en dessous, pour mettre en évidence la masse entière des œufs.

a, ovaires. — *b*, oviductes.

Fig. 15. Ovaires isolés vus en dessus, chez un individu dont les œufs sont à leur première période de développement.

a, ovaires. — *b*, oviductes.

ORDRE DES ARANÉIDES. *ARANEIDES.*

FAMILLE DES SÉGESTRIIDES. *SEGESTRIIDÆ.*

GENRE SÉGESTRIE. *SEGESTRIA.* LATREILLE.

SYSTÈME TÉGUMENTAIRE. — (SEGESTRIA FLORENTINA. — ARANEA FLORENTINA Rossi. — SEGESTRIA PERFIDA Walckenaer, — d'Europe).

FIG. 1. Coupe verticale du tégument, portion thoracique.

FIG. 2. Épiderme thoracique vu par sa face supérieure, grossi environ 350 diamètres.

    a, poils.

FIG. 3. Derme vu également par sa face supérieure, sous le même grossissement.

FIG. 4. Tégument de l'abdomen, partie dorsale, grossi 350 diamètres.

    a, épiderme; — *b*, poils; — *c*, derme.

FIG. 5. Bouclier céphalothoracique isolé, pour montrer la position et la direction des trois paires d'yeux.

    a, yeux médians. — *b*, yeux antéro-latéraux. — *c*, yeux postéro-latéraux.

FIG. 6. Région frontale du bouclier céphalothoracique vue par devant.

    a, yeux médians. — *b*, yeux antéro-latéraux. — *c*, yeux postéro-latéraux.

FIG. 7. Les deux chélicères isolés, vus en dessus, dans leur position naturelle.

    a, pièce basilaire. — *b*, corps de l'antenne-pince. — *c*, crochet.

FIG. 8. L'un des chélicères, vu en dessous, avec les mêmes lettres que sur la figure précédente.

FIG. 9. Région céphalothoracique dont le bouclier dorsal a été enlevé.

    a, pièce buccale. — *b*, pattes-mâchoires. — *c*, sa cuisse ou méropodite. — *c*, *c*, hanches ou coxopodites des pattes ambulatoires. — *d*, *d*, trochanters. — *e*, *e*, cuisses ou méropodites. — *f*, *f*, bord de la paroi céphalothoracique. — *g*, sternum.

FIG. 10. Patte-mâchoire isolée.

    a, coxopodite converti en véritable mâchoire. — *b*, sa portion basilaire. — *c*, trochanter. —*d*, cuisse ou méropodite. —*e*, jambe. —*f*, premier article du tarse.—*g*, second article terminé par deux petits crochets (chez la femelle).

FIG. 11. Extrémité du dernier article du tarse (femelle), très-grossie.

    a, bord de l'article. — *b*, crochets. — *c*, poils.

FIG. 12. Région sternale vue en dessous.

    a, sternum — *b*, sternite antérieur ou languette sternale. — *c*, pattes-mâchoires. — *d*, *d*, portion basilaire des pattes ambulatoires. — *e*, contour du céphalothorax.

FIG. 13. Extrémité d'une patte ambulatoire vue de profil et très-grossie.

    a, portion terminale du dernier article. — *b*, crochets. — *c*, petit crochet inférieur.

FIG. 14. Poils de la surface du corps, très-grossis.

    a, poils frangés, — *b*, poil lisse.

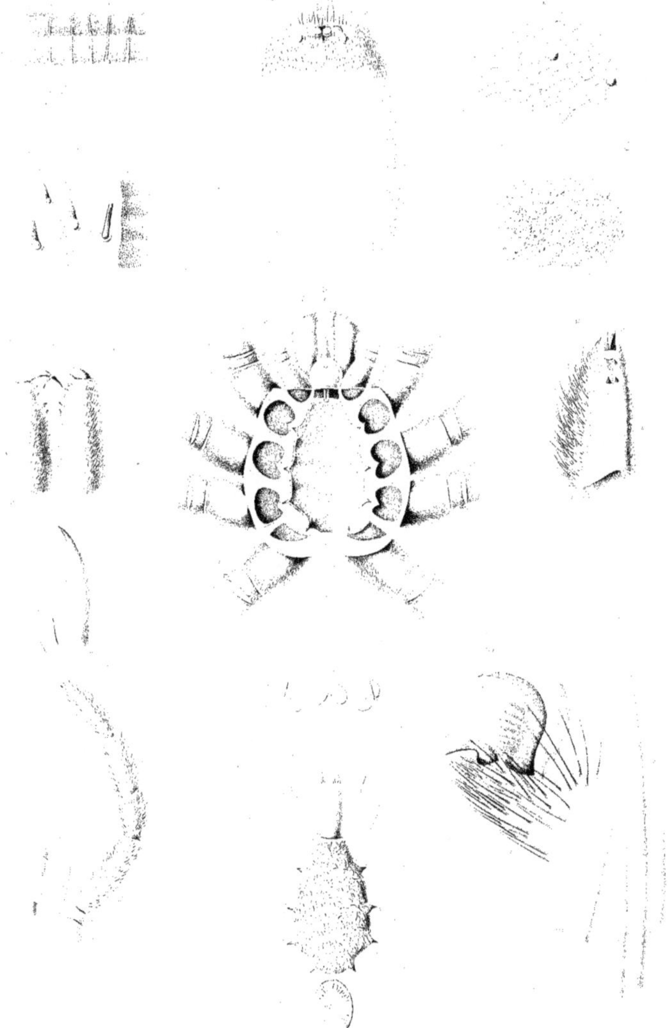

Ordre des ARANÉIDES. *ARANEIDES.*

Famille des SÉGESTRIDES. *SÉGESTRIDÆ.*

Genre SÉGESTRIE. *SEGESTRIA.* Latreille.

Organes de sécrétion et organes de la génération. — (Segestria florentina. — *Aranea florentina,* Rossi. — *Segestria perfida,* Walckenaer.)

Fig. 1. Antenne-pince ou chélicère vu de côté et ouvert dans toute sa portion supérieure pour mettre en évidence la glande vénénifique.

    a, corps de l'antenne-pince. — *b,* glande vénénifique. — *c,* son conduit dans le crochet de l'antenne-pince. — *d,* ses ligaments suspenseurs.

Fig. 2. Petite portion de la paroi de la glande vénénifique observée sous un grossissement de 300 diamètres.

Fig. 3. Les quatre glandes qui sécrètent la soie.

    a, a, glandes. — *b,* leurs conduits. — *c,* filières. — *d,* contour de l'abdomen.

Fig. 4. Petite portion de la paroi de l'une des glandes vue sous un grossissement de 300 diamètres.

Fig. 5. Extrémité d'une de ces glandes vue sous le même grossissement.

Fig. 6. Les quatre filières très-grossies.

    a, filières antérieures. — *b,* filières postérieures. — *c,* tubercules. — *d,* orifice anal.

Fig. 7. Extrémité d'une filière sous un grossissement de 80 diamètres.

Fig. 8. Appareil génital mâle vu en dessus et représenté dans sa position naturelle.

    a, testicules. — *b,* conduits déférents. — *c, c,* muscles abdominaux.

Fig. 9. Extrémité des conduits déférents.

    a, conduits. — *b,* leur point de réunion près de l'orifice extérieur.

Fig. 10. Portion du testicule et spermatophores grossis de 300 diamètres.

Fig. 11. Spermatozoïdes.

Fig. 12. Portion antérieure de l'abdomen vu en dessous, pour montrer l'orifice de l'appareil génital du mâle.

    a, orifice. — *b,* ouverture des organes respiratoires de la première paire. — *b',* ouverture des organes respiratoires de la seconde paire.

Fig. 13. Patte-mâchoire du mâle vue en dessus.

    a, le dernier article. — *b,* le crochet.

Fig. 14. Le crochet ouvert montrant la tige, de consistance coriace, contournée en spirale.

Fig. 15. Appareil génital femelle vu en dessus et représenté dans sa position naturelle.

    a, ovaires. — *b,* oviductes. — *c,* muscle rétracteur de l'abdomen.

Fig. 16. Extrémité des oviductes et poche copulatrice.

    a, oviductes. — *b,* leur point de réunion près de l'orifice. — *c,* poche copulatrice.

Fig. 17. Les mêmes parties vues par leur face inférieure.

Fig. 18. Petite portion de la poche copulatrice grossie 300 diamètres.

Fig. 19. Quelques-uns des cils bordant l'orifice génital.

Fig. 20. Portion antérieure de l'abdomen vu en dessous, pour montrer l'orifice de l'appareil génital de la femelle.

    a, orifice. — *b,* ouverture des organes respiratoires de la première paire. — *b',* ouverture des organes respiratoires de la seconde paire.

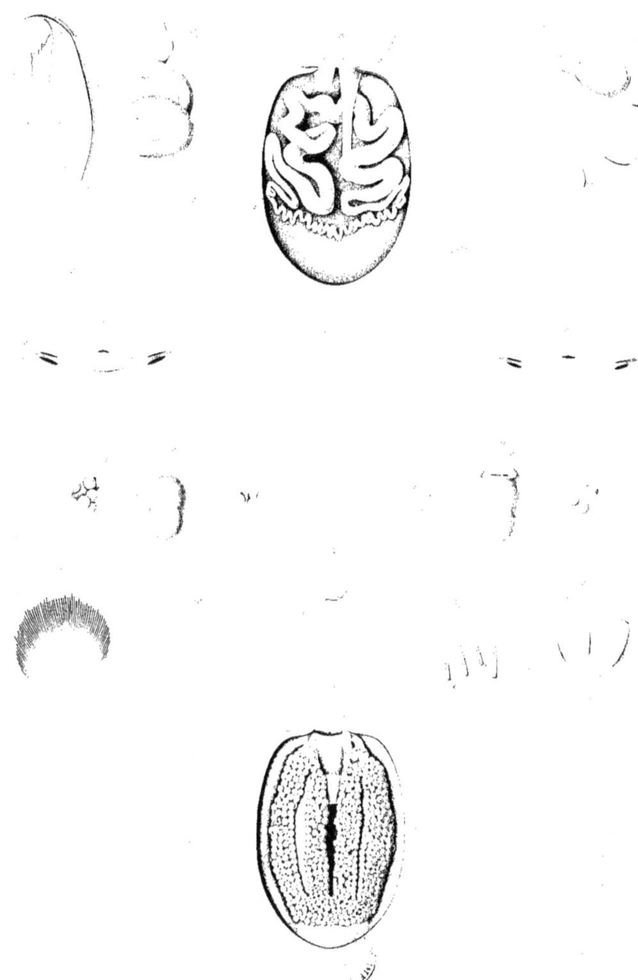

Ordre des TÉTRACÈRES. *TETRACERA.*

Famille des GALÉODIDES. *GALEODIDÆ.*

Genre GALÉODE. *GALEODES.* Latreille.

Système tégumentaire. — (Galeodes aranæoides. Olivier, d'Égypte)

Fig. 1. L'animal vu en dessus. Individu mâle de grandeur naturelle. — Le céphalothorax ayant en avant une éminence supportant les yeux et les petites antennes internes.

    a, antennes-pinces ou chélicères. — *b*, trochanter des pattes-mâchoires. — *c*, cuisse. — *d*, jambe. *e*, tarse.

Fig. 2. Le même grossi, vu en dessous.

    a, les pièces buccales. — *b*, antennes-pinces ou chélicères. — *c*, crochet mobile. — *d*, hanches des pattes-mâchoires. — *e*, trochanter. — *f*, cuisse. — *g*, orifice des organes respiratoires. — *h*, sternum de la seconde paire de pattes ambulatoires. — *i*, hanche. — *k*, trochanter. — On n'a pas mis de numéros aux mêmes parties de la troisième paire de pattes. — *l*, sternum de la quatrième paire de pattes. — *m*, hanche. — *n*, trochanter. — *o*, trochantin. — *p*, appendices spatuliformes. — *q*, orifice des organes de la génération. — *r*, *r*, orifices des organes respiratoires. — *s*, orifice anal.

Fig. 3. Portion saillante et antérieure du céphalothorax supportant les yeux *a*, et les petites antennes internes *b*, très-grossie.

Fig. 4. Chélicère ou antenne-pince, grossi, vu par le côté interne.

    a, corps de l'appendice. — *b*, prolongement dentiforme. — *c*, appendice styliforme. — *d*, crochet mobile.

Fig. 5. Pièces buccales isolées et très-grossies, vues de profil.

    a, support. — *b*, mandibules. — *c*, mâchoires. — *d*, leurs palpes.

Fig. 6. Epistome vu en dessus.

    a, épistome. — *b*, portion antérieure du coxopodite de la patte-mâchoire.

Fig. 7. Extrémité de la patte-mâchoire.

    a, orifice.

Fig. 8. Extrémité de la seconde paire de pattes ambulatoires, pour montrer le mode d'implantation des épines du tarse et des crochets.

    a, palette membraneuse. — *b*, crochets. — *c*, ongles.

Fig. 9. Céphalothorax vu intérieurement, un peu grossi. — Du côté gauche, on a laissé en place la partie membraneuse qui revêt en dessus la cavité des articles basilaires des pattes.

    a, épistome. — *b*, hanches des pattes-mâchoires. — *c*, hanches de la première paire de pattes ambulatoires. — *d*, sternites de la deuxième paire de pattes ambulatoires. — On voit au milieu les entothorax. — *e*, tige montante de l'entothorax. — *f*, bord de la hanche de la troisième paire. — *g*, entothorax postérieur. — *h*, bord de la hanche de la quatrième paire.

Fig. 10. L'un des stigmates abdominaux.

    a, bord antérieur de l'anneau. — *b*, épines disposées en dents de peigne sur le bord. — *c*, lames foliacées.

Fig. 11. Portion épidermique montrant le mode d'implantation des épines.

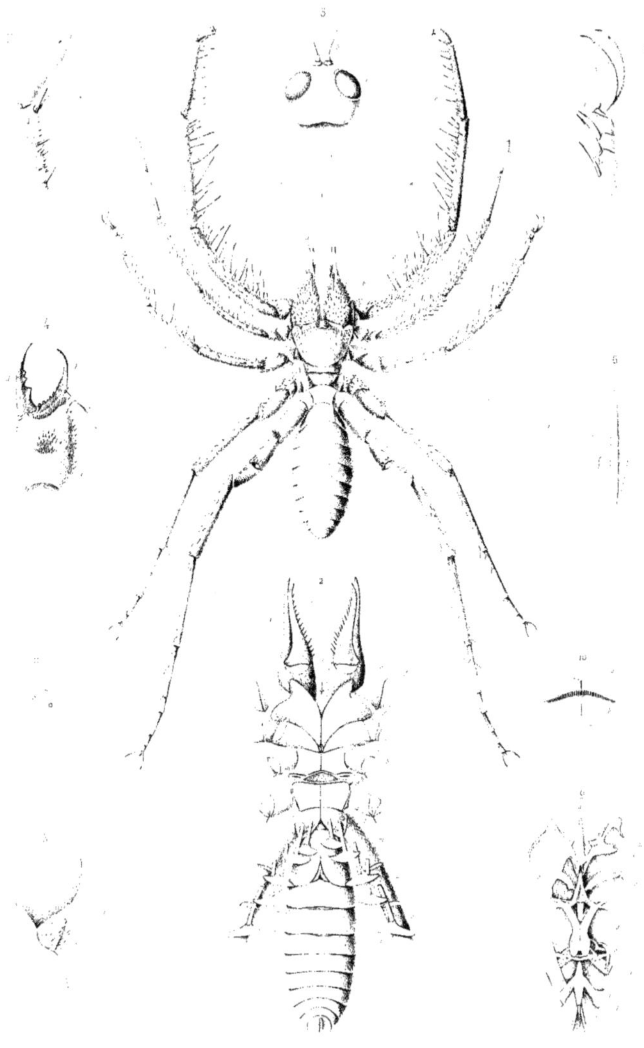

ORDRE DES TÉTRACÈRES. *TETRACERA*.

FAMILLE DES GALÉODIDES. *GALEODIDÆ*.

GENRE GALÉODE. *GALEODES*. LATREILLE.

SYSTÈME MUSCULAIRE. — (GALEODES ARANÆOIDES, Olivier, d'Égypte.)

FIG. 1. Poils très-grossis.

FIG. 2. Poils épineux des pattes.

FIG. 3. Coupe du tégument dans son épaisseur pour montrer les différentes couches.

     a, derme. — *b*, épiderme.

FIG. 4. Derme vu sous un grossissement d'environ 300 diamètres.

FIG. 5. Épiderme vu sous le même grossissement.

FIG. 6. Système musculaire considéré dans son ensemble.

     L'animal est grossi environ au double. Dans le céphalothorax on voit du côté droit tous les muscles qui prennent leurs attaches à la paroi dorsale; du côté gauche, les muscles superficiels ont été enlevés, pour mettre en évidence ceux de la partie profonde. Pour les chélicères le tégument seul a été coupé; dans celui du côté droit les différents muscles ont été un peu écartés. Dans l'abdomen, tous les viscères ont été enlevés, de façon à montrer autant que possible tout l'ensemble du système musculaire.

     a, fléchisseur latéral de l'antenne-pince; ce muscle a été détaché du côté droit. — *b*, extenseur. — *c*, fléchisseur interne. — *d*, fléchisseur externe. — *e*, extenseur du crochet des chélicères. — *f*, fléchisseur interne. — *g*, fléchisseur externe. — *h*, muscles rétracteurs des segments thoraciques. — *i*, élévateurs des hanches. — *k*, élévateur du trochanter. — *l*, fléchisseur du trochanter. — *m*, extenseur de la cuisse. — *n*, fléchisseur de la cuisse. — *o*, extenseur de la jambe. — *p*, fléchisseur de la jambe. — *q*, muscles longs ventraux. — *r*, muscles latéraux. — *s*, *s*. orifices des organes respiratoires. — *t*, orifice des organes génitaux.

FIG. 7. Chélicère ou antenne-pince ouvert et vu par le côté interne.

     a, extenseur. — *b*, fléchisseur latéral. — *c*, extenseur. — *d*, élévateur. — *e*, rétracteur. — *f*, extenseur du crochet. — *g*, fléchisseur interne. — *h*, fléchisseur externe.

FIG. 8. Portion dorsale isolée.

     a, le cœur. — *b*, le péricarde. — *c*, les muscles longs.

FIG. 9. Appareil musculaire céphalothoracique, profond, servant aux mouvements des pièces buccales, des pattes-mâchoires et des pattes ambulatoires.

     a, mandibules. — *b*, mâchoires. — *c*, lèvre. — *d*, élévateur des coxopodites des pattes-mâchoires. Pour les autres muscles, les mêmes lettres que dans la figure 6.

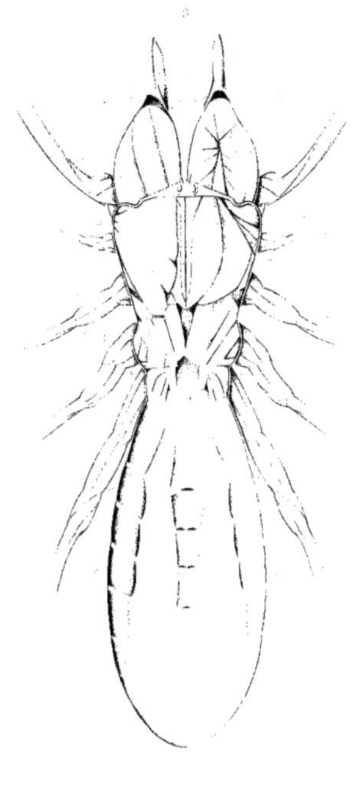
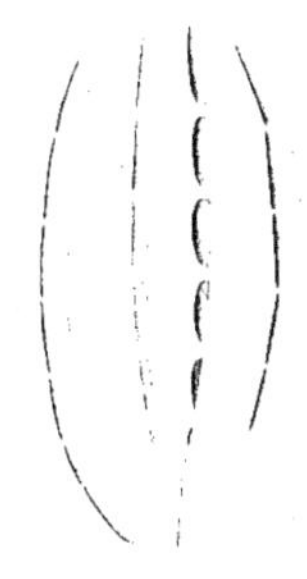
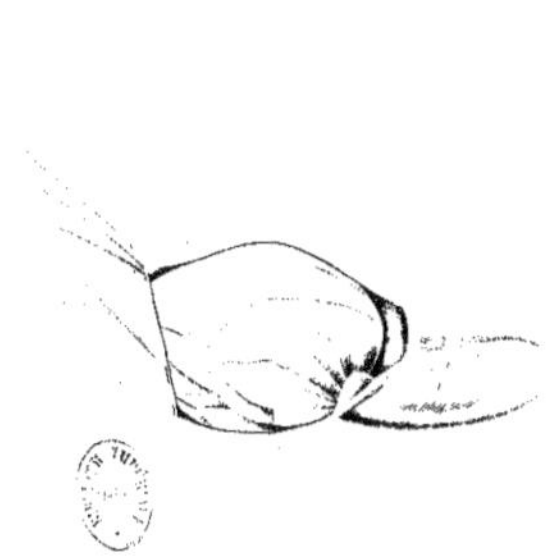

Ordre des TÉTRACÈRES. *TETRACERA.*

Famille des GALÉODIDES. *GALEODIDÆ.*

Genre GALÉODE. *GALEODES.* Latreille.

Système nerveux. — (Galeodes araneoides, Olivier, d'Égypte.)

Fig. 1. L'animal est grossi environ au double. Il a été ouvert par la partie dorsale et les viscères ont été enlevés, de manière à mettre à nu toute la chaîne ganglionnaire.

On voit en avant et sur la ligne médiane *a*, le cerveau (ou ganglions cérébroïdes), fournissant les nerfs pharyngiens *b*, les nerfs optiques *c*, et les nerfs antennaires *d*. Le cerveau n'est séparé des centres médullaires inférieurs que par des connectifs très-courts, laissant ainsi seulement une très-petite ouverture pour le passage de l'aorte et de l'œsophage. En arrière du cerveau on distingue une masse médullaire considérable, résultant de la fusion complète du ganglion sous-œsophagien et des ganglions thoraciques. Cette masse donne naissance latéralement aux nerfs des pattes-mâchoires *e*, et aux nerfs des quatre paires de pattes *f, f*.

En arrière de cette masse médullaire centrale, on suit la chaîne ganglionnaire abdominale dont les nerfs se distribuent aux muscles de chacun des zoonites de l'abdomen et aux orifices respiratoires *h h*. Cette chaîne ne présente sur son trajet qu'un seul ganglion *g*. — *i*, nerfs abdominaux antérieurs.

Fig. 2. Portion supérieure du système nerveux, isolée et plus grossie. — *a*, le cerveau ou les ganglions cérébroïdes. — *b*, nerfs pharyngiens. — *c*, nerfs optiques. — *d*, nerfs antennaires. — *f*, l'aorte avec les filets nerveux qui s'y distribuent.

Fig. 3. La même portion du système nerveux.

a, le cerveau. — *b*, l'aorte rejetée de côté, pour laisser voir la partie antérieure du tube digestif avec ses ganglions et ses filets nerveux *c*.

Fig. 4. Portion antérieure du système nerveux vue de profil, ainsi que les appendices buccaux.

a, cerveau. — *b*, masse médullaire céphalothoracique. — *c*, nerfs mandibulaires. — *d*, nerfs maxillaires. — *e*, nerfs labiaux. — *f*, lèvre supérieure. — *g*, mandibules. — *h*, mâchoire. — *i*, vestige de lèvre inférieure.

Fig. 5. Masse médullaire céphalothoracique isolée, vue en dessus; sa portion antérieure *a*, représentant le ganglion sous-œsophagien qui fournit les nerfs buccaux *b*. — *c*, origine des connectifs qui l'unissent au cerveau.

Fig. 6. Portion de la chaîne abdominale très-grossie.

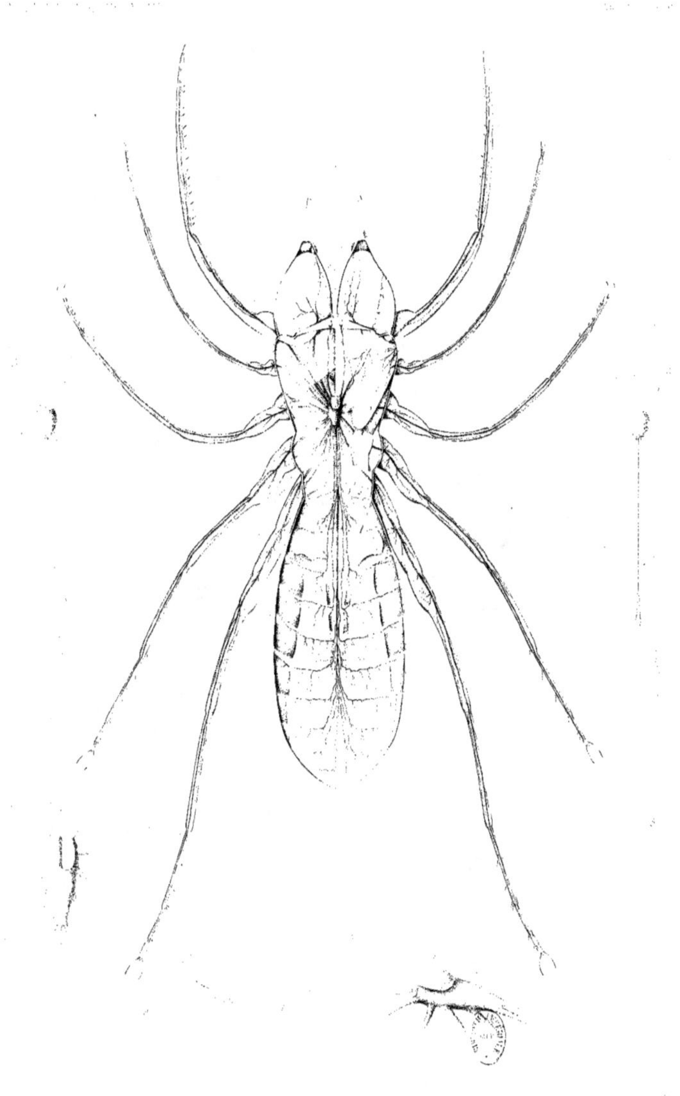

Ordre des TÉTRACÈRES. *TETRACERA.*

Famille des GALÉODIDES. *GALEODIDÆ.*

Genre GALÉODE. *GALEODES.* Latreille.

Organes de la vision et Appareil digestif. Galeodes araneoides. Olivier, d'Égypte.

Fig. 1. OEil très-grossi, vu de côté dans son ensemble.

a, la cornée. — *b*, le cristallin. — *c*, le corps vitré. — *d*, le pigment. — *e*, la rétine. — *f*, le nerf optique.

Fig. 2. Sa section verticale, avec les parties indiquées par les mêmes lettres.

Fig. 3. Appareil digestif vu dans son ensemble, dans sa position et ses rapports naturels. L'animal a été ouvert par la partie dorsale, et le tégument de cette portion du corps seul a été enlevé. Les muscles thoraciques ont été détachés et les utricules hépatiques écartées, pour mettre à nu dans toute sa longueur le tube intestinal, ainsi que les glandes stomacales et les canaux urinaires.

a, œsophage. — *b*, estomac avec ses *diverticulums.* — *c*, glandes stomacales. — *d*, portion intestinale entourée des grappes utriculaires du foie, entre lesquelles rampent les canaux urinaires. — *e*, rectum.

Fig. 4. Portion antérieure de l'appareil digestif, vue en dessous et très-grossie.

a, œsophage. — *b*, estomac. — *c*, *diverticulums* antérieurs. — *d*, les seconds. — *e, f*, premiers *diverticulums* latéraux. — *g, h*, seconds *diverticulums* latéraux. — *i*, glandes stomacales. — *k*, origine de la portion tubuleuse de droite des glandes stomacales. — *l*, cette même portion tubuleuse entière du côté gauche. — *m*, son extrémité. — *n*, portion antérieure de l'intestin accompagnée des premières glandes hépatiques.

Fig. 5. Portion antérieure de l'appareil digestif vu de côté avec les mêmes lettres que pour la fig. 4.

Fig. 6. Portion très-grossie de la glande stomacale pour montrer son tissu utriculaire.

Fig. 7. Quelques utricules hépatiques isolées fort grossies.

Fig. 8. Portion d'une utricule hépatique grossie, environ 350 diamètres, pour en montrer le tissu aréolaire.

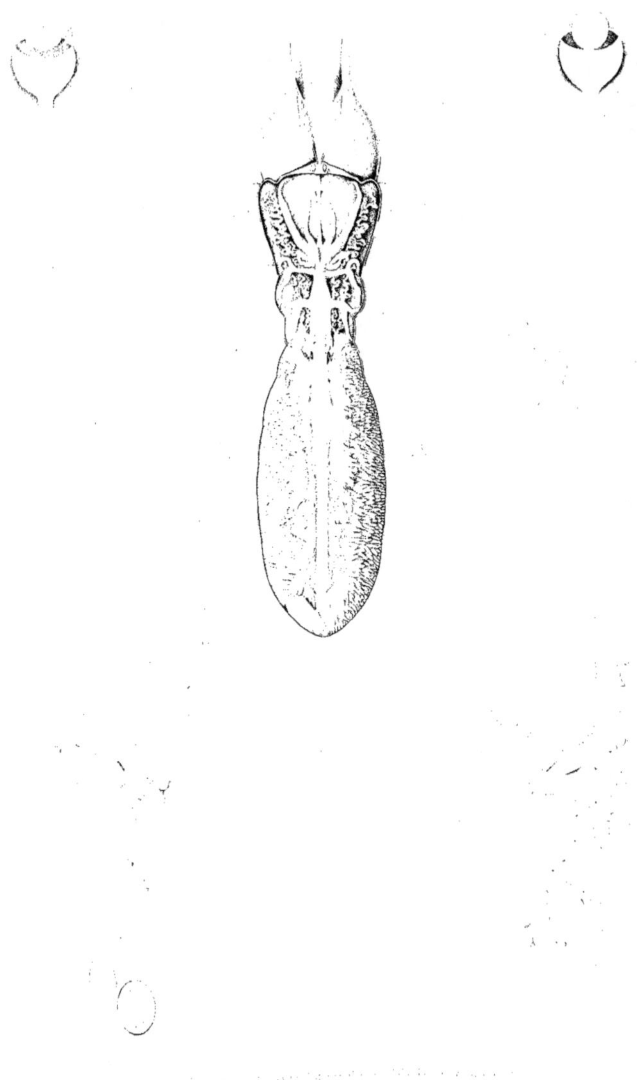

Ordre des HOLETRES. *HOLETRA.*

Famille des PHALANGIIDES. *PHALANGIIDÆ.*

Genre FAUCHEUR. *PHALANGIUM.* Linné. Latreille.

Système tégumentaire. — (*Phalangium cornutum* Linné. — ♀, *Phalangium opilio* Lin., d'Europe.)

Fig. 1. L'animal vu en dessus. Individu femelle grossi au double.

Fig. 2. Individu mâle très-grossi.

    a, antennes-pinces ou chélicères. — *b*, pattes-mâchoires. — *c*, pattes ambulatoires. — *d*, yeux latéraux. — Au centre du céphalothorax on voit les yeux médians portés sur une éminence très-prononcée.

Fig. 3. Le même vu en dessous. — *a*, antennes-pinces.

Fig. 4. Le même vu intérieurement, les sclérodermites supérieurs ayant été enlevés.

    a, Epistome. — *b*, pattes-mâchoires. — *c, c*, portion basilaire des pattes ambulatoires. — Au centre on voit la pièce sternale au-dessus de laquelle passe l'armure génitale mâle.

Fig. 5. Chélicère ou antenne-pince du mâle.

    a, article basilaire. — *b*, corps de l'antenne-pince. — *c*, doigt mobile.

Fig. 6. Chélicère ou antenne-pince de la femelle.

    a, article basilaire. — *b*, corps de l'antenne-pince. — *c*, doigt mobile.

Fig. 7. Portion buccale vue en dessous.

    a, corps des pattes-mâchoires. — *a'* palpe. — *b*, lobes maxillaires. — *c*, seconde paire de pattes-mâchoires à l'état rudimentaire.

Fig. 8. Patte-mâchoire isolée.

    a, corps de la mâchoire. — *b*, palpe. — *c*, pièce mobile.

Fig. 9. Extrémité du palpe du mâle, très-grossie.

Fig. 10. Extrémité d'une patte ambulatoire.

Fig. 11. Éminence du céphalothorax supportant les yeux, vue de profil et très-grossie.

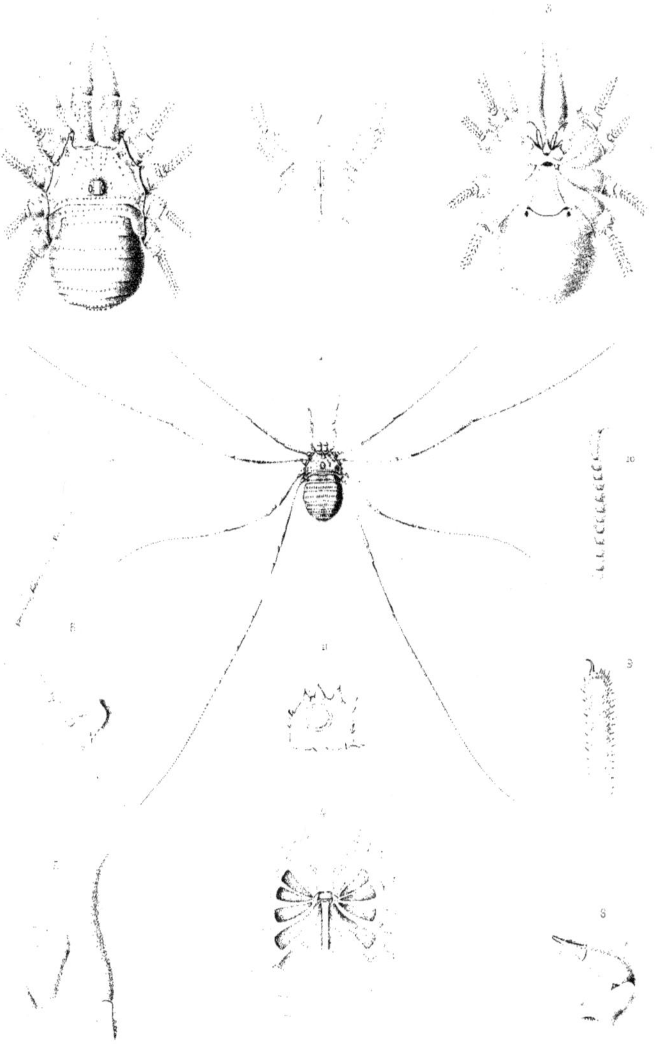

Ordre des HOLÈTRES. *HOLETRA.*

Famille des PHALANGIDES. *PHALANGIDÆ.*

Genre FAUCHEUR. *PHALANGIUM.* Linné.

Systèmes tégumentaire, musculaire et nerveux. — (Phalangium cornutum. Linné. — ♀ *Phalangium opilio,* Linné, d'Europe.)

Fig. 1. Portion épidermique du céphalothorax vue par sa surface, sous un grossissement d'environ 400 diamètres.

Fig. 2. Portion épidermique de l'abdomen vue par sa surface, observée sous le même grossissement.

Fig. 3. Coupe verticale d'une portion du tégument du céphalothorax.

　　a, épiderme. — *b,* derme.

Fig. 4. Portion dermique non chitinifiée du céphalothorax observée par sa surface.

Fig. 5. Portion de la lame interne de la paroi de l'abdomen.

Fig. 6. Chélicère du mâle vu de profil et ouvert latéralement pour mettre en évidence son appareil musculaire.

　　a, extenseur. — *b,* fléchisseur. — *c,* abaisseur. — *d,* élévateur du second article. — *e,* fléchisseur. — *f,* extenseur. — *g,* extenseur du crochet. — *k,* élévateur du crochet. — *i,* fléchisseur du crochet *h.*

Fig. 7. Fibres musculaires isolées, observées sous un très-fort grossissement.

Fig. 8. Muscles des appendices thoraciques.

　　a, cerveau. — *b,* grande cloison aponévrotique. — *c,* muscle extenseur de la patte-mâchoire. — *d, d,* coxopodites suivies de leur basipodite ou trochanter. — *e, e,* leur muscle extenseur. — *f, f,* leurs fléchisseurs. — *g,* rétracteur de l'abdomen.

Fig. 9. Grande lame ou cloison transversale aponévrotique du céphalothorax.

Fig. 10. Une petite portion de cette lame, vue sous un grossissement d'environ 400 diamètres.

Fig. 11. Portion des muscles ventraux de l'abdomen.

Fig. 12. Fragments de ces muscles très-grossis.

Fig. 13. Individu femelle très-grossi ouvert par la face dorsale, montrant l'ensemble du système nerveux.

　　On voit en avant et sur la ligne médiane le cerveau ou ganglions cérébroïdes donnant les nerfs optiques *a* et les nerfs antennaires *b ;* en arrière et au-dessous, la masse médullaire céphalothoracique, d'où naissent antérieurement les nerfs des pattes-mâchoires *c,* latéralement les nerfs des pattes ambulatoires *d, d,* postérieurement le cordon abdominal médian *e,* les cordons latéraux *f,* et les cordons extérieurs qui vont se distribuer vers l'origine des troncs trachéens *g.*

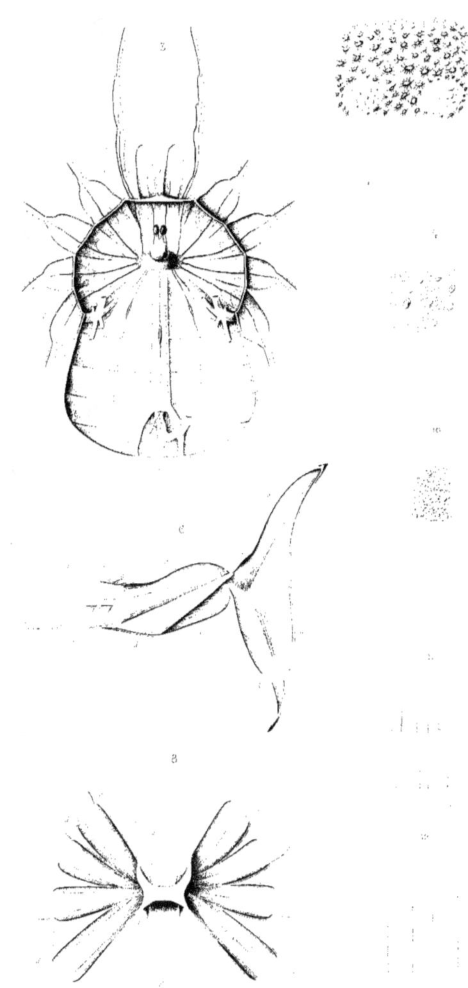

Ordre des HOLÈTRES. *HOLETRA.*

Famille des PHALANGIDES. *PHALANGIDÆ.*

Genre FAUCHEUR. *PHALANGIUM.* Linné.

APPAREIL DIGESTIF. — (PHALANGIUM CORNUTUM. Linné. — ♀ *Phalangium opilio*, Linné, d'Europe.)

FIG. 1. Labre très-grossi vu en dessus.

    a, labre. — *b*, œsophage. — *c*, origine de l'estomac.

FIG. 2. Labre vu en dessous, pour montrer le contour de consistance coriace de l'orifice buccal.

FIG. 3. Pièces entrant dans la composition de la bouche, vues en dessous.

    a, labre. — *b*, portion maxilliforme des pattes-mâchoires. — *c*, portion bacilliforme. — *d*, seconde paire de mâchoires. — *e*, coxopodite des pattes antérieures.

FIG. 4. Une des mâchoires de la seconde paire, très-grossie.

FIG. 5. Appareil digestif dans son ensemble, dans sa position et ses rapports naturels. L'animal a été ouvert par la partie dorsale et le tégument de cette portion du corps a été enlevé ; tous les muscles, les nerfs, etc., ont été complétement détachés, pour bien mettre en évidence toutes les parties dépendantes du canal intestinal.

    a, œsophage suivi de l'estomac. — *b*, cœcums antérieurs. — *c*, cœcums latéro-antérieurs. — *d*, cœcums latéraux. — *e*, cœcums récurrents. — *f*, cœcums latéro-postérieurs. — *g*, cœcums postérieurs. — *h*, canaux hépatiques.

FIG. 6. Le même appareil digestif isolé et vu en dessous, avec les mêmes lettres que pour la figure 5.

    x, intestin.

FIG. 7. Portion de l'appareil digestif montrant l'estomac ouvert, ainsi que les cœcums postérieurs et une portion des cœcums latéro-postérieurs.

    On voit sur les côtés de l'estomac les orifices des cœcums antérieurs et latéro-antérieurs.

FIG. 8. Extrémité de l'un des cœcums, très-grossie.

FIG. 9. Petite portion de la paroi stomacale vue sous un grossissement de 300 diamètres.

FIG. 10. Petite portion très-grossie des glandes qui rampent sur la face inférieure de l'estomac.

FIG. 11. Portion de la paroi de l'un des canaux hépatiques grossie 300 diamètres.

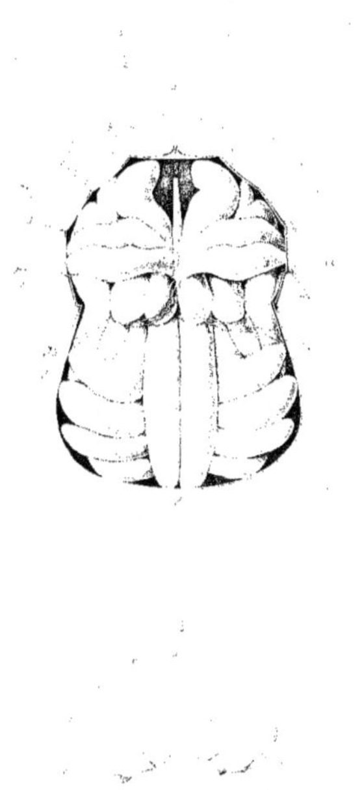

Ordre des HOLÈTRES. *HOLETRA.*

Famille des CHÉLIFÉRIDES. *CHELIFERIDÆ.*

Genre CHÉLIFÈRE. *CHELIFER.* Geoffroy, Latreille.

Système tégumentaire. — (Chelifer cancroides. — *Phalangium cancroides* Lin. — D'Europe).

Fig. 1. L'animal vu en dessus, très-grossi.

a, chélicères ou antennes pinces. — b, pattes-mâchoires.

Fig. 2. Le même, vu en dessous.

Fig. 3. Sa grandeur naturelle.

Fig. 4. Chélicère isolé, très-grossi.

a, sa portion digitiforme terminée par un crochet articulé. — b, le doigt mobile terminé également par un crochet articulé.

Fig. 5. Le même, en dessous, avec les mêmes lettres.

Fig. 6. Portion buccale vue en dessous.

a, appendice buccal représentant les pièces de la bouche des insectes. — b, hanche ou coxopodite des pattes-mâchoires. — c, trochanter.

Fig. 7. Patte-mâchoire isolée.

a, hanche ou coxopodite. — b, trochanter. — c, cuisse. — d, jambe. — e, tarse.

Fig. 8. Patte ambulatoire de la première paire.

a, hanche. — b, trochanter. — c, trochantin. — d, cuisse. — e, jambe. — f, tarse.

Fig. 9. Patte de la seconde paire.

Fig. 10. Patte de la troisième paire.

Fig. 11. Patte de la quatrième paire.

Avec les mêmes lettres que pour la fig. 8.

Fig. 12. Extrémité d'une patte très-grossie, pour montrer les crochets et la pelote terminale.

Fig. 13. Série des pièces dorsales du céphalothorax et de l'abdomen.

a, bouclier céphalothoracique supportant les deux grands yeux. — b et c, arceaux thoraciques. — d à o, arceaux abdominaux.

Fig. 14. Série des pièces ventrales de l'abdomen.

a, les trois premiers arceaux peu développés et réunis par une portion membraneuse, occupant les côtés. — *, orifice génital sur la ligne médiane, entre le premier et le second sclérodermite. — **, orifices des organes respiratoires situés sur les côtés, entre le premier et le second sclérodermite et protégés par des cils.

Fig. 15. Bord du premier sclérodermite ventral de l'abdomen, avec les cils qui protègent l'entrée de l'orifice respiratoire, vu à un très-fort grossissement.

Fig. 16. Poils très-grossis de la patte-mâchoire.

ORDRE DES **HOLÉTRES**. *HOLETRA*.

FAMILLE DES **TROGULIDES**. *TROGULIDÆ*.

GENRE **TROGULE**. *TROGULUS*. LATREILLE.

SYSTÈME TÉGUMENTAIRE ET SYSTÈME NERVEUX. (TROGULUS AFRICANUS. Lucas, d'Algérie.)

FIG. 1. L'animal vu en dessus, très-grossi.

FIG. 2. Le même vu en dessous, avec la grandeur naturelle.

　　　a, chélicères ou antennes-pinces. — *b*, pattes-mâchoires.

FIG. 3. Coupe verticale du tégument.

FIG. 4. Surface tuberculeuse du tégument, vue sous un grossissement de 350 à 400 diamètres.

FIG. 5. Tête très-grossie.

　　　a, les yeux. — *b*, bord du thorax.

FIG. 6. Chélicère isolé et très-grossi.

FIG. 7. Extrémité du chélicère plus grossie, pour mettre en évidence les dents dont sont pourvus le doigt et le prolongement digitiforme.

FIG. 8. Les coxopodites des quatre paires de pattes ambulatoires réunis entre eux.

　　　a, *a*, trochanter.

FIG. 9. Extrémité d'une patte montrant le dernier article du tarse muni de son crochet.

FIG. 10. Le crochet plus grossi.

FIG. 11. Système nerveux — l'animal ouvert par la face dorsale.

　　　On voit en avant et sur la ligne médiane le cerveau (ou ganglions cérébroïdes) fournissant les nerfs optiques *a* et les nerfs antennaires *b;* en arrière et au-dessous du cerveau, la masse médullaire thoracique donnant naissance aux nerfs des pattes-mâchoires et des pattes *e*, *e;* en *f*, les cordons nerveux de l'abdomen.

FIG. 12. Système nerveux isolé et très-grossi.

　　　a, cerveau ou ganglions cérébroïdes. — *b*, nerfs optiques. — *c*, nerfs antennaires. — *d*, masse médullaire thoracique. — *e*, nerfs des pattes-mâchoires. — *f*, nerfs des pattes ambulatoires. — *g*, cordons abdominaux internes, présentant un noyau médullaire près de leur origine. — *h*, grands cordons abdominaux externes.

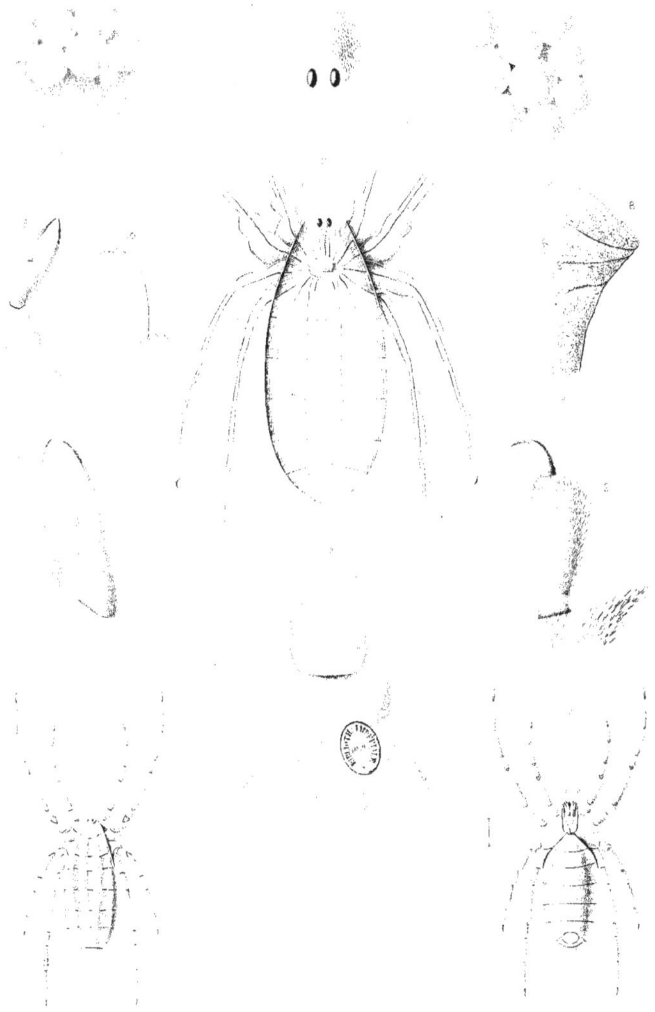